水の
消毒副生成物

伊藤 禎彦
越後 信哉 著

技報堂出版

はじめに

　水道水の塩素消毒でできるトリハロメタンという発がん性物質が発見され，水道水による健康影響が懸念されたのは1970年代であり，以来35年が経過した．この間，行政的には水質基準の設定などの施策が実施され，また水道事業体にあっては浄水処理プロセスの変更や高度浄水処理の導入などが進められてきた．

　わが国の現在の水道水質基準は2004年に改正・施行されたものを基本としているが，消毒副生成物については12項目がリストアップされ，従来の水質基準に対して数の上ではおよそ倍増している．さらに，水質管理目標設定項目と要検討項目の中には計16項目が残されており，今後，毒性評価が定まったものから順次基準項目に追加するかどうかが検討されていく．また，現行の水質基準では，状況に応じて検査を省略することができるが，消毒副生成物についてはこの省略措置は適用されない．このように消毒副生成物は，水道水質の管理上重要な位置にあり，かつ今後項目数はさらに増加する趨勢にある．

　トリハロメタン問題が提起されて以来，その他の副生成物を検出し同定する試みが世界中で行われてきた．現在までに実験室レベルで確認されたものを含めると600～700種類にも及ぶ塩素処理副生成物が同定されている．しかし，それにもかかわらず我々が知り得た副生成物は，生成する全有機ハロゲン (Total Organic Halides；TOX) の50％程度でしかない．まして上記のように，動物実験に基づいて毒性評価が行われ，基準値や目標値が設定できる物質は20にも満たない．消毒副生成物の問題に対して35年が経過した今でも，我々の科学はそのほんの一部しか解き明かしてはおらず，多くの問題を今後に積み残しているといわざるをえないのである．

　一方，塩素消毒には，トリハロメタンなどの副生成物を生成する問題の他に，水道水にカルキ臭をもたらすという問題がある．実際，カルキ臭が水道水に対する市民の満足度を低下させているし，不安感の原因ともなっている．人々の蛇口離れが進んでいるといわれる中，今後は顧客満足度を重視した水道事業運営が求められている．水道水にカルキ臭があるのは当然とする考え方では，人々の蛇口離れがます

はじめに

ます進むおそれがある．カルキ臭も消毒副生成物の一種であり，これは水道に残された大きな課題のひとつということができる．

このように，塩素消毒によるトリハロメタン生成に端を発した消毒副生成物問題，および塩素消毒そのものは，依然として大きな問題であり続けている．

わが国で消毒副生成物を専門に扱った書物として代表的なものに，丹保憲仁先生編著の『水道とトリハロメタン』(技報堂出版，1983年)がある．トリハロメタン問題にいち早く取り組まれ，その成果を網羅的にまとめられた優れた書であり，著者も，今日に至るまで何度もひもとき勉強させていただいている．

これに対して本書は，1. 消毒副生成物問題の現在，2. 水の消毒と消毒剤，3. 消毒副生成物の生成機構，4. 消毒副生成物の毒性と規制，5. 消毒副生成物の制御，について解説し，この問題の現在的位置を示すとともに今後を展望したものである．

一般に，消毒副生成物ではトリハロメタンのネームバリューがきわめて大きく，トリハロメタンに対処すれば副生成物対策は事足りると誤解されたり，新しく基準項目になった物質の扱い方についても混乱が見受けられる．副生成物はトリハロメタンだけではもちろんなく，その種類は数百種類に及ぶのであり，水の安全性の総合的評価という観点に立った管理や対策立案が本来必要である．本書では特にこの視点を重視して解説している．

本書が，上水道のみならず，下水道分野をはじめ水の消毒に関わる方々の参考になれば幸いである．ただ，本書では著者らが行ってきた実験結果に基づいて論を展開している箇所が随所に見られる．隅々まで実験的検討や論理構築がし尽くせているわけではなく，この点はご容赦願いたい．またご批判もいただければ幸いである．

著者の恩師である住友恒 京都大学名誉教授には，著者が京都大学助手であった時代に飲料水のリスクに関する研究分野に導いていただき，自ら実験されつつ身をもって指導していただいた．住友先生の強力なご指導があってはじめて，本書で紹介する実験や考察を行うことができた．ここに心から深く感謝申し上げる．

さらに，本書の作成に当たっては，研究室スタッフである助教 大河内由美子氏，および秘書 河合香織氏に多大な協力をいただいた．ここに厚くお礼申し上げる．

2008年4月

伊藤 禎彦

目　次

第1章　水の消毒副生成物問題　1

1.1　経緯と現状　1
1.1.1　問題の経緯　1
1.1.2　疫学調査の状況　3
1.1.3　規制の現状と課題　6

1.2　消毒技術におけるリスク問題　8
1.2.1　消毒の本質について　8
1.2.2　化学物質リスクと微生物リスクの特徴　9
1.2.3　DALYsによる評価　14

参考文献　20

第2章　水の消毒と消毒剤　23

2.1　消毒の目的　23
2.2　消毒の対象微生物　24
2.2.1　微生物とヒト・都市との共存・競合関係　24
2.2.2　対象微生物　25

2.3　消毒方法の種類　29
2.3.1　塩　素　29
2.3.2　二酸化塩素　31
2.3.3　クロラミン　32
2.3.4　オゾン　33
2.3.5　紫外線　33

参考文献　35

第3章　消毒副生成物の分類と反応論　*37*

3.1　消毒副生成物の生成反応の特徴　*37*
3.2　消毒副生成物の分類　*38*
 3.2.1　塩素処理副生成物の分類　*38*
 3.2.2　クロラミン処理副生成物の分類　*44*
 3.2.3　オゾン処理副生成物の分類　*45*
 3.2.4　二酸化塩素処理副生成物の分類　*48*
 3.2.5　複数の消毒剤の組合せに特徴的な消毒副生成物　*49*
 3.2.6　主な消毒副生成物の濃度範囲　*50*
3.3　消毒副生成物の前駆体　*51*
 3.3.1　溶存有機物　*51*
 3.3.2　臭化物イオン　*59*
 3.3.3　ヨウ化物イオン　*61*
 3.3.4　アンモニウムイオン　*62*
3.4　反応論　*62*
 3.4.1　塩素処理副生成物　*62*
 3.4.2　クロラミン処理副生成物　*88*
 3.4.3　オゾン処理副生成物　*90*
 3.4.4　二酸化塩素処理副生成物　*98*
 3.4.5　紫外線処理副生成物　*100*

参考文献　*101*

第4章　消毒副生成物の規制　*117*

4.1　水道水質の確保と水質基準　*117*
4.2　水質基準の体系と消毒副生成物の規制　*118*
 4.2.1　水質基準の体系　*118*
 4.2.2　水質基準　*124*
 4.2.3　水質管理目標設定項目　*127*
 4.2.4　要検討項目　*129*
4.3　基準値の設定根拠　*130*
 4.3.1　基準値設定の考え方　*130*

4.3.2　各項目の基準値とその設定根拠　*133*
4.4　水質基準設定上の課題　*144*
　　4.4.1　ジクロロ酢酸について　*144*
　　4.4.2　臭素酸イオンについて　*147*
　　4.4.3　飲用寄与率について　*148*
4.5　水質基準の見方、活用の考え方　*149*
4.6　未規制ハロ酢酸の毒性の推定　*154*
参考文献　*159*

第5章　消毒副生成物の毒性　*163*

5.1　毒性の種類とバイオアッセイの意義　*163*
　　5.1.1　毒性の種類　*163*
　　5.1.2　発がんプロセスとバイオアッセイ　*164*
　　5.1.3　染色体異常試験と形質転換試験　*167*
　　5.1.4　バイオアッセイの役割と限界　*172*
5.2　消毒処理水の毒性の強さと副生成物の寄与　*175*
　　5.2.1　塩素とその代替消毒剤による処理水の染色体異常誘発性　*175*
　　5.2.2　副生成物生成との関係　*181*
　　5.2.3　個別副生成物の寄与度　*184*
　　5.2.4　TOX指標を用いた総括的毒性評価の試み　*186*
5.3　消毒処理水の毒性の特性と指標副生成物の提示　*189*
　　5.3.1　塩素処理水の毒性の生成・低減過程とMXの指標性　*190*
　　5.3.2　二酸化塩素処理水の毒性の特性　*197*
　　5.3.3　有機臭素化合物の寄与　*201*
　　5.3.4　消毒処理水の毒性に関するその他の特性　*204*
　　5.3.5　適切な指標副生成物の提示　*209*
5.4　塩素処理水のエストロゲン様作用とその構造　*210*
　　5.4.1　水道水中の内分泌撹乱化学物質に関する検討経緯　*211*
　　5.4.2　検討の枠組みと方法　*215*
　　5.4.3　塩素処理によるエストロゲン様作用の変化　*218*
　　5.4.4　エストロゲン様作用が塩素処理で増大する理由　*219*
　　5.4.5　水道水のエストロゲン様作用の構造　*222*

5.4.6　エストロゲン様作用生成能とその測定　*228*
　　5.4.7　今後の微量化学物質問題　*233*
参考文献　*235*

第6章　消毒副生成物の制御　*245*

6.1　対策の考え方　*245*
6.2　水源における対策　*247*
　　6.2.1　水源水質保全の仕組み　*247*
　　6.2.2　副生成物制御を目的とした水道水源管理　*250*
6.3　前駆物質の除去と生成抑制　*252*
　　6.3.1　前駆物質の除去技術　*252*
　　6.3.2　消毒副生成物の生成抑制技術　*267*
　　6.3.3　無機消毒副生成物の生成抑制技術　*272*
6.4　生成した副生成物の除去技術　*280*
　　6.4.1　消毒副生成物除去技術の分類　*280*
　　6.4.2　消毒副生成物除去技術　*281*
6.5　制御プロセスの実際　*285*
6.6　消毒の展望　*296*
　　6.6.1　消毒技術の新展開　*296*
　　6.6.2　顧客満足度からみた消毒の展望　*301*
参考文献　*309*

項目索引　*317*
消毒副生成物名索引　*323*

第1章
水の消毒副生成物問題

1.1 経緯と現状

1.1.1 問題の経緯

　1972年(昭和47)，ライン川下流から取水していたオランダ，ロッテルダムの水道水中にクロロホルムが含まれている事実が報告された[1]．またそれが塩素消毒で生成することも示された[2, 3]．次いで1974年(昭和49)，米国で，ミシシッピ川を水源とするルイジアナ市民はがん死亡率が高く，その原因が水道水に由来する可能性があるというショッキングな報告[4]がなされた．

　これが塩素消毒の副生成物である「トリハロメタン問題」の端緒である．消毒のために塩素を注入すると，水中で塩素が有機物と反応する結果，トリハロメタンなどの有機ハロゲン化合物が生成する．トリハロメタンとは，メタンの水素原子3個が塩素，臭素，あるいはヨウ素などのハロゲン原子に置換されて生成する有機ハロゲン化合物の総称である．これらのうち，クロロホルム，ブロモジクロロメタン，ジブロモクロロメタン，ブロモホルムの4種が水道水の塩素消毒で実際に生成する主要なトリハロメタンである．また，水質管理上，これら4種類の物質の合計濃度を総トリハロメタンと称している．

　問題が提起された後，直ちに米国環境保護庁(U.S.EPA)などが調査研究にのりだした．その中で1976年(昭和51)，米国国立がん研究所が，動物実験の結果，クロロホルムが発がん性を有することを確認した[5]．これらを受けて，U.S.EPAは1979年(昭和54)，水道水中の総トリハロメタン濃度を0.10 mg/L以下(年間平均値)とする規制を設定した．わが国でも1981年(昭和56)になって，総トリハロメタンとして0.10 mg/L以下(年間平均値)とする暫定制御目標値が設定されるに至った．以上の経緯については様々な資料にまとめられている[6～10]．

第1章　水の消毒副生成物問題

　さて，この頃のわが国の水道をめぐる状況[10〜12]について振り返ってみよう．

　第二次世界大戦の直後，わが国における水道の普及率は25％程度であった．戦災の復興期を過ぎると，日本社会は高度経済成長期に入っていくが，これと軌を一にする形で水道が整備，普及していった．普及率で見ると，1960年(昭和35)には50％，1970年(昭和45)には80％，1978年(昭和53)には90％をそれぞれ超えた．生活水準が向上するとともに，水道用水需要量が増大していき，国民皆水道が目指された時代であった．

　一方，消毒についてであるが，まずわが国における水道の塩素消毒は，1921年(大正10)頃から東京，大阪などの大都市で始められた．第二次世界大戦の後，6年半にわたってGHQ(連合国総司令部)による統治が行われたが，GHQは水道の衛生管理を重視し，中でも塩素消毒の強化を指示した．残留塩素濃度については，配水管末で0.4 ppm以上を保持するという米軍の野戦用給水基準をあてはめたものであった．そして，GHQ統治が解かれた後も，給水栓水において0.1〜0.4 ppmの遊離残留塩素を保持するという当時の厚生省の指導はそのまま残ったのである．こうして確立した給水栓水における残留塩素保持という体制は，今日まで続いている．

　次に水道原水について見てみよう．高度経済成長とともに，いわゆる公害の発生を見るようになり，昭和30年代から顕著に水質汚濁が進行していった．有機物による汚濁の他，工場排水に含まれる有害物質による汚染も見られた．併行して，水道原水を地下水や伏流水から河川水・湖沼水などの表流水に依存する割合も増大していく．汚濁した河川水などを水道原水とする事業体では，粉末活性炭を注入したり，塩素注入量を増大させたりして対応に追われるようになる．また，水質事故によって取水停止を行うケースもあった．このような事態に対応して，1970年(昭和45)に『水質汚濁防止法』ができ，1971年(昭和46)には公共用水域に環境基準が設定された．

　湖沼など閉鎖性水域では，特に富栄養化の進行による藻類の異常発生が見られるようになり，昭和40年代からカビ臭などの異臭味発生が問題視されるようになった．琵琶湖や霞ヶ浦でカビ臭が最初に発生したのは1969〜70年(昭和44〜45)である．これに対して浄水場では粉末活性炭が使用されるようになった他，オゾン処理の導入も検討されていった．

　トリハロメタン問題が噴出したのは以上のような時代であった．原水水質の悪化に対しては塩素を注入することが有効な手段であり，数十mg/Lという多量の塩素が注入された浄水場もあった．このように，塩素は水道水の安全確保の決め手とされていただけに，それが水道水中に新たに発がん物質をつくり出すという事実は，

水道関係者にとって大きな衝撃であった．そして浄水処理における塩素処理の位置づけに修正を迫ることにもなったのである．

1.1.2 疫学調査の状況

先に述べたように，1970年代に米国でがん死亡率と水道水飲用との関係に関する疫学調査の結果が報告された．このトリハロメタン問題の提起以来，多年にわたり多くの疫学調査が行われてきた[13～15]．ここではその状況を概観してみる．調査対象となる健康影響の種類は，発がん影響とそれ以外に分けられる．表-1.1に検出または示唆されてきた代表的な健康影響や疾患の種類を示す．

表-1.1 疫学調査によって検出または示唆された主な健康影響の種類

区分	健康影響の種類
発がん性	膀胱がん 結腸がん 直腸がん
生殖・発生毒性	流産 死産 低体重児の出生，胎児の生育不良 神経毒性 各種先天異常，奇形

(1) 発がん影響について

典型的な調査は，塩素消毒が行われその副生成物が含まれている水道水が供給されている地域と，塩素消毒されていない地下水が供給されている地域でのがん発生率を比較するというものである．しかし，現在でもなお，塩素処理水の消費と発がんリスクの増大との間の因果関係が立証されるには至っていないとの見解が一般的である．

これは，そもそも塩素処理した水道水の発がん性がそれほど強いわけではなく，疫学調査では検出されにくいことが主たる原因ということができる．遺伝子障害性発がん物質に対する水質基準は，生涯を通じての発がんリスク増分が10^{-5}となるレベルで設定される[*1]．一般に，疫学調査によって検出できるリスクの大きさは調査対象となる母集団の大きさに依存するが，既存のいくつかの調査事例から，疫学調査の検出限界は，多くの場合3×10^{-4}程度であろうとの推定がある[16]．調査しようとするリスク因子がこの程度の大きさを持ったものでないと，ある調査では有意差

[*1] ただし，4章で述べるように，生涯発がんリスク増分10^{-5}を根拠として水質基準が設定されている消毒副生成物は，実際には一部の物質に限られる．有機ハロゲン化合物に限ればジクロロ酢酸のみである．トリハロメタン4物質も10^{-5}を根拠とせず，閾値があることを前提としてTDI（Tolerable Daily Intake；耐容1日摂取量）法によって設定されている．次頁で述べるように副生成物は多数あるが，本文はそのうち遺伝子障害性発がん物質を想定し，その考え方を述べている．

ありという結果になるかもしれないが，別の調査では有意差なしという結果になるかもしれず，一定しないということになる．すなわち，水道水中に基準値レベルの濃度の消毒副生成物が含まれている地域と，消毒副生成物が全く含まれない水道水が供給されている地域を比較しても，因果関係を認めるには至らない，ということを意味する．このように，疫学調査の結果，塩素処理水の消費と発がんリスクの増大との間の因果関係が立証されないとしても本来不思議ではない．

しかし実際には，がん発生率の増加が有意に見られたとする調査例も多い．検出されるがんの種類としては，膀胱がんに関するものが最も多い．特に，Canterら[17]，およびKingら[18]は，トリハロメタン濃度(生涯平均曝露濃度)とオッズ比との間に用量反応関係を得ることに成功している．トリハロメタン濃度が高いほど膀胱がんの増加が有意に見られるということを意味する．この膀胱がんについで検出される事例が多いものに結腸がん，直腸がんがある[19]．ただし，これら3種類のがんについて，統計的に有意とはいえない調査結果も多く存在する．

上記3種類のがん以外に，塩素処理された水道水の消費との関係を示した，または示唆した報告例のあるがんとしては，膵臓がん，食道がん，乳がん，脳腫瘍がある．ただ，統計的に有意に増加したとはいえない結果もあり，やはり統一的とはいえない．さらに，腎臓がん，肝臓がん，肺がんとの関係についても検討事例はあるが，関連性を示す報告はなされていない．

もちろん，因果関係の有無に関する結論を得るため疫学調査における不確実度を低減させる努力も継続されている．疫学研究では，一般に性，人種，地域のバックグランドの他，喫煙等個人の生活習慣，病歴などの交絡因子(Confounding Factor)によって撹乱され結果が歪められる可能性が常に存在する．確定的な結論を得るためには，これらを考慮した解析を行う必要がある．さらに，数十年にわたる生涯における曝露量を評価しなければならないという課題も大きい[20]．

さて，以上の結果を見る時に注意すべき点の一つは，多くの疫学調査ではトリハロメタン濃度との関係を解析されることが多いが，塩素による副生成物はトリハロメタン以外にも多くのものがあるということである．対象物質がトリハロメタンだけなら，4章で述べるように，その基準値は閾値があることを前提としてTDI (Tolerable Daily Intake；耐容1日摂取量)法によって設定されているので，疫学調査で有意差ありという結果になることはありえないことになってしまう．5章で詳述するように，塩素処理水の毒性とは典型的な個別の副生成物だけに由来するのではない．仮に塩素処理水と膀胱がんの増加との間に因果関係が示されたとしても，ト

リハロメタン以外にも多数の副生成物を含んでいることから，トリハロメタンのみによる発がん性の有無に関する結論を導くのは不可能であるとされている[21]．すなわち，**表-1.1**に示したような健康影響が仮にあるとしても，少なくとも現時点では，それは特定の副生成物による影響というよりは，「塩素処理水の消費」の影響と解釈しておくのが妥当であろう．

一方，疫学調査で検出されるがんの種類と，動物実験で検出されるがんの種類が異なるという問題点もある．**表-1.1**のように，疫学調査で検出される主ながんは，膀胱がん，結腸がん，直腸がんであるのに対して，トリハロメタンやハロ酢酸といった個々の副生成物を実験動物に投与して生起するがんは，肝臓がん，腎臓がん，大腸がんなどであり，一致しているとはいえない．ヒトと実験動物における副生成物の作用機序を含めて検討を進める必要があるといえよう．

(2) 生殖・発生上の影響について

塩素処理副生成物による健康影響として，発がん性の次に注目されてきているものに生殖・発生毒性がある．周知のように，1990年代後半，内分泌撹乱化学物質（環境ホルモン物質）の問題に世界の大きな関心が集まった[22, 23]．これに伴い消毒副生成物についてもそのような作用があるか否かが関心事となったのである．U.S.EPAが設置した「内分泌撹乱化学物質のスクリーニングと試験法に関する諮問委員会」は，1996年に最終報告書[24]を示したが，その中で個別物質の試験に加えて，6種類の混合物についても試験を行うことを勧告した．そしてこの6種類の中に消毒副生成物が含まれている．

もちろん生殖・発生毒性に関する調査研究は従前から行われていたが，内分泌撹乱化学物質問題が顕在化する中，Wallerらの調査研究[25]が注目された．米国カリフォルニア州において水道水中に含まれるトリハロメタンの量と水の摂取量，および流産との関係を調べたもので，5 144人の妊婦（妊娠3ヶ月余まで）を対象とした調査の結果，水道水中総トリハロメタン濃度が0.075 mg/L以下の場合，もしくは1日に飲む水の量がコップ5杯以下の場合には，流産率が9.5％であるのに対し，総トリハロメタン濃度0.075 mg/L以上の水を1日5杯以上飲んでいたグループでは，流産率は15.7％に増大したことを報告したのである．

この他，これまでに流産・死産の増加，低体重児の出生および胎児の生育不良，神経毒性，心臓，泌尿器，呼吸器などにおける先天異常や奇形の発生などが報告または示唆されている[15, 26〜28]．一方，早産などの影響は報告されていない．

もちろんこれらの報告には，弱い関係しか認められないものや，明確な結論は得られず示唆にとどまるもの，また流産のリスクを含めて関係が認められなかったという報告も見られる．今後も，綿密な調査計画のもと調査を継続する必要がある．

本書では 5.4 で水道水のエストロゲン様作用として独自にこの問題をとりあげている．

1.1.3　規制の現状と課題

(1)　消毒副生成物の規制とその課題

わが国の水道水質基準[29, 30]の中で，消毒副生成物はトリハロメタンやハロ酢酸を含む計 12 項目がある．2004 年から施行されている水質基準では，ハロ酢酸や臭素酸イオンなどが追加され，消毒副生成物に関する項目はおよそ倍増している．また，水質管理目標設定項目には消毒剤および消毒副生成物として，亜塩素酸イオンや抱水クロラールなど 4 項目がある．要検討項目には，MX や基準項目に含まれないハロ酢酸など計 12 項目がある．要検討項目としてリストアップされているものは，確定的な動物実験が行われていないために基準値が設定できないというものも多くあり，今後毒性評価が進めば基準項目とするかどうかの判断が行われることになる．以上の詳細については 4 章で述べる．このように，消毒副生成物に関する基準項目および管理が必要とされる項目は今後も増えていくものと考えられる．

一方，トリハロメタン問題が提起されて以来，その他の副生成物を検出し同定する試みが世界中で行われてきた[31〜33]．それは，塩素処理で生成する全有機ハロゲン (Total Organic Halides；TOX)のうち，トリハロメタンが占める割合は高々 20〜30 ％にすぎないからである．実際，トリハロメタンは炭素数 1 の塩素酸化の最終生成物とみなすことができ，副生成物のごく一部である．この問題が提起された当初から，トリハロメタン以外の副生成物や不揮発性の副生成物にも注目する必要性が指摘されてきた[6, 9]．

この結果，現在までに実験室レベルで確認されたものを含めると 600〜700 種類にも及ぶ塩素処理副生成物が同定されてきた．これには，1970 年代から今日に至るまでの分析機器の高度化に依拠するところも大きい．しかし，それにもかかわらず，我々が知り得た副生成物は生成する TOX の 50 ％程度でしかないのである．3 章では消毒副生成物の生成機構について述べるが，同時に，これまでに同定された生成物，および未同定の生成物に関する現状と将来の課題について論じることとなる．

まして，動物実験に基づいて毒性評価が行われ，基準値や目標値が設定できる物

質は，4章で述べるように20にも満たない．もちろん，水質管理の対象となる項目数が増えれば良いというわけではない．しかし，消毒副生成物の問題に対して，35年以上が経過した今でも，我々の科学はそのほんの一部しか解き明かしておらず，多くの問題を今後に積み残しているといわざるをえないのである．

5章では，この観点に立ち，消毒処理水の毒性の特性を調べ，規制対象となっている副生成物では捉えられない毒性があることを示し，水道水の有害性全体を見る必要性とその方法について論じている．

(2) 塩素消毒と市民の満足度

一方，眞柄[34)]は，全国の水道水水質を水質基準に照らして俯瞰し，地域的に大きな格差が見られるのは消毒副生成物と残留塩素であることを示した．すなわち，塩素による消毒がわが国の水道水の質を大きく決定づけているといえるのである．

塩素消毒には，トリハロメタンなどの副生成物を生成する問題の他に，水道水にカルキ臭[*2]をもたらすという問題がある．実際，6.6.2で述べるように，残留塩素が存在することが水道水に対する市民の満足度を低下させている．さらに，カルキ臭の存在は水道水に対する不安感の原因ともなっている．人々の蛇口離れが進んでいるといわれる中，今後は顧客満足度を指標とした水道事業運営が求められている．水道水にカルキ臭があるのは当然とする考え方では，人々の蛇口離れがますます進むおそれがある．

このような観点から本書では，塩素によって生成しカルキ臭の原因となるトリクロラミンなどの物質も消毒副生成物として扱っている．また6.6.2では，顧客満足度からみた消毒の展望について考える．

以上述べたように，塩素消毒によるトリハロメタン生成に端を発した消毒副生成物問題，および塩素消毒そのものは，依然として大きな問題であり続けている．

[*2] カルキ臭[35, 36)]とは，広義には水道水中の残留塩素に起因する臭気(塩素臭)を意味するが，狭義にはアンモニア態窒素を含む原水を塩素処理し，残留塩素がある時の臭気をいう．ただし，カルキとは本来は消毒剤であるさらし粉のことである．

1.2 消毒技術におけるリスク問題

1.2.1 消毒の本質について

消毒副生成物問題をめぐる経緯と現状について述べたが，トリハロメタンをはじめとする有害な副生成物を水道水中につくりだすことは，塩素消毒の不利な点であることは明白である．このため，塩素注入方法の検討，代替消毒剤の検討，高度浄水処理の導入など様々な検討が行われると同時に，浄水処理システムの再構築が行われてきた．しかし，塩素は消毒副生成物の問題を抱えながら，現在でも，わが国を含む世界で広く使用され続けている．

消毒は第一義的には微生物による感染リスクを低減させるために行うものである．本書は消毒副生成物を主にとりあげているが，『WHO 飲料水水質ガイドライン』[37]では，化学物質による健康影響を懸念して消毒処理を軽視してはならないことを強調している．水道原水中には微生物による感染リスクが普遍的に存在し，その影響が大きいのであるから，当然の見解である．塩素にしても，消毒剤として人々の衛生を確保してきたという実績があるのであって，これを簡単に手放すのは危険なのである．

ここで，代替消毒剤の使用を含む今後の消毒技術の展開を考える場合，認識すべき消毒の本質について触れておきたい．

図-1.1 は，消毒の本質について，その概念を示したものである．水に消毒剤を添加すると，微生物は死滅または不活化するが，同時にまわりの有機物にも作用していわゆる副生成物をつくりだす(実際にはこれに加えて，無機の副生成物が生成する場合があるが，ここでは議論を簡単にするため有機物のみに着目する)．ここで重要なことは，微生物も有機物の一種であり，いわば巨大な有機物とみなすことができるという点である．この巨大な有機物の一種である微生物体の一部を変質

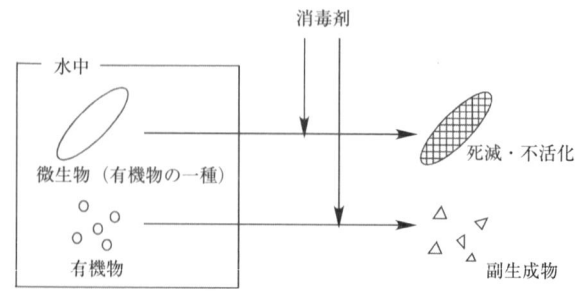

図-1.1 消毒の本質

させ，死滅または不活化に導くのが消毒剤の役目であるから，同時にまわりの有機物にも作用しないはずがない．これは塩素を他の消毒剤に変更した時も変わることはない．微生物の遺伝子に直接作用し，副生成物をほとんどつくらないとされる紫外線でも同様と考えておく必要がある(3.4.5参照)．消毒剤ではないが，加熱殺菌を行った時にも，変質する有機物はやはり存在する．ただし，微生物の不活化と水中有機物などの酸化に必要なエネルギーレベルは異なっているので，図-1.1に示す概念は消毒剤ごとに少しずつ変化しうる．

安全側の立場からは，どんな消毒剤を使用しようと，この図に示す本質は変わらないと認識して消毒技術をみることが重要である．塩素に代わる夢の消毒剤があるわけではない．あるいは，単純に塩素を他の消毒剤に変更すれば副生成物の問題が即解決するというものでもない．図-1.1に示す意味で消毒副生成物の毒性のチェックを怠ってはならないのである．

二酸化塩素やクロラミンを導入する主たるインセンティブは，塩素を使用する場合よりもトリハロメタンやハロ酢酸の生成量をはるかに低減できることである．しかし，他の消毒副生成物を含めた水道水としての安全性は実際にどの程度向上させることができているのか．5章では，消毒副生成物問題を以上のような観点から論じてみたい．

1.2.2 化学物質リスクと微生物リスクの特徴

さて図-1.1は，消毒剤が水道原水中の微生物とまわりの物質に反応する様子を描いたものであった．この結果，微生物リスクが低減する一方，化学物質による発がんリスクを新たに水道水中につくり出す．消毒技術とはこのようなジレンマの中にある技術である．この概念を図-1.2に示す．水道水のリスク管理という観点からは，本来，この2つの異なるリスクを同時に取り扱わなければならない．ここではこのようなリスク管理の観点から消毒と消毒副生成物の問題を見てみよう．

図-1.2の概念をもとに，消毒

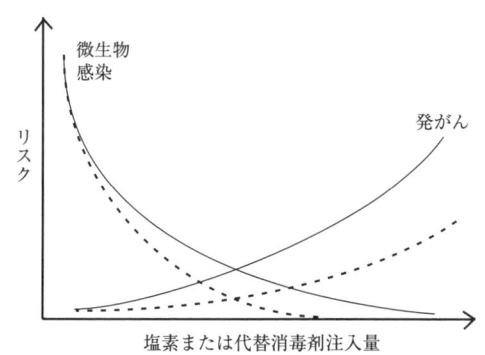

図-1.2 消毒に伴うリスクの低減と生成概念図（破線は塩素代替消毒剤として望ましい特性を示す）

効果の定量的評価，消毒剤の最適な注入量の決定，代替消毒剤の選択などが行えると良い．このような消毒における化学物質リスクと微生物リスクをどうバランスさせるかという問題は従来から議論されてきた[38〜40]．また，図に描いた破線は，代替消毒剤として望ましい特性を示している．すなわち，微生物リスクが速やかに低減し，副生成物に起因するリスクが生成しにくい特性を持つ消毒剤があれば好都合というわけである．しかし実は，これらを評価する作業は容易なことではない．縦軸のリスクを定量化しようとする際，化学物質リスクと微生物リスクの内容・質が異なり，同一の指標を用いた評価が困難だからである．

この問題を考える前に，化学物質と微生物によるリスク評価の概略，またその違いについて理解しておこう．はじめに，図-1.3 に化学物質と微生物に対するリスクアセスメントとリスクマネジメントのフローを示す．

化学物質，微生物ともに基本的な枠組みは同じである．有害性の確認では，対象となる化学物質または微生物による有害性の有無と健康影響の種類を決定する．用量−反応関係の評価では，曝露量（用量）と健康影響（反応）の定量的関

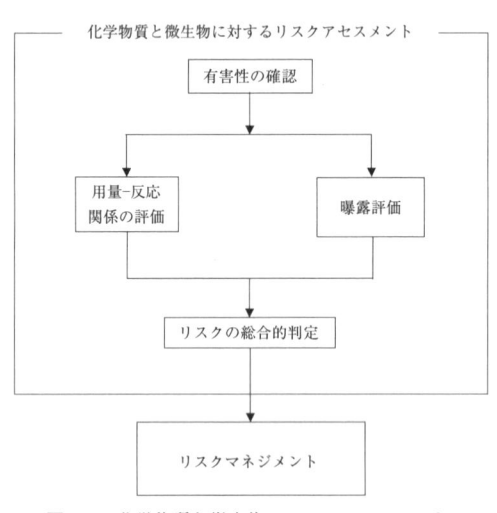

図-1.3 化学物質と微生物のリスクアセスメント，リスクマネジメントの流れ

係を推定する．この時，数学モデルを使用することもある．曝露評価では，曝露されている範囲と曝露集団の特徴，また曝露経路，曝露期間などを調べる．リスクの総合的判定とは，得られた情報を総合化して，公衆衛生上のリスクの大きさを推定し，またその不確実度を評価するものである．リスクマネジメントでは，公衆衛生面，実現性，経済性などのバランスを考慮して，規制の種類と方法を決定する．この段階ではリスクコミュニケーションも重要なファクターとなる．

このように，化学物質によるリスク，微生物によるリスクともに，アセスメントとマネジメントを行うために必要な事項に違いがあるわけではない．次にその内容を見てみよう．**表-1.2** は，化学物質と微生物のリスク評価法，管理法を比較したものである[41]．なお，化学物質については長期曝露による慢性的影響をもたらすもの

表-1.2 化学物質と微生物のリスク評価法，管理法の比較

	化 学 物 質	微 生 物
エンドポイント	・発がん物質：がんを生起するか（がんは原則として致命的） ・非発がん物質：明らかな障害を起こすか	感染→罹患→死亡の順をたどるが，リスクは感染段階で評価する．微生物の種類によって疾患の深刻さや死亡率が大きく異なる．
影響の現れる速さ	継続的な曝露による慢性的，長期的な影響	1回の曝露をもとにした急性の影響
二次的影響	なし	あり
複合的影響	多数物質による複合的影響の評価が本来必要	複数種による混合感染は少ない
用量-反応データ取得法	・疫学調査 ・動物実験からヒトに対する影響を推定	・ヒト（ボランティアへの投与実験） ・疫学調査（事故時）
用量-反応モデル	・ワンヒットモデルなどが基礎 ・線形多段階モデルが多用	指数（ワンヒット）モデル，ベータモデルが多用
データ量（曝露データ含む）	分析可能で多い	測定が容易でないものも多く少ない
許容リスク値の設定	・遺伝子障害性発がん物質の場合，生涯の発がんリスク増分 10^{-5}〜10^{-6}（年間値はこの 1/70 = 1.4×10^{-7}〜10^{-8}） ・非遺伝子障害性発がん物質，非発がん物質の場合，リスクを許容する概念はなく，TDI を算定	感染リスク 10^{-4}（年間）

を念頭に記している．

　最初に，エンドポイント（Endpoint；影響判定点），すなわちどのような健康影響をリスク評価の対象とするかである．発がん物質については，がんを生起するかという明確なエンドポイントが存在する．そして安全側の考え方として，がんは原則として致命的であるとみなす．非発がん物質では，明らかな生体影響がないということが判断基準となる．現行の水質基準値の設定において評価対象とされた影響は**表-4.6**に示してある．

　一方，微生物による健康影響は，感染→罹患→死亡の順をたどる．感染とは，ヒトの体に微生物が住み着いて増えることを意味し，必ずしも症状を伴うわけではない．そして感染したヒトのごく一部が病気の状態となる．さらにそのごく一部のヒトが死亡する場合がある．この例を示したのが**表-1.3**である[41, 42]．なお，微生物リ

表-1.3 腸管系病原性微生物による感染，罹患，死亡リスク[41]

	1単位の微生物に曝露されることによる100万人当りの感染確率	感染に対する治療が必要な疾患の割合（％）	死亡率（％）	二次感染率（％）
Campylobacter	7 000			
Salmonella typhi	380			
Shigella	1 000			
Shigella dynesteriae 1				
Vibrio cholerae classical	7			
Vibrio cholerae El Tor				
Coxsackieviruses		5〜96	0.12〜0.94	76
Echovirus 12	17 000	50	0.27〜0.29	40
Hepatitis A virus		75	0.6	78
Norwalk virus			0.0001	30
Poliovirus 1	14 900	0.1〜1	0.9	90
Poliovirus 3	31 000			
Rotavirus	310 000	28〜60	0.01〜0.12	
Giardia lamblia	19 800			
Entamoeba histolytica				

スクの評価では，エンドポイントを感染という段階に設定する．また，微生物の種類によって疾患の深刻さや死亡率が大きく異なる点も特徴であり，同じ病原体でも種によって毒性が大きく異なることもある．

影響の現れる速さでは，発がん物質のような慢性毒性物質の場合，継続的な曝露による長期的な影響が評価対象となるが，微生物の場合，水や食品を通した1回の曝露をもとにした急性の影響が対象となる．

二次的影響は，化学物質についてはないのに対して，微生物では二次感染がおきうるのでこの点に対する配慮も必要である．**表-1.3**には，いくつかの微生物について，二次感染率のデータが記してある．

複合的影響では，化学物質については多数物質による相加・相乗作用といった複合的な影響が生じる可能性があり，この点を踏まえた評価が本来必要である．この観点からの検討は，研究レベルではもちろんなされているが，基準値の設定という施策レベルでは考慮されていない．一方，微生物については，複数の微生物が同時に感染するというケースも皆無ではないものの，単一微生物による感染の流行というケースが多く，実際上，複数種による混合感染を考える必要性は小さいとされる．

用量-反応データを取得するときの考え方と方法にも違いがある．まず化学物質の場合，疫学研究からデータが得られれば，それはヒトから直接得られるデータであ

1.2 消毒技術におけるリスク問題

ることから重要度が高く，実際，これまで環境基準などでは原則として疫学研究などヒトのデータに基づいて設定されてきた．しかし信頼できるヒトのデータがない場合には，マウス，ラットなどの動物個体を用いた実験からヒトに対する影響を推定しなければならない．この方法については4章で詳しく述べる．

一方，微生物の場合，ボランティアに対する投与実験結果を利用するか，感染事故が起きた時に疫学調査を行って情報を得るかのいずれかに限られる．後者の場合，環境水中などの微生物濃度を測定するとともに，その感染流行地域における感染者数を把握して，当該微生物の用量-反応関係を推定する．これは微生物の場合，化学物質と異なり，宿主特異性が高いという事情による．すなわち，ある微生物がマウスやラットに感染したからといって，ヒトに感染するとは限らず，化学物質のように実験動物からヒトへの外挿という操作ができない．あくまでヒトへの感染からデータを取得しなければならないのである．このため，微生物の場合，化学物質と比較して用量-反応関係を得るのが容易ではないということができる．

使用される用量-反応モデルには類似点が多い．化学物質の用量-反応関係を記述するモデル[43]としては，ワンヒットモデル，プロビットモデル，ロジットモデル，ワイブルモデル，線形多段階（マルチステージ）モデルなどの数学モデルが提示されているが，遺伝子障害性発がん物質の毒性評価を行うにあたっては線形多段階モデルが使用されることが多い．微生物では，指数（ワンヒット）モデル，ベータモデル，対数正規モデル，ロジスティックモデルがある[44]が，先に述べたデータの得にくさということもあり，モデル式形が複雑でない指数モデルやベータモデルが多用される．なお，微生物のリスク評価モデルでは，安全な曝露レベルはない，すなわち閾値がないとして用量-反応関係を記述している．

環境中での濃度や曝露量に関するデータは，化学物質の場合，分析機器や分析技術の進展に伴って比較的多いといえよう．一方，微生物の場合，特にウイルスや原生動物では測定が容易でないものも多く情報が限られている．また，化学物質ほど水中濃度が均一でなく，限定された場所に高濃度が出現する場合が多いことも特徴の一つである．

許容リスク値の設定については，遺伝子障害性発がん物質の場合，閾値がないとみなし，生涯の発がんリスク増分として $10^{-5} \sim 10^{-6}$（年間値はこの $1/70 = 1.4 \times 10^{-7} \sim 10^{-8}$）が採用される．わが国の水道水質基準値は 10^{-5} レベルに相当する値となっている．なお，この許容するリスクの大きさの妥当性については固定した考え方があるわけではなく，対象となる国・地域の人々のニーズ，あるいは時代ととも

に変わっていってしかるべきものであろう．発がん率 10^{-5} とは，ある化学物質が基準値濃度で含まれる水道水を一生摂取した時，当該化学物質が原因で10万人に1人の割合でがんが生起するというものである．これをもう少しわかりやすく言い換えるために，平均余命の短縮量を評価することがあり，約1時間 (0.04日) という試算例[16]がある．水道水のリスクが10万人の集団の中で1人のがんとなって集中すると考えるのではなく，そのリスクが人々に平等に配分されたと考えた場合，それは人の寿命を平均的に1時間程度短縮させる効果があるということを意味する．このような値は，我々の社会におけるリスクの受容レベルについて議論[45~47]する際の参考になるだろう．また，このような評価は以下に示す微生物による感染リスクについても同様に行いうる[*3]．

一方，非遺伝子障害性発がん物質と非発がん物質の場合には，閾値があるとみなすので，リスクを許容する概念はなく，耐容1日摂取量 (TDI) を算定し，これをもとに基準値を定める．

また，微生物については，エンドポイントの項で述べたように，感染という段階でリスク評価を行う．年間の許容感染確率として 10^{-4} (10 000人に1人) とすることが提案されている[48]．

化学物質と微生物によるリスクを論ずる場合には，上記のような相違点を認識することがまず必要であろう．また，用量-反応関係を得る方法が限定されること，曝露評価が容易ではないことなど種々の課題があるために，総じて，化学物質に比べて微生物のリスクアセスメントの方が遅れているといえる．リスクアセスメントとリスクマネジメントの体系に照らして，今後とも弱点の補強，優先的に取り組む事項の整理を行う必要がある．

1.2.3 DALYsによる評価

表-1.2 の最後の項目に，許容リスク値の設定について記した．しかしこれだけではリスクの大きさを比較することができない．化学物質では，発がん作用をはじめ様々な健康影響が評価対象となっている．微生物では，健康影響として現れる罹患という状態ではなく感染という段階を評価対象としている．両者の健康影響の間には質的な差異がある．この両者のリスクを統一的に評価するための尺度の一つとして死亡リスクが考えられてきた[49]．なお，化学物質についてはここでは，10^{-5} 発が

[*3] このような議論は，化学物質リスクおよび微生物リスクともに，1.2.3で紹介するDALYs指標を用いても深めることができる．

んリスクレベルを基準値の根拠とする遺伝子障害性発がん物質を念頭に議論を進めよう．

さて，微生物の場合，ヒトに対する影響は，感染→罹患→死亡の順をたどり，微生物リスク評価は，感染という段階で行うことを述べた．表-1.3 は，罹患率，死亡率を示したものである．微生物感染に伴う死亡リスクを評価する場合，これらの情報を参考に，感染したヒト（または罹患したヒトを対象とする場合もある）の死亡率を1％や0.1％に設定する場合が多い[41, 50]．こうして感染リスクを死亡リスクに変換するのである．

一方，がんは原則として致死的であると考え，発がんリスクをそのまま死亡リスクとみなす（異なる考え方をとる場合もある）．

例えば，微生物による年間の感染確率 10^{-4} とは，単純には死亡リスク $10^{-7} \sim 10^{-6}$ に相当すると考えることもできる．一方，発がんリスクをそのまま死亡リスクに読みかえれば，その値は年間値として 1.4×10^{-7} である．こうして2つのリスクをいずれも死亡リスクに変換したうえで，その大小関係などについて議論することができる．もちろんこの死亡リスクの評価法や安全度のとり方については様々な議論がある[44]．

しかしいずれにしても，リスク評価の対象を死に限定するこの方法では，定量化されない多くの健康影響を見過ごすことになってしまう．例えば，微生物に感染し発症した場合，下痢や発熱が1週間程度続くが，その後快復することが多く，死に至るケースはほとんどないという微生物も多い．したがって，死亡リスクだけを評価指標とすると，微生物感染による健康影響のごく一部を捉えるにすぎず，過小評価してしまう可能性も高い．

このような問題点を解決する指標の一つが障害調整生存年数（Disability-adjusted Life Years；DALYs）である．

世界で発生する様々な疾病や傷害によって被っている負担をリストアップし，これを定量化しようとした試みがある[50, 51]．世界の疾病負担（Global Burden of Disease；GBD）の定量に関するこの研究は，特定の疾病，生活衛生問題，環境問題，交通事故などの都市問題，生活習慣など様々なリスク因子によって，国や地域がいかなる負担を強いられているかを測定・評価するものである．これによって，リスク因子の順位付け，許容可能なリスク水準の決定，健康目標レベルの設定，公衆衛生上の施策の有効性の評価などを行うことができる．

DALYsは，このGBD研究で指標として導入された．特定の疾病要因による異な

った健康影響をそれぞれ評価して統合する，または異なる要因の影響を比較するための共通の指標になりうるものである．以下に概略を示す．

DALYs は，早期死亡によって失われた生存年数(Years of Life Lost ; YLL)と，障害をもって生存する年数(Years Lived with Disability : YLD)との和で表し，障害の重篤度で重み付けを行っている．その単位は年である．

$$\text{DALYs} = \text{YLL} + \text{YLD} \tag{1.1}$$

損失生存年数 YLL は，ある集団における生存年数の全損失を意味し，次式で表される．

$$\text{YLL} = \sum_i e^*(a_i) \sum_j d_{ij} \tag{1.2}$$

ここに，i：異なる年齢層に対する添字，j：異なる症例群に対する添字，d_{ij}：年齢層ごとの致命的な症例数，$e^*(a_i)$：その年齢層の平均余命．

障害生存年数 YLD は，ある集団における症例数に疾病の平均継続時間と疾病の重篤度を反映する 0(完全に健康)から 1(死亡)の重み係数を乗じて，次式で表す．

$$\text{YLD} = \sum_j N_j L_j W_j \tag{1.3}$$

ここに，j：異なる症例群に対する添字，N：患者数，L：疾病の継続時間，W：重篤度．重篤度は，表-1.4 に示す7つの障害等級に分類されている．

表-1.4 障害等級と疾病事例[51] (WHOの許諾に基づき転載)

等級	重み	事例
1	0.00〜0.02	顔面白斑，低体重
2	0.02〜0.12	下痢，咽頭炎
3	0.12〜0.24	不育症，関節炎，狭心症
4	0.24〜0.36	切断，聴覚消失
5	0.36〜0.50	ダウン症候群
6	0.50〜0.70	うつ病，盲目
7	0.70〜1.00	精神病，痴呆，四肢麻痺

すなわち DALYs は，疾病と傷害によって引き起こされる死亡に加えて，死亡にまでは至らないが，日常生活に種々の制限が加わり健康的な生活が阻害されることを定量化しているといえる．

この DALYs を用いて，消毒処理における微生物と化学物質に関するジレンマを評価した例がある．

塩素では不活化できないクリプトスポリジウムをオゾンで不活化することを想定する．一方，オゾン処理によって発がん物質である臭素酸イオンが生成する．この利害得失に対して，Havelaar ら[52] は DALYs を指標としてオランダにおける評価を試みた．この結果，オゾン処理によってクリプトスポリジウムを不活化する利益は，臭素酸イオンが生成し腎細胞がんを誘発する不利益の 10 倍以上大きいと評価してい

る.

　この検討をベースとして，わが国の水質基準設定過程で検討されたクリプトスポリジウム等耐塩素性病原微生物対策において示されている考え方[29]を紹介しよう.

　はじめに，クリプトスポリジウム感染に伴う DALYs を求める．クリプトスポリジウム症の主な症状は下痢（水様便）で，疾病による負荷量の研究[51]によると水様便の平均加重は 0.066 とされている（**表-1.4** 参考）．本症では下痢症状が平均 7.2 日（0.020 年）続く．米国ウィスコンシン州ミルウォーキーで発生したクリプトスポリジウム集団感染事例より，健常者での死亡は 10 万人当り 1 名（40 万人のうち 4 名死亡）と推定される．オランダの 1993〜95 年の統計資料によると，下痢症が原因の死亡は 75 歳以上に認められ，その余命は 13.2 年となる．また，本症の発症者は感染者の 71％とされる．以上をもとに YLL を計算すると以下のとおりとなる．

　　　　　感染者 1 000 人当り　　YLL $= 1 \times (1\,000 \times 0.71) \times 1/10^5 \times 13.2 = 0.0937$

　ここでは，失われる余命を評価するため係数が 1 となっている．また $1\,000 \times 0.71$ として，感染者 1 000 人当りの発症者数を求めている．次に YLD は以下の計算で求められる．

　　　　　感染者 1 000 人当り　　YLD $= 0.066 \times (1\,000 \times 0.71) \times 0.020 = 0.937$

以上より DALYs は以下のとおりとなる．

　　　　　感染者 1 000 人当り　　$0.0937 + 0.937 = 1.03$ DALYs

　こうして 1 回のクリプトスポリジウム感染による健康影響度は，感染者が 1 000 人いた場合 1.03 DALYs と計算された．ここで DALYs の内訳を見ると，YLD の方が YLL より 1 オーダー大きい．クリプトスポリジウム感染では，死亡リスクよりも水様性下痢症状による健康影響の方が主体であるということを意味する．微生物感染の影響を死亡リスクだけで評価すると，リスクを過小評価してしまう例といえよう．

　次に，水道原水や浄水中のクリプトスポリジウム濃度および感染確率から，実際に生起しうる健康影響度を評価してみよう．いま仮に，原水中クリプトスポリジウムオーシストの濃度を 1 個/10L とする．これを無処理のまま給水したとすると，水道水中濃度は 10^{-1} 個/L．飲用水量を 1L/日とすると，1 日当りの曝露量は 10^{-1} 個/日となる．ここで，クリプトスポリジウムの摂取によって感染する確率は，Haas ら[44]が示した次式を用いる．

$$P(N) = 1 - \exp(-0.00419 N) \tag{1.4}$$

ここに，N：摂取オーシスト個数，$P(N)$：感染確率．これより，オーシストを 1 個摂取した時の感染確率は 4×10^{-3} と計算される．したがって，1 日当りの感染率は

4×10^{-4}/日で，年間では365日を乗じて1.5×10^{-1}/年を得る．上記のとおり，感染者1人当りの健康影響度は1.03×10^{-3} DALYsであるから，1人当りの年間の健康影響度は1.5×10^{-4} DALYsと計算される．水道水中濃度が10^{-1}個/Lであった場合には，それが供給されている地域においてこれだけのリスクが存在するということである．

次に，オゾン処理を行った場合を想定し，生成する臭素酸イオンによるDALYsを評価してみよう．

遺伝子障害性を有する発がん物質の場合，当該物質の摂取による生涯を通じた発がんリスク増分が10^{-5}(1/100 000人)となるレベルで基準値(WHOではガイドライン値)が設定されている．ここでは水道水に基準値濃度の臭素酸イオンが含まれているとし，臭素酸イオン摂取によって生起する腎細胞がんを評価対象とする．腎細胞がんは平均65歳で発生し，その年齢における平均余命は19年である．がんは原則として致死的と考えるが，ここでは死亡確率を60％とする．症状の重さは致死であることから1である．以上より，YLLは以下で求められる．

$$\text{YLL} = 1 \times 0.60 \times 19 = 11.4 \text{ DALYs}$$

平均余命19年が60％の確率で失われる計算を行っていることになる．また，本症より派生する障害をもって過ごす時間(YLD)はYLLに比べて十分に小さく，YLDは無視できる．ヒトの寿命を80年と仮定して，腎細胞がんの年間のDALYsは以下のとおりとなる．

$$10^{-5} \times 11.4 \div 80 = 1.4 \times 10^{-6} \text{ DALYs}$$

すなわち，発がん物質である臭素酸イオンによるがんの許容発生率10^{-5}は，障害調整生存年数で見ると1.4×10^{-6} DALYsに相当する(年間値として算出していることに注意)ということである．

さて，無処理を想定して求めたクリプトスポリジウム感染による年間の健康影響度1.5×10^{-4} DALYsという値は，この値を大きく上回っている．すなわち，オゾン処理を行ってクリプトスポリジウムを不活化することは，たとえ基準値濃度レベルの臭素酸イオンを生成したとしても大きな利益があるということを意味している．この結論は，Havelaarらが得た結論と定性的に一致している．

また，次のように指摘することもできる．すなわち，クリプトスポリジウムオーシストを1個/10 L濃度で含む水道原水に対して，オゾン処理に限らず，浄水処理で2 logの除去(99％除去)を行えば，概ね10^{-5}発がんリスクレベルから計算されるDALYsと同程度となることがわかる(ただし，上記の例ではDALYsは腎細胞がん

に対する値であることに注意).すなわち,発がん物質に適用されているリスク管理レベルと同等水準を求めるならば,原水中クリプトスポリジウムオーシスト濃度が1個/10 Lである場合には,2 log除去の性能を有するろ過処理などの浄水処理操作が必要であると指摘することができる.

　以上はDALYsという指標を用いることで,化学物質と微生物という異なるリスク因子を比較した例である.そして病原微生物に対する浄水処理上の制御目標レベルを設定することもできている.

　もちろんDALYsにも,他のリスク評価法と同様に,多くの不確実度が存在する.しかし,異なる種類のリスク因子を比較し,意志決定を支援するツールとして有益であるということができる.今後,必要なデータを整備しつつこの手法を活用することにより,消毒技術に要請される化学物質リスクと微生物リスクの同時管理の実現に接近することができる.

第1章 水の消毒副生成物問題

参考文献

1) Rook, J. J.: Production of potable water from a highly polluted river, *Water Treatment and Exam.*, Vol.21, pp.259-271, 1972.
2) Rook, J. J.: Formation of haloforms during chlorination of natural waters, *Water Treatment and Exam.*, Vol.23, pp.234-243, 1974.
3) Bellar, T. A., Lichtenberg, J. J., Kroner, R. C.: The occurrence of organohalides in chlorinated drinking water, *J. Am. Water Works Assoc.*, Vol.66, No.12, pp.703-706, 1974.
4) Hariss, R. H., Brecher, E. M. and the Editors of Consumer Reports: Is the water safe to drink?, Consumer Reports, 39, pp.436-443, 1974.
5) National Cancer Institute (NCI): Report on Carcinogenesis Bioassay of Chloroform, NTIS PB-264018, U.S.Government Printing Office, Washington, D.C., 1976.
6) 丹保憲仁編著：水道とトリハロメタン, p.273, 技報堂出版, 1983.
7) Symons, J. M.: Disinfection By-Products: A Historical Perspective, Chapter 1, pp.1-25; Singer, P. C.: Formation and Control of Disinfection By-products in Drinking Water, p.424, American Water Works Association, 1999.
8) Safe Drinking Water Committee, Board on Toxicology and Environmental Health Hazards, Assembly of Life Sciences, National Research Council: Drinking Water and Health, Volume 3, p.415, National Academy Press, Washington, D.C., 1980.
9) 米国環境保護庁編, 眞柄泰基監訳：飲料水とトリハロメタン制御, p.334, 公害対策技術同友会, 1985.
10) 「近代水道百年の歩み」編集委員会：近代水道百年の歩み, p.303, 日本水道新聞社, 1987.
11) 伊藤禎彦：上水道, pp.423-424, 日本産業技術史学会編：日本産業技術史事典, p.544, 思文閣出版, 2007.
12) 鯖田豊之：水道の思想, p.235, 中公新書, 1996.
13) Villanueva, C. M., Kogevinas, M., Grimalt, J.O.: Drinking water chlorination and adverse health effects: A review of epidemiological studies, *Medicina Cli'nica*, Vol.117, No.1, pp.27-35, 2001 (in Spanish).
14) Zaveleta, J. O., Hauchman, F. S., Cox, M. W.: Epidemiology and toxicology of disinfection by-products, in Singer, P. C.: Formation and Control of Disinfection By-products in Drinking Water, American Water Works Association, pp.95-117, 1999.
15) Nieuwenhuijsen, M. J., Toledano, M. B., Eaton, N. E., Fawell, J., Elliott, P.: Chlorination disinfection byproducts in water and their association with adverse reproductive outcomes: A review, *Occup. Environ. Med.*, Vol.57, pp.73-85, 2000.
16) 中西準子：水の環境戦略, p.226, 岩波新書, 1994.
17) Cantor, K. P., Lynch, C. F., Hildesheim, M. E., Dosemeci, M., Lubin, J., Alavanja, M., Craun, G.: Drinking water source and chlorination byproducts. I. Risk of bladder center, *Epidemiology*, Vol.9, pp.21-28, 1998.

参考文献

18) King, W. D., Marett, L. D. : Case control study of bladder cancer and chlorination byproducts in treated water (Ontario, Canada), *Cancer Causes Control*, Vol.7, pp.596-604, 1996.
19) Hildesheim, M. E., Cantor, K. P., Lynch, C. F., Dosemeci, M. Lubin, J., Alavanja, M., Craun, G. : Drinking water source and chlorination byproducts. II. Risk of colon and rectal cancers, *Epidemiology*, Vol.9, pp.29-35, 1998.
20) Arbuckle, T. E., Hrudey, S. E., Krasner, S. W., Nuckols, J. R., Richardson, S. D., Singer, P., Mendola, P., Dodds, L., Clifford Weisel, C., Ashley, D. L., Froese, K. L., Pegram, R. A., Schultz, I. R., Reif, J., Bachand, A. M., Benoit, F. M., Lynberg, M., Poole, C., Waller, K. : Assessing exposure in epidemiologic studies to disinfection by-products in drinking water : report from an international workshop, *Environ. Health Perspect.*, Vol.110 (Suppl. 1), pp.53-60, 2002.
21) World Health Organization : Concise International Chemical Assessment Document (CICAD), 58 : Chloroform, Geneva, WHO, 2004.
22) シーア・コルボーン，ダイアン・ダマノスキ，ジョン・ピーターソン・マイヤーズ著，長尾力訳：奪われし未来，p.366，翔泳社，1997.
23) デボラ・キャドバリー著，井口泰泉監修・解説，古草秀子訳：メス化する自然，p.371，集英社，1998.
24) 小林剛訳注：内分泌攪乱化学物質スクリーニング及びテスト諮問委員会(EDSTAC)最終報告書, p.532, 産業環境管理協会, 2001.
25) Waller, K., Swan, S. H., DeLorenze, G., Hopkins, B. : Triholomethanes in drinking water and spontaneous abortion, *Epidemiology*, Vol.9, pp.134-140, 1998.
26) Bove, F., Fulcomer, M., Klotz, J., Esmarat, J., Duffy, E. M., Savrin, J. E. : Public drinking water contamination and birth outcomes, *Am. J. Epidemiol.*, Vol.141, pp.850-862, 1995.
27) Dodds, L., King, W. D. : Relation between trihalomethane compounds and birth defects, *Occup. Environ. Med.*, Vol.58, pp.443-446, 2001.
28) King, W. D. L., Allen, A. C. : Relation between stillbirth and specific chlorination byproducts in public water supplies, *Enriron. Health Perspect.*, Vol.108, pp.883-886, 2000.
29) 厚生科学審議会：水質基準の見直し等について(答申), 2003.
30) 厚生科学審議会生活環境水道部会水質管理専門委員会：水質基準の見直しにおける検討概要, 2003.
31) Richardson, S. D. : Identification of drinking water disinfection byproducts, In Encyclopedia of environmental analysis and remediation, Mayers, R. A., ed., pp.1398-1421, New York, John Wiley and sons, 1998.
32) Stevens, A. A., Moore, L. A., Slocum, C. J., Smith, B. L., Seeger, D. R., Ireland, J. C. : By-products of chlorination at ten operating utilities, In Water Chlorination: Chemistry, Environmental Impact and Health Effects, Jolley, R. L., Condie, L. W., Johnson, J. D., Katz, S., Minear, R. A., Mattice, J. S., Jacobs, V. A., eds., Vol.6, pp.579-604, Lewis Publishers, Chelsea, MI, 1990.
33) Krasner, S. W., McGuire, M. J., Jacangelo, J. G., Patania, N. L., Reagan, K. M., Aieta, E. W. : The occurrence of disinfection by-products in U. S. drinking water, *J. Am. Water Works Assoc.*, Vol.81, No.8,

第1章 水の消毒副生成物問題

pp.41-53, 1989.
34) 眞柄泰基：流域の水管理，水循環のトータルシステム，土木学会論文集，No.762, pp.15-20, 2004.
35) 日本水道協会：水道用語辞典，1996.
36) 金子光美：水の消毒，p.401, 日本環境整備教育センター，1997.
37) World Health Organization : Guidelines for drinking-water quality incorporating first addendum, Vol.1, Recommendations-3rd ed., 2006.
38) Robertson, W., Tobin, R., Kjartanson, K. : Disinfection dilemma: microbiological control versus by-products, Proceedings of the Fifth National Conference on Drinking Water, Winnipeg, Manitoba, Canada, Sep. 13-15, 1992.
39) Fielding, M., Farrimond, M. : Disinfection by-products in drinking water, Current Issues, p.227, Royal Society of Chemistry, UK, 1999.
40) Ashbolt, N. J. : Risk analysis of drinking water microbial contamination versus disinfection byproducts(DBPs), *Toxicology*, Vol.198, pp.255-262, 2004.
41) 金子光美編著: 水質衛生学，p.579, 技報堂出版，1996.
42) NRC(National Research Council) : Ground Water Recharge Using Waters of Impaired Quality, National Academy Press, 1994.
43) 国立医薬品食品衛生研究所「化学物質のリスクアセスメント」編集委員会：化学物質のリスクアセスメント—現状と問題点—, p.259, 薬業時報社，1997.
44) Haas, C. N., Rose, J. B., Gerba, C. P., 金子光美監訳：水の微生物リスクとその評価，p.459, 技報堂出版，2001.
45) 日本リスク研究学会編：リスク学事典，p.375, TBSブリタニカ，2000.
46) 中谷内一也：環境リスク心理学，p.179, ナカニシヤ出版，2003.
47) 吉川肇子：リスク・コミュニケーション，p.197, 福村出版 1999.
48) U.S.EPA : National Drinking Water Regulations, Filtration Disinfection, Turbidity, *Giardia lamblia*, viruses, *Legionella*, and Heterotrophic Bacteria, Final rule, 40 CFR parts 141 and 142, Federal Register, 54, p.27486, June 29, 1989.
49) 中西準子，益永茂樹，松田裕之編：演習環境リスクを計算する，p.230, 岩波書店，2003.
50) Fewtrell, L., Bartram, J., 金子光美，平田強監訳：水系感染症リスクのアセスメントとマネジメント，WHOのガイドライン・基準への適用，p.434, 技報堂出版，2003.
51) Murray, C. J. L., Lopez, A. D. : The Global Burden of Disease and Injury Series. Vol.1, 2. Harvard School of Public Health on behalf of the World Health Organization and The World Bank, Cambridge, MA., 1996.
52) Havelaar, A. H., De Hollander, A. E. M., Teunis, P. F. M., Evers, E. G., Van Kranen, H. J., Versteegh, J. F. M., Van Koten, J. E. M., Slob, W. : Balancing the risk and benefits of drinking water disinfection : Disability adjusted life-years on the scale, *Environ. Health Perspect.*, Vol.108, No.4, pp.315-321, 2000.

第2章
水の消毒と消毒剤

2.1 消毒の目的

　取水した原水を飲用に適する水道水にするためには処理を行う必要がある．この浄水操作の最も基本的な要件は，①懸濁物質の除去と②消毒である．懸濁物質の除去は，通常，砂ろ過や膜ろ過によって行われる．懸濁物質を除去した後，飲むことができる水にするためには，消毒を行わなければならない．

　ここで，「消毒」とは，すべての病原性微生物の感染力を失わせることをいい，必ずしもすべての微生物を死滅させることを意味しているのではない．類似した用語に「滅菌」があるが，これは微生物が病原性であるかどうかは問わず，生きている微生物を完全に死滅させることをいう．一方，「不活化」とは，微生物の生活力をなくすることをいう．生活力をなくすることと死滅とは必ずしも同一ではなく，生活力はなくなっても死んでいない場合があり，時には再活化する場合もある．

　水系感染症の原因となり水質管理の対象となりうる細菌，ウイルス，原生動物（原虫，蠕虫（ぜん））の種類については 2.2 に示す．

　わが国では，水道水の消毒には，最終的に塩素剤を用いることになっている．この消毒については，第二次世界大戦の後，わが国を統治した GHQ（連合国総司令部）が決定的な影響を及ぼしたことを 1.1.1 で述べた．ここで確立した給水栓水における残留塩素保持という体制は，今日まで続いている．

　すなわち，わが国では，現在でも衛生上の措置を求めた『水道法』[1)]第 22 条に基づく『水道法施行規則』第 17 条の規定によって，給水栓において遊離塩素では 0.1 mg/L 以上，結合塩素では 0.4 mg/L 以上が残留していなければならないものとされている．これは，送配水等の過程における外部からの汚染の可能性も考慮して，消毒の効果を確実なものとするために維持されている規定である．また，残留塩素の存在は，給配水過程において微生物が繁殖することを防止し，水道システム全体を

衛生的な状態に保持するという役割を持つ．このように，浄水場における消毒に関連した塩素注入は，浄水場内で病原微生物を不活化させるという目的と，給配水過程における汚染対策および衛生状態の確保という目的がある．

一方，水道水中に残留する塩素は，いわゆるカルキ臭を水に与える．このため，残留塩素の上限として，水質基準体系の中では水質管理目標設定項目として目標値 1 mg/L が示されている．ただし，「おいしい水」[2]のための要件としては，残留塩素は 0.4 mg/L 以下である必要があるとされている．残留塩素と臭気強度の項目の内容については，水質基準に関連して 4.2 で述べる．またカルキ臭の問題については，消毒の展望に関連して 6.6.2 でとりあげることとする．

わが国では消毒にはもっぱら塩素が使用されてきたが，①塩素が水中の有機物と反応することにより，トリハロメタンなどの有害な副生成物をつくることが明らかになり，その健康影響が懸念されてきたこと，②細菌以外にも，ウイルスや原生動物も感染症の原因微生物としてとりあげる必要性が高まってきたこと，などによって塩素処理が見直されてきている．水道水や下水処理水に適用できる可能性があるものは，二酸化塩素，クロラミン，オゾン，紫外線などであり，検討が進められてきた．代替消毒剤およびその検討状況については，2.3 および 6.6.1 で述べる．

2.2 消毒の対象微生物

2.2.1 微生物とヒト・都市との共存・競合関係[3〜5]

微生物とヒト，あるいは都市とは，ある場合には共存関係にあり，ある場合には競合関係にある．

例えば，我々の皮膚や腸管内には無数の細菌が生息しているのであり，これを常在菌叢（そう）という．その数は，実に成人のヒトの体細胞の数に匹敵するという．これらの細菌を持つことは不潔なのではなく，細菌がいるおかげで我々にとって真に有害な病原菌が簡単に体内に侵入することはない．この時，ヒトは細菌に住みかを提供しており，その代わりに細菌は病原菌の侵入を阻止しているという意味で両者は共生関係にあるということができる．

この観点からすると，消毒剤や抗菌剤，殺菌剤によって微生物を殺し，微生物生態系を変容させることが本当に適切な技術なのかという懸念が生じる．

現代の都市生活にしても，清潔主義が蔓延し，微生物との共存を許さずむしろこ

れを破壊するという様式をとっているという批判がある．実際，長い間培ってきた微生物との共存を破壊した結果，思わぬしっぺ返しを受けているという例も指摘されている．

本来は，ヒトにとって真に競合関係にある微生物だけを選択的に不活化する，すなわち上述した「消毒」という用語が意味する「病原性微生物の感染力を失わせる」ことだけが達成できればもっとも望ましいといえる．しかし，我々は残念ながら，少なくとも水処理技術において，競合関係にある微生物だけを選択的に不活化するという技術は持ち合わせていない．

2.2.2 対象微生物 [6, 7]

以下，水系感染症の原因となり水質管理の対象となりうる微生物について解説する．

(1) 細　菌

水系感染に関連する病原細菌の種類を**表-2.1**に示す．コレラ菌，赤痢菌，チフス菌などが古典的な水系感染原因細菌であり，それらは19世紀後半から20世中頃まで水質衛生上の重要な病原細菌であったが，現代では病原大腸菌やカンピロバクター，アエロモナス，チフス菌以外のサルモネラ属などによる水系感染が起きている．

大腸菌は，好気性または通性嫌気性のグラム陰性無芽胞の桿菌で，動物の腸内に

表-2.1　水系感染に関連する病原細菌

病原大腸菌(pathogenic *Escherichia coli*)
(ⅰ)　腸管病原性大腸菌(enteropathogenic *E. coli*；EPEC)
(ⅱ)　腸管侵入性大腸菌(enteroinvasive *E. coli*；EIEC)
(ⅲ)　毒素原性大腸菌(enterotoxigenic *E. coli*；ETEC)
(ⅳ)　腸管出血性大腸菌(enterohemorrhagic *E. coli*；EHEC)
(ⅴ)　腸管集合性大腸菌(enteroadherent *E. coli*；EAEC)
カンピロバクター(*Campylobacter*)
赤痢菌(dysentery bacillus)
サルモネラ(*Salmonella*)
ビブリオ(*Vibrio*)およびコレラ菌(Cholera vibrio)
エルシニア(*Yersinia*)
アエロモナス(*Aeromonas*)
プレシオモナス(*Plesiomonas*)
ウェルシュ菌(*Clostridium perfringens*)
レジオネラ(*Legionella*)

生息する常在菌である．水質管理上，大腸菌はあくまで水の糞便汚染の指標として用いられるものであり，それ自体に病原性があるわけではない．しかし，大腸菌のうちごく一部のものには病原性があり，腸管に感染して下痢を主な症状とする腸炎を引き起こし，それらは病原大腸菌あるいは下痢原性大腸菌と呼ばれる[8]．

病原大腸菌は表-2.1に示す5つに分類される．このうち腸管出血性大腸菌はベロ毒素産生性大腸菌(verotoxigenic *E. coli* ; VTEC)とも呼ばれる．この5分類に加えて，大腸菌のもつ3種の抗原の構造に基づいてさらに多くの種類に分類されている．抗原とは動物の生体内で免疫の標的にされるもので，ひとつは細胞壁が抗原となりO抗原と呼ばれる．他の2つは鞭毛(H抗原)と，莢膜(K抗原)である．腸管出血性大腸菌としては，いわゆるO157が有名であるが，実際には *E. coli* O157：H7によるものが多い．これ以外にもベロ毒素を産生する腸管出血性大腸菌には30種類以上が知られている[9]．

カンピロバクターは，グラム陰性無芽胞の桿菌で，鞭毛を持つ．多くの動物が保菌しており，家畜，家禽の腸管にも広く常在する細菌である．ヒトに対して腸炎・下痢症を引き起こす．

なお，水の飲用によって腸管系の疾病を引き起こす細菌とは異なるが，エアロゾルの吸入により摂取され注意すべきものにレジオネラがある．レジオネラは好気性のグラム陰性，短桿菌である．その症状は在郷軍人病として知られている[10]が，特に重症肺炎を引き起こすことが重要で，この場合，死亡率が高い．本菌が飲料水の給水系統内に混入または定着する可能性も考慮しておく必要がある．水道システムにおいてレジオネラの増殖を許さないためには，水道施設を清浄な状態に維持する必要があり，その管理指標としては従属栄養細菌を考えることができる(4.2参照)．

(2) ウイルス

飲料水を介して感染するヒトの病原ウイルスは，口から体内に取り込まれ，主に腸管で感染が成立するウイルスに限られる．水系感染の原因となる主なウイルスの種類を表-2.2に示す．

水中でのウイルスの検出・定量の例は限られている．しかし，わが国の水環境からもノロウイルス，エンテロウイルス，アデノウイルスなどが実際に検出されており，水道の原水となる水の中にウイルスが存在する可能性があると考えておく必要がある[11]．米国では，原因のわからない水系感染症の多くはウイルスによるものと推定されている．

2.2 消毒の対象微生物

表-2.2 水系感染の原因となる主なウイルス

ウイルス名	関連する病気
ロタウイルス (Rotavirus)	胃腸炎
ノロウイルス (Norovirus)	胃腸炎
サポウイルス (Sapovirus)	胃腸炎
アストロウイルス (Astrovirus)	胃腸炎
エンテロウイルス (Enterovirus)	無菌性髄膜炎など
A型肝炎ウイルス (Hepatitis A virus)	急性肝炎
E型肝炎ウイルス (Hepatitis E virus)	急性肝炎
アデノウイルス (Adenovirus)	咽頭結膜炎など
ポリオウイルス (Poliovirus)	弛緩性麻痺など
コクサッキーウイルス (Coxsackievirus)	弛緩性麻痺など

また，飲料水を介したウイルスによる感染事例としてわが国で最近多く報告されているものにノロウイルスがある．もちろんこれには，ウイルスの検査技術が発展し原因微生物が特定されるようになってきたことも大きく寄与している[12]．ノロウイルスは，遺伝子として一本鎖RNAを持ち，直径27～40 nmの小型球形ウイルスであり，主な症状は嘔気，嘔吐，下痢である．

(3) 原　虫

原生動物(寄生虫)のうち，単細胞のものを原虫，多細胞のものを蠕虫という．**表-2.3**に水系汚染に関わる原虫の種類[7]を示した．

原虫類の種類によっては，その生活環の中で耐久性のオーシストあるいはシスト（以下，オーシストなど）を形成し，宿主の糞便とともに外界に排出されるものがあ

表-2.3 水系汚染に関わる原虫の種類と感染経路[7]

	原虫種	感染経路
糞便由来	大腸バランチジウム (*Balantidium coli*) クリプトスポリジウム (*Cryptosporidium* spp.) サイクロスポラ (*Cyclospora cayetanensis*) 赤痢アメーバ (*Entamoeba histolytica*) ジアルジア (*Giardia lamblia*) 戦争イソスポラ (*Isospora belli*) ミクロスポリディア (*Microsporidia*) トキソプラズマ (*Toxoplasma gondii*)	オーシスト/シストの経口摂取
環境由来 (自由生活性)	アカントアメーバ (*Acanthamoeba* spp.) バラムチア (*Balamuthia mandrillaris*) フォーラーネグレリア (*Naegleria fowleri*)	経鼻感染 (コンタクトレンズ)

る．排出されたオーシストなどが水環境を汚染する．クリプトスポリジウムやジアルジアがその代表であり，この2種は，わが国の水道水源となる河川水中などで一般的に見出される原虫である[13]．

クリプトスポリジウムは人畜共通伝染病の病原体であり，ヒトの他にイヌ，ネコ，ヒツジ，アヒルなどの動物に感染する．オーシスト(嚢胞体)は球形で3～5μmの大きさである．経口摂取によって感染し，主たる症状は水様性の下痢である．ヒトには，*Cryptosporidium parvum* が最も感染しやすいことで知られている．

ジアルジアはランブル鞭毛虫の名で古くから知られている原虫である．人畜共通感染症であり，動物の糞便で汚染された例が多い．ジアルジア下痢症という激しい下痢の原因となる．

原虫は，細胞の芽胞に相当するシスト(嚢子)を形成するが，シストは塩素処理をはじめとする消毒に対する抵抗性が強い．これが原虫類による汚染が重視される理由であり，クリプトスポリジウムは通常の浄水処理における塩素消毒では全く不活化することができない(表-2.6参照)．さらに，急速砂ろ過システムなど通常の浄水処理ではオーシストなどの完全除去ができないこともある．

1996年，埼玉県越生町（おごせ）で，水道水が原因となりクリプトスポリジウムによる集団感染事故が発生した[14]．給水人口約13 800人のうちの70％以上が感染したとみられる．これはわが国の水道における初めての大規模なクリプトスポリジウム感染症であったが，その後も小規模な感染事例が報告されている．

海外では，1993年に米国ウィスコンシン州ミルウォーキーでの感染事例が有名である[15]．160万人が曝露され，40万人が発症，さらにエイズ患者などを中心に約400人が死亡するという大事件であった．

越生町の事例を受けわが国では，1996年に『水道におけるクリプトスポリジウム暫定対策指針』がつくられ，「クリプトスポリジウム等による汚染のおそれがある場合には適切なろ過処理を行うこと」とされた．

これに伴い浄水処理システムにも大きな影響を及ぼしている．わが国では，このクリプトスポリジウム問題を契機として，膜ろ過の導入が進みつつあるといってもよい[16]．砂ろ過法と比較して膜ろ過法では，微粒子除去が確定的になされることから有利なプロセスと考えられる[17, 18]のが導入のひとつの理由となっている．

その後，暫定対策指針は廃止され，2007年に『水道におけるクリプトスポリジウム等対策指針』[19]が策定されたが，この中では紫外線処理法も選択肢として位置づけている．紫外線に関連する事項は2.3.5でとりあげている．

以上，水系感染症を引き起こす可能性がある微生物を示したが，わが国における飲料水等を介した最近の健康被害の実態を調査した報告[20]によれば，病原大腸菌，カンピロバクター，ノロウイルスによるものが目立っている．これらは上水道，簡易水道，専用水道，貯水槽水道，小規模水道，飲用井戸，湧水で発生しているが，主な原因は不十分な消毒である．また，クリプトスポリジウムとジアルジアによる感染も起きており，水道の給水停止に至った事例もある．一方，レジオネラによる被害事例は，飲料水ではなく，温泉など浴槽水を介して発生している[21]．

2.3 消毒方法の種類[22]

ここでは消毒に使用される主な消毒剤の種類を示す．**表-2.4**は，各消毒剤の特性を比較したものであり，最終消毒剤としての許可状況も記されている．また，**表-2.5**は微生物に対する不活化力を中心として不活化特性を比較したものであり，さらに，**表-2.6**は $2\log(99\%)$ 不活化するのに必要なCT値［消毒剤濃度$(mg/L) \times$接触時間(min)］を示している．対象微生物によって消毒剤の不活化効果は異なるが，**表-2.6**中に示したように，塩素，二酸化塩素，クロラミン，オゾンの4種を比較すると，その不活化効果は，概ねオゾン＞二酸化塩素＞塩素＞クロラミンの順となる．以下，各消毒剤の概略を記すが，生成する副生成物の比較は**6.6.1**で行う．

2.3.1 塩　素

塩素剤としては一般に，①液化塩素，②次亜塩素酸ナトリウム，③次亜塩素酸カルシウム（高度さらし粉を含む）の3種類が使用される．液化塩素，次亜塩素酸ナトリウムは，次式のように水と反応して次亜塩素酸（HOCl）および次亜塩素酸イオン（OCl$^-$）を生じる．

液化塩素の場合

$$Cl_2 + H_2O \rightleftarrows HOCl + HCl \tag{2.1}$$

$$HOCl \rightleftarrows OCl^- + H^+ \tag{2.2}$$

次亜塩素酸ナトリウムの場合

$$NaOCl + H_2O \rightleftarrows HOCl + NaOH \tag{2.3}$$

$$HOCl \rightleftarrows OCl^- + H^+ \tag{2.4}$$

微生物に対する不活化力を有する遊離型有効塩素は，塩素（Cl_2），次亜塩素酸（HOCl），次亜塩素酸イオン（OCl$^-$）であるが，通常の水の消毒におけるpH域では

表-2.4 消毒剤特性の比較[22]

	塩素	二酸化塩素	クロラミン	紫外線	オゾン
残留効果	あり	あり．塩素より残留性は高い	あり．塩素よりやや高い	なし	30〜40分で消失
適正pH値	中性以下．7に比べ9では10〜20倍，10では約60倍の接触時間が必要	6〜10で効果が変わらず，8.5では塩素より効果大	中性域，pH値が上がるとやや効果減（塩素ほどではない）	pHの影響は受けない	広範囲で適用可．6〜8.5で効果変わらず
不活化機構	細胞膜損傷による細胞成分の漏出．細胞膜機能への直接作用，酵素の不活化，ウイルスは核酸の不活化が基本	酵素の失活．ウイルスは外被タンパク質の致死的障害	基本的には塩素と同じ．次亜塩素酸が作用する酵素とは異なる酵素が影響を受ける	紫外吸収による核タンパク質の損傷	細胞膜の破壊に伴う細胞成分の漏出．DNAの損傷．ウイルスは核酸の損傷が基本
脱色効果	効果は大きい．紫外線と併用するとさらに効果大	塩素と同等以上	有機性着色には効果はない	効果あり．塩素との併用で効果上昇	効果は迅速で著しい
脱臭味効果	植物性臭，魚臭，腐敗臭，下水臭などに効果	塩素より効果的	効果は小さい．モノクロラミンは異臭味を与える	藻臭には効果あり．他臭気には効果なし	ほとんどの臭気に効果あり．カビ臭は活性炭と併用すると効果大
殺藻効果	ほとんどの藻類，小動物，鉄バクテリアなどに効果	塩素と同等	効果は期待できる	水深が浅ければ効果あり	塩素と同等．ただし，藻類では細胞を破壊し，臭気が漏出することもある
除鉄・除マンガン効果	鉄は前処理で，マンガンは前〜中間処理で効果	塩素より効果大，オゾンとほぼ同等	効果はほとんどない（しかし，水道管内の赤水発生は非常に少ない）	効果なし	無機性，有機性の鉄，マンガンに効果大
最終消毒剤としての許可（水道法）	可	前・中間消毒可 最終消毒不可	可	不可	不可

2.3 消毒方法の種類

表–2.5 消毒剤の不活化効果の比較

	塩素	二酸化塩素	クロラミン	紫外線	オゾン
不活化効果の特徴	細菌，大腸菌，ウイルスなどへの不活化効果は著しい	細菌，大腸菌，ウイルスなどへの不活化力は強い	細菌の不活化効果あり．種類により不活化力に差があり，ジクロラミンが最大．ウイルスには効果弱	細菌，ウイルス，芽胞菌などに効果がある．原虫の不活化も期待できる	細菌，大腸菌，芽胞菌，ウイルスなどへの不活化力は強力．原虫の不活化も期待できる
不活化力比較	オゾン＞二酸化塩素，分子状塩素＞次亜塩素酸＞次亜塩素酸イオン＞ジクロラミン＞モノクラミン＞有機クロラミン				

表–2.6 5℃における 2 log(99%)不活化に必要な CT 値[22]

	塩素 [(mg·min)/L]	二酸化塩素 [(mg·min)/L]	クロラミン [(mg·min)/L]	オゾン [(mg·min)/L]	紫外線 (mJ/cm^2)
E.coli	0.034〜0.05	0.4〜0.75	95〜180	0.02	5.4
Rotavirus	0.02	0.2〜0.3	5 000	0.019〜0.064	25
Poliovirus	—	0.2〜6.7	1 400	0.2	21
Giardia lamblia	47〜150	26[*1]	2 200[*1]	0.5〜0.6	5
Cryptosporidium parvum	1 600[*4]	78[*3]	7 200[*3]	5〜10[*2]	1〜10

注) CT 値は，消毒剤濃度 C(mg/L) と接触時間 T(min) の積．
[*1] pH 7, 25 ℃における 99.9 %に不活化に必要な CT 値
[*2] pH 7, 25 ℃における 99 %不活化に必要な CT 値
[*3] pH 7, 25 ℃における 90 %不活化に必要な CT 値
[*4] pH 7, 20 ℃における 99 %不活化に必要な CT 値

HOCl と OCl$^-$ のみが存在する．HOCl と OCl$^-$ は，殺菌力に大差があり，HOCl の方が殺菌作用ははるかに強い．HOCl と OCl$^-$ の存在比は，pH が低くなるほど HOCl の占める割合が高くなるので，pH が低いほど消毒効果は大きい．

塩素は強い酸化力を持ち，細菌細胞を構成するほとんどの化合物と反応し，酸化，加水分解，脱アミノ化を起こす．また，OCl$^-$ は負に荷電していることから，同じく負に帯電している微生物細胞に侵入しにくいため，HOCl よりも殺菌効果が小さいとされる．

2.3.2 二酸化塩素

二酸化塩素 (ClO$_2$) を生成させる方法としては，亜塩素酸ナトリウム (NaClO$_2$) を原料とする方法と塩素酸ナトリウム (NaClO$_3$) を原料とする方法がある．亜塩素酸ナトリウムから生成させる方法には，亜塩素酸ナトリウムに塩酸を直接反応させる方法，

塩素ガスを使用する方法，次亜塩素酸ナトリウムを塩酸と使用する方法，電気分解を行う方法の4種類がある．また，塩素酸ナトリウムから生成させる方法としては，硫酸酸性中で過酸化水素によって塩素酸ナトリウムを還元させる方法がある．

二酸化塩素は水とも反応しないため揮散性があり，開放容器内では不安定で徐々に濃度が減少する．しかし，表-2.4 に示すように残留効果自体はあるので，給配水管内のような密閉系では消毒剤として残留しうると考えてよい．

二酸化塩素は，生成する有機塩素化合物が塩素と比較してはるかに少なく，微生物に対する不活化力も塩素と同等以上で，残留効果もあることから，単一の消毒剤としては，塩素代替消毒剤の筆頭とされてきた消毒剤である．

これまでに，消毒効果や消毒副生成物の確認をはじめ，生成技術や維持管理技術等が確立されている．表-2.4 に示すように，現在のところ最終消毒剤としての使用は認められていないが，技術的には塩素に代わる最終消毒剤として十分に実用化の域に達した消毒剤であるといえる．

ただし，現行の水質基準体系のもとでは，無機の副生成物である塩素酸イオン（ClO_3^-）が基準項目に，亜塩素酸イオン（ClO_2^-）が水質管理目標設定項目にリストアップされ，その基準値および目標値がいずれも 0.6 mg/L となっており，使用時には注意する必要がある．項目の内容については4章でとりあげる．さらに著者らは，塩素処理水と比較して二酸化塩素処理水の変異原性が格段に低いとはいえず，消毒副生成物の問題を回避するために二酸化塩素の適用を考えるのは早計であると指摘した[23]．この内容は 5.3.2 で論じている．以上より，図-1.1 を引用しつつ述べた消毒の本質に照らして，二酸化塩素の効用は限定的であると考えておく必要がある．

2.3.3 クロラミン

クロラミンはアンモニアの H を Cl で置換したもので，置換する H の数に応じてモノクロラミン（NH_2Cl），ジクロラミン（$NHCl_2$），トリクロラミン（三塩化窒素，NCl_3）の3種類があるが，水道の消毒に用いるのは主にモノクロラミンである．クロラミンは，塩素剤とアンモニアを処理水中で混合して反応させ生成させる．

クロラミンは，副生成物としての有機ハロゲン化合物の発生量が少なく，また，残留性が高いため，特に給・配水管内の微生物膜の増殖を防止する効果がある．一方，クロラミンの消毒効果は塩素などに比べ遅効的で，同程度の消毒効果を発揮するために必要な接触時間は，塩素の100倍ともいわれている．

塩素より消毒効果が劣ることから単独での使用は限定的にならざるを得ない．し

かし，水源水質が良好な場合もしくは高度浄水処理によって消毒対象になる水が良好な場合，または前段の浄水工程で微生物に対する除去・不活化が既になされている場合には，残留性に優れていることや配管系での生物膜の形成抑制効果が高いことなどから，給配水系での使用価値が高い消毒剤である．

クロラミンによっても，有機ハロゲン化合物の生成量は少ないものの，様々な副生成物が生成する(3章参照)ことは認識しておく必要がある．特に，発がん性を有する化合物として知られる N-ニトロソジメチルアミン(NDMA)が生成することも報告[24, 25]されており，その水道水中濃度と毒性評価の動向に注意する必要がある．

2.3.4 オゾン

オゾン(O_3)は強力な酸化剤であり，水処理における利用目的は，病原微生物(細菌，ウイルス，原生動物)の不活化の他，原水中の微量汚染物質やカビ臭など臭気原因物質の酸化分解，着色成分対策，鉄・マンガンの酸化，トリハロメタン前駆物質の低減化など多岐にわたっている．

浄水処理で注入されるオゾンは，鉄，マンガン，硫化物，亜硝酸塩，有機物の酸化に消費されるとともに，微生物に作用して強い不活化力を持つ．しかし，消毒効果が有効であるためには，一定のCT値(水中濃度×接触時間)が必要であるから，ある時間，ある量のオゾンを残留させる必要がある．

残留効果はないが，耐塩素性微生物に対する不活化効果が高いこと，維持管理方法も確立されていることなどから，オゾンは今後ともさらに利用されていくと考えられる．

オゾンによる副生成物としてはカルボニル化合物(ケトン，アルデヒドなど)が代表的であるが，原水に臭化物イオンが含まれる場合に生成する臭素酸イオンについて基準値 $10 \mu g/L$ が設定されている．臭素酸イオンの基準項目としての内容と毒性評価上の意義については，4章および5章で述べる．また，オゾン注入抑制，オゾン処理時のpH制御，溶存オゾン濃度の管理など臭素酸イオンの生成抑制のための対策が実施されてきている(6.3.3参照)．

2.3.5 紫 外 線

紫外線(UV)消毒は，注入した薬剤の化学反応によって微生物を不活化する他の消毒方法と異なり，紫外線による光化学的な反応によって微生物を不活化する方法である．したがって，紫外線を照射している時にのみ殺菌効果が得られるため，残留

効果はない．一方，紫外線消毒では消毒副生成物が生成しないといわれることがあるが，消毒効果とともに本来有機物に対する酸化効果も持っていることに注意すべきで，紫外線照射によって形態が変化する水中有機物などがあり得る(3.4.5 参照)．

紫外線消毒は，装置がコンパクトであること，維持管理が容易であること，また消毒副生成物を生じにくいことなどの利点があり，さらに塩素耐性原虫であるクリプトスポリジウムを効果的に不活化できることから，今後，広く適用されていくことが期待されている[26]．

ところで，クリプトスポリジウムなどの耐塩素性病原生物への対策については，『水道におけるクリプトスポリジウム暫定対策指針』(1996年)の策定以来，原水に耐塩素性病原生物が混入するおそれがある場合には浄水施設にろ過等の設備を設けなければならないこととされてきた．わが国では，これをきっかけに膜ろ過施設が普及してきている．しかし，必要なろ過設備が設置されていない施設が特に小規模な水道施設に多く残存していることなどから，ろ過と比べ簡便な紫外線処理法を新たに導入することとした．

厚生労働省は『水道施設の技術的基準を定める省令』を改正し，クリプトスポリジウムなどの耐塩素性微生物対策として紫外線処理を位置づけ，2007年から施行している．なお，1996年に策定された暫定対策指針は廃止され，『水道におけるクリプトスポリジウム等対策指針』[19] が策定されている．『紫外線消毒のガイドライン』[27] もつくられるなど，紫外線処理は今後使用される機会が増えていくものと考えられる．

参考文献

1) 水道法制研究会：水道法ハンドブック，p.153，水道技術研究センター，2003．
2) おいしい水研究会：おいしい水について，水道協会雑誌，Vol.54，No.5，pp.76－83，1985．
3) 藤田紘一郎：空飛ぶ寄生虫，p.254，講談社，1996．
4) 村尾澤夫，藤井ミチ子，荒井基夫：くらしと微生物，p.189，培風館，1993．
5) 生田哲：感染症が危ない，p.187，光文社，1997．
6) 金子光美：水の消毒，p.401，日本環境整備教育センター，1997．
7) 金子光美編著：水道の病原微生物対策，p.225，丸善，2006．
8) 工藤泰雄：下痢原性大腸菌，治療学，Vol.31，No.1，pp.17－22，1997．
9) 吉川昌之介：細菌の逆襲，p.265，中公新書，1995．
10) 相川正道，永倉貢一：現代の感染症，p.222，岩波新書，1997．
11) 矢野一好：腸管系ウイルスによる水質汚染と食品汚染，水環境学会誌，Vol.29，No.3，pp.124－129，2006．
12) 佐野大輔，植木洋：河川および海域における病原ウイルス汚染—ノロウイルス調査事例，水環境学会誌，Vol.29，No.3，pp.130－134，2006．
13) 保坂三継：クリプトスポリジウムとジアルジアによる水環境及び水道水の汚染，保健医療科学，Vol.56，No.1，pp.24－31，2007．
14) 日本水道協会：水道におけるクリプトスポリジウム汚染に関する当面の対策と解説，p.117，1996．
15) Fayer, R.：Cryptosporidium and Cryptosporidiosis, p.251, CRC Press, 1997.
16) 水道技術研究センター：環境影響低減化浄水技術開発研究(e-Water)ガイドライン集，Ⅰ大規模膜ろ過施設導入ガイドライン，pp.1－109，2005．
17) 藤田賢二編著：急速濾過・生物濾過・膜濾過，p.295，技報堂出版，1994．
18) 丹保憲仁，丸山俊朗編：水文大循環と地域水代謝，p.222，技報堂出版，2003．
19) 厚生労働省：水道におけるクリプトスポリジウム等対策指針，2007．
20) 山田俊郎，秋葉道宏：最近10年間の水を介した健康被害事例，保健医療科学，Vol.56，No.1，pp.16－23，2007．
21) 古畑勝則：温泉水におけるレジオネラ汚染とその対応，水環境学会誌，Vol.28，No.9，pp.559－563，2005．
22) 水道技術研究センター：高効率浄水処理開発研究(ACT21)，代替消毒剤の実用化に関するマニュアル，p.313，2002．
23) 伊藤禎彦，村上仁士，福原勝，仲野敦士：塩素および二酸化塩素処理水の染色体異常誘発性の生成・低減過程，環境工学研究論文集，Vol.40，pp.201－212，2003．
24) Mitch, W. A., Sharp, J. O., Trussell, R. R., Valentine, R. L., Alvarez-Cohen, L., Sedlak, D. L.：N-Nitrosodimethylamine(NDMA)as a drinking water contaminant, A review, *Environ. Eng. Sci.*, Vol.20, No.5, pp.389－403, 2003.
25) Andrews, S.A., Taguch:, V.Y.: NDMA-Canadian issues, *Proc. AWWA Water Qual. Technol. Conf.*, Vol.3－

第 2 章　水の消毒と消毒剤

    1, pp.828‒837, 2000.
26)　Masschelein, W. J. 著, 海賀信好訳：紫外線による水処理と衛生管理, p.170, 技報堂出版, 2004.
27)　水道技術研究センター：環境影響低減化浄水技術開発研究 (e-Water) ガイドライン集, Ⅲ紫外線消毒ガイドライン, pp.276‒334, 2005.

第3章
消毒副生成物の分類と反応論

3.1 消毒副生成物の生成反応の特徴

　消毒副生成物の生成反応は，多段かつ競合的な反応であり，実に様々な種類の化合物が生成する．消毒副生成物として，実験室レベルの実験で確認されたもの含めると，600～700種類の化合物が知られている[1~3]が，それでも全有機ハロゲン(Total Organic Halides；TOX)量の50％程度が説明できるにすぎない．これらの個別に同定されている比較的分子量の小さい化合物に加えて，高分子の消毒副生成物の存在も示唆されている[4]．このような消毒副生成物の多様性は，前駆体として，あるいは共存物質として関与する原水中の溶存有機物の構造の複雑さ・多様さを考えれば当然のこともいえる．

　塩素処理が最も一般的な消毒法であることや，消毒副生成物発見の経緯から，塩素処理で生成するハロゲン化物を中心に調査・研究が進められてきた．この結果としてこれらの物質群に関する知見が多く，本章でも多くの紙面を割いている．しかし，これは必ずしも塩素処理以外の代替消毒剤の方が優れていることや，ハロゲンを含まない消毒副生成物は生成しても問題ないことを意味するわけではない．代替消毒剤の利用は，むしろ反応の種類が変化すると考えるべきで，本章でもなるべくこの点を強調したつもりである．なお，各消毒剤で処理した水の毒性学的な比較検討は5章で行う．

　また，反応が多段であることから，反応機構の理解には中間体の生成反応が重要な場合がある．中間体の生成反応は，塩素処理においてすらハロゲン化反応でないことがあるが，できる限りこのような一見マイナーな化学反応についても考えてみたい．

　さらに，反応が競合的であるために，化学反応式や反応の模式図に表現できるような反応機構とともに，各反応の速度論的な情報が反応の理解のために不可欠とな

る．このため，反応論に関してはできる限り速度論的な知見についても触れた．また，消毒副生成物は必ずしも生成した後に水道水中で安定ではない．水道末端に届く消毒副生成物の濃度は，生成反応ばかりでなく安定性にも強く影響を受ける．この点に関しても反応論の中でできる限り速度論データとともに考察を行っている．

本章では，まずこれまでに知られている消毒副生成物について消毒剤ごとに分類した後，これらの前駆体について述べる．その後，これらの前駆体と消毒剤の反応と代表的な個別の消毒副生成物の生成機構に関する知見を整理する．また，生成特性や生成機構の把握には，高感度で正確な分析法が不可欠である．消毒副生成物の分類にあたっては，必要に応じて分析方法についても言及することとした．

3.2 消毒副生成物の分類

消毒副生成物の分類方法としては，2つの軸が考えられる．一つは消毒剤の種類である．ブロモホルムのように塩素処理でもオゾン処理でも生成する消毒副生成物もあるが，塩素処理でトリハロメタン濃度が高くオゾン処理では臭素酸イオンが生成するというように，生成する化合物の種類は主に消毒剤に規定される．すなわち，各消毒剤にはある程度固有の消毒副生成物が存在する．

もう一つの軸は，生成した化合物の物性である．最も大きな区分は有機物か無機物かという分類であり，以下，構成元素種，官能基の種類，親水性疎水性，分子量（揮発性かどうか）などにより細分化される．本節では，消毒剤ごとに消毒副生成物を概観する．塩素，クロラミン，オゾン，二酸化塩素に由来する消毒副生成物について記述した後，消毒剤の組合せ（例えば，オゾン処理＋クロラミン処理で検出頻度が高い塩化シアンなど）に特有の副生成物について紹介する．

3.2.1 塩素処理副生成物の分類

表-3.1にこれまでに知られている塩素処理副生成物の物質の区分と代表的な化合物を示す．健康影響の観点から注目されて（そして，本章でもそのために中心的話題に据えられているが）きたのは表-3.1の前半のトリハロメタンに代表されるハロゲン化物である．ただし，塩素（ハロゲン化剤ではない）は，酸化剤としても働き，実際はハロゲン化反応以外の酸化反応に消費される塩素量の方が多い[5]．このことを反映してケトンやアルデヒドなど酸化反応の結果，ハロゲンを含まない化合物が検出されている．また，これらの塩素化を含まない化学反応は，ハロゲン化物の生成反

3.2 消毒副生成物の分類

表-3.1 塩素処理副生成物の分類[1,3,6〜8]

消毒副生成物の区分	実際の水道水から検出された物質の例
ハロゲン化物	
トリハロメタン	クロロホルム，ブロモジクロロメタン，ジブロモクロロメタン，ブロモホルム，ジクロロヨードメタン
その他のハロアルカン	クロロメタン，ジクロロメタン
ハロアルケン	ペンタクロロプロペン，テトラクロロシクロプロペン
ハロ酢酸	クロロ酢酸，ジクロロ酢酸，トリクロロ酢酸，ブロモ酢酸，ジブロモ酢酸，ブロモクロロ酢酸，ジブロモクロロ酢酸，ブロモジクロロ酢酸，トリブロモ酢酸
ハロ安息香酸	ジクロロヒドロキシ安息香酸
その他の飽和ハロカルボン酸	2-クロロプロピオン酸，2,2-ジクロロプロピオン酸，2,2-ジブロモプロピオン酸，ジブロモクロロプロピオン酸
MX類	MX，EMX，臭素化MX(BMX)
その他のハロフラノン	5-ヒドロキシ-5-トリクロロメチル-2-フラノン
ハロケトン	1,1-ジクロロプロパノン，1,1,1-トリクロロプロパノン，1,1,1-トリクロロ-2-ブタノン，1-ブロモ-1-クロロプロパノン
ハロアセトニトリル	クロロアセトニトリル，ブロモアセトニトリル，ジクロロアセトニトリル，ブロモクロロアセトニトリル，ジブロモアセトニトリル，トリクロロアセトニトリル，ブロモジクロロアセトニトリル
その他のハロニトリル*	塩化シアン
ハロアルデヒド	ブロモクロロアルデヒド，ジクロロアセトアルデヒド，抱水クロラール（トリクロロアセトアルデヒド）
ハロアミド	2,2-ジクロロアセトアミド
ハロエステル	酢酸クロロエチル
ハロフェノール	2-クロロフェノール，2,4-ジクロロフェノール，2,4,6-トリクロロフェノール
その他の芳香族化合物	ジクロロベンゼン，クロロベンゼン
ハロニトロメタン	クロロピクリン(トリクロロニトロメタン)，ブロモピクリン
ハロゲン化物以外の有機化合物	
カルボン酸	酪酸，3-メチル安息香酸，1,3,5-ベンゼン安息香酸，3-ヒドロキシ安息香酸，安息香酸
アルデヒド	アセトアルデヒド，ホルムアルデヒド
ケトン	2-メチル-ペンタノン
アルコール	1-エトキシ-1-ヒドロキシメタン
無機物	塩素酸イオン，トリクロラミン

* 塩化シアンは無機物に分類されるが，構造上の類似性からここではその他のハロニトリルとした．

応の一部でもあり，決して無視できるものではない．この点については反応論のところで詳しく述べる．以下，主な生成物群の化学的特徴について簡単に整理する．

(1) トリハロメタン(THMs)

メタンの水素のうち3つがハロゲン原子に置換した化合物の総称(CHX_3)である(図-3.1)．検出頻度，検出濃度ともにハロ酢酸と並んで最も高いグループの化合物である．1972年にオランダのRookによってクロロホルムが水道水中に存在することが指摘され，その後，このクロロホルムは原水中に含まれるわけではなく，水中の溶存有機物と塩素の反応生成物であることが確認された[9]．消毒副生成物問題の歴史はここに始まったといってよい．WHOの『飲料水水質ガイドライン』や各国の基準値に設定されているのは，塩素または臭素を含むものであるが，ヨウ素を含むものも検出されている[1]．いずれも低沸点化合物であり，曝露量評価にあたっては気相への移行の可能性も考慮する必要がある．

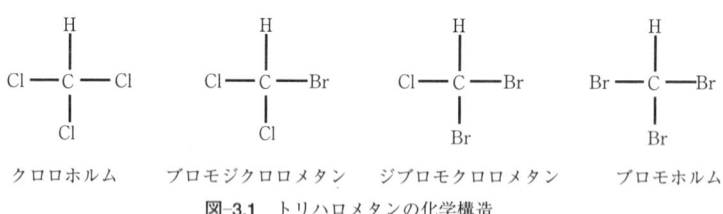

図-3.1 トリハロメタンの化学構造

クロロホルム　　ブロモジクロロメタン　　ジブロモクロロメタン　　ブロモホルム

(2) ハロ酢酸(HAAs)

酢酸(CH_3COOH)のメチル基部分の水素の1つ以上がハロゲン原子に置換した化合物群をいう(図-3.2)．ハロゲン原子としては，トリハロメタンと同様に，塩素，臭素，ヨウ素が考えられる．一般の水道水では，ハロゲン原子が2つのジハロ酢酸の頻度が高く，トリハロ酢酸は中程度，また1つだけが置換している(モノ)ハロ酢酸はごく稀で，検出されてもその濃度は低い．わが国ではクロロ酢酸，ジクロロ酢酸，トリクロロ酢酸の3種のみが基準項目となっている．ただし，臭素を含むハロ酢酸の方が毒性が高いとの報告もあり注意を要する[10]．いずれも水中ではイオンとして存在し，代表的な親水性消毒副生成物ということができる．クロラミン処理水とは異なり[11]，ヨウ素化酢酸は実際の塩素処理からは検出されていない．

分析法としては，伝統的にジアゾメタンによるメチル誘導体化が用いられてきたが，近年では安全性およびブロモ酢酸類の回収率の問題などを考慮して酸性メタノ

ールでのメチルエステル化も導入されている[12, 13]．また，液体クロマトグラフィー (LC)を利用した誘導体化なしの直接分析も検討されている[13]．

```
    H                    H                    Cl
    |                    |                    |
Cl—C—COOH            Cl—C—COOH            Cl—C—COOH
    |                    |                    |
    H                    Cl                   Cl

  クロロ酢酸            ジクロロ酢酸          トリクロロ酢酸
```

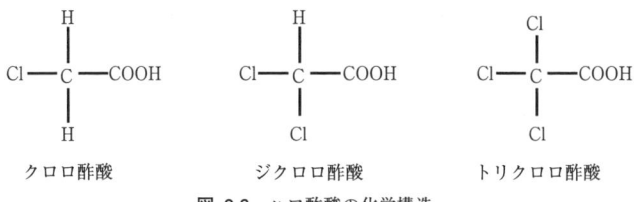

図-3.2 ハロ酢酸の化学構造

(3) ハロニトリル

ハロアセトニトリルと塩化シアン(ClCN)が主なものである．ハロアセトニトリルは，アセトニトリル(CH_3CN)のメチル基の水素がハロゲンに置換した構造をとる．臭素化物についても検出されているが，標準品の多くが市販されていないため検出例は少ない[1]．また，実験室レベルの実験では臭化シアンも生成することが確認されている[15]．

ハロゲン化シアンのように揮発性，低濃度，かつ不安定な物質の分析については，これまでのパージアンドトラップ法に加えて，膜を介して直接質量分析部に試料を導入する膜導入質量分析法(Membrane Introduction Mass Spectrometry；MIMS)が検討されている[16〜19]．

(4) MX およびその関連物質

3-クロロ-4-(ジクロロメチル)-5-ヒドロキシ-2(5H)-フラノンのことを通称 MX という(図-3.3)．これは，この物質が同定される以前に，未知の強変異原性物質という意味で"Mutagen X"(変異原 X．以下，MX と略記)と呼ばれていたことに由来する．MX のフラノン環はアルカリ側で開環する(図-3.3 の環式構造)[20]．

また，還元体の還元型 MX および酸化型 MX，さらには構造異性体の EMX が知

```
    O   O   OH              HOOC    CHO          HOOC    CHO
     \ / \ /                     \  /                 \  /
      ‖   \           ⇌           C=C          ⇌        C=C
     / \   \                     /  \                 /  \
    Cl   CHCl₂                 Cl    CHCl₂          Cl    CHCl₂

MX(環式構造)．酸性側で支配的   MX(開環構造)．アルカリ側で支配的      EMX
```

図-3.3 MXの開環

られている.さらには,塩素原子の代わりに臭素が置換した臭素化MX(BMX)もわが国の水道水より検出されている[8].

(5) ハロアルデヒドおよびハロケトン

ハロアルデヒドはTOXを構成する化合物群として,主要なものの一つである.ただし,トリハロメタンやハロ酢酸よりも濃度は低いことが多い[1].化学構造としては,アルデヒドのα炭素のC-H結合がC-X結合に置き換わったものである.これらのうち,トリクロロアセトアルデヒドは,水中で水和して抱水クロラールとなる.同様に,ハロケトンやハロアルデヒドはケトンのα炭素のC-H結合がC-X結合に置換されたもので,加水分解等の化学反応を経てトリハロメタンなど他の消毒副生成物に変換されるため,反応中間体という位置づけもできる.

(6) ハロニトロメタン

ニトロメタン(CH_3NO_2)の水素にハロゲンが置換した化合物群を指す.トリクロロニトロメタンはクロロピクリンとも呼ばれ,検出頻度が高い[21].臭素を含むもの,およびハロゲン数が1,2のものも実際の水道水から検出されている[6, 22].

(7) その他のハロゲン化物

前記以外の塩素処理副生成物として,ハロアミド,ハロエステル,ハロフェノール,ハロアルコールなどが知られている.ハロフェノールを除けば,近年検出された物質で,生成実態については今後調査を要する物質群である.ハロアミドは加水分解して最終的にはハロ酢酸となることも指摘されている[23].一方,ハロフェノール類は古くから工業廃水などの塩素処理を行った場合に生成する異臭味物質として知られている.ある意味で,トリハロメタンよりも古い,史上初の消毒副生成物といってよいかもしれない.

また,ポリ塩化ジベンゾ-p-ダイオキシン(PCDDs)やポリ塩化ジベンゾフラン(PCDFs)などのダイオキシン類のうち,2,3,7,8-テトラクロロジベンゾフランの濃度が塩素処理で若干増大することが知られており[24],塩素処理副生成物であると考えられている.ただし,非常に低濃度であり健康影響はないとされている.

(8) ハロゲン化物以外の有機物[3]

本項の冒頭に述べたように,塩素(あるいは次亜塩素酸)は酸化剤であり,ハロゲ

ン化反応以外の酸化反応にも関与する．消毒副生成物のうち，健康影響がある化合物は主にハロゲン化物であると考えられてきたため，検出例・調査事例はハロゲン化物に比べて少ないが，全塩素消費量のうちハロゲン化反応により有機物内に取り込まれるのは一部であり，その大部分はそれ以外の酸化反応に消費されている．化学物質の区分としては，カルボン酸，ケトン，アルデヒド，アルコールなどが知られている．これらの非ハロゲン化物の多くは重篤な健康影響には関係がないと考えられているが，健康に影響があるとされている化合物の生成反応が多段階かつ競合的な反応であることを考えれば，今後このような化合物群の同定に関しても十分な調査・研究の必要があるといえる．また，ニトロソアミンも生成するが，これについてはクロラミン処理副生成物のところで述べる．

なお，このようなハロゲン化以外の酸化反応により，水中の有機物は低分子化され，一部はAOC(Assimilable Organic Carbon；同化可能有機炭素)に変換されると考えられる．すなわち，後述のオゾン処理と同様に塩素処理はAOCを増大させる働きがある[25]．したがって，水道水の微生物学的安定性の観点からもこれらの非ハロゲンの消毒副生成物は重要である．

(9) その他の無機塩素処理副生成物

一般に塩素処理副生成物という場合，トリハロメタンに代表されるような有機物やその毒性が想定されるが，無機の反応生成物にも重要なものが存在する．その一つは，塩素酸イオン(ClO_3^-)である．これは，他の多くの消毒副生成物とは異なり，次亜塩素酸ナトリウムの保存中に起こる不均化反応に由来する[26]．塩素酸イオンについては，水質基準項目としてわが国でも0.6 mg/Lで規制が開始されている．また，微量ではあるが，次亜塩素酸ナトリウム中には不純物として微量の臭素酸イオン[27]，亜塩素酸イオン[26]，過塩素酸イオン[28]が含まれることがわかっている．これらの物質も浄水プロセス内で生成するわけではないが，広義には消毒副生成物ということができる．

また，次亜塩素酸と水中のアンモニウムイオンあるいはアミノ酸類との反応から生成するクロラミン類も広義には消毒副生成物と考えることができる．特にカルキ臭の原因とされるトリクロラミン(NCl_3)は水道水の快適性に関わる消毒副生成物といってよい．トリクロラミンの分析においては，従来法のDPD法を用いた場合，有機クロラミンの妨害を受ける可能性があるが，MIMSにより有機クロラミンの影響を受けずに分析できることが知られている[29]．

3.2.2 クロラミン処理副生成物の分類

クロラミンは，次亜塩素酸(HOCl)とアンモニアとの反応により求核置換反応的に生成する．一般に，モノクロラミン(NH_2Cl)，ジクロラミン($NHCl_2$)，およびトリクロラミン(NCl_3)が生成しうるが，通常のクロラミン処理の条件で卓越するのは，モノクロラミンである．モノクロラミン自体は，塩素化に関しては次亜塩素酸に比べて10^{-4}程度反応性が低いものと考えられている[30]．したがって，現在多くの国で規制対象となっている消毒副生成物については，クロラミン処理の方が塩素処理よりも生成量が少なく，制御方法として有効である．しかしながら，このことは必ずしもクロラミン処理が塩素処理よりも消毒副生成物生成の観点で優れていることを意味するわけではない．表-3.2に示すようにクロラミン処理特有ともいうべき化合物（例えば，ヨード酢酸）も生成する．すなわち，消毒剤が異なると，消毒副生成物の量が変化するだけではなく，その種類が変化するという視点も重要である．

表-3.2 クロラミン処理副生成物の分類[1,3,6]

消毒副生成物の区分	実際の水道水から検出された物質の例
有機物	
トリハロメタン	クロロホルム，ブロモジクロロメタン，ジブロモクロロメタン，ブロモホルム
ハロ酢酸	クロロ酢酸，ジクロロ酢酸，トリクロロ酢酸，ブロモ酢酸，ジブロモ酢酸，ヨード酢酸，ブロモクロロ酢酸，ジブロモクロロ酢酸，ブロモジクロロ酢酸
MX類	MX
ハロケトン	1,1-ジクロロプロパノン，1,1,1-トリクロロプロパノン
ハロアセトニトリル	ジクロロアセトニトリル，ブロモクロロアセトニトリル，ジブロモアセトニトリル，トリクロロアセトニトリル
その他のハロニトリル*	*塩化シアン
ハロアルデヒド	抱水クロラール(トリクロロアセトアルデヒド)
ハロニトロメタン	クロロピクリン，ブロモピクリン
無機物	
ハロアミン	ジクロラミン，トリクロラミン，ブロモアミン

* 塩化シアンは無機物であるが，構造上の類似性からここではその他のハロニトリルとして分類した．

(1) ハロゲン化物

モノクロラミン自体は塩素化反応への関与もほとんどないとされている．ただし，

モノクロラミンは，水中で以下のように次亜塩素酸と平衡関係($K = 2 \times 10^{12} \text{M}^{-1}$）にある．

$$\text{HOCl} + \text{NH}_3 \rightleftarrows \text{NH}_2\text{Cl} + \text{H}_2\text{O} \tag{3.1}$$

このため，反応条件にもよるが，クロラミン処理といっても微量のHOClが存在し，これがゆっくりとハロホルム反応に関与するものと考えられる．また，クロラミン処理の方法にも依存する．すなわち，塩素をアンモニアよりも先に添加するとある程度塩素化反応が進行する．以上の理由により，濃度は低いものの，クロラミン処理においては，塩素処理で生成する主な副生成物（トリハロメタン，ハロ酢酸，ハロケトン，ハロニトリル，クロロピクリン）が検出されている．これらのうちクロロピクリン濃度は塩素処理と同レベルであったとの報告もある．また，TOXも塩素処理よりは濃度は低いが検出されている．ただし，TOX基準で70％以上が未知であり，この比率は塩素処理のそれより高い[31]．

注意を要するハロゲン化物としては塩化シアンおよび臭化シアンがあげられる．これらはクロラミン処理の方が濃度が高い[3]．これは，遊離塩素存在下では，生成したCNClが不安定であることが一因であるとされている[32]．MXも検出されている[1]．

(2) *N*-ニトロソジメチルアミン(NDMA)

ニトロソアミンに分類されるこの物質（図-3.4）は，高い発がん性が疑われている物質で，U.S.EPAによる試算では10^{-5}生涯リスクに対する許容濃度は7 ng/Lとされている[33]．NDMAは食品や水道水中に存在することが確認されている[34]．また，実際にアンモニウムイオン存在下での塩素処理やクロラミン処理で生成することが知られている[35, 36]．NDMAは下水中でも検出され，100 ng/Lを超えることもある[37]．分析に関しては固相抽出とGC/MS(CI)による方法で1 ng/L程度まで測定できる[38]．また，タンデム質量分析計により6種類のニトロソアミンを分離定量したという報告がある[39]．

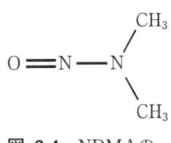

図-3.4 NDMAの化学構造

3.2.3 オゾン処理副生成物の分類

オゾンは強い酸化剤であり，消毒に加えて原水中の微量汚染物質の酸化や脱色などの目的で水処理に用いられる．オゾン分子は酸素原子のみで構成されるため，塩素のように直接はハロゲン化反応に関与しないという特徴を持つ．また，塩化物イ

オン(Cl^-)を酸化することはないので，有機塩素化合物の生成の心配がない．ただし，原水中に微量含まれる臭化物イオン(Br^-)を酸化することができるため，臭化物イオン存在下では間接的にハロゲン化反応に関与する．**表-3.3**にこれらの反応生成物について整理したものを示す．以下，これらの生成物群の化学的特徴について簡単にまとめる．

表-3.3 オゾン処理副生成物の分類[3,6]

消毒副生成物の区分	実際の水道水から検出された物質の例
無機物	臭素酸イオン，次亜臭素酸，過酸化水素
有機物(非ハロゲン化物)	
アルデヒド	ホルムアルデヒド，アセトアルデヒド，プロパナール，ペンタナール，グリオキサール
ケトン	アセトン，ブタノン，3-ヘキサノン，ジメチルグリオキサール
カルボン酸	安息香酸，吉草酸，イソ吉草酸，シュウ酸，酢酸
アルデヒド酸	グリオキシル酸
ケト酸	ピルビン酸，ケトマレイン酸
ケトアルデヒド	メチルグリオキサール，エチルグリオキサール
有機ハロゲン化物	
トリハロメタン	ブロモホルム
ハロ酢酸	ジブロモ酢酸，トリブロモ酢酸
ブロモケトン	1,1-ジブロモアセトン
ハロニトリル	臭化シアン*，ジブロモアセトニトリル
ハロニトロメタン	ブロモピクリン

* 臭化シアンは無機物であるが，構造の類似性からここではハロニトリルに分類した．

(1) カルボニル化合物とカルボン酸

分子オゾンと溶存有機物との反応で，多数のカルボニル化合物(ケトンおよびアルデヒド)やカルボン酸が生成することが知られている[40]．いくつかの例を**図-3.5**に

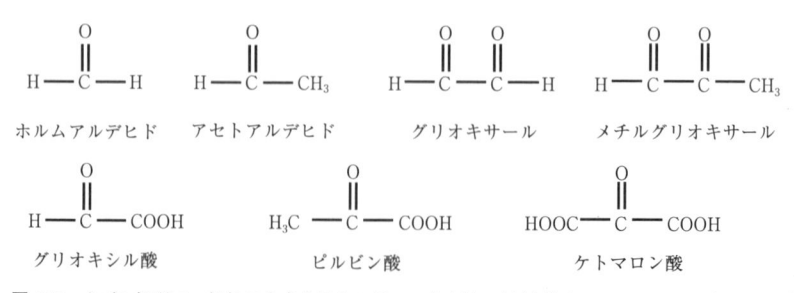

図-3.5 オゾン処理で一般的に生成するカルボニル化合物の例(上段がアルデヒド，下段がケト酸)

示す．このうち，わが国で規制されているのはホルムアルデヒドのみである．また，これらの化合物は比較的生分解性が高く，一般にオゾン処理の後段ではAOC（同化可能有機炭素）が増大する[41]．また，アルデヒドの生成量は最大でDOC当り20μg/L程度である[6]．

(2) 臭素酸イオン（BrO_3^-）

オゾン処理で最も問題とされている副生成物である．他の多くの副生成物と異なり無機物であり，有機の副生成物を制御しようとすると生成量が増大することが多いので，非常に制御が困難な副生成物といえる．また，臭素酸イオンの分析については，従来法である電気伝導度検出器を用いたイオンクロマトグラフィーによる方法の定量限界が現在の基準値10μg/Lに近く，これを改善するために様々な努力が続けられてきた．表-3.4にこれらの成果をまとめる．現在では，0.05μg/Lレベルの分析が可能となっている．

表-3.4 臭素酸イオン分析法 [42〜47]

システム	方法	定量下限の目安（μg/L）	出典
IC/電気伝導度	―	2	USEPA Method 300.1[42]
IC/UV	ポストカラム誘導体化法 $KBr + NaNO_2$	0.2	Weinberg と Yamada[43]
IC/UV	ポストカラム誘導体化法 acidic $KI + (NH_4)_6Mo_7O_{24}$	0.2	USEPA Method 326.0[44,45]
IC/UV	ポストカラム誘導体化法 acidic o-dianisidine	0.2	USEPA Method 317.0rev2[46]
IC/ICP-MS	―	0.2	USEPA Method 321.8[47]
IC/MS		0.1	
IC/MS-MS		0.05	

(3) 有機臭素化合物

ブロモホルムやブロモ酢酸類，あるいは全有機臭素（TOBr）が低濃度で生成することが知られている[48,49]．しかし，一般的に濃度は塩素処理に比べて低く，問題とされることは現在のところ少ない．von Guntenは，例えばブロモホルムでは5μg/L以下とWHOガイドライン値よりもはるかに低いことを指摘している[50]．TOBrについても，臭化物イオンが比較的高い条件でも10〜20μg-Br/Lである[49]．ただし，塩素処理副生成物の研究からは，臭素系消毒副生成物の毒性は，単位濃度当りでは

塩素処理副生成物よりも高い可能性も指摘されており，今後も毒性学的情報には注意する必要がある[51]．なお，極端にオゾン注入率が高い場合には，10 μg/L を超えるブロモホルムや，数 μg/L のジブロモ酢酸などが生成するとの報告がある[52]．

（4）過酸化水素

オゾンの自己分解反応や溶存有機物との反応の結果，微量の過酸化水素が生成する[48]．わが国の場合，オゾン処理の後段には粒状活性炭（GAC）処理が義務づけられており，過酸化水素はこの活性炭処理で完全に還元されるものと考えられる．

3.2.4 二酸化塩素処理副生成物の分類

二酸化塩素は分子内に塩素を含むものの，ハロゲン化剤というよりは酸化剤として作用する傾向にある．これは，二酸化塩素は一種のラジカル（遊離基）として，多くの反応に関与することによると考えられる．すなわち，電子移動を伴う反応が多く，この結果，塩素化反応を含まない反応が大半を占める．このため，現在規制対象となっているハロゲン化物の生成量がきわめて低く，ヨーロッパでは消毒剤として一般的に用いられている．表-3.5 に二酸化塩素処理で生成する主な副生成物を示す．

表-3.5 二酸化塩素処理副生成物の分類[3,6]

消毒副生成物の区分	実際の水道水から検出された物質の例
無機物	塩素酸イオン，亜塩素酸イオン
有機物（非ハロゲン化物） 　アルデヒド 　カルボン酸	 プロパナール，ペンタナール，グリオキサール 安息香酸，吉草酸，イソ吉草酸，シュウ酸，酢酸
有機ハロゲン化物 　ケトン	 1,1,3,3-テトラクロロプロパノン

（1）ハロゲン化物

二酸化塩素処理ではトリハロメタンがほとんど生成しない[53]という特徴がある．一方，ハロ酢酸，微量の MX や EMX，ハロケトンが生成するという報告もあるが，これが二酸化塩素によるハロゲン化反応なのか，それとも副生成物としての次亜塩素酸との反応によるものかの詳細は明らかでない．また，トリハロメタンおよびハロ酢酸の生成量はごく微量であるのに対し，全有機ハロゲン（TOX）はある程度生成

する[31]. Rav-Achaによる総説ではTOX基準では塩素処理に比べて1/50〜1/20であるとされているが，それでも十分検出可能な濃度範囲である[54]. なお，臭化物イオン存在下ではハロ酢酸の生成が促進される．

(2) カルボン酸

カルボン酸は，最も一般的な二酸化塩素処理副生成物群の一つといえるが[3]，これらのほとんどは非ハロゲン化物であり，健康影響があるとは考えられていない．ただし，オゾン処理同様これらの物質がAOCの構成要素となりうる点には注意を要する[55].

(3) カルボニル化合物

非ハロゲンのカルボニル化合物としてアルデヒドやケトンが生成する．10〜40 μg/L程度のアルデヒド(主としてホルムアルデヒドとアセトアルデヒド)が生成する[56]．一部のアルデヒドが臭気原因物質になるとの指摘がある[57]．

(4) 亜塩素酸イオン(ClO_2^-)および塩素酸イオン(ClO_3^-)

これらは二酸化塩素処理に特徴的な副生成物であり，二酸化塩素の不均化反応や，酸化反応の副生成物として高濃度で処理水中に存在する．一般に添加した二酸化塩素の50〜70％が亜塩素酸イオンとなり，最も高濃度の二酸化塩素処理副生成物といってよい[6].

$$2\,ClO_2 + 2\,OH^- \rightarrow ClO_2^- + ClO_3^- + H_2O \tag{3.2}$$

健康影響の観点から特に問題なのは亜塩素酸イオン[*1]であり，高濃度で曝露されると貧血を引き起こすことから基準値が設定されている国もある．例えば，U.S. EPAは最大許容濃度として亜塩素酸イオンに対して1.0 mg/Lを設定している[58]．上述の変換率を考えれば，二酸化塩素の注入可能量は1.5 mg/Lということになる[6].

3.2.5 複数の消毒剤の組合せに特徴的な消毒副生成物

(1) オゾン＋塩素

オゾンと塩素の組合せでは，概ね塩素処理で生成する消毒副生成物が検出されるが，その濃度は塩素単独の場合よりも低い傾向にある[3]．ただし，トリクロロアセ

[*1] ただし，わが国では，塩素酸イオンに対する基準値および亜塩素酸イオンに対する目標値は，ともに0.6 mg/Lに設定されている．詳細は4章参照．

トンのように若干生成量が増大する化合物もある．また，トリハロメタンやハロ酢酸中に含まれる臭素の比率が増大する傾向にある．塩化アルデヒドが生成することも特徴的である[3]．

(2) オゾン＋クロラミン

オゾンとクロラミンの組合せも一般的には，クロラミン単独よりも消毒副生成物の量は減少する傾向にある．また，クロロピクリンはクロラミン単独の場合よりも濃度が増加する[59]．さらに，オゾン処理で生成したホルムアルデヒドが高い収率で塩化シアンに変換される反応経路が示されており[60]，注目に値する．

3.2.6 主な消毒副生成物の濃度範囲

最後にここまで紹介してきた消毒副生成物のうち主要なものについて濃度の目安を図-3.6 示す．多くの物質が数 $\mu g/L$ 程度であり，塩素やオゾンの注入量が mg/L のオーダーであることを考えれば，この図に示されている消毒副生成物への変換率はそれほど高くないといえる．

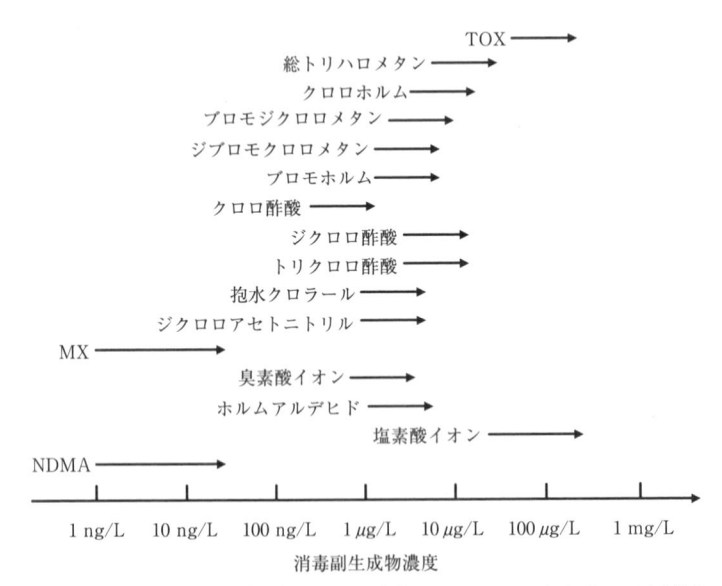

図-3.6 消毒副生成物の濃度範囲(それぞれの矢印は，TOX，MXおよびNDMAを除き，右端がおおよそわが国の水道事業体での年最大値の90%値を示す[61]．MXとNDMAについては国内の報告例が少ないため，国外の報告例を参考にした[6, 37]．TOXは琵琶湖南湖水を塩素処理(塩素注入量：2mg/L)した場合の生成量の範囲[62])

これらの物質の規制状況は4章で述べる．また，わが国の水道水中における検出状況は**表-6.1**に示した．

3.3 消毒副生成物の前駆体

消毒副生成物の前駆体としては，水道原水中に存在する溶存有機物(Dissolved Organic Matter；DOM)および臭化物イオン，ヨウ化物イオンがあげられる．健康影響以外の水道水質，特に快適性に関わる消毒副生成物まで対象範囲に加えれば，トリクロラミンの前駆体であるアンモニウムイオンも消毒副生成物前駆体ということができる．以下，これらの化学的性状や水環境中での挙動について整理する．なお，前駆体の除去および前駆体からの生成抑制については6章で論ずる．

3.3.1 溶存有機物

DOMとは，水中に含まれる有機物の溶存画分，すなわち水中に存在する自然由来の有機物(Aquatic Natural Organic Matter；Aquatic NOM)や人為活動由来の有機物のうち溶存態であるものを指す．Aquatic NOMとは，水中に存在している天然由来の有機物の総体と定義され，動植物やプランクトンの死骸や代謝産物が水中で生物学的あるいは物理化学的変換を受けた残りの有機物群が主であると考えられている．このうち構造がはっきりしているのは，炭素ベースで高々20％であり，それ以外は後述するように構造が確定していない有機物の混合体である．また，懸濁態の有機物は基本的には消毒プロセスの前段の凝集沈殿などで概ね除去されるため，消毒副生成物の反応機構を考えるうえではDOMの化学的構造・反応性が重要となる(ただし，懸濁態についても，その後の化学的・生物学的反応を経て溶存態となり，消毒剤との反応に至ることもあるので，懸濁態を完全に無視してよいということではない)．一般にDOMという場合，天然由来の溶存有機物を指すこともあるが，ここでは下水処理水中に含まれる溶存有機物など人為起源のものも含めてDOMと呼ぶこととする．これは，**図-3.7**に示すように水道原水中では，多くの場合人為由来の有機物と自然由来の有機物が共存しているためである．

表-3.6に水環境中のDOM濃度の範囲を示す．表中の値は平均的なものだが，概ねわが国の水道原水中のDOM濃度は炭素基準で数mg/Lあるいはそれ以下と考えてよい．また，河川水のDOCは世界的にみた一般的な値の下限値付近である．

有機の消毒副生成物に関しては必ずDOMが前駆体であることから，TOC(あるい

第3章 消毒副生成物の分類と反応論

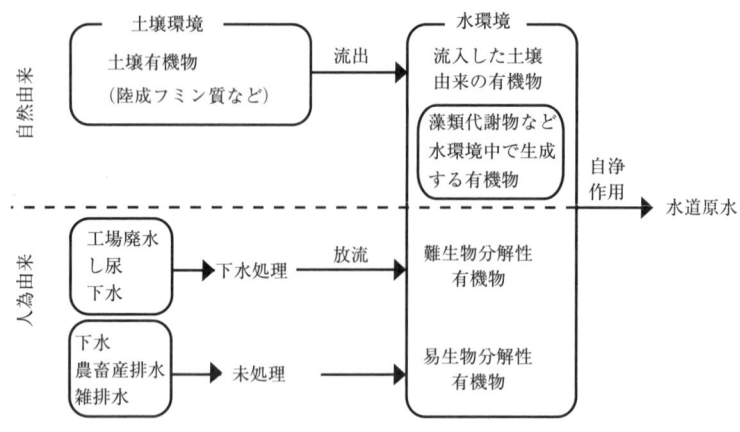

図-3.7 水道原水中の有機物の流入経路

表-3.6 水環境中における DOC レベル [61,63~70]

	DOC (mg/L)	出典
海水	0.5[*1]	Thurman[63]
雨水	1[*1]	Thurman[63]
河川水	2~10[*1]	Thurman[63]
淀川	2[*1]	日本水道協会[61]
利根川	0.5~2.0	高橋と海賀[61]
下水処理水	3.5~5.4	小坂[63], Imai ら[63], 金ら[67]
湖沼水　貧栄養湖	2[*1]	Thurman[63]
霞ヶ浦	4.08	Imai ら[68]
琵琶湖北湖	1.2	琵琶湖研究所[69]
琵琶湖南湖	1.4	琵琶湖研究所[69]
地下水	0.7[*1]	Leenheer ら[70]

[*1] 世界的にみた平均的な値.
[*2] TOC 値.

は原水自体 TOC)を高度に制御すればよいとの指摘もある．目安として 1 mg/L とすれば，後段のプロセスで特段の工夫をすることなく消毒副生成物を制御できるとされているが，現在のところ，このような厳格な TOC の基準値を設けている国や地域は存在しない[*2].

[*2] わが国の水道水質基準では，TOC は 5 mg/L であるが，これが不十分ということではない．1 mg/L という目安は，あくまで後段の処理過程で特段の対策をとらない場合の数字であることに注意されたい．

3.3 消毒副生成物の前駆体

(1) 分画による DOM のキャラクタリゼーション

DOM は不均質な混合物であるため，酸性条件あるいはアルカリ条件における樹脂への吸着特性やイオン交換特性による分画手法によるキャラクタリゼーションが行われることが多い．古典的な分画手法では，フミン質，親水性酸，個別物質（カルボン酸，アミノ酸，炭水化物，炭化水素）の3つに大別される[63]．この分類法は，土壌化学分野における土壌中有機物の分類法に類似したものではあるが，DOM の場合には先に述べたように濃度が数 mg/L から数百 mg/L 程度と低く，濃縮操作が必要となるため，定義が異なる[*3]．

さて，水中のフミン質の分析法，すなわち作業上の定義（Operational definition）[*4]は様々あるが，米国地質調査局（US Geological Survey；USGS）の研究者らによって確立された樹脂を用いた分画方法が古典的かつ最もよく知られたものである[72]．国際フミン質学会（International Humic Substances Society；IHSS）が販売している水系由来のフミン質の抽出法も同様である．この定義に従えば，原水をろ過した後，酸性化（pH 2）して XAD-8 樹脂[*5]に吸着し，0.1 M NaOH で溶出したものがフミン質である．さらに，このうち pH1.0 で沈殿するものをフミン酸（Humic acid），溶存しているものをフルボ酸（Fulvic acid）と便宜上定義している（図-3.8）．フミン酸とフルボ酸を比較すると，一般にフルボ酸の方が溶解度が高く（カルボキシル基や水酸基が多い），また分子量が小さい．平均的な河川水では，フミン質が 50％（40％がフルボ酸，10％がフミン酸）で，30％が親水性酸，残りの20％程度が個別物質と考えられている[63]．また，淀川についてもフミン質と親水性酸の比率が同程度とい

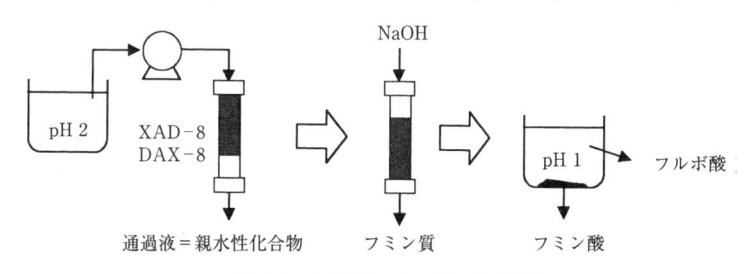

図-3.8 古典的なフミン質の抽出方法

[*3] 土壌化学の分野では，炭水化物，アミノ酸，脂質などの個別に同定できる化合物以外の有機物をフミン質（Humic substances）とし，このうちアルカリで不溶性の画分をヒューミン，アルカリで溶解するもので，pH1 にした時に沈殿するものをフミン酸，pH1 で溶解している部分をフルボ酸と定義されることが多い[71]．
[*4] すなわち，ある化学構造と明確に対応しているわけではない点に注意が必要である．
[*5] 現在では，XAD-8 は販売が中止されており，代わりに DAX-8 が多くの研究で用いられているが，両者の間に本質的な差はないようである[73]．

う報告がなされている[74]．湖水についても，DOMに占めるフミン質の割合は，平均的は40％程度とされているが[75]，藻類由来のDOMの寄与が高い大きな湖の場合はこの割合が低下する傾向にある[68]．

現在では，上述の分画手法はさらに発展し，親水性化合物を含めた包括的なDOMの分画が行われている．これらの手法のうち最も包括的と考えられるLeenheerの方法について概略を紹介する[76]．この方法では，まず疎水性中性分画をXAD-8で分離し，その後ロータリーエバポレーターで水自体を濃縮した後，膜浸透によりコロイド分画を分離する．次に，塩基性分画を陽イオン交換樹脂で分離し，その通過液を酸性条件下で再度XAD-8に通して疎水性酸として回収する．その後，通過液をXAD-4樹脂に通し，疎水性と親水性の中間の性質を示す部分(Transphilic acid and neutral；両性酸＋両性中性物質)を抽出する．残った通過液が親水性酸と親水性中性分画である．実際の作業上は，最後の親水性の部分の脱塩が最も複雑である．詳細は原著論文に譲るが，硫酸イオンはバリウム塩として，塩化物イオンはZeotrophic distillationにより塩として，あるいは真空蒸発や凍結乾燥によりHClとして除去可能である[77,78]．濃縮方法としては，ロータリーエバポレーターによる方法以外にも，逆浸透膜による方法が知られている[78]．低硬度であれば逆浸透膜を使っても回収率も良好で，消毒剤への反応性も再現できるとの報告がある[79]．これらの方法により，DOM全画分について分離・精製可能となったが，これらの方法が確立されたのは比較的最近であり，今後，様々な分野で応用されるものと考えられる[*6]．

表-3.7にLeenheerの方法と類似の疎水性分画や塩基にも着目した分画の例を示す．フミン質(疎水性酸・中性画分に対応)と親水性酸は主要なDOM画分であることがわかる．また，これ以外の塩基等の画分も少なからず存在し，今後これらにつ

表-3.7 DOM分画の例 [77,80~82]

		疎水性酸	疎水性中性	親水性酸	親水性中性	塩基	コロイド	出典
湖沼水	霞ヶ浦	32.3	7.9	45.6	5.6	8.6	—[*1]	Imaiら[80]
河川水	Passaic River	12	10	53	13	12	—[*1]	MarhabaとVan[81]
	Seine River	43[*2]		22[*2]		3	32[*1]	Leenheerら[77]
下水処理水		33	20	27	2	19	—[*1]	Barberら[82]

[*1] コロイドを分画しなかったケース．
[*2] 酸性画分と中性画分の和．

[*6] なお，これらの総合的な分画手法については，依然として標準法が確立されたというよりは，むしろ個別の試料に適するように手順を変更しつつ研究が進められているのが現状である．このため，文献間の比較においては実験方法に十分注意する必要がある．

いても組成や分光学特性さらには消毒副生成物の生成への寄与などについて検討が進められることが期待される．実際，これらの分画からの消毒副生成物生成ポテンシャルに関する検討は種々行われており，これについては反応機構のところで触れることにする．

(2) DOMの化学構造

分画されたDOM(特にフルボ酸とフミン酸)については様々な化学分析が行われ，その化学構造が推定されてきた．最も基礎となる情報は元素比である[63]．表-3.8にDOM画分の元素分析の例を示す．H/C比は分子の飽和度の指標として利用できる．この比が大きければ，飽和度の高い脂肪族的性質が強く，逆にこの比が小さければ，不飽和結合(炭素-炭素二重結合)や酸素あるいは環式構造の存在が示唆される．フミン酸とフルボ酸を比較すると，フルボ酸の方が高く，フミン酸の方が不飽和結合が多いものと考えられる．また，下水処理水の疎水性酸のH/C比は高く，飽和度が高い．O/C比は化学構造中のカルボニル基や水酸基，さらにはカルボキシル基の存在量の指標となる．フミン酸に比べて，フルボ酸の方が高いこと，さらに親水性画分の方が疎水性画分よりも高いことがわかる．C/N比はフルボ酸の方が高く，また親水性画分では低い．後者ではアミド結合等の窒素を含む構造が比較的多いといえる．また，この値が低い場合に土壌由来の有機物の寄与が大きいことが知られている．地下水のH/CおよびO/C比は他と比べて低いが，これは地下では溶存酸素濃度が低く還元反応が関与しているものと考えられる．

分子サイズ(あるいは分子量)に関する情報も重要である．表-3.9にDOMの分子量に関する研究の例をまとめる．一般的には，水環境中DOMの主画分であるフル

表-3.8 元素分析の例 [63,82~84]

区分	場所	種類	H/C	C/N	O/C	出典
河川水	Wakarusa River	フミン酸	1.06	18.20	nd	Pomesら [83]
河川水	Wakarusa River	フルボ酸	1.22	37.90	0.55	Pomesら [83]
湖沼水	Clinton Lake	フミン酸	1.23	10.80	nd	Pomesら [83]
湖沼水	Clinton Lake	フルボ酸	1.29	37.00	0.54	Pomesら [83]
下水処理水		疎水性酸	1.46	15.42	0.39	Barberら [82]
湖沼水	Gread Salt Lake	疎水性酸	1.29	31.49	0.47	Leenheerら [84]
湖沼水	Gread Salt Lake	親水性酸・中性	1.60	9.75	0.71	Leenheerら [84]
地下水	5地点の平均	フミン酸	0.95	22.64	0.28	Thurmanら [63]
地下水	5地点の平均	フルボ酸	1.19	77.39	0.40	Thurmanら [63]

nd：検出限界以下

表-3.9 DOM の分子量の例 [80, 86〜89] ［分析法の HPSEC はサイズ排除型クロマトグラフィーで分離したこと，TOC および UV は検出器としてそれぞれ全有機炭素(TOC)計，分光光度計を用いたこと，また FFF はフローフィールド分画(field-flow-fractionation)を用いたことを意味する］

区分	場所	種類	数平均分子量 (M_n)	重量平均分子量 (M_w)	M_w/M_n	分析法	出典
湖沼水	琵琶湖	NOM	5 305〜12 162	27 693〜40 345	2.91〜5.22	HPSEC/TOC	日下部[86]
河川水	Suwannee River	フルボ酸	1 242	2 151	1.73	HPSEC/TOC	日下部[86]
河川水	Suwannee River	NOM	1 342	2 795	2.08	HPSEC/TOC	日下部[86]
湖沼水	Lake Fryxell		713	1 080	1.5	HPSEC/UV	Chinら[87]
地下水	Minnesota	フルボ酸	639	1 000	1.6	HPSEC/UV	Chinら[87]
試薬フミン酸	Aldrich	フミン酸	3 070	14 500	4.72	FFF	Beckettら[88]
河川水	Suwannee River	フミン酸	1 580	4 390	1.66	FFF	Beckettら[88]
河川水	米国5河川	フルボ酸	594〜892	—	— 1.64	浸透圧法	Aiken と Malcolm[89]
湖沼水	霞ヶ浦	DOM	477		1.87	HPSEC/UV	Imaiら[80]
湖沼水	霞ヶ浦	親水性画分	381	780	1.87	HPSEC/UV	Imaiら[80]
湖沼水	霞ヶ浦	フミン質	512	606		HPSEC/UV	Imaiら[80]

ボ酸はフミン酸よりも分子サイズが小さく，500〜2 000 Da 程度の分子量であると考えられている．その他の画分をみても，琵琶湖水中の有機物のように生物由来の高分子の影響が強く，比較的分子量が大きいものもあるが，数平均分子量(M_n)で概ね数百から1 000 Da と，それほど分子量が高くないことがわかる．したがって，DOM 構成分子は無限に複雑な高分子というよりはサイズに関しては中程度の分子の集合体と考えるべきであろう．土壌化学の分野でも，最近の知見を総合すると，フミン質は多様な，しかし比較的低分子の化合物が疎水性親和や水素結合によって動的に結びついている分子の集団であると考えられている[85]．

さて，元素比や分子量は化学構造を決定するための一次情報といえるが，次に重要なのが官能基の量に関する情報である．官能基の検出には，指示薬を用いた古典的な方法[63]，核磁気共鳴分光分析(NMR，^{13}C 固相であることが多い)，フーリエ変換赤外分光分析(FT-IR)による分析[77]，熱分解-GC/MS[90] によることが多い．FT-IR は，DOM の構造解析においては定性的なツールであるが，分析に必要な試料量が少ないという利点があり，特徴的な官能基の同定に有用である．例えば，Leenheer[76] はアミド，水酸基，さらには C-O 結合に対応するピークをコロイド画分に見出し，この画分は主として N-アセチルアミノ糖類であることを推定している．NMR は様々な状態の炭素，したがって官能基の存在を確認できる強力な手法であり，条件を適切に設定すれば，半定量的，すなわちカルボニル炭素，脂肪族炭素(C-H，C-N)，芳香族炭素など各種炭素の存在比が推定可能である．また，メチル基の存在量から分岐構造の存在，すなわちテルペノイド由来の化合物が存在していること

など，炭素骨格の構造についても多くの情報を引き出すことができる[91]．図-3.9 に NMR 分析の一例を示す．

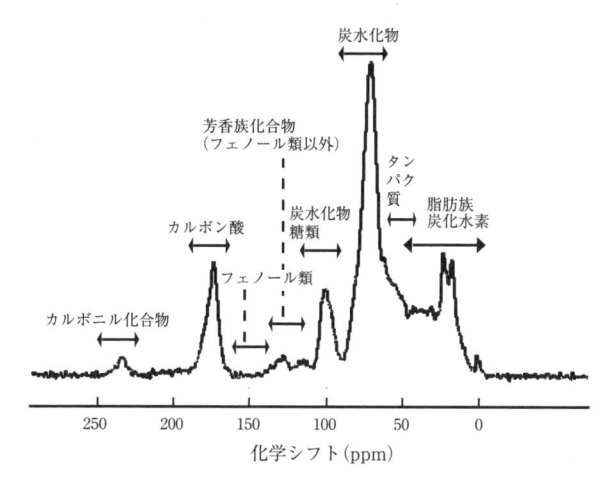

図-3.9 NMR分析の例：淀川下流域のDOM（分子量1000以下の高分子画分）の^{13}C CP/MAS NMRスペクトル（横軸は炭素の種類を示す数値と考えればよい．DOMの濃縮および分析は著者らによる．また各ピークの帰属は文献[82]によった）

質量分析技術も DOM の化学構造を推定するために有用である．例えば，Ikedaら[92] は質量分析により，質量数 14 おきにピークが存在することを見出し，DOM 分子中に$-CH_2-$構造が多数存在することを示した．また，日下部[86]は，琵琶湖 DOM 中にタンパク質由来の化学構造を発見している．さらに近年では高分解能の質量分析法を用いて，実際にフルボ酸を構成する分子の組成式（クロマトグラムの各ピークに対する分子の組成式）が示されており[93]，DOM を構成する各化合物の組成式をある程度予測できる段階に到達している[94]．二次元 NMR などの新しい技術も次々に導入されており，今後さらに多くの情報が集積されるものと期待される．

さて，これらの定性的および定量的情報を総合し，画分の性質や採水した水系の植生などから溶存有機物の前駆体をある程度仮定したうえで各画分の平均的な分子構造を推定する試みも進んでいる．一例として図-3.10 に Leenheer が推定したモデル DOM の構造式を示す．これらの情報は，消毒副生成物の反応機構を推定するうえでも非常に重要な知見である．今後，逆にこのような化学構造を合成し，実際の DOM との反応性を比較するといった検討も可能となる．すなわち，「DOM の合成」である．分画のところで述べたように，DOM の分画濃縮は煩雑で時間を要する作業であり，もし NOM の標準品を合成することが可能となれば，この分野の研究は大

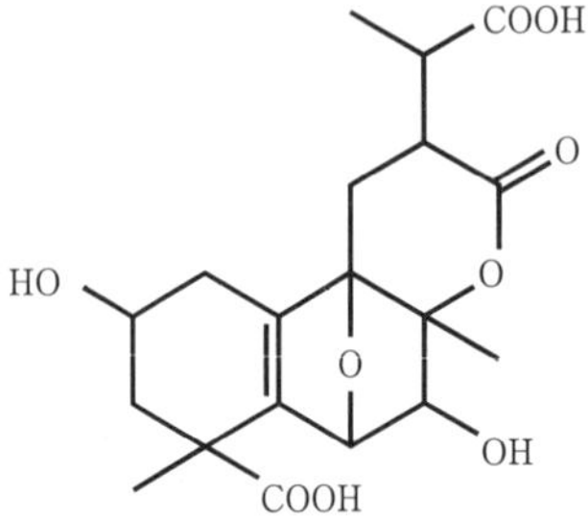

第3章　消毒副生成物の分類と反応論

(a) 疎水性酸の推定構造

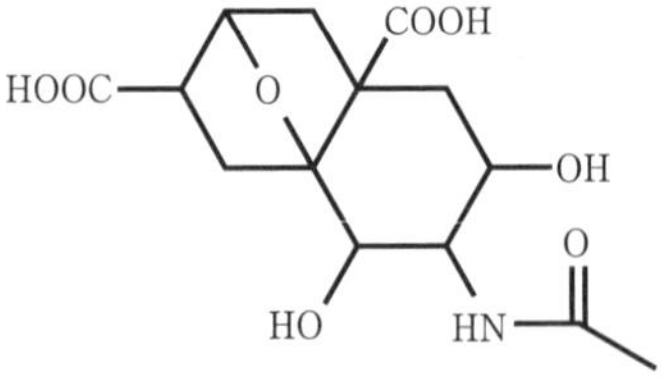

(b) 両性DOMの推定構造

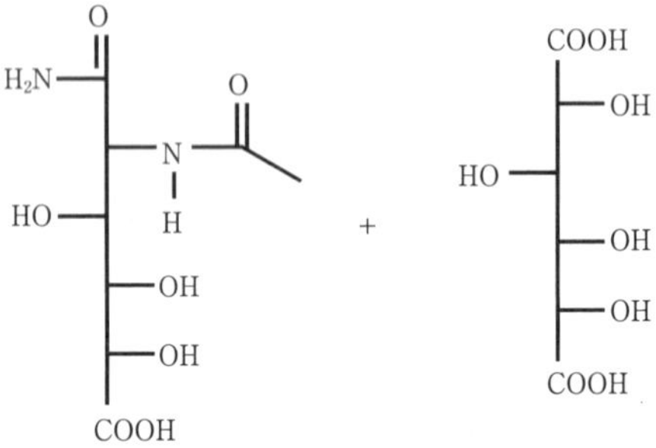

(c) 親水性酸＋親水性中性物質の推定構造

図-3.10　LeenheerによるDOMの推定構造[76]（IWA Publishing の許諾に基づき転載）

きく前進することが期待されている．DOM の研究はここまで進んできている．

　ただし，実際の DOM が図に示したような限られた構成単位の組合せで表現できるかどうかは，今後，様々な水環境で同様の構造推定を行い検証を行う必要がある．また，Leenheer もその論文の中で注意を喚起しているように，これらの構造式はあくまで「平均構造式」であり，必ずしも分子中にこのような化学構造がそのまま規則的に現れてくるわけではない可能性がある．

　消毒副生成物の反応論の観点からすれば，ある消毒副生成物の前駆体となる DOM 中の化学構造が推定構造式に現れてくるような普遍的な化学構造なのか，それとも平均化した場合には消えてしまうような特異的な化学構造なのかという点は非常に興味深く，また制御の観点からも重要である．この点について検証を行うためには，モデル化合物を用いた消毒副生成物の生成に重要な化学構造の特定という，いわばボトムアップのアプローチと Leenheer に代表されるような DOM の構造推定というトップダウンのアプローチが相互に補完し合うことが重要であろう．なお，消毒副生成物の生成に関与する DOM 中化学構造の特定の重要性は，有機の副生成物に限

定されものではない．例えば，臭素酸イオンの生成反応に関しても，有機物とオゾンやラジカルの反応が系内の化学種の比率を支配する以上，DOMが重要な因子であると理解すべきである．

Leenheerの推定構造は，DOMの化学的描像を提示したという点で大変意義深いが，起源の推定などについては人間の主観が含まれているという批判もある．DOMの構造推定は，数少ない情報から想像力をめぐらせて化学構造を予測するというレベルから，非常にたくさんの情報から有用な情報を見つけ出すという，いわゆるデータマイニングの段階に到達しつつある．構造推定にあたっては，現在，化学情報論(Chemoinfomatics)の分野で検討されている確率モデルなどを応用し，より客観的な構造推定を行うという試みも始まっている[95]．

以上のようにDOMのキャラクタリゼーションの技術は日々進歩しているが，消毒副生成物の生成機構の理解のために十分なDOMの構造に関する情報が得られているとはいいがたい．このDOM構造の不確かさが，消毒副生成物生成機構の推定が今なお難しい理由の一つである．

3.3.2 臭化物イオン

臭化物イオン(Br^-)自体は無害と考えられているが，酸化剤との反応性は高く，浄水プロセスなどの消毒過程において様々な化学反応に関与する．塩素処理過程では，臭化物イオンが次亜塩素酸によって次亜臭素酸(HOBr)へ速やかに酸化される．次亜臭素酸は，DOMとの反応性が高く，様々な有機臭素化合物が生成する．これらの有機臭素系消毒副生成物は，単位濃度当りでは有機塩素系消毒副生成物よりも毒性が高いことが示されており[51]，水道水の安全管理上十分な注意を要する．

臭化物イオンは，天然由来または人間活動由来で環境水中に数 μg/L から数百 μg/L のオーダーで存在する無機イオンである．表-3.10 は，環境水中の臭化物イオン濃度をまとめたものである．国内の水道原水の臭化物イオン濃度の調査例を見ると，50 μg/L 以下の所が多いが，下流域では数百 μg/L 程度の水源も存在する．国外では，100 μg/L 程度はごく一般的であり[96]，2mg/L という高濃度の水源もある[97]．天然由来のものに関しては海水の浸入の可能性のある海岸域の方が高いと考えられている．しかし，これは一般論であり各地域の地質学的特性に応じて濃度は大きく変動する．また，下水処理水中の臭化物イオン濃度は環境水よりも一般的に高く[98]，大河川の下流域では臭化物イオン濃度は高い[99]．図-3.11は琵琶湖・淀川水系における臭化物イオン濃度の分布を示したものである．上流から下流に進むに従って臭

第3章 消毒副生成物の分類と反応論

表-3.10 水環境中の臭化物イオン濃度(μg/L)[5,22,97,98,101〜106]

雨水		3〜17	結田[101]
海水		70	Larson と Weber[5]
河川水	米国	110*1	Krasner ら[22]
	ヨーロッパ	150*1	Legube ら[102]
	淀川下流域	25〜70	表ら[103]
海岸地域	米国	210*1	Amy ら[104]
	沖縄	100〜170	金城ら[105]
下水処理水		59〜789	金ら[104], 宮川ら[104]
湖沼水	米国	38*1	Amy ら[104]
	ヨーロッパ	99*1	Legube ら[102]
	ガラリア湖*2	2 000	Richardson ら[97]
	霞ヶ浦	200	石崎ら[106]
	琵琶湖北湖	22*3	宮川ら[98]
	琵琶湖南湖	22*3	宮川ら[98]
地下水		100*4	Amy ら[104], Legube ら[102]

*1 平均値.
*2 イスラエルの塩湖. 水道水源として使われている.
*3 中央値.
*4 米国とヨーロッパ地域における平均的な値.

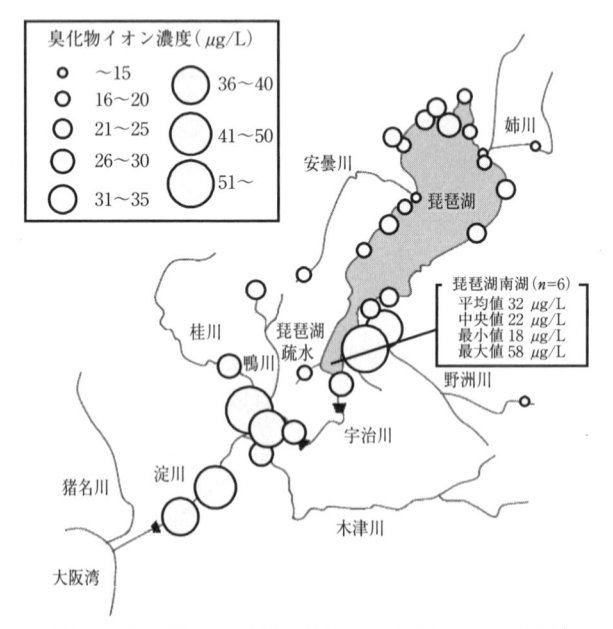

図-3.11 琵琶湖・淀川水系における臭化物イオンの濃度分布[98]

化物イオン濃度が数倍に増加していることがわかる．すなわち，中流域の都市から排出される臭化物イオンの濃度が下流域の水道原水中の臭化物イオン濃度に大きく寄与している．また，臭化物イオン濃度に関する季節変動や経年変動に関する全国規模の系統的な調査は知られていないが，琵琶湖・淀川水系については鯛谷らによる検討があり[100]，過去10年程度は比較的安定しているものと推定できる．

3.3.3 ヨウ化物イオン

ヨウ素は甲状腺ホルモンの合成に必要なことからもわかるように，微量を摂取してもそれ自体人体に悪影響はないが，ヨウ化物イオン(I^-)も臭化物イオンと同様に，水の消毒処理過程で酸化され，様々な反応に関与する．近年，バイオアッセイの結果からヨウ素を含む消毒副生成物(ヨウ素化酢酸)の毒性が強い可能性が指摘されていること[10]，また実際にヨウ素化酢酸が水道水より検出されていること[1]を考えると，ヨウ素を含む消毒副生成物は注目すべき物質群ということができる．

環境水中のヨウ化物イオン濃度に関する知見は多くはない．これは，通常，水環境中のヨウ素が低濃度でかつ酸化還元反応に関与しやすく，総ヨウ素として測定され，その化学形態には言及されないためである[107]．また，大気中オゾンとの反応や微生物反応によりヨウ化物イオンとヨウ素酸イオン(IO_3^-)を行き来することが知られており，臭化物イオンに比べると環境中での形態の変化が起きやすい[108]．**表-3.11**に示すように，河川水中では数$\mu g/L$で存在している．また，これと同レベルの濃度のヨウ素酸イオンが共存していることが知られている[109]．欧米の調査では，河川や湖沼水中の総ヨウ素は0.5～20$\mu g/L$であり，ヨウ化物イオンも最大でこの程度存在しているものと考えてよい．臭化物イオンと比較すれば，1桁低濃度ということができる．

表-3.11 水環境中のヨウ化物イオン濃度($\mu g/L$)[107,109~111]

雨水		2.1	亀谷ら[109]
海水	瀬戸内海	20-32	伊藤と砂原[110]
河川水	多摩川	3.6～4.1	亀谷ら[109]
	Yarra River	23	Smith と Butler[111]
地下水		1～100*	Fuge と Jonson[107]

* 全ヨウ素(ヨウ化物イオン，ヨウ素酸イオン，有機ヨウ素の和)．

3.3.4 アンモニウムイオン

アンモニウムイオンは，それ自体では無害であり，また環境水中に普遍的に存在する．その起源は，有機物の分解などに付随する天然由来のものや，肥料の流出など人為起源の双方が考えられる．アンモニウムイオンは，クロラミン処理では意図的にプロセスに加えられるが，原水に存在しているアンモニウムイオンに関してはトリクロラミンなどの異臭味物質の前駆体として捉えることができる．

水道原水中のアンモニウムイオンは，0.1 mg-N/L あるいはそれ以下で存在していることが多い．それでもなお，カルキ臭が存在するということは，このレベルのアンモニウムイオン濃度であっても制御が必要な場合があるということを意味している．すなわち，トリクロラミンの閾値を仮に 0.01 mg-Cl$_2$/L とすると，カルキ臭の制御をアンモニウムイオンの制御に委ねる場合，アンモニウムイオンをおよそ 2 μg-N/L に制御する必要がある[*7]．

3.4 反応論

3.4.1 塩素処理副生成物

(1) 塩素の化学形態および一般的な反応性

一言に塩素といっても，消毒に用いられる塩素はいくつかの形態（塩素ガスや次亜塩素酸ナトリウム）をとる．いずれの場合にも，低濃度で水中に注入された場合の主な化学種は，次亜塩素酸（HOCl）あるいは次亜塩素酸イオン（OCl$^-$）である．これらは，以下の2段階の平衡反応に従っている[112]．

$$Cl_{2\,(aq)} + H_2O \rightleftarrows HOCl + HCl \qquad (3.3)$$

$$HOCl \rightleftarrows OCl^- + H^+ \qquad (3.4)$$

このうち，1段目の反応の平衡は，一般的な浄水処理の条件下では右側に偏っており（$K_h = 4 \times 10^{-4}$），Cl$_{2\,(aq)}$ の水中濃度は低い．2段目の反応の pKa は 7.5 で，pH がこれより酸性側だと次亜塩素酸が，アルカリ性側だと次亜塩素酸イオンが卓越する．次亜塩素酸および次亜塩素酸イオンは，求電子剤，すなわちハロゲン化剤や酸化剤として機能する．また，次亜塩素酸と次亜塩素酸イオンを比較すると，求電子置換

[*7] すべてのアンモニウムイオンがトリクロラミンに変換されるとした場合の試算値．

3.4 反応論

反応に関しては次亜塩素酸の方が反応性が高い．このため，次亜塩素酸と溶存有機物との反応速度は pH に依存し，一般に酸性側の方が反応が速い[*8]．

次亜塩素酸と溶存有機物の反応は3つに分類できる．すなわち，①二重結合への付加反応，②求電子置換反応，③酸化反応（塩素化を含まない），の3種類である．ここで注意が必要なのは，塩素処理副生成物といえば有機塩素化合物であり，あたかも注入した塩素のほとんどがハロゲン化反応（すなわち，有機塩素の生成反応）に消費されるような一般的認識があるが，塩素と DOM の反応のうち，実は塩素化反応はマイナーな反応で，その多くは③の塩素が塩化物イオンに還元される酸化還元反応である[5]という点である．これらの塩素化を含まない反応に関与する物質としては，アルコールや，アミノ酸，硫黄化合物が考えられる．②の塩素化反応の具体的機構については次に詳述する．①のタイプの反応は比較的遅く，例外的な場合を除き，通常の塩素処理時には無視できると考えられている[113]．

また，次亜塩素酸は水中の臭化物イオンを容易に酸化する（図-3.12）．この反応の pH 7，25℃における見かけの速度定数は $1.2 \sim 5.3 \times 10^3 \, M^{-1} s^{-1}$ である[113]．すなわち，塩素濃度が 1 mg/L であるとすると，臭化物イオンの半減期は1分程度であり，反応開始直後のごく短い時間（数秒程度）を除けば反応は競合的に進行する．この反応の生成物である次亜臭素酸は，次亜

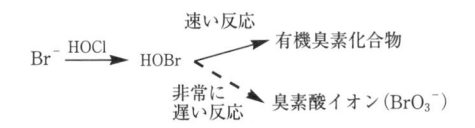

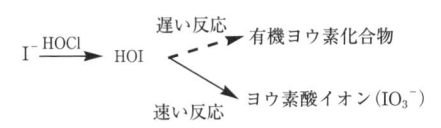

図-3.12 塩素処理における臭化物イオンとヨウ化物イオンの酸化スキーム

塩素酸よりも優れたハロゲン化剤で原水中の溶存有機物と反応する．例えば，フェノール類との反応性を例にとると，臭素化反応の方が塩素化反応よりも1000倍程度速いことが知られている[114, 115]．この点について以下に詳述する．

次亜塩素酸（HOCl）のフェノール性化合物に対する反応性は，次亜臭素酸（HOBr）の反応性に類似している．すなわち，中性付近での反応の主体は，プロトンが脱離したフェノキシドであり，反応速度の絶対値は異なるものの，pKa の大きいもの，あるいは Hammett の係数（$\Sigma_{o, m, p} \, \sigma$）が小さいものは反応性が高いという共通の傾向が認められる[116, 117]（図-3.13）．定量的にも，次亜臭素酸とフェノキシドの二次反応

[*8] ただし，トリハロメタンのように加水分解反応が律速になっている場合のような例外もある．

速度定数（$k_2'_{\text{HOBr}}$）と次亜塩素酸と各フェノキシドの二次反応速度定数（$k_2'_{\text{HOCl}}$）の間には，以下のような関係式が成り立つ．

$$\log k_2'_{\text{HOBr}} = 1.07 \log k_2'_{\text{HOCl}} + 3.33 \ (r^2 = 0.92, \ n = 7) \tag{3.5}$$

この関係は $k_2'_{\text{HOCl}}$ の方が小さく測定が容易なため，非常に高速で測定が困難な $k_2'_{\text{HOBr}}$ を予測するために有用である．例えば，レゾルシノールの $k_2'_{\text{HOBr}}$ は式(3.5)に文献値[116]（$1.36 \times 10^6 \, \text{M}^{-1}\text{s}^{-1}$）をあてはめ外挿すると，$7.7 \times 10^9 \, \text{M}^{-1}\text{s}^{-1}$ となり，拡散律速[118]の領域にあることを指摘できる．また式(3.5)から $k_2'_{\text{HOCl}}$ が 10^1 から $10^5 \, \text{M}^{-1}\text{s}^{-1}$ の範囲では次亜臭素酸による臭素化は，次亜塩素酸による塩素化よりも 2 000～5 000 倍速いことがわかる．この関係を実際の塩素処理における濃度比，例えば，次亜塩素酸初期濃度が 20～50 μM，臭化物イオン濃度（Br$^-$）が 1.0 μM という条件に適用すると，次亜塩素酸と臭化物イオンによる次亜臭素酸の生成反応の速度定数は $2.95 \times 10^3 \, \text{M}^{-1}\text{s}^{-1}$ で[119]，pH 7.0 におけるフェノールの見かけの反応速度定数 22 $\text{M}^{-1}\text{s}^{-1}$ よりも十分速いので[117]，反応開始時に既に次亜臭素酸が系内に存在しているとしてよい．この時，次亜臭素酸と次亜塩素酸の競合の程度は，おのおのの濃度と反応速度定数の積の比で表される．

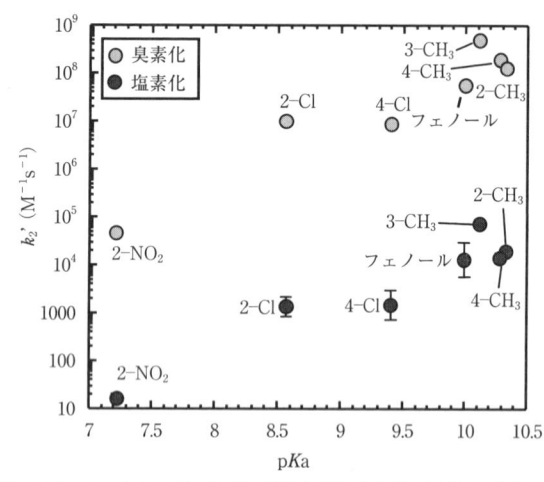

図-3.13 フェノキシドの塩素化速度と臭素化速度の比較（塩素化の速度定数は文献値[117,120]，臭素化の速度定数は著者らによる．図中のフェノール以外の記号はフェノールの置換基の位置を示す．例えば，2-Clならば2-クロロフェノールを意味する）

$$\frac{k_2'_{\text{HOBr}} [\text{HOBr}]}{k_2'_{\text{HOCl}} [\text{HOCl}]} > 40 \tag{3.6}$$

このことと，フェノール性化合物は溶存有機物の中でも次亜ハロゲン酸に対して反応性が高い化学構造であるという仮定を踏まえれば，反応初期段階においては臭素化反応が塩素化反応に卓越し臭化物イオンが次亜塩素酸イオンに比べて低濃度であっても臭素化反応は速度論的に無視できないと考えることが妥当である．すなわち，

次亜臭素酸による溶存有機物の臭素化反応は，塩素化反応よりも格段に速く，塩素消毒を行う以上，これらの反応を制御することは困難である．

一方，水中のヨウ化物イオンも，速やかに次亜ヨウ素酸(HOI)に酸化されるが，HOIは塩素が過剰に存在している条件下ではさらに酸化されて，ヨウ素酸イオン(IO_3^-)の生成に至る．このため，通常の塩素処理の条件では次亜ヨウ素酸がDOMと反応する経路は副反応であり，有機ヨウ素化合物の生成量は低いと考えてよい(図-3.12)[121]．

(2) トリハロメタンの生成反応

a. トリハロメタンの生成スキーム　トリハロメタンの生成機構としては，いわゆるハロホルム反応[5]が様々な酸化反応と並行してして起こっているという考え方が一般的である．すなわち，カルボニル炭素に隣接するメチル基がエノール化を経て3回塩素化された後に，塩基触媒の加水分解反応で脱離するというものである(図-3.14)．一段目の塩素化が起これば，ハロゲンの電子吸引性からよりエノール化しやすくなるため3段目まで進行する．最後の加水分解反応が塩基触媒のため，他の多くの副生成物やTOX自体と異なり，pHが上昇すると，生成量が増大するという特徴的なpH依存性を示す．トリハロメタン類は水中で安定であり，基本的には配水システム内でも徐々に濃度が増大し，給水末端に至る．

また，フェノール性化合物はトリハロメタン生成能が比較的高いとされてきたが，これらの化合物についても，極端にエノール型に偏ったケトンとみなすことができるので，開環反応を伴う必要があるものの，一種のハロホルム反応と解釈することもできる(図-3.15)．

b. トリハロメタンの前駆体の構造　ハロホルム反応を特に起こしやすい化学構造として，メタジヒドロキシベンゼン(レゾルシノール)構造[5, 122]が知られている(図-3.16左)．Boyceは消毒副生成物の研究分野で最も美しい研究といわれる論文[122]の中で，放射性標識を用いて，レゾルシノールの2つの水酸基に挟まれる炭素が高い収率でクロロホルムに変換されることを示した．また，β-ジケトン(図-3.16右)，さらにはβ-ケト酸もトリハロメタンの生成能が高い化学構造である．あるいは，クエン酸のようにβ-ケト酸を容易に生成する化学構造からもトリハロメタン生成能が高いことが知られている．これらの化合物は，$-CH_2-$の両側にカルボニル基(あるいは同様の機能をする官能基)があり，C-H結合の酸性度が非常に高く反応が速やかに進行するためと考えられている．逆に，アセトンなどカルボニル基が一つだけと

第3章　消毒副生成物の分類と反応論

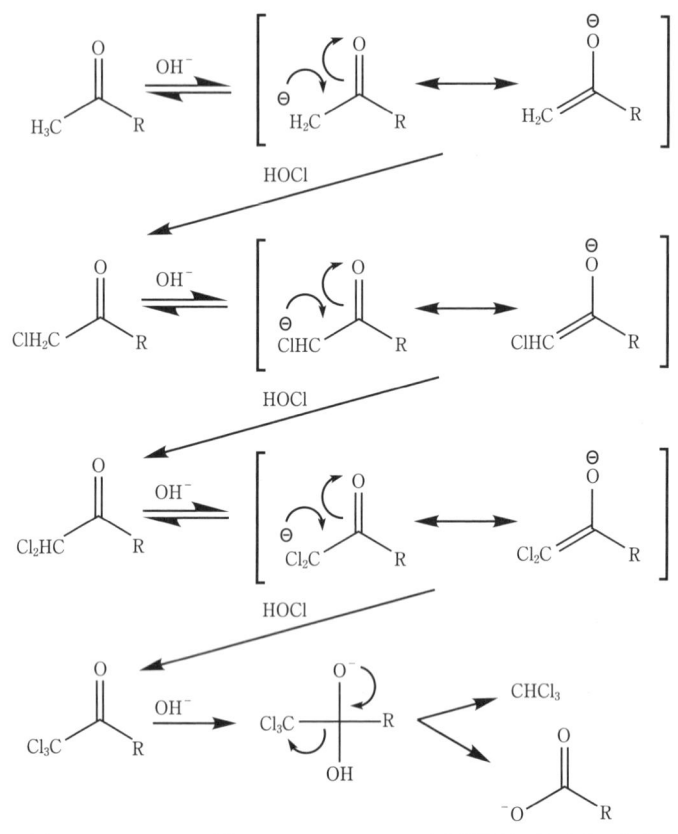

図-3.14 ハロホルム反応によるクロロホルムの生成機構（次亜臭素酸や次亜ヨウ素酸の存在下でも同様）

いう化合物は，直接的なトリハロメタンの前駆体ではないといわれている．フェノール性化合物もトリハロメタン生成能が高いが，クレゾールのように分岐構造を持つ場合には極端に生成能が低下することが知られている[123]．

以上のような個別の化学構造のトリハロメタン生成能を踏まえて，Reckhow と

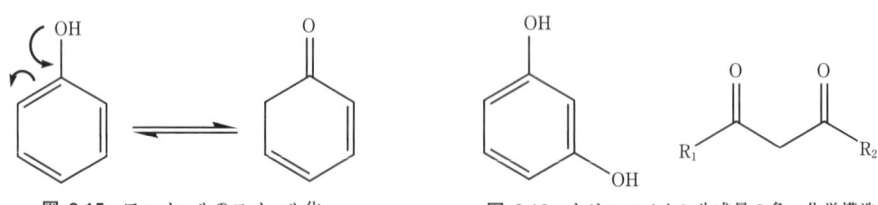

図-3.15 フェノールのエノール化　　　**図-3.16** トリハロメタン生成量の多い化学構造

Singer は塩素処理におけるトリハロメタンの生成に関する概念モデルを提案している (図- **3.17**)[124]. このモデルでは, 次亜塩素酸による酸化反応により溶存有機物中に多くの β-ジケトンが生成し, 速やかに α 炭素の塩素化が進行すると仮定している. この時, $-R_1$ が水酸基であれば, ジクロロ酢酸が生成し, R_1 がメチル基であればトリクロロアセトンとなり, さらなる加水分解を経てクロロホルムの生成に至る (Reckhow と Singer は 7.5％程度のクロロホルムがトリクロロアセトンの加水分解反応を経由しているとしている). それ以外の場合, R_1 が酸化されやすいものであれ

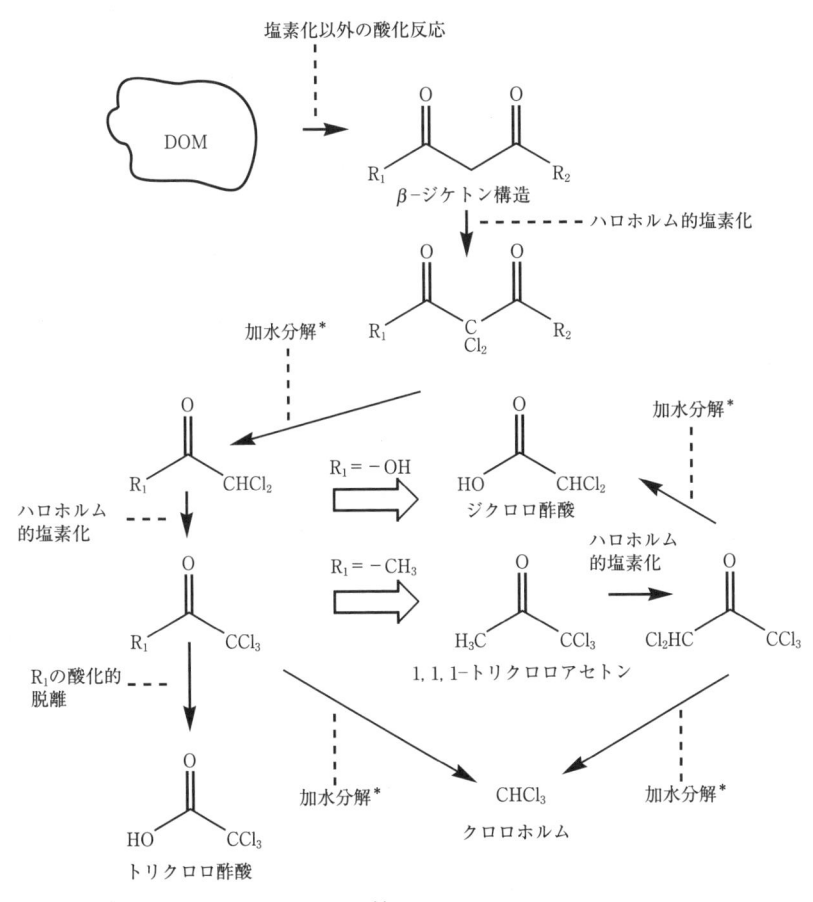

図-3.17 Reckhow と Singer による概念モデル[124] (Taylor & Francis Informa UK Ltd. の許諾に基づき転載)

ばトリクロロ酢酸が生成し[例えば，R_1 がカルボキシル基である場合，酸化的脱炭酸（＝開裂）が起こる]，そうでなければ加水分解によりクロロホルムに至る．クロロホルムが生成しやすいかどうかは，pHにも依存する．すなわち，pHに関してトリハロメタンとトリハロ酢酸の生成量はトレードオフ関係あることを予想している．

　この概念モデルは，様々な実験結果をうまく説明できるので，本書でも再度言及することになるが，重要な点は，塩素化反応以外の酸化反応の重要性を示したことである．特に，塩素化反応が開始される前のDOMの酸化による塩素化されやすい物質の生成反応の必要性を指摘したという点でこの研究は非常に意義深い．比較的早くからその重要性が指摘されてきたにもかかわらず，これまでのDOMの分光学的分析では，レゾルシノール構造や β-ジケトン構造は確認されていない．分析技術が不十分という可能性もあるが，これらの構造は塩素処理によって初めて出現する中間体で，速やかに反応するため同定が困難であったと解釈する方が自然であろう．

　トリハロメタンの前駆体の化学的特性を明らかにする試みとして，DOMの様々な画分からのトリハロメタン生成能を比較する研究も積極的に行われている．Chowらは，様々なDOMの分画手法によって得られた画分のトリハロメタン生成能に関するレビューの中で，分子サイズや疎水性親水性だけで議論を行うことには限界[*9]があるとしながらも，フミン質のような疎水性画分のトリハロメタン生成能が高く，主なトリハロメタン前駆体である傾向が強いと指摘している[125]（例として**表-3.12**にいくつかの文献値を示す）．また分子サイズに関しては比較的の低分子ものが前駆体としての寄与が大きいとの報告がある[53]．

表-3.12　単位DOC当りのトリハロメタン生成能の比較[74,80,128]

区分	場所	疎水性画分（μg/mg-C）	親水性画分（μg/mg-C）	出典
湖沼水	琵琶湖	64.2〜82.4	21.2〜24.8	永井ら[128]
河川水	淀川	81.3	11.4	永井ら[128]
湖沼水	霞ヶ浦	24	22	Imaiら[80]
河川水	Suwannee River	51〜55	40	Crouéら[74]

　ただし，フミン質の比率が低い水道原水に関しては，親水性分画からの生成量も無視できないことがImaiらにより指摘されている．特に，霞ヶ浦のような富栄養湖

[*9] 繰り返し述べているように，分画と化学構造が明解に対応しているわけではないので，分画手法によるキャラクタリゼーションは全くタイプの異なる原水を比較する場合よりも，類似のものや同じ原水に対して処理プロセスでどう変化していくかという評価に適している[125]．

では，湖内で生産された親水性有機物の比率が高いため，生成能（単位炭素当りのトリハロメタン生成量）は疎水性画分の方が多くても，全生成量に対する寄与率は高いものになる[80]．また，浄水処理では疎水性分画の方が除去されやすいことにも注意が必要である（図-3.18）．これまでの多くの研究が原水を用いてフミン質の寄与を評価してきたことを考えると，実際の浄水プロセスでは親水性画分の重要性がこれまでの評価よりも高くなるものと考えられる．このことは，トリハロメタン以外の多くの消毒副生成物にもあてはまることである．

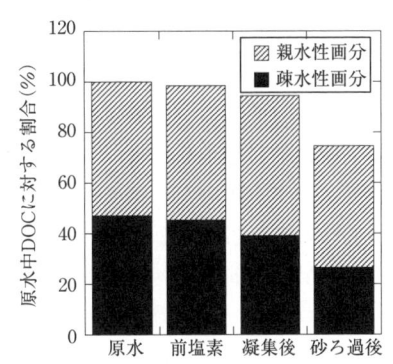

図-3.18 浄水処理におけるDOMの除去プロファイル[127]（Elsevier Ltd. の許諾に基づき転載）

分画との関連性以外のマクロ指標との関連性についても検討がなされている．一般に，SUVA[*10]が高いDOM，すなわち不飽和結合が多いDOMからの生成量が高いと考えられている[129, 130]．SUVAは，測定が比較的容易であり，DOMの反応性を調べる有用な指標として広く用いられている．

ただし，SUVAと消毒副生成物量の関係は，反応条件が違う場合に比較が困難であるという弱点がある．この弱点を克服するために，反応の前後のSUVAの変化（ΔSUVA）を測定するという手法が提案されている．反応前後の吸光度の差を調べることで，反応しうる不飽和結合の量ではなく，実際に反応した不飽和結合の量を測定することができる．ΔSUVAは，直接的には不飽和結合がどれだけ開裂したかを示す指標であるが，トリハロメタンやTOXと強い相関[*11]があることが知られている[131]．ただ，NOMのタイプによって，関係式が異なることも指摘されており，この指標の有用性についてはさらなる検討を要する[132]．また，わが国のようなフミン質の割合の低い原水が多い場合での適用可能性についても詳しい知見が今のところなく，今後，検討が必要な課題の一つである．なお，塩素消費量自体をトリハロメ

[*10] Specific UV Absorbance の略．DOC[溶存態有機炭素濃度(mg-C/L)]当りの紫外線吸光度のことを指す．波長は，254, 260，あるいは272 nmが用いられることが多い．
[*11] 塩素と不飽和結合が反応しても必ずしも塩素化が起こるわけではなく，反応論的には説得性を欠く，対応するはずがないという指摘もあるが，分析上の簡便性を考慮すると，今後，応用を考えてもよい指標の一つである．逆に言うと，ΔSUVAの減少と塩素化合物の生成量が対応しているということは，塩素化されやすい構造が生成する酸化反応が実際のトリハロメタンの生成反応の律速段階になっていることを示唆しているのかもしれない．

タン生成量の指標とするアプローチもほぼ同様のものと考えてよい[133].

c. 塩素処理条件とトリハロメタン生成量の関係　トリハロメタン生成量と塩素処理条件の関係については多くの調査があるが，ここでは主な処理パラメータについて定性的に整理した後，これらのパラメータを用いた予測モデルの代表的なものを紹介する．

① 反応時間と塩素注入量：トリハロメタンは塩素処理の最終生成物の一つであり，生成後は系内で安定している．生成反応は，反応開始後数時間の比較的速い反応と，その後に続く緩慢な反応の2つに分けられることが多い（図-3.19）．前者の反応では，条件にもよるが最終的な生成量の40％程度が生成する．後者の反応はReckhowとSingerの概念モデルではトリクロロアセトンの加水分解反応などが対応するものと考えられる．また，過剰の塩素で分解することもないので，塩素注入量とともに増加する傾向にある．統計モデルによれば注入率を2倍にすると，20％程度増大する[134]．

② pHの影響：先に述べたように，反応の最終段階が塩基触媒の加水分解反応であるため，アルカリ側で生成量（図-3.20），生成速度ともに増加する[135]．実際の測定値に基づいた統計モデルからもpHが7から8に上昇すると，20％程度総トリハロメタン量が増加すると予測できる[134]．

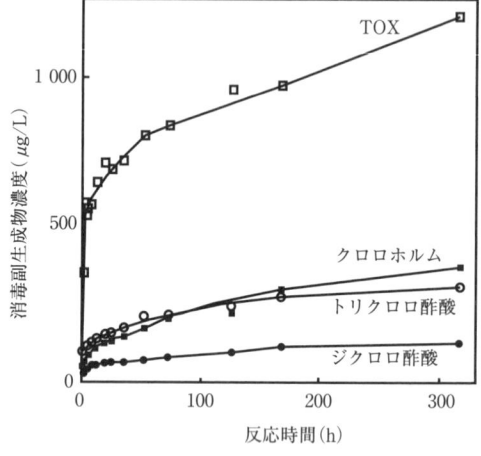

図-3.19　主な塩素処理副生成物の生成量と反応時間の関係（TOC 4.1 mg/L, pH 7.0, 塩素注入量 20 mg/L）[124]（Taylor & Francis Informa UK Ltd. の許諾に基づき転載）

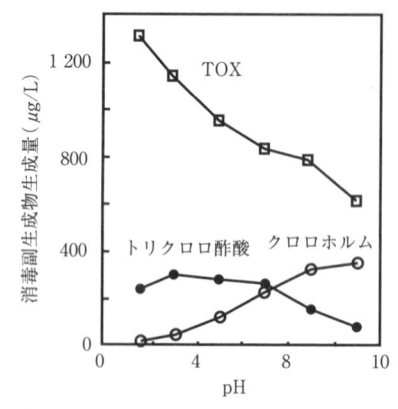

図-3.20　主な塩素処理副生成物の生成量とpHの関係（TOC 4.1 mg/L, 塩素注入量 20 mg/L, 反応時間 72 h）[124]（Taylor & Francis Informa UK Ltd. の許諾に基づき転載）

3.4 反応論

③ 温度の影響：基本的に生成反応が促進されるようである．10℃から20℃への増加に対応して20％程度総トリハロメタン量が増加する[134]．

④ 臭化物イオンの影響：臭化物イオンは，総トリハロメタン生成量を(mol濃度でも)増やす傾向にある[136]．これは次亜臭素酸の方が次亜塩素酸よりもハロゲン化剤として働く傾向が強いこと(あるいは，前者の方が酸化力が弱く，ハロゲン化以外の反応に関与しにくいこと)を反映しているものと考えられるが，その反応機構の詳細は不明である．一方，ヨウ化物イオンが共存しても総トリハロメタン量は増加しないことが知られている[137]．臭化物イオンの存在下では，図-3.21 に示すように，クロロホルムからブロモホルムに生成物がシフトする[138]．

⑤ その他の要因：オゾン処理は，トリハロメタンの前駆体を酸化する目的としても一般的に用いられている．ただし，オゾン注入量が低い場合には，かえってトリハロメタン生成量が増大することがある．これはReckhowとSingerのモデルの最初の段階である酸化反応に類似した反応がオゾン処理によっても引き起こされるためだと考えられる．なお，TOXはオゾン処理を行っても大きな変化はなく，オゾン処理によってハロゲン化反応が抑制されるというよりは反応副生成物のシフトが起きているものと考えられている．また，実際の処理プロセスでどの程度の影響があるかは明らかにされていないが，銅イオン存在下でハロホルム反応が触媒的に促進されるという報告がある[139]．これまで，金属の存在は消毒副生成物の生成機構を考えるにあたって重視されてこなかったが，今後はこのような因子についても検討が望まれる．

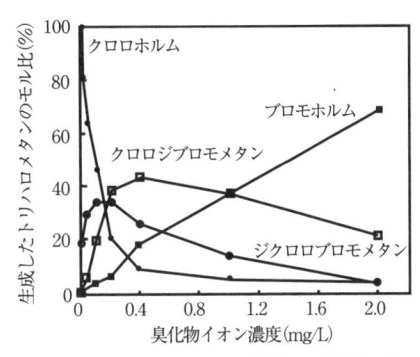

図-3.21 トリハロメタンの種類への臭化物イオンの影響(TOC 1 mg/L，塩素注入量5 mg/L，反応時間96h)[138] (Taylor & Francis Informa UK Ltd. の許諾に基づき転載)

d. 予測モデル　トリハロメタンの予測モデルには様々なものがあるが，代表的なのは指数関数型の統計モデル(重回帰分析による)と，微分方程式の組合せによる速度論モデルである．前者の例[134]として式(3.7)を示す．このモデルでは，原水DOMの反応性をDOCと紫外吸光度の積として表現し，異なる原水にも適用できるようにした点に特徴がある．この重回帰分析によるアプローチは国内外を問わず試みられ

ており，少なくとも対象とする原水での実験データがある場合には，十分な精度で予測可能であるといってよい[140]．

$$\text{総トリハロメタン} = 23.9(\text{DOC} \times \text{紫外吸光度})^{0.403} (\text{Cl}_2)^{0.225} (\text{Br}^-)^{0.141} t^{0.264} \quad (3.7)$$

また，微分方程式型のものは，式(3.8)のような微分方程式を用いて，先に述べた2段階の生成反応を表現している．ここでDOM_1はDOMのうち反応の速いサイト(mol/L)，DOM_2は遅いサイトである．このモデルでは，この式と合わせて塩素の減少に関する微分方程式を組み合わせて反応全体を表現する．また，[DOM_1]と[DOM_2]は一定であると簡略化する例もある．このモデルの方が反応機構に忠実なような印象を与えるが，パラメータの決定に関しては統計学的手法を用いるため本質的にかわりはない．また，総トリハロメタン量に加えて個別のトリハロメタン量を予測するモデルも作成されている[141]．

$$\frac{d[\text{総トリハロメタン}]}{dt} = k_1 [\text{Cl}_2][\text{DOM}_1] + k_2 [\text{Cl}_2][\text{DOM}_2] \quad (3.8)$$

(2) ハロ酢酸の生成反応

a. 反応スキームと前駆体　ハロ酢酸の生成機構についても，ReckhowとSingerの概念モデルを用いて議論することが多い．ただし，トリハロメタンについては前駆体の構造に関する不確定性はあるものの，ハロホルム反応という確固たる反応機構が提案されているが，ハロ酢酸についてはそこまではっきりとした反応機構として理解されているわけではない．

この理由の一つは，個別物質からのハロ酢酸生成量に関する情報の欠如である．1980年代にReckhowらによって若干の検討が行われたものの，最近に至るまでほとんど検討例がない．そこで，著者らは，個別物質からのハロ酢酸生成量について検討を行った．その結果の一部を図-3.22，3.23に示す．また，芳香族では，モノフェノール類からの生成能が高いこと，脂肪族については，ある種のアミノ酸などのいくつかの例外を除き生成能は低いことがわかる．なお，この調査の範囲内では，ハロ酢酸とトリハロメタン生成量の間にはある程度の相関が認められている．したがって，細かい差異はあるものの，いずれの場合も求電子置換反応の起こりやすさが反応性を支配する重要な点となる．また，速度論的観点からはハロ酢酸の方がトリハロメタンよりも生成反応が速いことが知られている．これは，トリハロメタンの生成反応の最後のステップである加水分解反応が比較的遅い反応であるためと考えられる[5]．

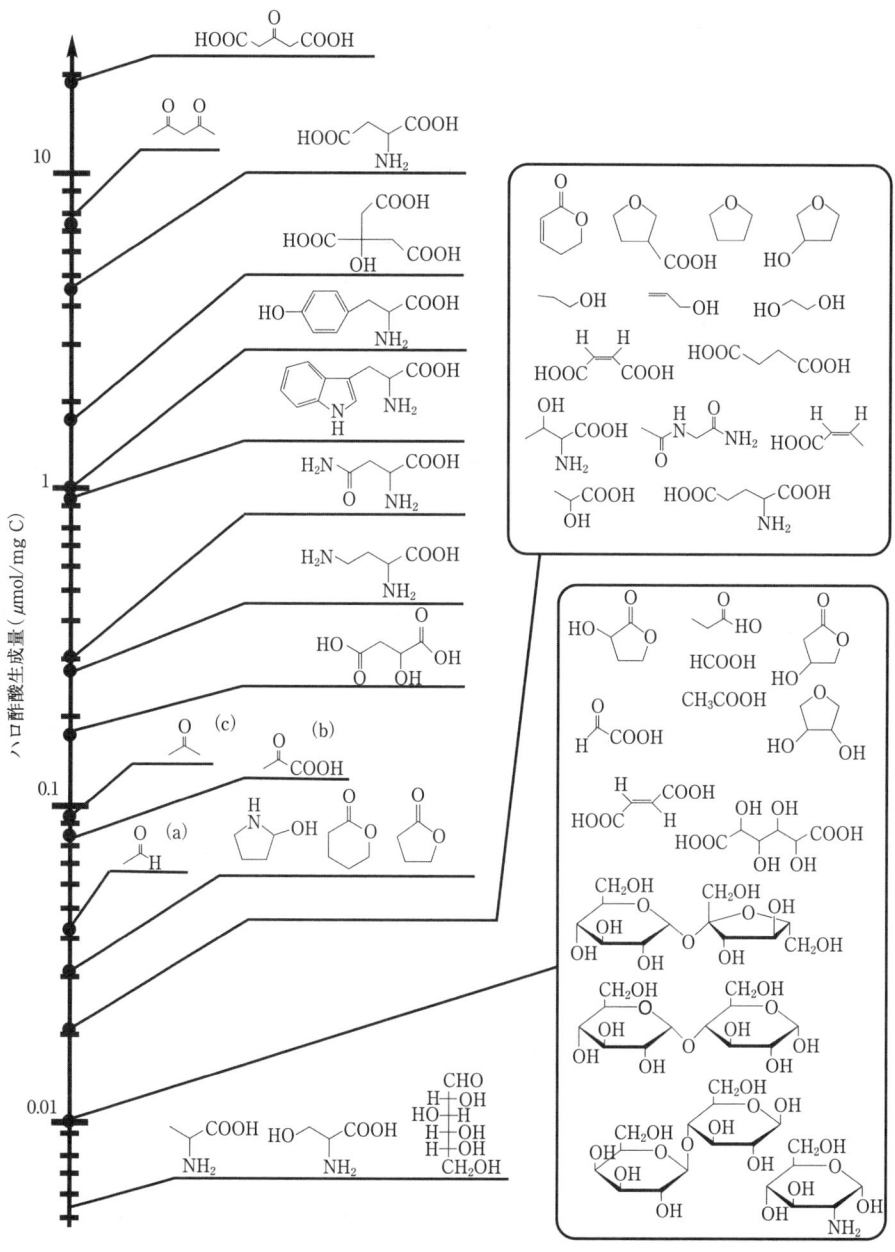

図-3.22 DOMを構成する化学構造からのハロ酢酸生成量．脂肪族化合物およびアミノ酸［図中の(a)〜(c)については本文参照］

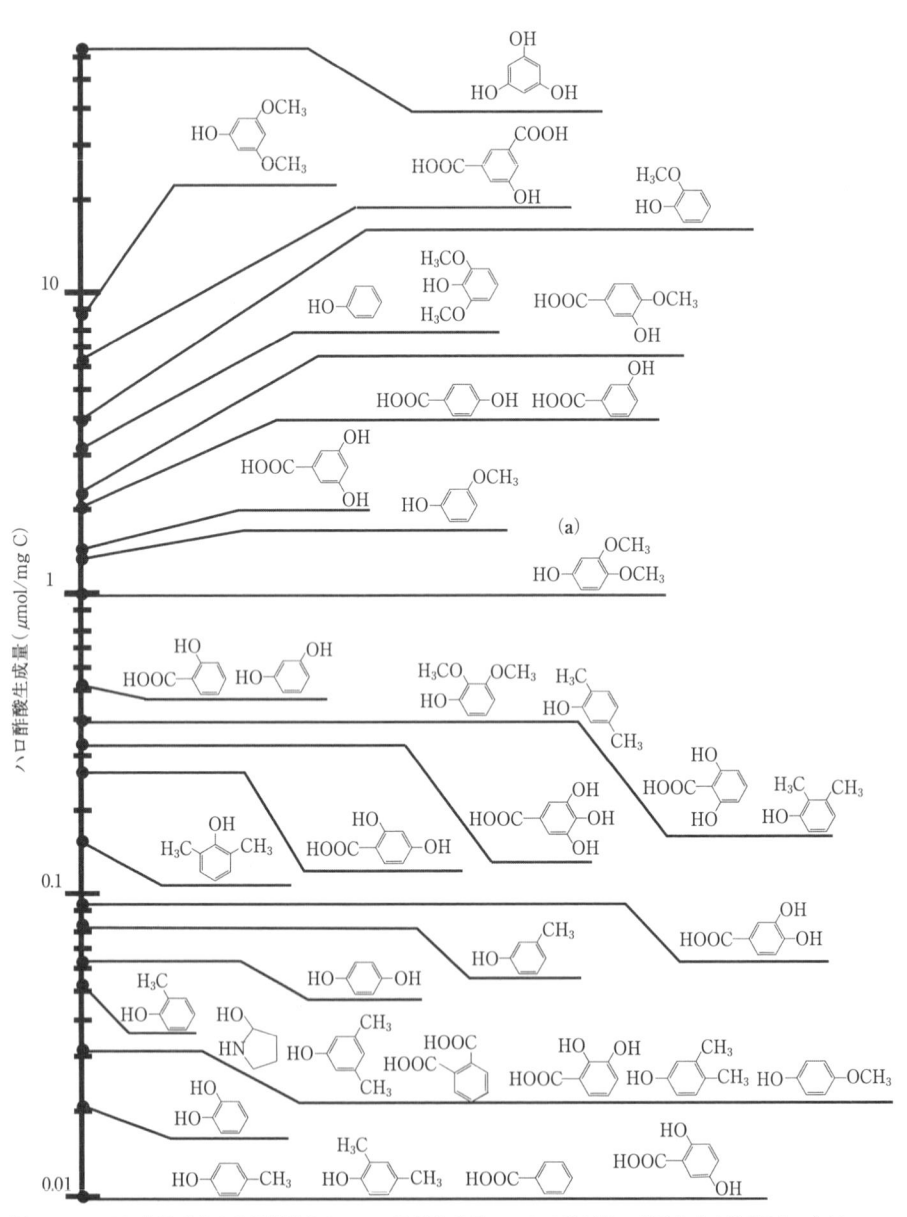

第3章 消毒副生成物の分類と反応論

図-3.23 DOMを構成する化学構造からのハロ酢酸生成量．アミノ酸以外の芳香族化合物［図中の(a)については本文参照］

3.4 反応論

さて,以下ではより具体的に図-3.22,3.23 にまとめた各化学構造からのハロ酢酸生成量に基づいてハロ酢酸の前駆体として重要な化学構造の抽出を試みる.まず,脂肪族化合物およびアミノ酸のうち重要な化学構造について考える.この作業にあたっては TOC が 2 mg/L の仮想的な水道原水を考え,重要な化学構造を「この水の浄水処理で 10 μg/L 以上のハロ酢酸を生成する化学構造」であると便宜上定義する.この 10 μg/L は,東京都内の給水栓濃度を参考に設定した[142].

ここで問題となるのが,このモデル原水中にどのような比率で図-3.22 の化合物が含まれているかという点である.この点に関しては十分な情報がない物質も多い.そこで,まず,図-3.22 中のある物質一つが TOC として 2 mg/L であると仮定した場合に,その物質からのハロ酢酸生成量を算出し,これが 10 μg/L 未満である場合,この化学構造は前駆体として無視できるとして除外することとした.例えば,粘液酸のハロ酢酸生成量は 0.013 μmol/mg−C なので,TOC 2 mg/L に対しては,0.026 μmol/L である.これを重量濃度に換算すると 3.8 μg/L となる.今考えるモデル水道原水にはこれ以外にも有機物が存在しているから,TOC 2 mg/L 中に占める粘液酸の濃度によらず,このモデル原水に対する粘液酸の寄与は 3.8 μg/L 以下ということになる.すなわち,「重要な化学構造」から除外できる.

上記のような計算を他の物質についても行うと,アセトアルデヒド[図-3.22(a)]とピルビン酸[(b)]の間が境界線となる.つまり「重要な化学構造」の候補はピルビン酸より上側の化合物に限られるということになる.したがって,DOM の構成要素のうち一般的な化学構造とされているラクトン類,テトラヒドロフラン類,粘液酸および N−アセチルグリシンアミドについてはその寄与は小さいと考えてよい.

また,境界線に近いピルビン酸[(b)]やアセトン[(c)]については,上述の大まかな評価では候補となるが,実際には DOM 中のカルボニル炭素は 10 % 程度であることが知られているので[63],仮にこのカルボニル炭素がすべてアセトンのそれであるとすると,アセトンは TOC で 0.6 mg/L 程度ということになる[2 mg/L × 0.1 × 3 (アセトン分子に含まれる炭素数) = 0.6 mg/L].この場合,ハロ酢酸生成量は 7.9 μg/L となり除外できる.ピルビン酸も同様である.

以上のことから,脂肪族化合物およびアミノ酸のうちハロ酢酸の生成に重要な化学構造は,ハロ酢酸生成量が 0.1 μmol/mg−C 以上のもの,すなわち,アスパラギン酸,アスパラギン,β−アラニン,チロシン,トリプトファンといった一部のアミノ酸と,容易に β−ジケトン構造に酸化される β−ケト酸,β−ヒドロキシ酸ということができる.特にアスパラギン酸は,トリプトファン,アスパラギン,β−アラニンに

比べて環境水中で検出される頻度・濃度が高いので[63, 142]，これらのアミノ酸の中でも重要な構造であるということができる．なお，ジハロ酢酸は一部のアミノ酸から選択的に高収率で生成することが知られている．特にアスパラギン酸からの生成機構については比較的詳細な検討(図-3.24)がなされている[143, 144]．中間体のシアノ酢酸は脱炭酸反応を強く指向するために，最終的な反応産物がジクロロ酢酸に偏る[145]．また，クエン酸についても，比較的高濃度($157.7\,\mu g/mg-TOC$)の検出例があり[146]，注目に値する．なお，水道水中のハロ酢酸生成量が $10\,\mu g/L$ よりも低い場合には，

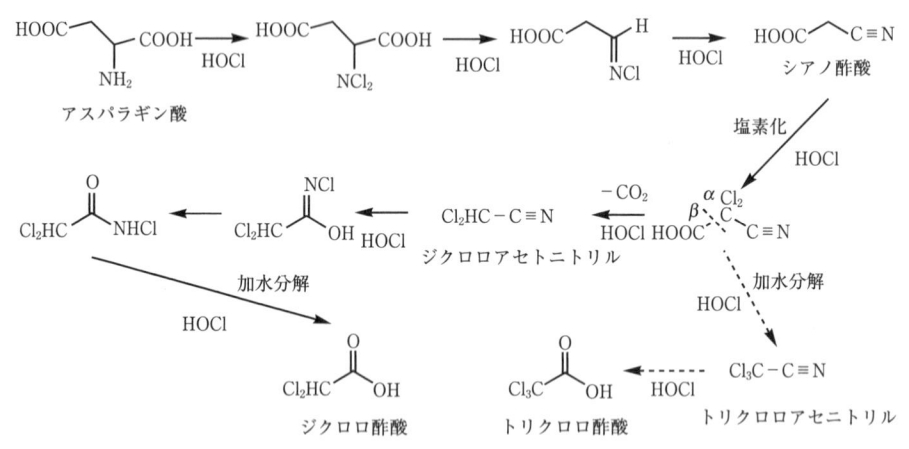

図-3.24 アスパラギン酸からのハロ酢酸生成機構[143, 144] (一部 American Chemical Society の許諾に基づき転載)

この解析で「重要でない」と判断された物質の寄与率が無視できなくなることは当然である．

残念ながらこれまでの DOM の構造に関する研究では β-ケト酸，β-ヒドロキシ酸の量に注目した調査は行われてこなかったが，今後はこういった特定の化学構造に注目した構造解析も重要な課題ということができる．

芳香族化合物についても同様の評価が可能である．まず，フェノール性化合物以外のもの，すなわちフタル酸，安息香酸については生成量が低く，粘液酸の評価と同様の計算により「重要な化学構造」から除外される．次に，フェノール性化合物については，琵琶湖南湖中 DOM のフェノール類濃度は $0.37\,\mu mol/mg-C$ 程度であることが知られているので[115]，この値を用いて評価することにする．すなわち，フェノール性化合物の濃度は $0.74\,\mu mol/L$ であり，これがある一つの物質のみで構成されているとすると，ハロ酢酸生成量 $10\,\mu g/L$ を超えるものは図-3.23 の 3,4-ジメトキ

シフェノール[**図-3.23**(a)]より上側であることがわかる．さらにチロシン，トリプトファンについては，既に「重要な化学構造」であることがわかっている．したがって，芳香族化合物のうちハロ酢酸の生成に重要な化学構造は，ハロ酢酸生成量が約 1 μmol/mg-C 以上のものであるといえる．脂肪族化合物やアミノ酸の場合のように特定の化学構造を指摘することは難しいが，炭素-炭素の分岐がなく，なおかつカテコールやヒドロキノンの構造をとらないフェノール類であればハロ酢酸の生成に重要な化学構造であることは指摘できる．

なお，この解析は比較的疎水性化合物の割合が少ない琵琶湖水のフェノール性化合物濃度に基づいた評価の一例である．疎水性化合物の割合が高い場合には，単位濃度当りのハロ酢酸生成量が低い化合物ももちろん考慮の対象となる．

各 DOM 画分からのハロ酢酸生成量の比較も行われており[147, 148]，トリハロメタンと同様に疎水性画分の方が単位 DOC からのハロ酢酸の生成量は多い（20 ～ 30 ％程度）．特に，Kanokkantapong ら[148]は疎水性化合物がその主たる前駆体であり，親水性化合物の寄与は小さいとしている．一方，Hwang らは，疎水性化合物が少ない原水では，親水性画分の寄与の方が高いことを報告している[149]．原水の由来が違うことを考えれば，これらの結果を統一的に解釈することは現段階では難しいが，ハロ酢酸についても親水性画分が疎水性画分よりも重要な場合があるということは，その除去性，さらにはわが国ではフミン質などの疎水性 DOM の比率が小さい原水が多いことを踏まえれば重要な知見であろう．実際，**表-3.13** に示すように，水道水と疎水性酸からのハロ酢酸生成パタンが異なり，疎水性酸以外の分画が重要であると考えられる．

また，分子サイズについては Chnag らハロ酢酸前駆体として寄与が大きいのは

表-3.13 疎水性酸から生成するハロ酢酸と水道水中のハロ酢酸濃度の比較[125,142]

			トリクロロ酢酸濃度（μg/L）	ジクロロ酢酸濃度（μg/L）
水道水[142]	東京都内給水栓 34 箇所の平均濃度		12	10.2
			トリクロロ酢酸生成能（μg/mg-TOC）	ジクロロ酢酸生成能（μg/mg-TOC）
疎水性酸[125]	米国内 5 地点の平均濃度	フルボ酸	46.2	18.6
		フミン酸	83	28.2

1 000 Da 以下の低分子化合物であると報告している[150]．これはトリハロメタンに関する結果と概ね同様であると考えられる．

その他の DOM のマクロ指標との比較も行われている．トリハロメタンと同様に SUVA と相関があり，また ΔSUVA もハロ酢酸の生成量と相関があることが示されている．さらに，NMR による官能基分析の結果などからトリハロメタンは脂肪族，ハロ酢酸は芳香族が主な前駆体になっていると指摘されている[147, 151]．

b．塩素処理条件とハロ酢酸生成量の関係　　以下ではハロ酢酸の生成や挙動に影響を及ぼすいくつかの因子について整理する．

① 反応時間の影響：一般にハロ酢酸の生成速度はトリハロメタンよりも速い（図-3.19）．最初の数時間で 50％以上が生成する．また，ハロ酢酸は加水分解を起こしうるが，ヨウ素を含まないハロ酢酸については配水システムでの滞留時間（数日）では無視できるものと考えられる[152]．トリハロ酢酸に関しては速度論データが整備されており，例えば最も半減期が短いトリブロモ酢酸でも 17 日である[153]．ただし，温度が上昇した場合には加水分解反応は促進されトリハロメタンが生成する可能性もある．例えば，トリブロモ酢酸は 100 ℃では半減期は 4.8 分であり，調理時などにハロ酢酸の分解は起こりうる．一方，ヨウ素を含むハロ酢酸には半減期が短いものもある．トリヨード酢酸の半減期は常温で 30 分弱であると推定されている．なお，上述のようにハロ酢酸は化学的には安定であるが，残留塩素濃度が低い場合など，配水システム内で微生物により分解されることが知られている[154]．

② pH の影響：ハロ酢酸の総濃度は酸性側で高い傾向にある（図-3.20）．また，ジハロ酢酸は pH の影響をほとんど受けないが，トリハロ酢酸はアルカリ側の方が生成量が低いという興味深い結果が得られている[147]．これは，Reckhow と Singer の概念モデルで示されているようにトリハロメタンとトリハロ酢酸の前駆体は一部が同じもので，pH が高い時には加水分解反応が優先するが，低い場合には側鎖の脱離とトリハロ酢酸の生成が優先するというトレードオフ関係が存在していることを意味している．逆にジハロ酢酸の前駆体はほとんどがトリハロメタンの前駆体と異なる化学構造であると解釈できる[155]．すなわち，トリハロ酢酸とジハロ酢酸の前駆体は異なるものと推測できる．

また，ジブロモ酢酸，ブロモクロロ酢酸，ブロモジクロロ酢酸およびジブロモクロロ酢酸は低 pH で若干生成量が増大することが知られている．一般に塩素のみのものよりも臭素を含むものの方が pH をの影響を受けやすい[155]．

③ 臭化物イオンの影響：Cowman[155]は抽出したDOMからのハロ酢酸生成量について臭化物イオン濃度の影響を中心に検討し，当然予測されるように臭素を含むハロ酢酸の割合は増大する(図-3.25)が，臭化物イオン濃度と総ハロ酢酸生成量(mol濃度基準)はほぼ一定であると報告している．また，モノ，ジ，トリハロ酢酸の比率にも影響がない．これは，次亜臭素酸でも次亜塩素酸でもその反応経路に大きな差がないことを示していると考えられる．この結果は，臭化物イオンの存在によって生成量が大きく増大するトリハロメタンとは異なる．

予測手法としては，トリハロメタンと同様の統計的アプローチがとられることが多い[140, 156]．また，確率モデルを用いて，ハロ酢酸の臭素化の程度を予測する試みも行われている[155]．トリハロメタン濃度との相関についても様々な検討が行われているが[157]，原水水質が一定で，塩素注入量だけが違うといった条件が比較的単純化されている場合を除けば，これまで述べてきたトレードオフ関係の存在などにより必ずしも良い相関が得られているわけではない[158]．

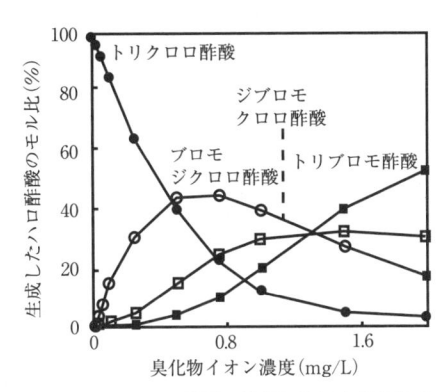

図-3.25 トリハロ酢酸の種類に及ぼす臭化物イオンの影響[155]（一部American Chemical Societyの許諾に基づき転載）

(3) ハロニトリル

この物質群の中で代表的なものがハロアセトニトリルとハロゲン化シアンである．順に生成機構と前駆体の化学的特性ついて説明する．

a. ハロアセトニトリルの反応機構と前駆体　ハロアセトニトリルの前駆体はアミノ酸や塩素により酸化分解されてアミノ酸を生成するような化学構造を持つものであると考えられている．Hwangらは，コロラド川のDOM画分の中では，親水性画分のハロアセトニトリル生成能が高く，窒素の含有量の高い画分がハロアセトニトリルの前駆体となっていることを指摘している[149]．また，Trehyらは，2種類の湖水の塩素処理実験で，トリハロメタン生成量に対するジクロロアセトニトリルの生成量が異なることから，ハロアセトニトリルの前駆体は疎水性画分ではないと推定している[146]．さらにLeeらは，DOM中のタンパク質量とジクロロアセトニトリル

の生成量の間に強い相関を見出している[159]．

さて，反応機構の詳細であるが，図-3.24のアスパラギン酸の塩素化反応が最もよく知られたものである．すなわち，アミノ基の塩素化から，脱炭酸，シアノ酢酸が生成し，さらなる脱炭酸に至る経路である．このため，トリハロアセトニトリルよりもジハロアセトニトリルの方が一般に濃度が高い．アスパラギン酸以外でも側鎖が酸化されやすいものであれば同様の反応が起こると考えられる[124]．ただし，現在までのところ，ペプチドなどアミノ酸以外の含窒素化学構造がどのように低分子化して，アミノ酸のように容易にハロアセトニトリルに変換されるかは明らかにされていない．ペプチド結合は塩素処理ではほとんど開裂しないことが知られており，反応メカニズムは単純ではない可能性が高い[160]．

ハロアセトニトリルの生成量は，臭化物イオン濃度の増加に伴って臭素化物にシフトすると同時に，全体の生成量も増加する[161]．これは，トリハロメタンの生成傾向と類似している．また，ハロアセトニトリルは，水中，特に塩素の共存下で分解する（表-3.14 に Glezer らが提案した Taft 方程式から計算した半減期等を示す）．3種のジハロアセトニトリル間で加水分解の速度は大きく，やや臭素を含む場合の方が遅いが，中性付近でその半減期は半日から1日程度である[162, 163]．この加水分解反応は，水酸化物イオン（OH^-），次亜塩素酸の存在で加速される．

表-3.14 塩素処理水中のハロアセトニトリルの分解特性（表中の半減期は残留塩素濃度が0.5 mg/Lで一定を仮定した場合）[162]

	水和反応のみを考慮した場合の速度定数 k_{OH} (s^{-1})	塩素による分解反応の速度定数 k_{HOCl} ($M^{-1}s^{-1}$)	[HOCl] = 0.5 mg/L の時の k_{HOCl} + [HOCl] k_{OH}	[HOCl] = 0.5 mg/L を仮定した時の半減期 (h)
ジクロロアセトニトリル	1.3×10^{-5}	0.40	0.22	12.2
ブロモクロロアセトニトリル	1.0×10^{-5}	0.31	0.36	23.5
ジブロモアセトニトリル	4.7×10^{-6}	0.28	0.42	28.4
トリクロロアセトニトリル	3.0×10^{-4}	1.3	0.03	0.6
ブロモジクロロアセトニトリル	1.6×10^{-4}	1.0	0.04	1.1
ジブロモクロロアセトニトリル	9.0×10^{-5}	0.83	0.07	2.0
トリブロモアセトニトリル	4.7×10^{-5}	0.66	0.10	3.7

トリハロアセトニトリルの中性付近における加水分解速度は，ジハロアセトニトリルよりも速く，半減期は数時間程度であり，このため水道水中からの検出濃度は低い[162]．ハロアセトニトリルのように一旦生成して，その後，条件によっては減少に転ずる消毒副生成物がいくつか存在する．これらの物質のモニタリングでは，最

大値を検知するためにはサンプリング地点に注意を払う必要がある．

b. 塩化シアンと臭化シアンの生成特性　　塩化シアン(CNCl)は，塩素処理およびクロラミン処理で生成する．塩素処理の場合は，原水中のグリシンが主な前駆体で，40％強がグリシン由来だとの推定もある[164]．また，フルボ酸からの生成量が少ないことから，おそらく塩基性画分の寄与が大きいと考えられる．また，pHが低い方が生成量が多い．この理由の一つとして，加水分解反応が塩基触媒反応であることがあげられる．

塩素処理の場合の方がクロラミン処理や塩素-クロラミン処理より塩化シアン濃度が低いと報告されることが多いが，これは塩化シアンが次亜塩素酸の存在下では速やかに分解するためである[*12]．例えば，残留塩素濃度が0.5 mg/Lの場合には半減期は1時間程度である[32]．この反応は，水分子や水酸化物イオンによる加水分解よりも速い(常温付近でその半減期は19時間以上である)．臭化物イオンが存在する場合には，臭化シアン(CNBr)が生成する．生成特性・分解特性ともに塩化シアンと同様と考えてよい[14]．

(4) MX

DOM分画からの生成量の研究では疎水性画分(フミン物質)，特にフルボ酸からの生成量が多いことが確認されており(10 ng/mg-C程度)，親水性画分よりもDOC当りの生成量が高いことが指摘されている[165]．また，下水処理水からの生成量が多く，大都市の下流域の水道水の塩素処理にあたっては人為起源の有機物も重要な前駆体であるとの報告もある[166]．

個別物質との反応性からも前駆体の構造について推定が行われている[167, 168]．この研究では，メタ位とパラ位が水酸基またはメトキシ基で置換され，かつオルト位が置換されていない芳香族アルデヒドからの生成量が高いこと，また，一部のアミノ酸(チロシン，トリプトファン)からも生成することが示されている．図-3.26に特に生成量の高かった構造の例を示す．メトキシ基の脱離と酸化，ハロホルム的開裂，脱炭酸の順に進むと推定できる．トリプトファンの場合，アルデヒド基の生成が必要となるが，これはアミノ基の塩素化反応の一経路[*13]として知られている[146]．いずれの場合もアルデヒド基の存在あるいは生成が一つの鍵になっている．また，低pH領域で生成量が増大することや過剰の塩素により分解することが指摘されて

[*12] 決して生成している量が少ないわけではない．低塩素注入量で多く生成するとの報告がある．
[*13] 図-3.24では省略されているが，シアノ基の生成の代わりにアルデヒドが生成する経路がある．

いる[169, 170]．さらに，臭化物イオンの存在下では生成量が低下する[171]．これは臭素を含む MX へのシフトが起きていると考えられるが，このトレードオフの量的関係は明らかにされていない．

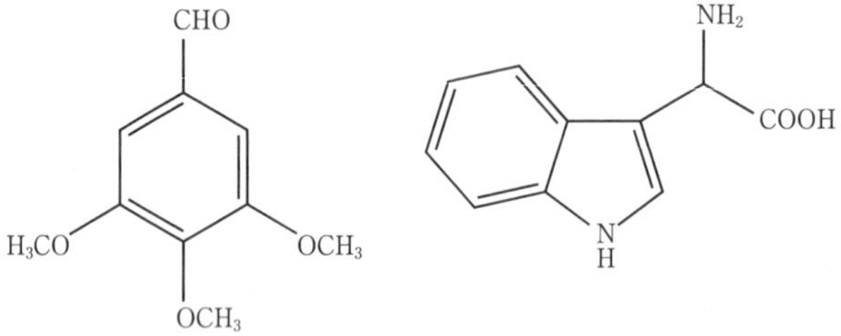

図-3.26　MXを生成しやすい化学構造

(5) ハロケトンおよびハロアルデヒド

これらはいずれもカルボニル化合物であるが，全く異なる生成経路をとる可能性がある．1,1,1-トリクロロプロパノンは，Reckhow と Singer のモデルの中間体であり，加水分解により水中で減少することが知られている[172]．1,3-ジクロロプロパノンや1,1-ジクロロプロパノンも塩素共存下で2日程度で半減する．1,1,1-トリクロロプロパノンについては塩素共存下での分解速度が測定されており，残留塩素1 mg/L に対して1日強で半減することが知られている[124]．前駆体の化学構造に関する情報はほとんどない．

抱水クロラール（トリクロロアルデヒド）の生成速度は速い[173]．また，アセトアルデヒドの塩素化から生成しうることが知られている．ハロケトンと同様にハロアルデヒドも加水分解するが，最も速いトリブロモアセトアルデヒドでも pH 7 で半減期が5時間，ブロモジクロロアセトアルデヒドでは2日と比較的緩やかに分解する．抱水クロラールの加水分解速度はさらに遅い．残留塩素は，通常これらの分解を促進するが，この反応についての速度論情報は得られていない．

(6) TOX

冒頭に述べたように，塩素処理で生成するハロゲン化物のうち，その化学構造が確定しているのはハロゲン基準で高々50％程度である．一例として Hua と Reckhow による TOX に占める個別の消毒副生成物の比率を図-3.27 に示す．トリハロメタンはハロゲン基準で TOX のおよそ1/4であり，ハロ酢酸はそれよりもやや

低い．また，それ以外の個別消毒副生成物は1％程度あるいはそれ以下で比率は低い．この結果，未同定の有機ハロゲン化合物が50％を上回る．

TOXは，これら残りの未知のハロゲン化物を含めた総量を測定するという意義がある．また，高分子のハロゲン化物を含めた評価ができる点も重要である．実際，ZhangとMinearは，

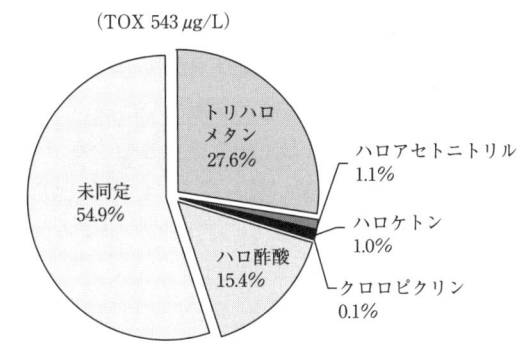

図-3.27 塩素処理で生成するTOXに占める個別消毒副生成物の比率[31] (Elsevier Ltd. の許諾に基づき転載)

放射性標識した次亜塩素酸を用いてフルボ酸の塩素処理により高分子ハロゲン化物が生成することを示している[4]．分子量が5000 Daを超える化合物は(何であれ)細胞膜を通過することは困難で，毒性を示すことはないという指摘もある[174]が，これらの化合物の代謝産物などが人体に影響を及ぼす可能性も否定できない．

TOXのDOMの画分からの生成量を比較すると，疎水性画分の方が若干TOX生成能が高い傾向にある[128]．また，生成速度はトリハロメタンやハロ酢酸より速い[175]．これは，個別の低分子の消毒副生成物よりも必要な反応のステップ数が少ないためであると考えられる．

トリハロメタンとは異なり，TOXは臭化物イオン濃度の影響を受けないことが知られている[147]．したがって，速度論的な違いや個別物質の比率(例：トリハロメタンvsハロ酢酸)はあるものの，ハロゲン化反応に関与するサイトという意味では，DOMの化学構造は臭素化と塩素化については区別がないものと推測される．また，伝統的な分析法では，全有機塩素(TOCl)，全有機臭素(TOBr)，全有機ヨウ素(TOI)の区別は不可能であったが，イオンクロマトグラフとの組合せで近年可能になった[176, 177]．この結果，臭化物イオンの増加に伴ってトリハロメタンとハロ酢酸以外の未知のTOBrの比率が増え，未知のTOXとTOClは減少することがわかった[137]．一方，TOXはヨウ化物イオン共存下だと減少する．これは塩素がヨウ素酸イオンの生成に消費されてしまうためと考えられている．

生成量の予測については，マクロ指標との相関に依存せざるを得ない[175]．トリハロメタンなどと同様の統計モデルに加えて，ReckhowとSingerは"activated aromatic"が多いDOMからの生成量が高いという関係を発見した[129]．ここでいう

第3章 消毒副生成物の分類と反応論

"activated aromatic"というのは，水酸基やアミノ基などの電子供与性の官能基を持った求電子置換反応が起こりやすい芳香環を指す．残念ながらNMRの結果から計算するため，日常的に使える指標ではない．

Liらは格段に簡単な方法を提案している[132]．すなわち，ΔSUVAとの相関である．波長272 nmでの相関が最も良く，様々なDOM画分について，その比例定数は5 000〜25 000 μg-TOX·cm/Lの範囲に分布するが，比較的SUVAの高い試料(酸性画分)ではその値は12 000付近でほぼ一定であることが示されている．ΔSUVAはその簡便性からモニタリングツールとしては検討に値する．ただし，ΔSUVAは，臭素化と塩素化の区別，すなわちTOBrとTOClの生成を区別できない点には注意が必要である．

ここまで，伝統的な意味での塩素処理副生成物の生成特性について述べた．まとめとしてTOXと各個別物質の生成特性を表-3.15で比較した．各条件間で様々なトレードオフがあることがわかる．また，これまで疎水性画分の反応性を中心に議論が行われてきたが，窒素を含む副生成物やジハロ酢酸(特に疎水性化合物の比率が小さい原水)については塩基性化合物が重要な前駆体であり，個別のアミノ酸も含めてこれらの画分の寄与についても十分検討される必要がある．

表-3.15 主要な塩素処理副生成物の生成特性の比較

区分	前駆体タイプ	pH	臭化物イオン	安定性
トリハロメタン	疎水性画分が生成能は高いが，親水性画分からも(特に脂肪族？)	アルカリ側で高い	増大	安定
ジハロ酢酸	疎水性画分＋アミノ酸	pHによらない	変化しない	安定
トリハロ酢酸	疎水性画分(芳香族？)	酸性側で高い	変化しない	安定
ハロアセトニトリル	塩基性画分	?	増加	塩素共存で分解
ハロゲン化シアン	アミノ酸等の窒素化合物，特にグリシン	酸性側で高い	?	塩素共存で速やかに分解
MX	疎水性画分	酸性側で高い	?	一旦増加の後減少
TOX	疎水性酸の生成量がやや多い	酸性側で高い	変化しない	安定

本項の残りではこれら「伝統的な」消毒副生成物に含まれない広い意味での塩素処理副生成物について考える．すなわち，塩素酸イオン，異臭味物質，人為起源の個

別物質との反応生成物である．

(7) 塩素酸イオン（ClO_3^-）

塩素処理水中に含まれる塩素酸イオンは，2つの点で他の多くの消毒副生成物と異なる．一つは無機物であること，もう一つは塩素注入後というよりは，むしろ次亜塩素酸ナトリウムの保管中に生成するという点である．この生成反応は不均化反応の一種で，以下の式に従う[*14]．

$$3\,OCl^- \rightleftarrows ClO_3^- + 2\,Cl^- \tag{3.9}$$

また，次亜塩素酸イオンの分解速度は，一般的な保存時のpH（11～13）の範囲では二次反応であることが実験により確認されている[26]．

$$\frac{d[OCl^-]}{dt} = -k[OCl^-]^2 \tag{3.10}$$

この速度定数 k は温度や塩分濃度に大きく依存するが，わが国でも20℃で半減期200日，36℃で半減期60日という調査結果がある[28]．したがって，速度定数 k は，常温では $2～3 \times 10^{-3}\,M^{-1}d^{-1}$ 程度，高温時には $1 \times 10^{-2}\,M^{-1}d^{-1}$ に至る場合もあるということになる．

(8) 個別物質と塩素の反応

ここまでは主に溶存有機物と塩素の反応性について見てきたが，医薬品や農薬などの人間活動に由来する化学物質の反応性やこれらの反応からの生成物についても検討が行われている[*15]．以下，いくつかの例を紹介する（速度論データの例を**表-3.16**に示す）．

農薬と塩素のと反応は比較的早期から行われてきた[178]．特に，チオホスホリル基（-P=S）を持つ有機リン系農薬は，よりアセチルコリンエステラーゼ活性阻害などの毒性がより強いホスホリル基（-P=O）を有するオキソン体へと速やかに変換される．鴨志田らは10種類のチオホスホリル型農薬と塩素の反応速度を測定し，その多くが1時間以内にオキソン体へ変換されることを確認している[179]．

医薬品，化粧品など身体ケア製品由来の化学物質（Pharmaceuticals and Personal Care Products；PPCPs）についても塩素との反応について研究が行われている．特

[*14] 副反応として次の反応があるが，通常無視できる．$2\,HOCl \rightarrow O_2 + 2\,H^+ + 2\,Cl^-$
[*15] 多くの反応論・速度データがDebordeとvon Gunten[180]により整理されているので，必要に応じて参照されたい．

に，先に示したようにフェノール性水酸基を持ち，2,4あるいは6位に置換基がない化合物はフェノールと同様に速やかに反応する．トリクロサン［5-クロロ-2-(2,4-ジクロロフェノキシ)フェノール］はいわゆる薬用石けんの主成分で，広く殺菌剤として用いられているが，2および6位に置換基を持たないため容易に酸化される．その他のフェノール性化合物と同様に反応の主体はフェノキシドと次亜塩素酸である．Rule らは，トリクロサンの塩素処理副生成物としてクロロホルムを検出した[180, 181]．浄水プロセスではトリクロサンの濃度は ng/L オーダーであり，トリハロメタンの総量への寄与は小さいが，家庭などで水道水と接触した場合には $10 \mu g/L$ を超える濃度となる可能性があり，家庭内での新たなトリハロメタンの生成源であることが懸念されている．また，医薬品にもフェノール性化合物は多数存在し，これらは塩素と速やかに反応する．典型的な鎮痛薬であるアセトアミノフェンの水道水中での半減期は1時間程度である（**表-3.16**）[182]．

女性ホルモンである 17β-エストラジオールも同様に塩素化されやすく，17β-エストラジオールのエストロゲン様作用は塩素化により速やかに減少するようである[185]．一方，工業由来のエストロゲン様作用物質であるビスフェノールAも水道水中で同様に塩素化されるが，原体よりもエストロゲン様作用が高い物質が生成することが報告されている[186]．エストロゲン様作用物質と塩素との反応性については5.4.4でも論じている．

多環芳香族化合物であるピレンも半減期2日程度の速度で塩素と反応し，1位が塩

表-3.16 医薬品・農薬等の個別

区分	化合物	非解離型と HOCl との速度定数 k $(M^{-1}s^{-1})$
農薬	有機リン系農薬10種(P=S型)	$4.1 \times 10 \sim 7.8 \times 10^4$
殺菌剤	トリクロサン	—
医薬品	アセトアミノフェン	3.1
多環芳香族	ピレン	0.28
女性ホルモン	17β-エストラジオール	3.78
プラスチック添加剤	ビスフェノールA	1.8

*1　フェノキシドとの速度定数．
*2　特に断りがない場合は，pH 7.0, [HOCl]$_T$ = 1.0 mg/L の場合．
*3　pH 7.5, [HOCl]$_T$ = 1.0 mg/L の場合．

素化され 1-クロロピレンとなる[184]．これは，1位の方が最高被占軌道の電子密度が高いことから，求電子剤である塩素が反応しやすいとフロンティア軌道理論により理解できる．クロロピレンなどのピレンと塩素の反応生成物は，AhR 活性[*16]がピレン自体よりも高いことが知られており注意を要する．なお，水道水中の多環芳香族化合物の起源は様々考えられるが，水道管のコーティング剤に由来している可能性がある．

(9) 異臭味物質

水道原水のカルキ臭の原因物質の一つはトリクロラミンと考えられている．トリクロラミンの前駆体としては，アンモニウムイオンやアミノ酸などが考えられる[187]．特に酸性側での生成量が多い．また，次亜塩素酸の存在下でトリクロラミンは比較的安定して存在している（一種の定常状態になる）．なお，ペプチドからアンモニアの脱離が起こるので，アミノ酸を酸化してもトリクロラミンは生成する[188]．

異臭味原因物質はトリクロラミンだけではない．アミノ酸と塩素，あるいはクロラミンとの反応でイソブチルアルデヒドなど異臭味の原因となりうるアルデヒドが生成する[57]．さらに，同様の反応で，N-クロロアルドイミンが検出されている[189],[190]．N-クロロアルドイミンは有機モノクロロアミンよりも安定で，アミノ酸由来の主要な異臭味物質である可能性が指摘されている（図-3.28）．

物質と塩素の反応性の例

解離型[*1] と HOCl との速度定数 k ($M^{-1}s^{-1}$)	半減期[*2] (min)	出典
—	$2.1 \times 10^{-2} \sim 40$[*3]	鴨志田ら[179]
5.4×10^3	1.7	Rule ら[180]
7×10^8	63	Pinkston と Sedlak[182]
—	3.6×10^3	Hu ら[184]
3.64×10^5	7.4	Deborde ら[181]
3.1×10^4	13.2	Gallard ら[183]

[*16] アリル炭化水素受容体リガンド活性のこと．この受容体（レセプター）は，ダイオキシン類の毒性発現に関与すると考えられている．

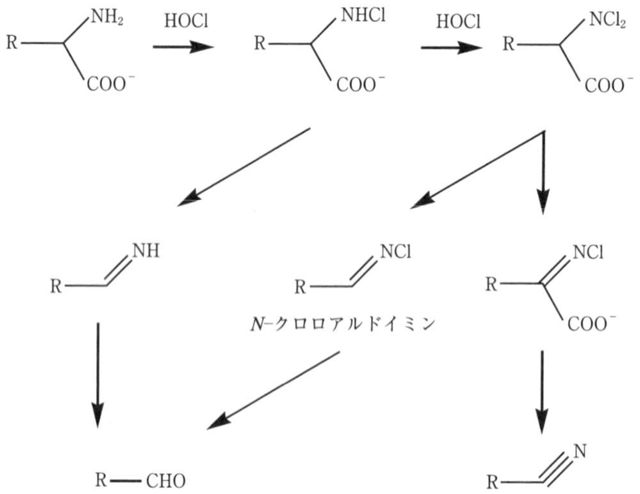

図-3.28 N-クロロアルドイミンの生成スキーム[190]（一部 American Chemical Society の許諾に基づき転載）

3.4.2 クロラミン処理副生成物

(1) ハロゲン化物

トリハロメタン，ハロ酢酸，ハロアセトニトリル，TOX のような古典的なハロゲン化した消毒副生成物は，クロラミン処理でも検出される[191]．また，塩素処理と同様酸性側で生成量が多い[191]．ただし，ハロゲン化シアンを除いては，クロラミン処理でこれらの消毒副生成物が塩素処理よりも多く生成することはなく，TOX 基準ではおよそ 10％に低減される．モノクロラミン処理では，ハロ酢酸のうちジハロ酢酸が主で，トリハロ酢酸の生成は著しく抑制される．また，塩素処理に比べて臭素を含むハロ酢酸の生成量が少ない[155]．

クロラミン処理に特徴的なことの一つは，ヨウ化物イオンの共存下では，塩素処理よりも有機ヨウ素化合物が生成しやすいという点である．これは，遊離塩素の存在下では，ヨウ化物イオンの多くはヨウ素酸イオンに速やかに酸化されてしまうが，クロラミンの存在下では，この反応が遅く，次亜ヨウ素酸（HOI）が DOM と反応する比率が高くなるためと考えられる．モノヨード酢酸は，ハロ酢酸のうちでこれまで圧倒的に毒性が高いとされてきたモノブロモ酢酸よりも 2 倍程度毒性が高い[1, 39]．TOI の生成しやすさは，クロラミン処理＞二酸化塩素処理＞塩素処理＞オゾン処理の順である[31]．

3.4 反応論

クロラミン処理に特徴的なことの第二点は，塩化シアンの生成である．特に前段にオゾン処理がある場合には，ホルムアルデヒドとモノクロラミンの反応が重要な経路であることが示されている[60]．

(2) NDMA

NDMAは，下水や環境水に含まれている分に加えて，塩素処理およびクロラミン処理の副生成物としても生成する．塩素処理やクロラミン処理における反応経路は二種類提案されている．これらの反応経路の一つは，古典的なニトロソ化，すなわち亜硝酸イオンとジメチルアミンなどの有機窒素化合物との反応である．しかしながら，この反応は非常に遅く，これだけでは速度論的にこれまで報告されてきた生成量を説明できるものではない[192]．次亜塩素酸存在下では亜硝酸イオンから四酸化二窒素(N_2O_4)が生成し反応がある程度促進されるようであるが，それでも，亜硝酸イオンの濃度などを考慮すると，この反応の寄与は小さい[193]．

もう一つは，MitchとSedlakやChoiとValentineによって提案されているクロラミンとアミンとの直接反応である[34, 35, 192]．この反応機構では，ジメチルアミンとモノクロラミンが直接反応により，中間体である1,1-ジメチルヒドラジンが生成し，これがNDMAへ酸化される経路が主反応である．この経路は，塩素処理でも進行するものの，本質的にはクロラミン処理といってよい(図-3.29).

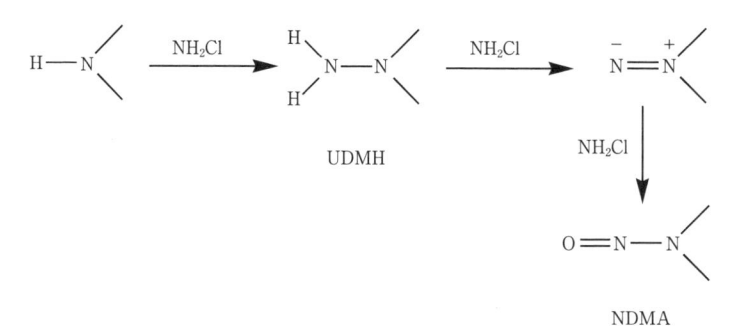

図-3.29 ジメチルヒドラジン(UDMH)経由のNDMA生成経路[34, 35, 192]

しかしながら，下水の影響を受けていない環境水中のジメチルアミンの濃度は4nM以下であり，NDMAの収率を考えると，この反応でも主たる前駆体であるとは考えにくい．もちろん，天然由来の有機物が消毒プロセス中に酸化分解して，ジメチルアミンなどの前駆体として反応に寄与する可能性も無視できないが，カリフォルニ

アやカナダの基準値などを超えるような NDMA の生成量 [0.1 nM (7.4 ng/L) 程度] は DOM だけでは説明できず，下水中のジメチルアミンなどが前駆体として寄与している可能性が強い[193]．したがって，浄水処理における NDMA の生成については反応条件ももちろんのこと，原水の水履歴にも十分な注意を払う必要があるといえる．

反応条件に関しては，NDMA の生成量が高い pH 範囲は中性付近であることが示されているが，これは複雑な競合反応の結果であり，具体的な反応をあげることは現在のところできない[195]．また，極端な二酸化塩素処理でも生成することが知られている[195]．

なお，前駆体としてはジメチルアミンの他にジメチルアミン構造を含む3級アミン[192]や一部の凝集助剤やイオン交換樹脂も候補となる[196]．また，NDMA 自体は下水処理放流後，徐々に分解していくが，その前駆体は比較的河川環境中で安定であることがわかっている[197]．以上まとめると，NDMA の生成機構についてはまだ明らかになっていない経路があると考えるべきであろう．

3.4.3 オゾン処理副生成物

(1) 酸化剤として反応する化学種とその反応

オゾン処理における酸化反応の特徴的な点は，分子オゾン (O_3) そのものとヒドロキシルラジカル (・OH) という2種類の酸化剤が関与する点である．このヒドロキシルラジカルとは，オゾンの自己分解反応などにより生成する活性酸素種の一種であり，オゾンより高い酸化還元電位 (2.80 V) を持ち，間接酸化の主たる担い手である．オゾンの自己分解反応は，オゾンと水酸化物イオンの反応により開始されるラジカル連鎖反応 (図-3.30) である[198]．このため，オゾンは純水中であっても数分から数

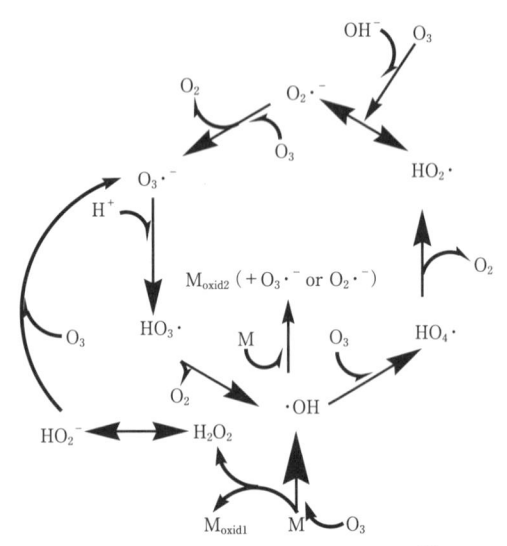

図-3.30 有機物のオゾン処理で生成する化学種[197] (M は有機物．M_{oxid1}，M_{oxid2} はその酸化物．重炭酸イオンや臭化物イオンなど無機イオンとの反応は省略した) (American Chemical Society の許諾に基づき転載)

十分の半減期で濃度が減少する．

a. 分子オゾンと有機物の反応　　分子オゾンは一般に，不飽和結合に選択的に反応するとされる．分子オゾンと二重結合の反応は，求電子付加反応の一種で，Criegee機構として定式化されている（図-3.31）．この結果，アルデヒドやケトンなどのカルボニル化合物やカルボン酸，または過酸化水素が反応副生成物として生成する[199]．また，芳香族化合物に関しても類似の反応性を示す．ただし，同じ不飽和結合でも分子オゾンの反応性は対象となる有機化合物の構造によって大きく異なる．例として表-3.17にオゾンといくつかの有機物との反応速度定数を示すが，他の求電子付加反応と同様に，電子吸引性の置換基が増えるほど反応性は低下する傾向にある．芳香環についても，浄水プロセスで分子オゾンとの反応が起こるためには，フェノール性水酸基などの電子供与性の置換基が必要となると考えてよい．また分子オゾンはイオン化していないアミン類とも高い反応性を示す．ただし，アンモニアは例外で，オゾンおよびヒドロキシルラジカルによる酸化は緩慢である．一般的な浄水のオゾン処理条件ではアンモニア/アンモニウムイオンは酸化されないと考えてよい．

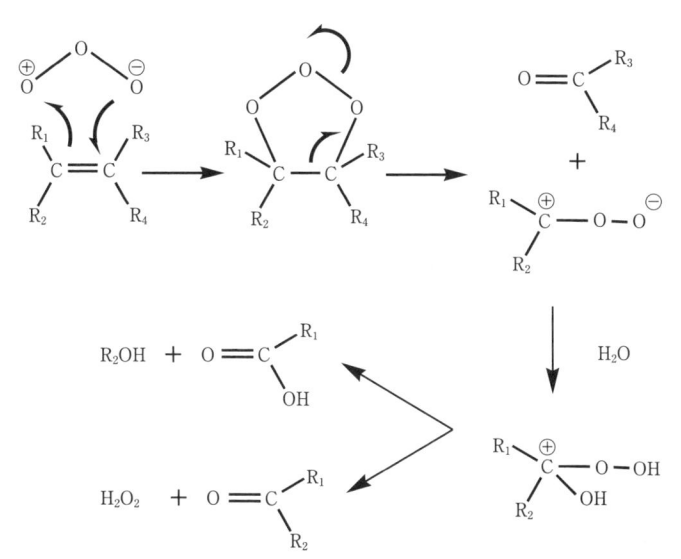

図-3.31　Criegee機構[199]（Elsevier Ltd. の許諾に基づき転載）

b. ヒドロキシルラジカルと有機物の反応　　分子オゾンとは異なり，ヒドロキシルラジカルと有機物の反応はほぼ非選択的といってよい[199]．反応は，主としてC-H

表-3.17 いくつかの有機物とオゾンおよびヒドロキシルラジカルとの反応速度定数[199~202]

区分	物質名	$k_{O3}(M^{-1}s^{-1})$	$k_{\cdot OH}(M^{-1}s^{-1})$
有機ハロゲン化合物[*1]	テトラクロロエチレン	<0.1	2×10^9
	トリクロロエチレン	17	2.9×10^9
	シス-1,2-ジクロロエチレン	540	3.8×10^9
	クロロエチレン	1.4×10^4	1.2×10^{10}
	クロロホルム	<0.1	5×10^7
	ブロモホルム	<0.2	1.3×10^8
ベンゼンの置換体[*2]	クロロベンゼン	0.75	4.3×10^9
	ベンゼン	2	7.9×10^9
	フェノール	1300	6.6×10^9
	レゾルシノール	$>3\times10^5$	1.2×10^{10}
溶存有機物[*3]		数100	3×10^9

[*1] von Gunten[199] による．
[*2] オゾンとの速度定数は Hoigné and Bader[200]，ヒドロキシルラジカルとの速度定数は Buxton ら[201] による．
[*3] 溶存有機物との反応速度定数は Westernhoff らのデータ[202] から分子量100と仮定して計算した．

結合に対する水素の引抜きにより開始され，その後，酸素の付加が続くとされる（図-3.32）．シュウ酸，酢酸，不飽和結合を持たないハロゲン化物などの酸化の非常に進んだ化合物を除けば，反応は速度定数 10^9 $M^{-1}s^{-1}$ 以上，あるいはそれに近い速度で進行する（表-3.17）．

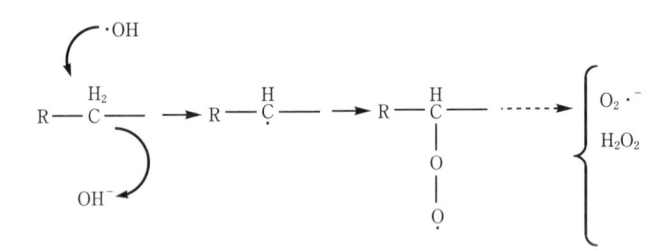

図-3.32 水素引抜き反応の模式図

この反応の最終段階でスーパーオキシドラジカル（$O_2\cdot^-$）が生成する場合には，さらにラジカル連鎖反応が進行する．すなわち，もう一度ヒドロキシルラジカルが生成する．このような反応を起こす物質には1級または2級アルコールなどがある[198]．また，フミン質などDOMの構造の一部もこのような反応を起こし，プロモーターと呼ばれている．一方，3級アルコール，アルキル基，重炭酸イオンなどはスーパー

オキサイドラジカルを生成しないので，ラジカル反応はここで停止する．このような化合物をスカベンジャー(捕捉剤)と呼ぶ．

c. 分子オゾンとヒドロキシルラジカルの存在比　ここまで，オゾン処理中で主に働く2種類の酸化剤について述べた．オゾン処理中に起こる反応を予測するためには，これら2つの反応経路の競合の程度を正確に把握する必要がある．しかしながら，分子オゾンの濃度(溶存オゾン濃度)はインディゴ法などで容易に測定できるが，ヒドロキシルラジカル濃度の経時変化を直接測定することは事実上不可能といってよい．この問題点を克服するために，ElovitzとvonGuntenは，ヒドロキシルラジカル濃度の時間積分値(すなわち，ヒドロキシルラジカルのCT値)のオゾンCT値に対する比がオゾン処理中では反応のごく初期を除けばほぼ一定で，水中のヒドロキシルラジカルの濃度の指標として有用であることを示した[203]．この比(R_{CT}値)は，ヒドロキシルラジカルとしか反応しない化合物の分解曲線とオゾン濃度より算出できる．例として琵琶湖南湖表流水のR_{CT}値を計算した例を図-**3.33**に示す．この例では，プローブ物質としてp-クロロ安息香酸(pCBA)を用いている．ここで，pCBAは分子オゾンでは分解されず，・OHによってのみ分解されるので，pCBAの濃度をC，初期濃度をC_0とすると，

$$\frac{dC}{dt} = -k_{\cdot OH/pCBA}[\cdot OH]C \tag{3.11}$$

すなわち，

$$\ln\frac{C}{C_0} = -k_{\cdot OH/pCBA}\int_0^t[\cdot OH]dt \tag{3.12}$$

ここで，$k_{\cdot OH/pCBA}$：pCBAと・OHの反応速度定数($5\times 10^9 \mathrm{M}^{-1}\mathrm{s}^{-1}$)．一方，$R_{CT}$は，以下の式で定義される．

$$R_{CT} = \frac{\int_0^t[\cdot OH]dt}{\int_0^t[O_3]dt} \tag{3.13}$$

したがって，この定義を式(3.12)にあてはめると，

$$R_{CT} = \frac{-\ln\dfrac{C}{C_0}}{k_{\cdot OH/pCBA}\int_0^t[O_3]dt} \tag{3.14}$$

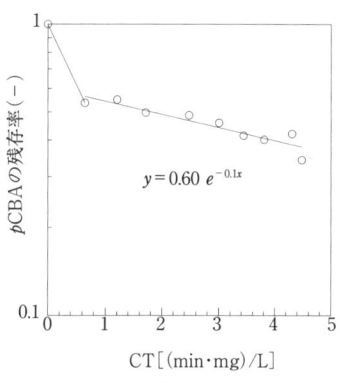

図-3.33　琵琶湖水におけるR_{CT}の推定の例[204]

という関係式が得られる．すなわち，図-3.33の直線の傾きからR_{CT}が決定できることがわかる．線形回帰によりこの値を求めると，2.0×10^{-8}となる．水道原水については$10^{-10} - 10^{-7}$の値が報告されており，琵琶湖水もこの範囲に入ることがわかる．また，一般的傾向としてオゾンの自己分解は，水酸化物イオンによって開始されることなどの理由からR_{CT}値はアルカリ側で大きく，不飽和結合が多い原水で大きくなることが知られている．R_{CT}値は，様々な共存物質が存在する系のオゾン処理で微量汚染物質の分解速度の予測や，臭素酸イオン生成量の予測に有用な指標である[204]．

(2) 臭素酸イオン

臭素酸イオンの生成量は，DOMが存在しない場合については理論的にほぼ予測可能である．これは消毒副生成物の分野では（あるいは水質化学では）経験的パラメータなしでモデルが構築できる数少ない成功例である[205, 206]．反応は数段階の酸化反応からなる．以下に中性付近での主要経路について述べる[207]．

まず，第1段の臭化物イオンの酸化であるが，これはほとんどが分子オゾンによる反応である．分子オゾンによる反応速度定数は大きく見積もっても$258\,\mathrm{M^{-1}s^{-1}}$であるのに対し，ヒドロキシルラジカルとの反応速度定数は$1.0 \times 10^{8}\,\mathrm{M^{-1}s^{-1}}$と圧倒的に大きいが，分子オゾン濃度に対するヒドロキシルラジカルの濃度の比率（通常10^{8}倍ほどオゾン濃度の方が高い）が低いので，90％は分子オゾンにより酸化されるものと考えてよい[206]．ヒドロキシルラジカルによる酸化の比率が大きくなるのは，促進酸化処理を用いた場合や，オゾン処理のごく初期の場合に限られる．

次のステップは，生成した次亜臭素酸（HOBr）の酸化である[206]．このステップは，

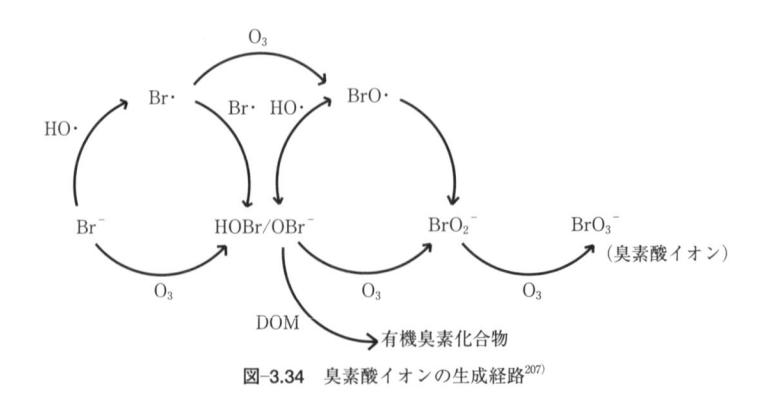

図-3.34　臭素酸イオンの生成経路[207]

pH6～7では，ほぼヒドロキシルラジカルとの反応によって進行する(BrO・が生成する)が，pHが上昇すると，次亜臭素酸が解離して次亜臭素酸イオン(OBr^-)となり，分子オゾンでも酸化されるようになる(次亜臭素酸自身は分子オゾンでは酸化されない)．それでも，pH上昇とともにR_{CT}値も増大するので，一般的傾向としてはヒドロキシルラジカルによる反応の寄与が大きい．

第3のステップは，BrO・の不均化反応による亜臭素酸イオン(BrO_2^-)の生成で，最後の臭素酸イオンへの酸化は分子オゾンによる．Nicosonらは，分子オゾンと亜臭素酸イオンとの反応速度定数を$8.9 \times 10^4 M^{-1} s^{-1}$であるとした[208]．ヒドロキシルラジカルと臭素酸イオンの反応速度定数が$10^{10} M^{-1} s^{-1}$であったとしても，R_{CT}値を考えれば分子オゾンによる反応が圧倒的であることがわかる．以上まとめると，

分子オゾン→ヒドロキシルラジカル→分子オゾン→不均化→分子オゾン　　(3.15)

という順番で分子オゾンとヒドロキシルラジカル両方と反応して臭素酸イオンの生成に至る経路が一般的ということができる．

残念ながらDOMの共存下では素反応のみに基づいて臭素酸イオンの予測をすることは難しい．これは，DOMの酸化反応やその他の共存物質とオゾンやヒドロキシルラジカルとの反応が水中のラジカル連鎖反応に関与するためである．この問題を克服するためにPinkernellとvon Guntenは，あらかじめ実験により求めたR_{CT}を反応モデル中にパラメータとして与えれば，概ね臭素酸イオンの生成量を予測できることを示した[208]．したがって，R_{CT}は臭素酸イオンの予測にも有用な指標であるということができる．

次に，臭素酸イオンの生成量を支配する因子について整理する．一般に，臭化物イオン濃度が高くオゾン注入量が多い場合に，臭素酸イオン生成量が増大する(図-**3.35**)．特に，他の条件が固定されている場合には，臭素酸イオン生成量はオゾンCT値にほぼ比例する．

また，pHが低い場合にオゾン注入量当りの生成量が抑制される(図-**3.36**)．これは，pHの低下に伴って臭素酸イオン生成反応の第2段階，すなわちヒドロキシルラジカルによる次亜臭素酸の酸化が抑制されることによる．前述のPinkernellとvon GuntenによるR_{CT}を用いたモデルでも，50％程度の低減が可能であることが示されている[209]．

Songらは，さらに体系的にオゾン処理条件と臭素酸イオン生成量の関係を検討し，以下のような統計モデルとして整理している[48]．

$[BrO_3^-] = 10^{-6.11} [Br^-]_0^{0.88} [DOC]^{-1.18} [NH_3\text{-}N]^{-0.18} [オゾン注入量]^{1.42} pH^{5.11} [IC]^{0.18} t^{0.27}$

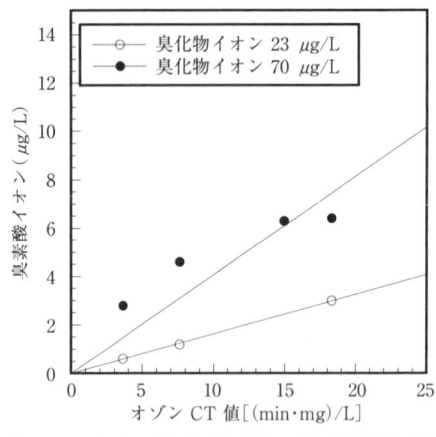

図-3.35 オゾンCT値と臭化物イオン初期濃度が臭素酸イオン生成量に及ぼす影響（pH 7，オゾン注入量 2 mg/L）[204]

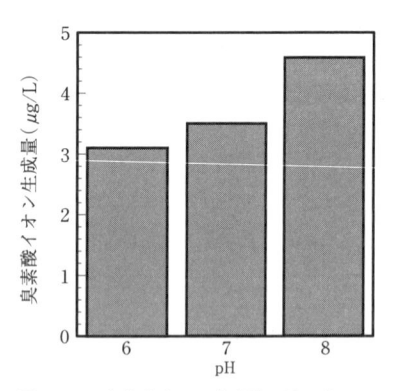

図-3.36 臭素酸イオン生成量に及ぼすpHの影響（臭化物イオン濃度 100 μg/L，オゾン注入量 2 mg/L）[210]

(3.16)

ここで，$[Br^-]_0$：臭化物イオンの初期濃度(μg/L)，[DOC]：溶存有機物濃度(mg/L)，[IC]：無機炭素濃度(mg-C/L)，t：反応時間(min)．

このモデルは複数の水道原水(およびその中に含まれるDOM)を用いた一連の実験*[17]による平均的なものである．各水質項目にかかっている指数の正負や大小関係は各パラメータの影響の強さを表しており，これらのパラメータの影響を検討するのには有用である．例えば，臭素酸イオンの生成量を増大させる因子としては，pH，オゾン注入量，臭化物イオン濃度および無機炭素があり，抑制因子としてはDOCとNH_3-N があげられる．

一般にDOCが高ければ，その分だけ分子オゾンやヒドロキシルラジカルが有機物との反応に消費されるので，臭素酸イオンの生成量が少なくなる．ただし，DOMがラジカルのプロモーターとして積極的に関与することもあるので，DOCの影響の程度は，原水のタイプにより異なると考えるべきである．正確な生成量の予測には前述のR_{CT}を実験的に測定する必要がある．

制御方法については6章で改めて述べるが，10 μg/Lを基準とした時，本当に臭素酸イオンの生成が問題になるのは臭化物イオンが100 μg/Lを超える場合である．50～100 μg/Lでもある程度の臭素酸イオンは生成するが，オゾン注入率の最適化

---

*[17] 反応条件は次のとおりである．100＜$[Br^-]$＜1000 μg/L，1.5＜[DOC]＜6 mg/L，0.005＜$[NH_3-N]$＜0.7 mg/L，1.5＜[オゾン注入量]＜6 mg/L，1.0＜[IC]＜216 mg-C/L．

などでコントロールできると考えてよい[207].

(3) 有機臭素化合物

　生成量自体が少ないため，反応経路に関する考察も少ないが，過酸化水素添加で生成量が大幅に減少したという報告がある[49, 210]．したがって，中間体として次亜臭素酸を経由しており，次亜臭素酸が過酸化水素により還元されていることが示唆される．つまり，反応経路としては，塩素処理中の臭素化反応と同様と考えられる．もちろん，次亜臭素酸が臭素酸イオンの生成反応に消費されることや，有機物自体の反応サイトが分子オゾンやヒドロキシルラジカルにより酸化されるために生成量としては少ないが，理論的には塩素処理同様の臭素化合物が生成するといえる．なお，浄水処理の条件では塩素化反応はオゾン処理中には起こりえない[207]．これは，塩化物イオンがオゾンでは酸化されないこと，またヒドロキシルラジカルによる酸化反応も遅いためである．塩化物イオンが極端に高いか，pHが極端に低い工業廃水などの場合のみに問題となる．

(4) カルボニル化合物などの非ハロゲン化物

　反応メカニズムとして第一に考えられるのは，本項の冒頭に述べたCriegee機構によるカルボニル化合物の生成反応である．現在までのところラジカル経路によるカルボニル化合物の生成反応がどの程度寄与するのか検討された例は少ないが，ラジカルスカベンジャーを添加した実験で生成量が増加したことから主に分子オゾンによるものと考えられる[212].

　オゾン処理におけるアルデヒドの総量は数十 μg/L 程度である[213]．また，アルデヒドはオゾン処理により酸化されるので，過剰のオゾン処理では減少に転ずることもある．アルデヒドの生成反応のpH依存性は低い[49]．さらに，DOM中の酸素の比率が増え，特にカルボキシル基の増加が促進されることが高分解能質量分析により予測されている[214].

　また，オゾン処理によりAOCが増大することが指摘されている．Hammesらは，低分子のカルボン酸の生成量とAOCがよく対応し，カルボン酸に比べてケトンやアルデヒドなどのカルボニル化合物の寄与は小さいとしている[212].

3.4.4　二酸化塩素処理副生成物

(1)　一般的な反応性

二酸化塩素はラジカルとして有機物に作用する傾向にあり，その反応はヒドロキシルラジカルに類似した水素引抜き反応であると考えられている．一般的な反応スキームを図-**3.37**に示す．このため，オゾン処理と同様にカルボニル化合物やカルボン酸が生成する．この反応は多くの有機物と起こると考えられ[215]，その結果，亜塩素酸イオンが多量に生成する．

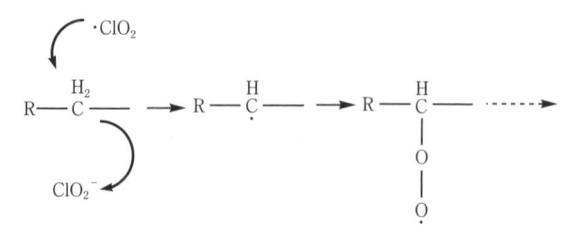

図-3.37　二酸化塩素と有機物の反応スキーム

二酸化塩素はDOMとの反応性についてもオゾンと類似した傾向を示す．すなわち，疎水性酸(フミン酸やフルボ酸)が減少し，親水性酸が増大するという現象である[216]．特に，フミン酸との反応性が高い．このことは個別物質と二酸化塩素の反応のうち，フェノール性の化合物との反応速度が特に速いことに対応する[5]．この結果からもオゾンとDOMの反応に類似しているものと考えられる．また，高濃度で二酸化塩素処理した場合には，脱炭酸反応，すなわちDOC自体の減少も認められている[217]．

オゾンと大きく異なる点は，臭化物イオンとの反応性である．一般的な反応条件では，臭化物イオンは二酸化塩素によって酸化されない[6, 215]．このため，オゾン処理で大きな問題となる臭素酸イオンの生成もない．

一方，ヨウ化物イオンとは速やかに反応する．このため，二酸化塩素処理において有機ヨウ素化合物が生成する可能性がある[137]．

(2)　ハロゲン化物

二酸化塩素は直接には塩素化反応を起こさないと考えてよいが，このことが直ちに二酸化塩素処理では有機塩素化合物が生成しないことを意味するわけではない．これには2つの原因が考えられる．第一に不純物の問題である．すなわち，二酸化塩素の不純物として次亜塩素酸が含まれる可能性がある．第二に反応生成物として次亜塩素酸が生成し，これがハロゲン化剤として機能する可能性が考えられる．例

えば，Wajon ら[216]は，フェノールと二酸化塩素の反応では図-**3.38**のような反応スキームにより次亜塩素酸が生成するとしている．臭化物イオンの共存下でも微量の有機臭素化合物が生成しており，同様の反応が起こっているものと推定される．

　実際の水道原水の二酸化塩素処理でもハロゲン化物は生成する[31]．例えば，HuaとReckhowは，39 μg/L の TOX を検出している（ただし，濃度は塩素処理の1/10以下であった）[31]．特徴的なのは，トリハロメタンよりもハロ酢酸の生成量が高い点，およびハロ酢酸のほとんどがジハロ酢酸である点である．Changらも水源になっている河川水を二酸化塩素で処理したところ，トリハロメタンよりもハロ酢酸の生成量が高いことを見出した[217]．このような結果も，代替消毒剤の利用による副生成物生成量のトレードオフの一例と考えることができる．なお，トリハロメタンやハロ酢酸の生成量に関しては塩素処理に比べてpHの影響は少ない[217]．DOMの画分に対する反応性をみると，反応性（二酸化塩素消費量）は疎水性分画の方が高かったが，トリハロメタンやハロ酢酸の生成量は親水性中性・塩基画分の方が高い[217]．二酸化塩素はアンモニウムイオンや1，2級アミンとの反応性は低いが，3級アミンとは速やかに反応することが知られており，アミンとの反応がこれらのハロゲン化物の生成反応の第一段階となっている可能性があるが，現在のところ，反応機構の詳細は

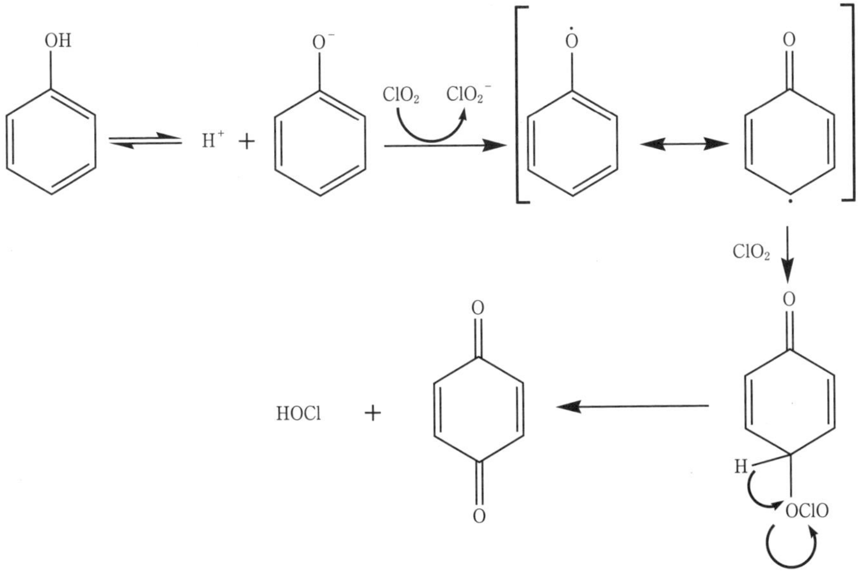

図-3.38 二酸化塩素と有機物の反応スキーム[218]（American Chemical Societyの許諾に基づき転載）

(3) カルボニル化合物

二酸化塩素処理で生成するアルデヒド類はホルムアルデヒドとアセトアルデヒドが主要なものである[56]．また，生成ポテンシャルの範囲についても，オゾン処理とほぼ同等（$10\,\mu g/mg-C$ 程度）であることが知られている[6]．なお，ハロゲン化物と同様にアルデヒドの生成量は pH に依存しない．

3.4.5 紫外線処理副生成物

低圧および中圧水銀ランプによる紫外線処理では，DOM の分子量分布に大きな変化はなく，一般的には紫外線消毒単独ではごく微量のアルデヒドが生成するものの，消毒副生成物の量はきわめて少ないと考えられている[219]．ただし，質量分析（エレクトロスプレーイオン化法）で見ると，脱炭酸反応が起きており，紫外線による消毒で DOM の化学構造が変化する可能性も示されている[220]．

また，紫外線処理は残留効果がないため，後段の消毒剤と DOM との反応への影響も評価する必要がある．この点に関しては，通常の消毒で用いられる照射量の UV は後段の塩素処理でのハロ酢酸生成量やトリハロメタン生成量を変えないという報告[218]と，クロロホルムや塩化シアンが若干増大するという報告[221]がある．この違いは DOM の組成の違いによるものと考えられているが，体系的な調査はなされていない．

なお，極端に紫外線照射量を大きくした場合には，UV（波長 254 nm の低圧水銀ランプ）や VUV（波長 185 nm および 254 nm の低圧水銀ランプ）による前処理は，後段の塩素処理での消毒副生成物の生成量を減少させる場合がある．特に VUV に関してはヒドロキシルラジカルが生成するので，これによる無機化の結果と考えられる．また，このような強い紫外線処理の場合，ブロモホルム濃度は紫外線の照射量に伴って増大する．これは，紫外線処理によって DOM の化学構造が変質し，次亜ハロゲン酸への反応性が低下し，より反応性の高い次亜臭素酸のみが反応すると解釈できる．ハロ酢酸生成ポテンシャルについては，VUV は効果があるが，UV は効果がないとの報告がある．また，亜硝酸や過酸化水素が生成することにも注意が必要である[221]．

参考文献

1) Krasner, S., Weinberg, H., Richardson, S., Pastor, S., Chinn, R., Sclimenti, M., Onstad, G. and Thurston, Jr., A.: Occurrence of a new generation of disinfection byproducts, *Environ. Sci. Technol.*, Vol.40, No.23, pp.7175-7185, 2006.
2) Woo, Y. T., Lai, D., McLain, J. L., Manibusan, M. K. and Dellarco, V.: Use of mechanism-based structure-activity relationships analysis in carcinogenic potential ranking for drinking water disinfection by-products, *Environ. Health Perspect.*, Vol.110, pp.75-87, 2002.
3) Richardson, S.: Drinking water disinfection by-products, Encyclopedia of environmental analysis and remediation (Meyers, R., ed.), Vol.3, pp.1399-1422, Wiley, New York, 1998.
4) Zhang, X. and Minear, R. A.: Characterization of high molecular weight disinfection byproducts resulting from chlorination of aquatic humic substances, *Environ. Sci. Technol.*, Vol.36, No.19, pp.4033-4038, 2002.
5) Larson, R. A. and Weber, E. J.: Organic Reactions in Environmental Chemistry, p.450, CRC Press, Boca Raton, FL, 1994.
6) Singer, P. C. and Reckhow, D. A.: Chemical Oxidaiton, Water Quality and Treatment (Letterman, R., ed.), pp.12.1-12.51, McGraw-Hill,Inc., New York, NY, 1999.
7) Kawamoto, T. and Makihata, N.: Distribution of bromine/chlorine-containing disinfection by-products in tap water from different water sources in the hyogo prefecture, *J. Health Sci.*, Vol.50, No.3, pp.235-247, 2004.
8) Suzuki, N. and Nakanishi, J.: Brominated analogs of MX (3-chloro-4-(dichloromethyl)-5-hydroxy-2(5H)-furanone) in chlorinated drinking-water, *Chemosphere*, Vol.30, No.8, pp.1557-1564, 1995.
9) Rook, J. J.: Formation of haloforms during chlorination of natural waters, *Water Treat. Exam.*, Vol.23, pp.234-243, 1972.
10) Plewa, M. J., Kargalioglu, Y., Vankerk, D., Minear, R. A. and Wagner, E. D.: Mammalian cell cytotoxicity and genotoxicity analysis of drinking water disinfection by-products, *Environ. Mol. Mutagen.*, Vol.40, No.2, pp.134-142, 2002.
11) Plewa, M. J. and Wagner, E. D.: Chemical and biological characterization of newly discovered Iodoacid drinking water disinfection byproducts, *Environ. Sci. Technol.*, Vol.38, No.18, pp.4713-4722, 2004.
12) Xie, Y., Reckhow, D. A. and Springborg, D. C.: Analyzing HAAs and ketoacids without diazomethane, *J. Am. Water Works Assoc.*, Vol.90, No.4, pp.131-138, 1998.
13) USEPA: Method 552.3: Determination of haloacetic acid and dalapon in drinking water by liquid-liquid microextraction, derizatization, and gas chromatography with electron capture detecttion, Cincinnati, OH, 2003.
14) Debre, O., Budde, W. L. and Song, X. B.: Negative ion electrospray of bromo-and chloroacetic acids and an evaluation of exact mass measurements with a bench-top time-of-light mass spectrometer, *J.*

第 3 章　消毒副生成物の分類と反応論

Am. Soc. Mass Spectrom., Vol.11, No.9, pp.809-821, 2000.

15) Heller-Grossman, L., Idin, A., Limoni-Relis, B. and Rebhun, M.: Formation of cyanogen bromide and other volatile DBPs in the disinfection of bromide-rich lake water, *Environ. Sci. Technol.*, Vol.33, No.6, pp.932-937, 1999.

16) Bauer, S. and Solyom, D.: Determination of volatile organic-compounds at the parts-per-trillion level in complex aqueous matrices using membrane introduction mass-spectrometry, *Anal. Chem.*, Vol.66, No.24, pp.4422-4431, 1994.

17) Bocchini, P., Pozzi, R., Andalo, C. and Galletti, G. C.: Experimental upgrades of membrane introduction mass spectrometry for water and air analysis, *Anal. Chem.*, Vol.73, No.16, pp.3824-3827, 2001.

18) Bocchini, P., Pozzi, R., Andalo, C. and Galletti, G. C.: Membrane inlet mass spectrometry of volatile organohalogen compounds in drinking water, *Rapid Commun. Mass Spectrom.*, Vol.13, No.20, pp.2049-2053, 1999.

19) Yang, X. and Shang, C.: Chlorination byproduct formation in the presence of humic acid, model nitrogenous organic compounds, ammonia, and bromide, *Environ. Sci. Technol.*, Vol.38, No.19, pp.4995-5001, 2004.

20) Holmbom, B., Voss, R., Mortlmer, R. and Wong, A.: Fractionation, isolation and characterization of Ames mutagenic compounds in kraft chlorination effuents, *Environ. Sci. Technol.*, Vol.18, pp.333-337, 1984.

21) Stevens, A., Moore, L., Clois, S., Smith, B., Seeger, D. and Ireland, J.: By-products of chlorination at ten operating utilities, Water Chlorination (Jolley, R., Condie, L., Johnson, J., Katz, S., Minear, R. A., Mattice, J. and Jacobs, V., eds.), Vol.6, pp.579-604, Lewis Publishers, Chelsea, MI, 1990.

22) Krasner, S., McGuire, M., Jacangelo, J., Patania, N., Reagan, K. and Aieta, E.: The occurrence of disinfection by-products in US drinking water, *J. Am. Water Works Assoc.*, Vol.81, No.8, pp.41-53, 1989.

23) Exner, J., Buck, G. and Kyriacou, D.: Rate and products of decomposition of 2,2-dibromo-3-nitrilopropionamide, *J. Agric. Food Chem.*, Vol.21, pp.838-842, 1973.

24) 金賢求, 松村徹, 亀井翼, 眞柄泰基：浄水処理過程における PCDDs/PCDFs 及び Co-PCBs の挙動, 水道協会雑誌, Vol.71, No.12, pp.2-11, 2002.

25) LeChevallier, M. W., Becker, W. C., Schorr, P. and Lee, R. G.: Evaluating the performance of biologically active rapid filters, *J. Am. Water Works Assoc.*, Vol.84, No.4, pp.136-146, 1992.

26) Gordon, G., Slootmaekers, B., Tachiyashiki, S. and Wood Ⅲ., D.: Minimizing chlorite and chlorate ion in water treated with chlorine dioxide, *J. Am. Water Assoc.*, Vol.82, No.4, pp.160-165, 1990.

27) 山田春美, 津野洋, 古田起久子：塩素処理における臭素酸イオン生成特性, 水道協会雑誌, Vol.67, No.6, pp.19-25, 1998.

28) 厚生労働科学研究費補助金　健康科学総合研究事業　最新の科学的知見に基づく水質基準の見直し等に関する研究, 平成18(2006)年度総括分担研究報告書, pp.51-55, 2007.

29) Shang, C. and Blatchley Ⅲ., E.：Differentiation and quantification of free chlorine and inorganic chloramines in aqueous solution by MIMS, *Environ. Sci. Technol.*, Vol.33, pp.2218–2223, 1999.
30) Morris, J.：Kinetics of reactions between aqueous chlorine and nitrogen compounds, Principles and Applications of Water Chemistry (Faust, S. and Hunter, J., eds.), pp.22–53, John Wiley & Sons, New York, NY, 1967.
31) Hua, G. H. and Reckhow, D. A.：Comparison of disinfection byproduct formation from chlorine and alternative disinfectants, *Water Res.*, Vol.41, pp.1667–1678, 2007.
32) Na, C. Z. and Olson, T. M.：Stability of cyanogen chloride in the presence of free chlorine and monochloramine, *Environ. Sci. Technol.*, Vol.38, No.22, pp.6037–6043, 2004.
33) USEPA：N-nitrosodimethylamine CASRN 62–75–9, Integrated Risk Information Service (IRIS) Substance File, 2002.
34) Choi, J. H. and Valentine, R. L.：Formation of N-nitrosodimethylamine (NDMA) from reaction of monochloramine：A new disinfection by-product, *Water Res.*, Vol.36, No.4, pp.817–824, 2002.
35) Choi, J., Duirk, S. E. and Valentine, R. L.：Mechanistic studies of N-nitrosodimethylamine (NDMA) formation in chlorinated drinking water, *J. Environ. Monitr.*, Vol.4, No.2, pp.249–252, 2002.
36) Choi, J. and Valentine, R. L.：A kinetic model of N-nitrosodimethylamine (NDMA) formation during water chlorination/chloramination, *Water Sci. Technol.*, Vol.46, No.3, pp.65–71, 2002.
37) Charrios, J. and Hrudy, S.：Detecting N-nitrosamines in Alberta drinking waters at nanogram per liter levels using GC/MS ammonia positive chemical ionization, Micropol and Ecohazard 2007, pp.346–352, Frankfurt am Main, Germany, 2007.
38) Charrois, J. W. A., Arend, M. W., Froese, K. L. and Hrudey, S. E.：Detecting N-nitrosamines in drinking water at nanogram per litter levels using ammonia positive chemical ionization, *Environ. Sci. Technol.*, Vol.38, No.18, pp.4835–4841, 2004.
39) Richardson, S. D.：Environmental mass spectrometry S. R.：Emerging contaminants and current issues, *Anal. Chem.*, Vol.78, No.12, pp.4021–4045, 2006.
40) Paode, R. D., Amy, G. L., Krasner, S. W., Summers, R. S. and Rice, E. W.：Predicting the formation of aldehydes and BOM, *J. Am. Water Works Assoc.*, Vol.89, No.6, pp.79–93, 1997.
41) Volk, C. and LeChevallier, M. W.：Effects of conventional treatment on AOC and BDOC levels, *J. Am. Water Works Assoc.*, Vol.94, No.6, pp.112–123, 2002.
42) USEPA：Method 300.1：Determination of inorganic anions in drinking water by ion chromatography, Cincinnati, OH, 1997.
43) Weinberg, H. and Yamada, H.：Post ion chromatography derivatization for the analysis of oxyhalides at sub ppb levels in drinking water, *Anal. Chem.*, Vol.70, No.1, pp.1–6, 1998.
44) USEPA：Method326.0 Revision 1：Determination of inorganic oxyhalide disinfection by-products in drinking water using ion chromatography incorporating the addition of a suppressor acidified postcolumn reagent for trace bromate analysis, Cincinnati, OH, 2002.

45) Bichsel, Y. and von Gunten, U.: Determination of iodide and iodate by ion chromatography with post-column reaction and UV/Vis detection, *Anal. Chem.*, Vol.71, pp.34-38, 1999.
46) USEPA : Method317.0 Revision 2 : Determination of inorganic oxyhalide disinfection by-products in drinking water using ion chromatography with the addition of a postcolumn reagent for trace bromate analysis, Cincinnati, OH, 2001.
47) USEPA : Method321.8 Revision 1 : Determination of bromate in drinking waters by ion chromatography inductively coupled plasma -mass spectrometry, Cincinnati, OH, 1997.
48) Song, R.: Ozone-bromide-NOM interactions in water treatment, Ph.D. dissertation, University of Illinois at Urbana-Champaign, 1996.
49) Zhang, X. R., Echigo, S., Lei, H. X., Smith, M. E., Minear, R. A. and Talley, J. W.: Effects of temperature and chemical addition on the formation of bromoorganic DBPs during ozonation, *Water Res.*, Vol.39, No.2-3, pp.423-435, 2005.
50) Buffle, M. O., Galli, S. and von Gunten, U.: Enhanced bromate control during ozonation : The chlorine-ammonia process, *Environ. Sci. Technol.*, Vol.38, No.19, pp.5187-5195, 2004.
51) Echigo, S., Itoh, S., Natsui, T., Araki, T. and Ando, R.: Contribution of brominated organic disinfection by-products to the mutagenicity of drinking water, *Water Sci. Technol.*, Vol.50, No.5, pp.321-328, 2004.
52) Huang, W. J., Chen, L. Y. and Peng, H. S.: Effect of NOM characteristics on brominated organics formation by ozonation, *Environ. Int.*, Vol.29, No.8, pp.1049-1055, 2004.
53) Zhao, Z. Y., Gu, J. D., Fan, X. J. and Li, H. B.: Molecular size distribution of dissolved organic matter in water of the Pearl River and trihalomethane formation characteristics with chlorine and chlorine dioxide treatments, *J. Hazard. Mater.*, Vol.134, No.1-3, pp.60-66, 2006.
54) Rav-Acha, C.: The reactions of chloine dioxide with aquatic organic materials and their health effects, *Water Res.*, Vol.18, No.11, pp.1329-1341, 1984.
55) Raczyk-Stanislawiak, U., Swietlik, J., Dabrowska, A. and Nawrocki, J.: Biodegradability of organic by-products after natural organic matter oxidation with ClO_2-case study, *Water Res.*, Vol.38, No.4, pp.1044-1054, 2004.
56) Dabrowska, A., Swietlik, J. and Nawrocki, J.: Formation of aldehydes upon ClO_2 disinfection, *Water Res.*, Vol.37, No.5, pp.1161-1169, 2003.
57) Froese, K. L., Wolanski, A. and Hrudey, S. E.: Factors governing odorous aldehyde formation as disinfection by-products in drinking water, *Water Res.*, Vol.33, No.6, pp.1355-1364, 1999.
58) USEPA : National Primary Drinking Water Regulations : Stage 2 Disinfectants and Disinfection Byproducts Rule ; Final Rule (40 CFR Parts 9, 141,and 142), January 4, 2006.
59) Hoigné, J. and Bader, H.: The formation of trichloronitromethane (chloropicrin) and chloroform in a combined ozonation chlorination treatment of drinking-water, *Water Res.*, Vol.22, No.3, pp.313-319, 1988.
60) Pedersen, E. J., III., Urbansky, E. T., Mariñas, B. J. and Margerum, D.: Formation of cyanogen

chloride from the reaction of monochloramine with formaldehyde, *Environ. Sci. Technol.*, Vol.33, pp.4239-4249, 1999.

61) 日本水道協会：水道水質データベース，2005.

62) 越後信哉，伊藤禎彦，荒木俊昭，安藤良：臭化物イオン共存化での塩素処理水の安全性評価：有機臭素化合物の寄与率，環境工学研究論文集，Vol.41, pp.279-289, 2004.

63) Thurman, E. M.: Organic Geochemistry of Natural Waters, p.516, Martinus Nijo-hff/Dr W. Junk Publishers, Dordrecht, 1985.

64) 高橋基之，海賀信好：環境水中におけるフミン物質の形態解析と化学物質の相互作用，埼玉県環境科学国際センター報, No.3, 2002.

65) 小坂浩司：促進酸化処理法による内分泌攪乱物質の分解に関する基礎的研究，博士学位論文，京都大学大学院工学研究科，2002.

66) Imai, A., Fukushima, T., Matsushige, K., Kim, Y. H. and Choi, K.: Characterization of dissolved organic matter in effluents from wastewater treatment plants, *Water Res.*, Vol.36, pp.859-870, 2002.

67) 金孝相，山田春美，津野洋：下水処理水のオゾン処理における全有機臭素化合物の挙動に関する研究，環境工学研究論文集，Vol.41, pp.213-219, 2004.

68) Imai, A., Fukushima, T., Matsushige, K,and Kim, Y. H.: Fractionation and characterization of dissolved organic matter in a shallow eutrophic lake, its inflowing rivers and other organic matter sources, *Water Res.*, Vol.35, pp.4019-4028, 2001.

69) 滋賀県琵琶湖環境化学研究センター：琵琶湖・瀬田川水質調査結果，2006.

70) Leenheer, J. A., Malcolm, R. L., McKinley, P. and Eccles, L.: Occurrence of dissolved organic carbon in selected ground-water samples in the United States, *J. Res. U.S. Geol. Surv.*, Vol.2, pp.361-369, 1974.

71) Schulten, H. R. and Schnitzer, M.: Chemical model structures for soil organic matter and soils, *Soil Sci.*, Vol.162, pp.115-130, 1997.

72) Thurman, E. M. and Malcolm, R. L.: Preparative isolation of aquatic humic substances, *Environ. Sci. Technol.*, Vol.15, pp.463-466, 1981.

73) Chow, A. T.: Comparison of DAX-8 and XAD-8 resins for isolating disinfection byproduct precursors, *J. Water Supply Res. Technol.-AQUA*, Vol.55, No.1, pp.45-55, 2006.

74) 永井健一，青木眞一，布施泰朗，山田悦：琵琶湖・淀川水系河川中におけるトリハロメタ前駆物質としての溶存有機物質の分画，分析化学，Vol.54, No.9, pp.923-928, 2005.

75) 今井章雄：水環境におけるフミン物質の形態解析の特徴と役割，水環境学会誌，Vol.27, No.2, pp.76-81, 2004.

76) Leenheer, J. A.: Comprehensive assessment of precursors, diagenesis, and reactivity to water treatment of dissolved and colloidal organic matter, *Water Sci. Technol.: Water Supply*, Vol.4, No.4, pp.1-9, 2004.

77) Leenheer, J. A., Croué, J.-P., Benjamin, M., Korshin, G., Hwang, C., Bruchet, A. and Aiken, G.: Comprehensive isolation of natural organic mater from water for spectral characterizations and

reactivity testing, Natural Organic Matter and Disinfection By-Products (Barrett, S., Krasner, S. and Amy, G., eds.), ASC Symposium Series, pp.68-83, American Chemical Society, Washington D.C., 2000.

78) 日下部武敏, 池田和弘, 川端祥浩, 東紗希, 清水芳久, 霜越衣里：逆浸透膜を用いた天然有機物(NOM)抽出・生成方法の開発およびその琵琶湖水への適用, 第40日本水環境学会年会講演集, p.543, 2006.

79) Kitis, M., Kilduff, J. E. and Karanfil, T. : Isolation of dissolved organic matter (DOM) from surface waters using reverse osmosis and its impact on the reactivity of DOM to formation and speciation of disinfection by-products, *Water Res.*, Vol.35, No.9, pp.2225–2234, 2001.

80) Imai, A., Matsushige, K. and Nagai, T. : Trihalomethane formation potential of dissolved organic matter in a shallow eutrophic lake, *Water Res.*, Vol.37, No.17, pp.4284–4294, 2003.

81) Marhaba, T. F. and Van, D. : The variation of mass and disinfection by-product formation potential of dissolved organic matter fractions along a conventional surface water treatment plant, *J. Hazard. Mater.*, Vol.74, No.3, pp.133–147, 2000.

82) Barber, L., Leenheer, J., Noyes, T. and Stiles, E. : Nature and transformation of dissolved organic matter in treatment wetlands, *Environ. Sci. Technol.*, Vol.35, pp.4805–4816, 2001.

83) Pomes, M. L., Larive, C. K., Thurman, E. M., Green, W. R., Orem, W. H., Rostad, C. E., Coplen, T. B., Cutak, B. J. and Dixon, A. M. : Sources and haloacetic acid/trihalomethane formation potentials of aquatic humic substances in the Wakarusa River and Clinton Lake near Lawrence, Kansas, *Environ. Sci. Technol.*, Vol.34, No.20, pp.4278–4286, 2000.

84) Leenheer, J. A., Noyes, T., Rostad, C. E. and Davisson, L. : Characterization and origin of polar dissolved organic matter from the Great Salt Lake, *Biogeochem.*, Vol.69, pp.125–141, 2004.

85) Sutton, R. and Sposito, G. : Molecular Structure in soil humic substances : The new view, *Environ. Sci. Technol.*, Vol.23, pp.9009–9015, 2005.

86) 日下部武敏：琵琶湖天然有機物質の分子量分布および微量有機汚染物質の収着に関する研究, 博士学位論文, 京都大学大学院工学研究科, 2007.

87) Chin, Y., Aiken, G. and O'Loughlin, E. : Molecular weight, polydispersity, and spectroscopic properties of aquatic humic substances, *Environ. Sci. Technol.*, Vol.28, pp.1853–1858, 1994.

88) Beckett, R., Jue, Z. and Giddings, J. C. : Determination of molecular weight distributions of fulvic and humic acids using flow field–flow fractionation, *Environ. Sci. Technol.*, Vol.21, No.3, pp.289–295, 1987.

89) Aiken, G. and Malcolm, R. L. : Molecular weight of aquatic fulvic acids by vapor puresure osmometry, *Environ. Sci. Technol.*, Vol.51, pp.2177–2184, 1987.

90) Templier, J., Derenne, S., Croué, J.-P. and Largeau, C. : Comparative study of two fractions of riverine dissolved organic matter using various analytical pyrolytic methods and a ^{13}C CP/MAS NMR approach, *Org. Geochem.*, Vol.36, pp.1418–1442, 2005.

91) Leenheer, J. A., Nanny, M. A. and McIntyre, C. : Terpenoids as major precursors of dissolved organic matter in landfill leachates, surface water, and groundwater, *Environ. Sci. Technol.*, Vol.37, No.11, pp.2323–2331, 2003.

参考文献

92) Ikeda, K., Arimura, R., Echigo, S., Shimizu, Y., Minear, R. and Matusi, S.： The fractionation/concentration of aquatic humic substances by the sequential membrane system and their characterization with mass spectrometry, *Water Sci. Technol.*, Vol.42, No.7-8, pp.383-390, 2000.
93) Stenson, A. C., Marshall, A. G. and Cooper, W. T.： Exact masses and chemical formulas of individual Suwannee River Fulvic Acids from ultrahigh Resolution electrospray ionization Fourier transform ion cyclotron resonance mass spectra, *Anal. Chem.*, Vol.75, pp.1275-1284, 2003.
94) Reemtsma, T., These, A., Springer, A. and Linscheid, M.： Fulvic acids as transition sate of organic matter : Indications from high resolution mass spectrometry, *Environ. Sci. Technol.*, Vol.40, No.19, pp.5839-5845, 2006.
95) Faulon, J. L.： Stochastic generator of chemical structure 1. Application to the structure elucidation of large molecules, *J. Chem. Inf. Comput. Sci.*, Vol.34, pp.1204-1218, 1994.
96) Magazinovic, R. S., Nicholson, B. C., Mulcahy, D. E. and Davey, D. E.： Bromide levels in natural waters : Its relationship to levels of both chloride and total dissolved solids and the implications for water treatment, *Chemosphere*, Vol.57, No.4, pp.329-335, 2004.
97) Richardson, S. D., Thruston, A. D., Rav-Acha, C., Groisman, L., Popilevsky, I., Juraev, O., Glezer, V., McKague, A. B., Plewa, M. J. and Wagner, E. D.： Tribromopyrrole, brominated acids, and other disinfection byproducts produced by disinfection of drinking water rich in bromide, *Environ. Sci. Technol.*, Vol.37, No.17, pp.3782-3793, 2003.
98) 宮川幸雄：琵琶湖・淀川水系における臭化物イオンの発生構造に関する研究，修士論文，京都大学大学院工学研究科, 2006.
99) Tagami, K. and Uchida, S.： Concentrations of chlorine, bromine and iodine in Japanese rivers, *Chemosphere*, Vol.65, No.11, pp.2358-2365, 2006.
100) 鯛谷将司，中平健二：水道水源における臭化物イオンの挙動について，淀川水質機構調査, Vol.23, pp.23-28, 2004.
101) 結田康一：土壌，植物，土壌溶液および雨水中ヨウ素，臭素および塩素の放射化分析法，農業技術研究所報告, Vol.35, pp.73-108, 1983.
102) Legube, B.： A survery of bromide ion in Europian drinking water, *Ozone : Sci. Eng.*, Vol.18, pp.325-348, 1996.
103) 表義雄，上嶋善治，安場義美，田嶋宏昭：臭素酸イオンの現状と生成抑制に関する調査，第55回全国水道研究発表会講演集，日本水道協会, pp.246-247, 2004.
104) Amy, G., Siddiqui, M., Zhai, W., DeBroux, J. and Odem, W.： Nation-wide survey of bromide ion concentrations in drinking water sources, AWWA Annual Conference, pp.1-19, American Water Works Association, 1993.
105) 金城麻希，赤嶺永正，中宗根盛利，伊佐智明，久川義隆，山内登起子：次亜塩素酸ナトリウム添加による臭素酸生成抑制の検討，第55回全国水道研究発表会講演集，日本水道協会, pp.248-249, 2004.
106) 石崎孝幸，佐藤拓児，江原孝，秋山廣毅：霞ヶ浦西浦における最適な浄水処理方式の検討，第55回全

国水道研究発表会講演集，日本水道協会，pp.244-245, 2004.

107) Fuge, R. and Johnson, C.: The geochemistry of iodine-a review, *Environ. Geochem. Health*, Vol.8, No.2, pp.31-54, 1986.

108) Bichsel, Y.: Behavior of iodine species in oxidative processes during drinking water treatment, Ph.D. dissertation, Swiss Federal Institute of Technology, 2000.

109) 亀谷勝昭，松村年郎，内藤光博：陸水中のヨウ化物イオンとヨウ素酸イオンの陰イオン交換樹脂による分離とその定量，分析化学，Vol.41, No.7, pp.337-341, 1992.

110) 伊藤一明，砂原広志：高濃度塩化ナトリウム溶離液を用いる海水中のヨウ化物イオンのイオンクロマトグラフィー，分析化学，Vol.37, No.6, pp.292-295, 1992.

111) Smith, J. and Butler, E.: Speciation of dissolved iodine in estuarine waters, *Nature*, Vol.277, pp.468-469, 1979.

112) Snoeyink, V. L. and Jenkins, D.: Water Chemistry, p.480, John Wiley & Sons, New York, NY, 1980.

113) Deborde, M. and von Gunten, U.: Reactions of chlorine with inorganic and organic compounds during water treatment : Kinetics and mechanisms, A critical review, *Water Res.*, Vol.42, No.1-2, pp.13-51, 2008.

114) Gallard, H., Pellizzari, F., Croué, J. P. and Legube, B.: Rate constants of reactions of bromine with phenols in aqueous solution, Water Res., Vol.37, No.12, pp.2883-2892, 2003.

115) 越後信哉，ロジャーマイニーア：浄水プロセスにおけるNOMおよびフェノール性化合物の臭素化反応の速度論，環境システム制御学会誌，Vol.10, No.2, pp.44-52, 2005.

116) Gallard, H. and von Gunten, U.: Chlorination of phenols : Kinetics and formation of chloroform, *Environ. Sci. Technol.*, Vol.36, No.5, pp.884-890, 2002.

117) Soper, K. and Smith, G. F.: The halogenation of phenols, *J. Chem. Soc.*, pp.1582-1591, 1926.

118) Tee, O., Paventi, M. and Bennett, M.: Kinetics and mechanism of the bromination of phenols and phenoixde ions in aqueous solution, diffusion-controlled rates, *J. Am. Chem. Soc.*, Vol.111, pp.2233-2240, 1989.

119) Voudrias, E. and Reinhard, M.: A kinetic model for the halogenation of *p*-xylene in aqueous hypochlorous acid solutions containing chloride and bromide, *Environ. Sci. Technol.*, Vol.22, pp.1056-1062, 1988.

120) Lee, F. C.: Kinetics of reactions between chlorine and phenolic compounds, Principles and Applications of Water Chemistry (Faust, S. D. and Hunter, J. V., eds.), pp.54-76, Wiley-Inter Science, New York, 1967.

121) Bichsel, Y. and von Gunten, U.: Formation of iodo-trihalomethanes during disinfection and oxidation of iodide containing waters, *Environ. Sci. Technol.*, Vol.34, No.13, pp.2784-2791, 2000.

122) Boyce, S. D. and Hornig, J. F.: Reaction pathway of trihalomethane formation from the halogenation of dihydroxyaromatic model compounds for humic acid, *Environ. Sci. Technol.*, Vol.17, No.4, pp.202-211, 1983.

123) 越後信哉, 矢野雄一, 徐育子, 伊藤禎彦：溶存有機物を構成する化学構造からのハロ酢酸生成特性, 環境工学研究論文集, Vol.44, pp.265-273, 2007.
124) Reckhow, D. A. and Singer, P. C.: Mechanisms of organic halide formation during fulvic acid chlorination and implications with respect to preozonation, Water Chlorination : Chemistry, Environmental Impact and Halth Effects (Jolley, R. L. et al., ed.), Vol.5, pp.1229-1257, Lewis Publishers Inc., Chelsea, MI, 1985.
125) Chow, A. T., Gao, S. and Dahlgren, R. A.: Physical and chemical fractionation of dissolved organic matter and trihalomethane precursors : A review, *J. Water Supply Res. Technol.-AQUA*, Vol.54, No.8, pp.475-507, 2005.
126) Joyce, W.S., Digiano, F.A. ano Uden, P.C.: THM precursors in the environment, *J. Am. Water Works Assoc.*, Vol. 76, No. 6, pp. 102-106, 1984.
127) Kim, H. C. and Yu, M. J.: Characterization of natural organic matter in conventional water treatment processes for selection of treatment processes focused on DBPs control, *Water Res.*, Vol.39, No.19, pp.4779-4789, 2005.
128) Croué, J. -P., Violleau, D. and Labouyrie, L.: Disinfection by-products formation potentials of hydrophobic and hydrophilic natural organic matter fractions : A comparison between a low-and high-humic water, Natural Organic Matter and Disinfection By-Products (Barrett, S., Krasner, S. and Amy, G., eds.), pp.139-153, American Chemical Society, Washington D.C., 2000.
129) Reckhow, D. A., Singer, P. and Malcolm, R.: Chlorination of humic materials : By-product formation and chemical interpretations, *Environ. Sci. Technol.*, Vol.24, No.11, pp.1655-1664, 1990.
130) Korshin, G. V., Li, C. W. and Benjamin, M. M.: Monitoring the properties of natural organic matter through UV spectroscopy : A consistent theory, *Water Res.*, Vol.31, No.7, pp.1787-1795, 1997.
131) Li, C. W., Korshin, G. V. and Benjamin, M. M.: Monitoring DBP formation with differential UV spectroscopy, *J. Am. Water Works Assoc.*, Vol.90, No.8, pp.88-100, 1998.
132) Li, C. W., Benjamin, M. M. and Korshin, G. V.: The relationship between TOX formation and spectral changes accompanying chlorination of pre-concentrated or fractionated NOM, *Water Res.*, Vol.36, No.13, pp.3265-3272, 2002.
133) Gang, D. D., Segar, R. L., Clevenger, T. E. and Banerji, S. K.: Using chlorine demand to predict TTHM and HAA9 formation, *J. Am. Water Works Assoc.*, Vol.94, No.10, pp.76-86, 2002.
134) Sohn, J., Amy, G., Cho, J. W., Lee, Y. and Yoon, Y.: Disinfectant decay and disinfection by-products formation model development : Chlorination and ozonation by-products, *Water Res.*, Vol.38, No.10, pp.2461-2478, 2004.
135) Pourmoghaddas, H. and Stevens, A. A.: Relationship between Trihalomethanes and haloacetic acids with total organic halogen during chlorination, *Water Res.*, Vol.29, No.9, pp.2059-2062, 1995.
136) Nobukawa, T. and Sanukida, S.: Effect of bromide ions on genotoxicity of halogenated by-products from chlorination of humic acid in water, *Water Res.*, Vol.35, pp.4293-4298, 2001.

137) Hua, G. H., Reckhow, D. A. and Kim, J.: Effect of bromide and iodide ions on the formation and speciation of disinfection byproducts during chlorination, *Environ. Sci. Technol.*, Vol.40, No.9, pp.3050-3056, 2006.

138) Minear, R. and Bird, J.: Trihalomethanes : Impact of bromide ion concentration on yield, species, distribution, rate of formation, and influence of other variables, Water Chlorination : Environmental Impact and Health Effects (Jolley, R. and Brungs, R., eds.), Vol.3, pp.151-160, Ann Arbor Science Publishers, Ann Arbor, MI, 1980.

139) Blatchley, E. R., Margetas, D. and Duggirala, R.: Copper catalysis in chloroform formation during water chlorination, *Water Res.*, Vol.37, No.18, pp.4385-4394, 2003.

140) 嶋津治希，河内正光，杉田育生，米倉祐司，熊野浩志，橋渡健児，広田忠彦，尾崎則篤，福島武彦：重回帰分析を用いた配水管網における消毒副生成物の濃度予測，水道協会雑誌，Vol.73, No.8, pp.31-39, 2004.

141) Chowdhury, Z. and Amy, G.: Modeling disinfection by-product formaiton, Formation and Control of Disinfection By-Products in Drinking Water (Singer, P. C., ed.), pp.53-64, American Water Works Association, Denver, CO, 1999.

142) 厚生労働科学研究費補助金　がん予防等健康科学総合研究事業　WHO飲料水水質ガイドライン改訂等に対応する水道における化学物質等に関する研究，研究報告書，pp.331-396, 2003.

143) Peters, R. J. B., De Leer, E. W. B. and De Galan, L.: Chlorination of cyanoethanoic acid in aqueous medium, *Environ. Sci. Technol.*, Vol.24, No.1, pp.81-86, 1990.

144) Trehy, M. L., Yost, R. A. and Miles, C. J.: Chlorination byproducts of amino acids in natural waters, *Environ. Sci. Technol.*, Vol.20, No.11, pp.1117-1122, 1986.

145) March, J.: Advanced Organic Chemistry, 3rd ed., p.1495, Wiley Interscience, New York, NY, 1992.

146) Bjork, R. G.: GLC determination of ppb levels of citrate by conversion to bromoform, *Anal. Biochem.*, Vol.63, pp.80-86, 1975.

147) Liang, L. and Singer, P. C.: Factors influencing the formation and relative distribution of haloacetic acids and trihalomethanes in drinking water, *Environ. Sci. Technol.*, Vol.37, No.13, pp.2920-2928, 2003.

148) Kanokkantapong, V., Marhaba, T. F., Wattanachira, S., Panyapinyophol, B. and Pavasant, P.: Interaction between organic species in the formation of haloacetic acids following disinfection, *J. Environ. Sci. Health*, Part A, Vol.41, No.6, pp.1233-1248, 2006.

149) Hwang, C., Sclimenti, M. and Krasner, S.: Disinfection by-products formation reactivities of natural organic matter fractions of a low-humic water, Natural Organic Matter and Disinfection By-Products (Barrett, S., Krasner, S. and Amy, G., eds.), pp.173-187, American Chemical Society, Washington D.C., 2000.

150) Chang, C. Y., Hsieh, Y. H., Lin, Y. M., Hu, P. Y., Liu, C. C. and Wang, K. H.: The effect of the molecular mass of the organic matter in raw water on the formation of disinfection by-products, *J. Water Supply Res. Technol.-AQUA*, Vol.50, No.1, pp.39-45, 2001.

151) Kitis, M., Karanfil, T., Wigton, A. and Kilduff, J. E.: Probing reactivity of dissolved organic matter for disinfection by-product formation using XAD-8 resin adsorption and ultrafiltration fractionation, *Water Res.*, Vol.36, No.15, pp.3834-3848, 2002.

152) Urbansky, E. T.: The fate of the haloacetates in drinking water -Chemical kinetics in aqueous solution, *Chem. Rev.*, Vol.101, No.11, pp.3233-3243, 2001.

153) Zhang, X. and Minear, R. A.: Decomposition of trihaloacetic acids and formation of the corresponding trihalomethanes in drinking water, *Water Res.*, Vol.36, No.14, pp.3665-3673, 2002.

154) Speight, V. and Singer, P. C.: Association between residual chlorine loss and HAA reduction in distribution systems, *J. Am. Water Works Assoc.*, Vol.97, No.2, pp.82-91, 2005.

155) Cowman, G. A. and Singer, P. C.: Effect of bromide ion on haloacetic acid speciation resulting from chlorination and chloramination of aquatic humic substances, *Environ. Sci. Technol.*, Vol.30, pp.16-24, 1996.

156) Clark, R. M., Thurnau, R. C., Sivaganesan, M. and Ringhand, P.: Predicting the formation of chlorinated and brominated by-products, *J. Environ. Eng. ASCE*, Vol.127, No.6, pp.493-501, 2001.

157) Villanueva, C. M., Kogevinas, M. and Grimalt, J. O.: Haloacetic acids and trihalomethanes in finished drinking waters from heterogeneous sources, *Water Res.*, Vol.37, No.4, pp.953-958, 2003.

158) Malliaroua, E., Collinsa, C., Grahamb, N. and Nieuwenhuijsena, M. J.: Haloacetic acids in drinking water in the United Kingdom, *Water Res.*, Vol.39, No.12, pp.2722-2730, 2005.

159) Lee, W., Westerhoff, P. and Croué, J. P.: Dissolved organic nitrogen as a precursor for chloroform, dichloroacetonitrile, N-nitrosodimethylamine, and trichloronitromethane, *Environ. Sci. Technol.*, Vol.41, No.15, pp.5485-5490, 2007.

160) Stanbro, W. D. and Lenkevich, M. J.: Kinetics and mechanism of the decomposition of N,N-dihalopeptides, *Int. J. Chem. Kinetics*, Vol.17, No.4, pp.401-411, 2004.

161) Krasner, S., Sclimenti, M., Chinn, R., Chowdhury, Z. and Owen, D.: The impact of TOC and bromide on chlorination by-product formation, Disinfection By-Products in Water Treatment (Minear, R. and Amy, G., eds.), pp.59-90, Lewis Publishers, Boca Raton, FL, 1995.

162) Glezer, V., Harri, B., Tal, N., Iosefzon, B. and Lev, O.: Hydrolysis of haloacetonitriles: Linear free energy relationship, kinetics and products, *Water Res.*, Vol.33, No.8, pp.1938-1948, 1999.

163) Nikolaou, A. D., Golfinopoulos, S. K., Kostopoulou, M. N. and Lekkas, T. D.: Decomposition of dihaloacetonitriles in water solutions and fortified drinking water samples, *Chemosphere*, Vol.41, No.8, pp.1149-1154, 2000.

164) Lee, J. H., Na, C., Ramirez, R. L. and Olson, T. M.: Cyanogen chloride precursor analysis in chlorinated river water, *Environ. Sci. Technol.*, Vol.40, No.5, pp.1478-1484, 2006.

165) Xu, X., Zou, H. and Zhang, J.: Formation of strong mutagen[3-chloro-4-(dichloromethyl)-5-hydoroxy-2(5H)-furanone]MX by chlorination of fractions of lake water, *Water Res.*, Vol.31, pp.1021-1026, 1997.

166) Kinae, N., Tanaka, J., Kamio, N., Sugiyama, C., Furugori, M., Shimoi, K. and Tanji, K.: Detection and origin of 3-chloro-4-(dichloromethyl)-5-hydroxy-2(5H)-furanone(MX) in river water, *Water Sci. Technol.*, Vol.42, pp.117-123, 2000.

167) Zou, H. X., Lu, J. H., Chen, Z., Yang, C. Y. and Zhang, J. Q.: Screening the precursors of strong mutange[2-chloro-4-(dichloromethyl)-5-hydroxy-2(5H)-franone]MX from chlorinated water, *Water Res.*, Vol.34, No.1, pp.225-229, 2000.

168) Yang, C. Y., Chen, Z., Zou, H. X., Lu, J. H. and Zhang, J. Q.: Factors on the formation of strong mutagen[3-chloro-4-(dichloromethyl)-5-hydroxy-2(5H)-furanone]MX by chlorination of syringaldehyde, *Water Res.*, Vol.34, No.4, pp.313-317, 2000.

169) Chen, Z., Yang, C. Y., Lu, J. H., Zou, H. X. and Zhang, J. Q.: Factors on the formation of disinfection by-products MX, DCA and TCA by chlorination of fulvic acid from lake sediments, *Chemosphere*, Vol.45, No.3, pp.379-385, 2001.

170) 伊藤禎彦, 仲野敦士, 荒木俊昭：塩素処理水の染色体異常誘発性・形質転換誘発性の変化過程と強変異原物質 MX の指標性, 水環境学会誌, Vol.26, No.8, pp.499-505, 2003.

171) Myllykangas, T., Nissinen, T. K., Maki-Paakkanen, J., Hirvonen, A. and Vartiainen, T.: Bromide affecting drinking water mutagenicity, *Chemosphere*, Vol.53, No.7, pp.745-756, 2003.

172) Nikolaou, A. D., Lekkas, T. D., Kostopoulou, M. N. and Golfinopoulos, S. K.: Investigation of the behaviour of haloketones in water samples, *Chemosphere*, Vol.44, No.5, pp.907-912, 2001.

173) Korshin, G. V., Benjamin, M. M., Chang, H. S. and Gallard, H.: Examination of NOM chlorination reactions by conventional and stop-flow differential absorbance spectroscopy, *Environ. Sci. Technol.*, Vol.41, No.8, pp.2776-2781, 2007.

174) Fawell, J., Robinson, D., Bull, R., Birnbaum, L., Butterworth, B., Daniel, P., Galal Gorchev, H., Hauchman, F., Julkunen, P., Klaassen, C., Krasner, S., Orme-Zavaleta, J. and Tardiff, T.: Disinfection by-products in drinking water : Critical issues in health effects research, *Environ. Health Perspect.*, Vol.105, No.1, pp.108-109, 1997.

175) Zou, H. X., Yang, S., Xu, X. and Xu, O. Y.: Formation of POX and NPOX with chlorination of fulvic acid in water : Empirical models, *Water Res.*, Vol.31, No.6, pp.1536-1541, 1997.

176) Echigo, S., Zhang, X., Minear, R. A. and Plewa, M. J.: Differentiation of total organic brominated and chlorinated compounds in total organic halide measurement : A new approach with an ion-chromatographic technique, Natural Organic Matter and Disinfection By-Products (Barrett, S., Krasner, S. and Amy, G., eds.), pp.173-187, American Chemical Society, Washington D.C., 2000.

177) Hua, G. and Reckhow, D. A.: Determination of TOCl, TOBr and TOI in drinking water by pyrolysis and off-line ion chromatography, *Anal. Bioanal. Chem.*, Vol.384, No.2, pp.495-504, 2005.

178) 小野寺祐夫, 石倉俊治, 香川容子, 田中恵子：塩素処理による水中有機物の化学変化(第1報) P = S 型有機リン系農薬から P = O 型の生成, 衛生化学, Vol.22, No.4, pp.196-205, 1976.

179) 鴨志田公洋, 小坂浩司, 浅見真理, 相澤貴子：塩素処理における有機りん系農薬の類型別反応性とオ

キソン体への変換について,水環境学会誌, Vol.30, No.3, pp.145-155, 2007.
180) Rule, K. L., Ebbett, V. R. and Vikesland, P. J.: Formation of chloroform and chlorinated organics by free-chlorine-mediated oxidation of triclosan, *Environ. Sci. Technol.*, Vol.39, No.9, pp.3176-3185, 2005.
181) Deborde, M., Rabouan, S., Gallard, H., and Legube, B.: Aqueous chlorination kinetics of some endocrine disruptors, *Environ. Sci. Technol.*, Vol.38, No.21, pp.5577-5583, 2004.
182) Pinkston, K. and Sedlak, D.: Transformation of aromatic ether and amine-containing pharmaceuticals during chlorine disinfection, *Environ. Sci. Technol.*, Vol.38, No.14, pp.4019-4025, 2004.
183) Gallard, H., Leclercq, A. and Croué, J. P.: Chlorination of bisphenol A : kinetics and by-products formation, *Chemosphere*, Vol.56, No.5, pp.465-473, 2004.
184) Hu, J., Jin, X., Kunikane, S., Terao, Y. and Aizawa, T.: Transformation of pyrene in aqueous chlorination in the presence and absence of bromide ion : kinetics, products, and their aryl hydrocarbon receptor-mediated activities, *Environ. Sci. Technol.*, Vol.40, No.2, pp.487-493, 2006.
185) Hu, J., Cheng, S., Aizawa, T., Terao, Y. and Kunikane, S.: Products of aqueous chlorination of 17-β-estradiol and their estrogenic activities, *Environ. Sci. Technol.*, Vol.37, No.24, pp.5665-5670, 2003.
186) Hu, J.-Y., Aizawa, T. and Ookubo, S.: Products of aqueous chlorination of bisphenol A and their estrogenic activity, *Environ. Sci. Technol.*, Vol.36, No.9, pp.1980-1987, 2002.
187) Kajino, M., Morizane, K., Umetani, T. and Terashima, K.: Odors arising from ammonia and amino acids with chlorine during water treatment, *Water Sci. Technol.*, Vol.40, No.6, pp.107-114, 1999.
188) Shang, C., Gong, W. L. and Blatchley, E. R.: Breakpoint chemistry and volatile byproduct formation resulting from chlorination of model organic-N compounds, *Environ. Sci. Technol.*, Vol.34, No.9, pp.1721-1728, 2000.
189) Freuze, I., Brosillon, S., Laplanche, A., Tozza, D. and Cavard, J.: Effect of chlorination on the formation of odorous disinfection by-products, *Water Res.*, Vol.39, No.12, pp.2636-2642, 2005.
190) Conyers, B. and Scully, F. E. Jr.: *N*-Chloroaldimines. 3. Chlorination of phenylalanine in model solutions and in a waste water, *Environ. Sci. Technol.*, Vol.27, pp.261-266, 1993.
191) Diehl, A. C., Speitel, G. E., Symons, J. M., Krasner, S. W., Hwang, S. J. and Barrett, S. E.: DBP formation during chloramination, *J. Am. Water Works Assoc.*, Vol.92, No.6, pp.76-90, 2000.
192) Mitch, W. A. and Sedlak, D. L.: Formation of *N*-nitrosodimethylamine (NDMA) from dimethylamine during chlorination, *Environ. Sci. Technol.*, Vol.36, No.4, pp.588-595, 2002.
193) Choi, J. H. and Valentine, R. L.: *N*-nitrosodimethylamine formation by free-chlorine-enhanced nitrosation of dimethylamine, *Environ. Sci. Technol.*, Vol.37, No.21, pp.4871-4876, 2003.
194) Gerecke, A. C. and Sedlak, D. L.: Precursors of *N*-nitrosodimethylamine in natural waters, *Environ. Sci. Technol.*, Vol.37, No.7, pp.1331-1336, 2003.
195) Andrzejewski, P., Kasprzyk-Hordern, B. and Nawrocki, J.: The hazard of nitrosodimethylamine (NDMA) formation during water disinfection with strong oxidants, *Desalination*, Vol.176, No.1-3, pp.37-45, 2005.

196) Najm, I. and Trussell, R.：NDMA formation in water and wastewater, *J. Am. Water Works Assoc.*, Vol.93, No.2, pp.92−99, 2001.

197) Pehlivanoglu-Mantas, E. and Sedlak, D. L.：The fate of wastewater-derived NDMA precursors in the aquatic environment, *Water Res.*, Vol.40, No.6, pp.1287−1293, 2006.

198) Staehelin, J. and Hoigné, J.：Decomposition of ozone in water in the presence of organic solutes acting as promoters and inhibitors of radical chain reactions, *Environ. Sci. Technol.*, Vol.19, pp.1206−1213, 1985.

199) von Gunten, U.：Ozonation of drinking water ： Part I. Oxidation kinetics and product formation, *Water Res.*, Vol.37, No.7, pp.1443−1467, 2003.

200) Hoigné, J. and Bader, H.：Rate constants of reactions of ozone with organic and inorganic compounds in water-I Non-dissociating organic compounds, *Water Res.*, Vol.17, pp.173−183, 1983.

201) Buxton, G., Greenstock, C., Helman, W. and Ross, A.：Critical review of rate constants for reactions of hydrated electrons, hydrogen atoms and hydroxyl radicals($\cdot$OH/O$^-\cdot$)in aqueous solution, *J. Phys. Chem. Ref. Data*, Vol.17, pp.513−886, 1988.

202) Westerhoff, P., Chao, P. and Mash, H.：Reactivity of natural organic matter with aqueous chlorine and bromine, *Water Res.*, Vol.38, No.6, pp.1502−1513, 2004.

203) Elovitz, M. S. and von Gunten, U.：Hydroxyl radical ozone ratios during ozonation processes, I-The R-ct concept, *Ozone ： Sci. Eng.*, Vol.21, No.3, pp.239−260, 1999.

204) 伊藤禎彦，松井佳彦，市木敦之，越後信哉：京都市水道高度浄水処理施設導入検討会調査報告書，p.68, 京都市水道高度浄水処理施設導入検討会, 2005.

205) Westerhoff, P., Song, R., Amy, G. and Minear, R.：Numerical kinetic models for bromide oxidation to bromine and bromate, *Water Res.*, Vol.32, No.5, pp.1687−1699, 1998.

206) Kim, J.-H., von Gunten, U. and Mariñas, B.：Simultaneous prediction of *Cryptosporidium parvum* oocyst inactivation and bromate formation during ozonation of synthetic waters, *Environ. Sci. Technol.*, Vol.38, No.7, pp.2232−2241, 2004.

207) von Gunten, U.：Ozonation of drinking water ： Part Ⅱ. Disinfection and by-product formation in presence of bromide, iodide or chlorine, *Water Res.*, Vol.37, No.7, pp.1469−1487, 2003.

208) Nicoson, J. S., Wang, L., Becker, R., H., Hartz, K., Muller, C. E. and Margerum, D. W.：Kinetics and mechanisms of ozone/bromite and ozone/chlorite reactions, *Inorg. Chem.*, Vol.41, pp.2975−2980, 2002.

209) Pinkernell, U. and von Gunten, U.：Bromate minimization during ozonation ： Mechanistic considerations, *Environ. Sci. Technol.*, Vol.35, No.12, pp.2525−2531, 2001.

210) 丹羽明彦：イオン交換処理がオゾン処理の処理特性と臭素酸イオン生成量に及ぼす影響，修士論文，京都大学大学院工学研究科, 2007.

211) Song, R., Westerhoff, P., Minear, R. and Amy, G.：Bromate minimization during ozonation, *J. Am. Water Works Assoc.*, Vol.89, No.6, pp.69−78, 1997.

212) Hammes, F., Salhi, E., Koster, O., Kaiser, H.-P., Egli, T. and von Gunten, U.：Mechanistic and kinetic

evaluation of organic disinfection by-product and assimilable organic carbon (AOC) formation during the ozonation of drinking water, *Water Res.*, Vol.40, No.12, pp.2275-2286, 2006.

213) Weinberg, H. and Glaze, W.: An overview of ozonation disinfection by-products, Disinfection By-Products in Water Treatment (Minear, R. and Amy, G., eds.), pp.165-186, Lewis Publishers, Boca Raton, FL, 1995.

214) These, A. and Reemtsma, T.: Structure-dependent reactivity of low molecular weight fulvic acid molecules during ozonation, *Environ. Sci. Technol.*, Vol.39, No.21, pp.8382-8387, 2005.

215) Hoigné, J. and Bader, H.: Kinetics of reactions of chlorine dioxide (OClO) in water-I. Rate constants for inorganic and organic compounds, *Water Res.*, Vol.28, pp.45-55, 1994.

216) Swietlik, J., Dabrowska, A., Stainslawiak, U. and Nawrocki, J.: Reactivity of natural organic matter fractions with chlorine dioxide and ozone, *Water Res.*, Vol.38, pp.547-558, 2004.

217) Chang, C. Y., Hsieh, Y. H., Shih, I. C., Hsu, S. S. and Wang, K. H.: The formation and control of disinfection by-products using chlorine dioxide, *Chemosphere*, Vol.41, No.8, pp.1181-1186, 2000.

218) Wajon, J., Rosenblatt, D. and Burrows, E.: Oxidation of phenol and hydroquinone by ClO_2, *Environ. Sci. Technol.*, Vol.16, pp.396-402, 1982.

219) Malley, J.: Control of disinfection by-product formation using ultraviolet light, Formation and Control of Disinfection By-Products in Drinking Water (Singer, P. C., ed.), pp.223-235, American Water Works Association, Denver, CO, 1999.

220) Magnuson, M. L., Kelty, C. A., Sharpless, C. M., Linden, K. G., Fromme, W., Metz, D. H. and Kashinkunti, R.: Effect of UV irradiation on organic matter extracted from treated Ohio river water studied through the use of electrospray mass spectrometry, *Environ. Sci. Technol.*, Vol.36, pp.5252-5260, 2002.

221) Liu, W., Cheung, L. M., Yang, X. and Shang, C.: THM, HAA and CNCl formation from UV irradiation and chlor (am) ination of selected organic waters, *Water Res.*, Vol.40, No.10, pp.2033-2043, 2006.

222) Buchanan, W., Roddick, F., Porter, N. and Drikas, M.: Formation of hazardous by-products resulting from the irradiation of natural organic matter : Comparison between UV and VUV irradiation, *Chemosphere*, Vol.63, No.7, pp.1130-1141, 2006.

第4章
消毒副生成物の規制

4.1 水道水質の確保と水質基準

いうまでもなく水道水は，飲み水として安全なものでなくてはならない．またたとえ有害ではなくても，利用する人々に不安感を抱かせるような異常な味や不快な臭いのするものであってもいけない．

現在の日本の水道水は安全に保たれているといえるが，潜在的に水道水を汚染する可能性のある経路には**図-4.1**に示すような様々なものがある．このような多岐にわたる汚染原因に対して，今後も水道水を安全なものに維持し，かつ人々が安心し

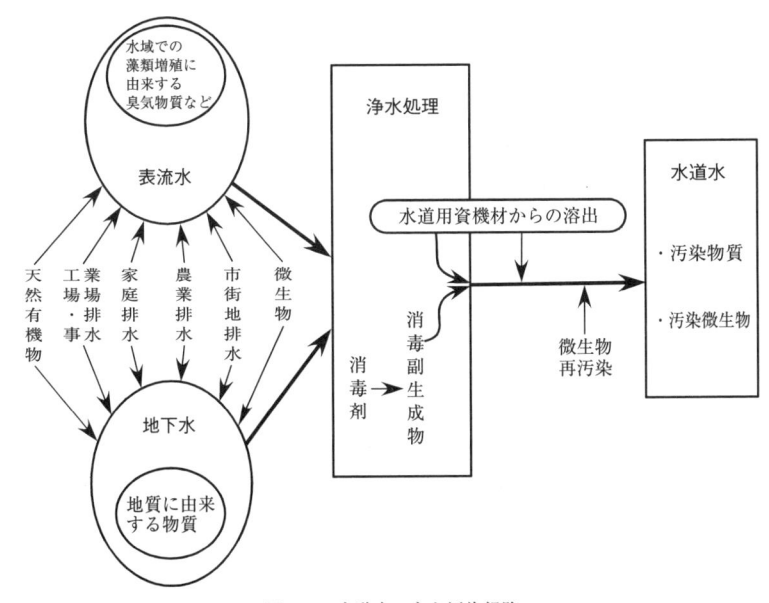

図-4.1 水道水の主な汚染経路

信頼して水道水を利用できるためには，常に新しい知見や技術を導入していかなければならない．

水道水の安全性を確保し，また味，色，臭いなど水道水として備えるべき性状を確保するために定められているのが水道水水質基準[1, 2)]である．本章ではその概要を示すとともに，特にその見方について考えていく．

ところで，水質基準の設定は，世界保健機構(WHO)の『飲料水水質ガイドライン』[3)]（以下，WHOガイドラインと記す）に負うところが大きい．このガイドラインでは，個々の化学物質について，疫学データや動物実験データといった重要な科学的情報をまとめて掲載し，これを根拠としてガイドライン値を提示している．そのためこのガイドラインは，ある化学物質によるヒトの健康影響に関して最も信頼性の高い情報源といえる．本ガイドラインの作成には当然わが国も協力している．現在，世界中の多くの国々でこのガイドラインが水道水質基準を制定する際の重要な参考資料として用いられており，わが国も同様である．

4.2 水質基準の体系と消毒副生成物の規制

4.2.1 水質基準の体系

わが国の現在の水道水質基準は2004年に施行されたものを基本としているが，その後一部改正され，以下に示すのは2008年現在のものである．今後も必要に応じて逐次改正されることとなっており，最新の水質基準は厚生労働省健康局水道課ホームページを参照されたい．

水道水質基準を表-4.1に示す．水質基準とは法律に基づき設定される基準であり，水道事業者などはこの基準に適合した水の供給が義務づけられる．浄水において，後に記す評価値の10％に相当する値を超えて検出され，または検出されるおそれの高い項目を水質基準として分類している．表-4.1に示すように項目数は51ある．

水道水の水質項目には，大別すると，人の健康に関連する項目と，水道水として有すべき性状や快適性に関連する項目とがある．現在の水質基準の特徴の一つとして，この両者を特に区分していないことがあげられる．性状・快適性に関する項目とは，表-4.1の「32 亜鉛」以下の項目であるが，これは水道水質の専門的知識を持つ人でないと区分するのは難しい．健康に関する項目とは，水道水の「安全性」に関連するものであるが，性状・快適性に関する項目とは，いわば水道水の「信頼性」に

4.2 水質基準の体系と消毒副生成物の規制

表-4.1 水質基準

番号	項目	基準値（mg/L）	区分
1	一般細菌*	100/mL	病原生物の指標
2	大腸菌	不検出	
3	カドミウムおよびその化合物	0.01	無機物・重金属
4	水銀およびその化合物	0.0005	
5	セレンおよびその化合物	0.01	
6	鉛およびその化合物	0.01	
7	ヒ素およびその化合物	0.01	
8	六価クロム化合物	0.05	
9	シアン化物イオンおよび塩化シアン	0.01	
10	硝酸性窒素および亜硝酸性窒素	10	
11	フッ素およびその化合物	0.8	
12	ホウ素およびその化合物	1	
13	四塩化炭素	0.002	一般有機物
14	1,4-ジオキサン	0.05	
15	1,1-ジクロロエチレン	0.02	
16	シス-1,2-ジクロロエチレン	0.04	
17	ジクロロメタン	0.02	
18	テトラクロロエチレン	0.01	
19	トリクロロエチレン	0.03	
20	ベンゼン	0.01	
21	塩素酸	0.6	消毒副生成物
22	クロロ酢酸	0.02	
23	クロロホルム	0.06	
24	ジクロロ酢酸	0.04	
25	ジブロモクロロメタン	0.1	
26	臭素酸	0.01	
27	総トリハロメタン	0.1	
28	トリクロロ酢酸	0.2	
29	ブロモジクロロメタン	0.03	
30	ブロモホルム	0.09	
31	ホルムアルデヒド	0.08	
32	亜鉛およびその化合物	1	着色
33	アルミニウムおよびその化合物	0.2	
34	鉄およびその化合物	0.3	
35	銅およびその化合物	1	

第4章　消毒副生成物の規制

36	ナトリウムおよびその化合物	200	味
37	マンガンおよびその化合物	0.05	着色
38	塩化物イオン	200	
39	カルシウム，マグネシウムなど（硬度）	300	味
40	蒸発残留物	500	
41	陰イオン界面活性剤	0.2	発泡
42	ジェオスミン	0.00001	カビ臭
43	2-メチルイソボルネオール	0.00001	
44	非イオン界面活性剤	0.02	発泡
45	フェノール類	0.005	臭気
46	有機物〔全有機炭素（TOC）の量〕	5	味
47	pH値	5.8〜8.6	
48	味	異常でない	基礎的性状
49	臭気	異常でない	
50	色度	5度以下	
51	濁度	2度以下	

＊　一般細菌の値は，指定された寒天培地と培養条件によって，1 mLの検水から形成される集落数（cfu/mL，colony forming unit/mL）を意味する．

関連するものといえる．これらを意図して区別していないということは，この両面を同等に重要なものと考えているのである．市民の信頼を確保できる水道水を供給することは，安全な水道水の供給と同等に重要なことと認識し，これを達成しようとする姿勢を示しているということもできる．その代表的なものが新しく基準項目となったジェオスミンと2-メチルイソボルネオールという2つのカビ臭物質である．

水質基準に加えて設定されているものとして，**表-4.2**に示す水質管理目標設定項目がある．これは，水質基準にする必要はないとされ，または毒性評価上，水質基準とすることが見送られたものの，一般環境中で検出されている項目，使用量が多く，今後，水道水中でも検出される可能性がある項目など，水道水質管理上留意すべきとして関係者の注意を喚起するための項目である．

表-4.3は要検討項目を示したものである．これは毒性評価が定まらない，浄水中での存在量が不明などの理由から水質基準および水質管理目標設定項目のいずれにも分類できない項目である．ここに分類された項目については，次の見直しの機会には適切な判断ができるよう，必要な情報・知見の収集に努めていくべきとされている．

4.2 水質基準の体系と消毒副生成物の規制

表-4.2 水質管理目標設定項目

番号	項目	目標値[*1] (mg/L)	区分
1	アンチモンおよびその化合物	0.015	無機物・重金属
2	ウランおよびその化合物	0.002 P	
3	ニッケルおよびその化合物	0.01 P	
4	亜硝酸性窒素	0.05 P	
5	1,2-ジクロロエタン	0.004	一般有機物
6	トランス-1,2-ジクロロエチレン	0.04	
7	1,1,2-トリクロロエタン	0.006	
8	トルエン	0.2	
9	フタル酸ジ(2-エチルヘキシル)	0.1	
10	亜塩素酸	0.6	消毒副生成物
11	(削除)[*2]	(削除)	
12	二酸化塩素	0.6	消毒剤
13	ジクロロアセトニトリル	0.04 P	消毒副生成物
14	抱水クロラール	0.03 P	
15	農薬類[*3]	1	農薬
16	残留塩素	1	臭気
17	カルシウム,マグネシウムなど(硬度)	10～100	味
18	マンガンおよびその化合物	0.01	着色
19	遊離炭酸	20	味
20	1,1,1-トリクロロエタン	0.3	臭気
21	メチル-t-ブチルエーテル(MTBE)	0.02	臭気
22	有機物質(KMnO$_4$)	3	味
23	臭気強度(TON)	3 TON	臭気
24	蒸発残留物	30～200	味
25	濁度	1 度	基礎的性状
26	pH 値	7.5	腐食
27	腐食性(ランゲリア指数)	－1～0	
28	従属栄養細菌[*4]	2 000/mL P	微生物

[*1] 目標値のPは，暫定値であることを示す．
[*2] 2004年の施行時には，ここに塩素酸が置かれていた．
[*3] 農薬類の1とは総農薬方式といわれ，各農薬の検出値と目標値の比の和。対象農薬の数は102(2008年現在)．
[*4] 従属栄養細菌の値は，指定された寒天培地と培養条件によって，1 mLの検水から形成される集落数(cfu/mL, colony forming unit/mL)を意味する．

第4章 消毒副生成物の規制

表-4.3 要検討項目

番号	項目	目標値[*1] (mg/L)
1	銀	—
2	バリウム	0.7
3	ビスマス	—
4	モリブデン	0.07
5	アクリルアミド	0.0005
6	アクリル酸	—
7	17-β-エストラジオール	0.00008 P
8	エチニル-エストラジオール	0.00002 P
9	エチレンジアミン四酢酸(EDTA)	0.5
10	エピクロロヒドリン	0.0004 P
11	塩化ビニル	0.002
12	酢酸ビニル	—
13	2,4-ジアミノトルエン	—
14	2,6-ジアミノトルエン	—
15	N,N-ジメチルアニリン	—
16	スチレン	0.02
17	ダイオキシン類	1 pgTEQ/L(P)
18	トリエチレンテトラミン	—
19	ノニルフェノール	0.3 P
20	ビスフェノール A	0.1 P
21	ヒドラジン	—
22	1,2-ブタジエン	—
23	1,3-ブタジエン	—
24	フタル酸ジ(n-ブチル)	0.2 P
25	フタル酸ブチルベンジル	0.5 P
26	ミクロキスチン-LR	0.0008 P
27	有機すず化合物	0.0006 P(TBTO)
28	ブロモクロロ酢酸[*2]	—
29	ブロモジクロロ酢酸[*2]	—
30	ジブロモクロロ酢酸[*2]	—
31	ブロモ酢酸[*2]	—
32	ジブロモ酢酸[*2]	—
33	トリブロモ酢酸[*2]	—
34	トリクロロアセトニトリル[*2]	—
35	ブロモクロロアセトニトリル[*2]	—

36	ジブロモアセトニトリル*2	0.06
37	アセトアルデヒド*2	−
38	MX*2	0.001
39	クロロピクリン*2	−
40	キシレン	0.4

*1 目標値の P は，暫定値であることを示す．
*2 消毒副生成物．

次に，消毒副生成物のみをとりあげ，その規制の状況を諸外国[4〜8]と比較したものを表-4.4 に示す．日本の項目は，基準項目，水質管理目標設定項目(二酸化塩素以外)，および要検討項目のうち目標値が設定されているものをリストアップした．

表-4.4 消毒副生成物の規制の国際比較(単位：mg/L)

	日本 基準値および目標値[1]	米国 連邦水質基準[4]	カナダ ガイドライン[5]	EU 指令[6]	WHO ガイドライン[3]
総トリハロメタン	0.1	0.08	0.1	0.1	*5
クロロホルム	0.06	−	−	−	0.3
ブロモジクロロメタン	0.03	−	0.016	−	0.06
ジブロモクロロメタン	0.1	−	−	−	0.1
ブロモホルム	0.09	−	−	−	0.1
クロロ酢酸	0.02	−	−	−	0.02
ジクロロ酢酸	0.04	−	−	−	P 0.05
トリクロロ酢酸	0.2	−	−	−	0.2
ハロ酢酸 5 種 (HAA5)*1	−	0.06	−	−	−
臭素酸	0.01	0.01	0.01	0.01	P 0.01
ホルムアルデヒド	0.08	−	−	−	−
塩素酸	0.6	−	−	−	P 0.7
抱水クロラール	P 0.03*2	−	−	−	−
亜塩素酸	0.6*2	1	−	−	P 0.7
ジクロロアセトニトリル	P 0.04*2	−	−	−	P 0.02
N-ニトロソジメチルアミン (NDMA)	−	0.0001*3	0.000009*4	−	−
塩化シアン	0.01*6	0.2*6	0.2*6	0.05*6	0.07
ジブロモアセトニトリル	0.06*7	−	−	−	0.07
MX	0.001*7	−	−	−	−
2,4,6-トリクロロフェノール	−	−	−	0.005	0.2

注) P は暫定値
*1 モノクロロ，ジクロロ，トリクロロ，モノブロモ，ジブロモ酢酸の濃度の和
*2 水質管理目標設定項目
*3 カリフォルニア州における notification level (何らかの改善要求が行われる濃度)[8]
*4 オンタリオ州における暫定基準値[7]
*5 各物質のガイドライン値に対する比の和が 1 を超えないこと．
*6 シアン化物として
*7 要検討項目

米国などのように，総トリハロメタンやハロ酢酸5種といった合計濃度で規制している例もあるが，わが国では，WHOガイドラインに沿って個々の物質について基準値または目標値を設定する傾向にあるといえる．一方，諸外国ではガイドライン値や暫定基準値などの設定例があるが，わが国では要検討項目でもとりあげられていないものとして，N-ニトロソジメチルアミン(NDMA)，2,4,6-トリクロロフェノールがある．

4.2.2 水質基準

以下では，消毒と消毒副生成物に関連する項目ついて重点的に説明する．

基準項目の中で微生物に関する項目は，以下の一般細菌と大腸菌の2つである．

a. 一般細菌　水道の分野における微生物汚染への対応はコッホ(Robert Koch)の業績に始まる．緩速砂ろ過により細菌聚落数(現在の一般細菌に相当)が100個/mL以下に制御(ろ過除去)された水道水を介してのコレラやチフスの集団発生が抑えられることを根拠として，細菌数の測定がろ過工程の評価に採用され，今日に至っている．

しかしながら，現在，細菌の現存量の把握は一般細菌ではなく，従属栄養細菌を用いるのが適当と考えられている．その理由は，従属栄養細菌は本来的な水中細菌数を表現すること，培養方法が確立していること，配水系などでの生物膜やスライムの形成など，水道施設の清浄度の劣化を端的に表現する指標として優れていること，などである．また，レジオネラ属[9]は，水中に形成された生物膜中の原生動物(アメーバなど)を宿主として増殖する細菌であり，従属栄養細菌は，その水系がレジオネラの増殖を許す環境であるか否かの指標ともなる．

以上を考慮すれば，一般細菌ではなく従属栄養細菌を水質基準項目とすることが望ましいが，現段階では十分な基礎資料の蓄積がないという理由で見送られた．しかし，水質管理目標設定項目の一つとして目標値が設定されている．

b. 大腸菌　水系感染症の主な原因菌が人を含む温血動物の糞便を由来とすることから，水の糞便汚染を検知することがきわめて重要である．その指標として，従来は大腸菌群が用いられてきた．しかし，本来は大腸菌を直接測定するのが適当であり，技術的問題も解決されていることから，水質基準項目としては，大腸菌群に代えて大腸菌が採用されている．

微生物に関する項目は，以上の2つのみである．化学物質の項目数が増えている

のに対して遅れているともいえる．

　なお，クリプトスポリジウムなどの耐塩素性病原微生物については，その検出方法などに種々の課題があることから，水質基準とすることは適当でないとされている．

　クリプトスポリジウムについては，『水道法』[10]第22条に基づく措置(消毒等の衛生上の措置)として，消毒に加え，塩素耐性微生物に係る措置(原水がクリプトスポリジウム等に汚染され，または汚染されているおそれがある場合には，適切なろ過操作等を行うべきこと)を加えることとされた．すなわち，クリプトスポリジウムなどについては，規制的措置が講じられているということを意味する．

　次に，消毒副生成物については，以下に示す12項目が基準項目となっている．現行の基準では，以前のものに対して，ハロ酢酸3種類，臭素酸イオン，ホルムアルデヒド，塩素酸イオンが加えられており，およそ倍増した．

c. トリハロメタン　塩素消毒によって生成するクロロホルム，ジブロモクロロメタン，ブロモジクロロメタン，ブロモホルムの4物質についてそれぞれ基準値が定められている．それぞれの設定根拠については別項に述べる．

　これらに加えて，この4物質の合計である総トリハロメタンを消毒副生成物全体の生成量を抑制するための総括的指標とみなし，基準値0.1 mg/Lが設定されている．これに対してWHOガイドラインでは，トリハロメタンの総量を規制する場合には，各物質の濃度を単純に合計するのではなく，各物質のガイドライン値に対する比の和が1を超えないという方法を提示している(**表-4.4**参照)．

d. ハロ酢酸　2004年施行の水質基準において，クロロ酢酸，ジクロロ酢酸，トリクロロ酢酸の3物質が新規に基準項目に加えられた．9種類あるハロ酢酸のうち，毒性評価が確定した3物質について検討した結果，基準項目にする必要があると判断されたものである．これら3種類はいずれも塩素化体であり，残る6種類はいずれも臭素を含んだ物質であるが，それらは要検討項目としてリストアップされている．

　一方，**表-4.4**に示したように，U.S.EPAでは，ハロ酢酸のうち5物質(クロロ酢酸，ブロモ酢酸，ジクロロ酢酸，ジブロモ酢酸，トリクロロ酢酸)をHAA5として，その合計濃度0.06 mg/Lを最大許容量としている．このように総量として規制する理由としては以下をあげている．①ハロ酢酸を個別に規制することによる必要コストを見積もるための適切なデータがない．②水質パラメータ(pH，水温，臭化物イオンおよびアルカリ度など)が個別のハロ酢酸生成に与える影響に関する知見がない．

③個々のハロ酢酸生成を抑制するための処理技術に関する情報が不足している．④いくつかのハロ酢酸の健康リスク上の特性が明らかでない．また，0.06 mg/L という値は，米国内の水道事業体における対応可能性を考慮して設定されたものである．

e．臭素酸イオン[*1]　　臭素酸イオンも新規に加えられた項目である．臭化物イオンを含む原水をオゾン処理した場合に生成する他，消毒剤である次亜塩素酸ナトリウムの中に不純物として含まれるものがある[11, 12]．

従来，WHO ガイドラインでは 25 μg/L という値であったため，それほど重視されていなかったが，第 3 版（2003 年発行）ではガイドライン値を 10 μg/L とした．連動して，わが国でも 10 μg/L が基準値として設定された（WHO ガイドラインと同じ値だが，設定過程は異なる．これについては後述する）ことから，特にオゾン処理を導入している，または導入を検討している事業体にあっては，水質管理上最も留意すべき物質の一つとなった．

f．ホルムアルデヒド　　ホルムアルデヒドも，毒性評価が確定的になされた結果，新規に加えられた項目である．生成量の多少はあるが，各種の消毒剤による処理によって一般的に生成する物質である．なお，類似の副生成物であるアセトアルデヒドは要検討項目としてリストアップされている．

g．塩素酸イオン　　二酸化塩素が消毒剤として浄水処理に使用された場合，無機の副生成物として亜塩素酸イオン，塩素酸イオンが生成する．この他，塩素酸イオンは，消毒剤としての次亜塩素酸ナトリウム中に不純物として含まれる．浄水場で次亜塩素酸ナトリウムを保管している間に，その酸化により有効塩素濃度が低下するのに対応して塩素酸イオンの濃度が高まっていく傾向が見られる．特に高温条件での貯蔵はその上昇が顕著となる．したがって，高温下での貯蔵期間が長期間となることがないよう配慮するなど，その品質を管理する必要がある[13]．

2004 年の水質基準施行時には，塩素酸イオンは，二酸化塩素，亜塩素酸イオンとともに水質管理目標設定項目に置かれていたが，その後，塩素酸イオンについては，浄水中に評価値の 10 ％に相当する値を超えて検出される例が相当数見られることから基準項目となった．基準値は 0.6 mg/L であり，水質管理目標設定項目である二酸化塩素，亜塩素酸イオンの目標値と同じ値である．

[*1] 水質基準の項目名は臭素酸であるが，臭素酸イオンと呼ぶのが正確である．臭素酸は $HBrO_3$ であり，臭素酸イオンは BrO_3^- を指す．ちょうど，次亜塩素酸（$HOCl$）と次亜塩素酸イオン（OCl^-）を区別するのと同じである．本書の本文中では，BrO_3^- を指す場合にはすべて臭素酸イオンと記した．後述する亜塩素酸イオン，塩素酸イオンについても同様である．

h．塩化シアン　　塩化シアン(ClCN)も消毒副生成物の一種である．塩化シアンは，シアン化物イオン，チオシアン酸イオン，アンモニウムイオンなどの無機前駆体と有機前駆体が共存する状態で塩素との反応によっても生成する．しかし，クロラミン処理でも生成し，その生成量は塩素処理の場合よりも多い．このように，塩素消毒およびクロラミン消毒の副生成物の一つである．**表-4.1**に示すように，シアン化物イオンと併せて規制対象となっており，項目名は，シアン化物イオンおよび塩化シアンとなっている．

　以上が基準項目にリストアップされている消毒副生成物である．なお，水質基準項目の検査頻度については，従来の規制では月1回の検査が原則とされていたが，現行の水質基準では，状況に応じて検査を省略することができる点が特徴の一つとなっている．すなわち，データに応じて，年4回以上，年1回以上または3年に1回以上に検査頻度を下げることができる．これに対して，消毒剤・消毒副生成物である項目については年4回とされ，この省略措置を適用しないこととされている．このように，消毒剤・消毒副生成物は水質管理上重要な項目とみなされている．

4.2.3　水質管理目標設定項目

　水質管理目標設定項目の中には，消毒副生成物または消毒剤として以下に示す4種類（二酸化塩素，亜塩素酸イオン，ジクロロアセトニトリル，抱水クロラール）がある．また，微生物に関する項目として従属栄養細菌がある．

a．二酸化塩素，亜塩素酸イオン　　これら2物質の起源は水質基準項目の塩素酸イオンの項で述べた．塩素酸イオン，二酸化塩素，亜塩素酸イオンの基準値または目標値は，いずれも 0.6 mg/L となっている．しかし，その内容には差異があるので 4.3.2 f で改めて述べる．

b．ジクロロアセトニトリル　　ハロアセトニトリルは，水中のアミノ酸を前駆物質として塩素処理により生成する．ハロアセトニトリルの中では，ジクロロアセトニトリルだけが水質管理目標設定項目としてとりあげられている．浄水において評価値の10％を超える値が検出されているものの，毒性評価が暫定的であることから，水質管理目標設定項目とすることが適当とされた．本物質以外のハロアセトニトリルについては，3種類が要検討項目にあげられている．

c．抱水クロラール　　原水中のフミン物質などと塩素が反応して生成する物質である．浄水において評価値の10％を超える例がおよそ1割程度存在しており，水質基

準とするか検討すべきとされたが，毒性評価が暫定的(不確実係数が3 000と大きい)であることから，水質管理目標設定項目とすることが適当とされた．

d. 従属栄養細菌　水質基準項目の一般細菌のところで述べたように水質基準にはなっていないが，水道施設の健全性を判断するため，また，わが国における従属栄養細菌の存在量など必要な情報，知見の収集を図るため，水質管理目標設定項目にとりあげられている．

目標値は，当面，1 mLの検水で形成される集落数が2 000以下であることとなっているが，今後の知見によって再検討することとされている．本来，配水区域ごとに定期的に測定し，異常な増加が生じないことを確認するといった使用方法が適切であって，単に目標値と数値の大きさを比較して水の安全性を論ずることにはあまり意味はない．

e. 残留塩素と臭気強度　わが国では『水道法』第22条の衛生上の措置の一つとして，『水道法施行規則』第17条で，給水栓における水が遊離残留塩素0.1 mg/L(結合残留塩素の場合は0.4 mg/L)以上保持しなければならないとされている．ここで残留する塩素は，水にいわゆるカルキ臭を与える．わずかな残留塩素は，一般にはほとんど気にならないが，濃度の高い場合には，水の味をまずくし，特に緑茶の味を悪くする．また原水中に含まれる物質と反応して，カルキ臭を強めたり，不快な臭いをつけることがある．ここでいう残留塩素とは，遊離型有効塩素と結合型有効塩素に区分される．

水道水に含まれる程度の残留塩素が健康上問題となることはない[2]．「おいしい水研究会」では，おいしい水の水質要件として0.4 mg/Lを提示した[14]．水質基準体系の中では，残留塩素濃度はおいしさの観点からのものであり，今後とも目標として扱うことが妥当であることから水質管理目標設定項目とされ，目標値1 mg/Lが設定されている．

一方，水には水源の状況を反映して様々な臭いがつくことがある．これに対して，水質基準値としては「臭気」として「異常でない」こととしており，水質管理目標設定項目としては「臭気強度」として3 TONが設定されている．ここで臭気強度とは，試料水の臭気がほとんど感知できなくなるまで無臭水で希釈し，その希釈倍数で表すという方法で，TONとはThreshold Odor Numberの略である．臭気については，水道水質に関する基本的な指標であるとして基準項目となっているが，臭気強度については，おいしい水の観点からのもので水質管理目標設定項目として扱うのが適当と考えられている．

ところで，この臭気および臭気強度の測定では，カルキ臭を除く臭気を測定している点に注意する必要がある．臭気の測定では，通常，残留塩素を除去しないまま，異常な臭気がないかだけを試験している．また，臭気強度の測定では，あらかじめ残留塩素を除去しておき，臭気の強さを測定する．塩素で消毒しているのだから少しのカルキ臭があるのは当然とする考え方があり，これら指標はそれ以外の臭気に関する指標なのである．この点については 6.6.2 で再度とりあげる．

4.2.4 要検討項目

要検討項目の中に消毒副生成物は全部で 12 種類ある．

まず，ハロ酢酸では，クロロ酢酸類 3 種が水質基準項目となっているのに対して，臭素が含まれる 6 種がリストアップされている．いずれも目標値がまだ設定できない段階である．これらは毒性評価が進んでいないために要検討項目に分類されているのであって，今後，動物実験とそれに基づく毒性評価が進んだ段階で，水質基準項目とするかの判断がなされていくことになる．

また，ハロアセトニトリル 3 種がある．このうち，ジブロモアセトニトリルにのみ目標値が設定されている．なお，ジクロロアセトニトリルが水質管理目標設定項目とされたことは先述したとおりである．

次に，アセトアルデヒドがあるが，ホルムアルデヒドと同様に各種消毒剤による処理によって生成しうる物質である．ホルムアルデヒドが基準項目であるのに対して，毒性評価が進んでおらず目標値も設定されていない．

MX は，塩素によって生成する強変異原物質として知られている．本物質については毒性評価が確定し，目標値として設定された．これについては 4.3.2 1 で詳述する．

クロロピクリンは，塩素処理過程でフミン物質と硝酸イオンが共存する場合に生成する．また，オゾンと種々の有機物の反応でクロロピクリン前駆物質を形成したり，空気原料のオゾン発生器から供給される五酸化二窒素（N_2O_5）の共存がクロロピクリン前駆物質を増加させることも知られている[2]．また，クロロピクリンは農薬（殺虫剤）の 1 種でもある．本物質についても，毒性評価を行うに足る情報が不足していることから目標値設定が行われていない．

一方，消毒副生成物ではないが，この要検討項目の中には，内分泌撹乱化学物質およびその疑いのある物質も多く含まれている（基準項目および水質管理目標設定項目の中にある項目と併せて**表-5.12** 参照）．しかし，動物個体を用いた毒性試験にお

いては,哺乳類,特にヒトへの低用量域での健康影響に関して現在のところ評価が確定しておらず,今後の研究を待たなければならない[15, 16].このためここに掲げられた目標値についても,内分泌撹乱性を根拠とした値とはなっていない.化学物質の内分泌撹乱作用の評価については,経済協力開発機構(OECD)や国際化学物質安全性計画(IPCS)といった国際機関,および米国,欧州連合(EU),わが国などで活発な取組みが継続されており[17],その状況を見つつ,今後とも知見の収集に努める必要がある.

4.3 基準値の設定根拠

4.3.1 基準値設定の考え方

ここでは基準値設定のプロセスについてその概略を紹介する.これを理解することは,後に述べる現在の基準値の課題や,基準値というものの活用法を理解するうえで重要である.

基準値設定の根拠について特に有害な化学物質に限定して述べる.基準値は,食物,空気など他の曝露源からの寄与を考慮しつつ,生涯にわたる連続的な摂取をしてもヒトの健康に影響が生じない水準をもとに設定する.最初になされるのは,表-4.5に示すように,有害化学物質を発がん性のある化学物質か否かで分類することで

表-4.5 有害物質の分類と基準値設定の考え方

分類			基準値設定法
有害物質	発がん性物質	遺伝子障害性あり	閾値はないとみなし,生涯を通じたリスク増分が 10^{-5} となるレベルをもとに設定
		遺伝子障害性なし	閾値があるとみなし,耐容1日摂取量(TDI)をもとに設定
	非発がん性物質		

ある.次いで,発がん物質である場合には,それが遺伝子に障害を与える性質を有するかどうかで分ける.ここでどこに分類されるかによって基準値設定方法が決定的に異なってくる点が重要である.

図-4.2は基準値設定の考え方を簡単に示したものである.

まず,遺伝子障害性を有する発がん物質の場合には,閾値はないとみなす.つまり,これ以下であれば安全というレベルはなく,化学物質にわずかでも曝されれば

4.3 基準値の設定根拠

それに対応するリスクは存在すると考える．そして基準値は，その化学物質を摂取することで，その物質だけが原因で生涯を通じた発がんリスクの増分が 10^{-5} となるレベルをもとに設定することとなっている．10^{-5} とは 10 万人に 1 人というレベルを意味する．

このように，水質基準とはこれ以下であれば安全というゼロリスクを示したものではなく，ある一定のリスクを許容したものとなっている．しかし同時に，そのレベルとは，実際にはその化学物質による健康影響が顕在化することはないという意味で実質安全量(Virtually Safe Dose；VSD)とも呼ばれる．

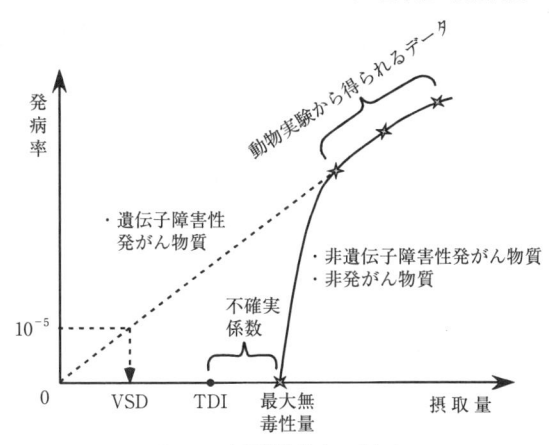

図-4.2 水質基準設定の考え方

このレベルを決定するためには，多くの場合，動物個体を用いた実験結果が用いられるが，**図-4.2** に示すように，動物実験は一般に高投与量域で行われるため，その結果を数理モデルを用いて低用量域に外挿し，発がん確率 10^{-5} に相当する化学物質の摂取量を求める．

外挿法としては，通常，線形多段階(マルチステージ)モデルが用いられる[18, 19]．この際，閾値がないとみなし，10^{-5} レベルに相当する VSD 値を線形(直線)モデルを用いて求めること自体が安全側の評価となる．さらに，安全側に立った評価を行うため 95％信頼限界の下限値を用いている．このように，VSD 値は十分安全側に立って算出されているため，これ以上の実験動物からヒトへの外挿などに関する安全係数は考慮しない．上述したことで明らかなように，求められた VSD 値[mg/(kg·d)]とは実験動物における 10^{-5} リスクレベルに相当する値である．それをそのままヒトの VSD 値[mg/(kg·d)]として採用しているのである．

ところで，遺伝子障害性のある発がん物質に閾値がないというのは従来の定説であったが，研究レベルでは議論の対象となっている[20]．遺伝子障害性発がん物質をさらに区分すると，突然変異を誘発するような DNA 直接反応型のものと，おそらく酵素や関連タンパク質への影響に起因する染色体レベルのみの影響をもたらすものとがある．そして，後者の間接的遺伝毒性発がん物質には閾値が存在するとの考

え方が受け入れられてきている.さらに,前者の直接的(DNA反応型)遺伝毒性発がん物質であっても,実質的には閾値を設定することが可能ではないかとの議論がある.しかし,毒性評価の実務の場にはこれらの考え方は今のところ導入されていない.

一方,遺伝子障害性を示さない発がん物質および非発がん物質では,閾値,すなわちこれ以下であれば影響がないレベルが存在するとみなす.まず,動物実験結果から,有意な影響を及ぼさなかった最大の量 NOAEL(No-observed Adverse Effect Level;最大無毒性量)を求める.試験によっては,NOAEL が得られず,影響を示した最小の量 LOAEL(Low Observed Adverse Effect Level;最小毒性量)しか得られない場合もある.

次いで,この値を安全係数を意味する不確実係数で除す.実験動物の個体差によるファクターとして10,ヒトと動物の種差として10を設定し,これを乗じて100をとるのが普通である.これに加えて,NOAEL ではなく LOAEL を用いて評価する場合,動物実験の質が不十分である場合,発がん性といった毒性の種類が重篤な場合などにはさらに10を乗じ1 000とする場合もある.不確実係数の総合値が1 000を超える場合,不確実性がきわめて高いことからその評価値は暫定値とみなされる.

不確実係数で除した値を耐容1日摂取量(Tolerable Daily Intake;TDI)と呼び,通常,その単位は mg/(kg・d),つまり体重1 kg 当り1日当りに摂取することを許容する値を意味する.そしてこの量を水道水中の濃度に換算する.

次式は,TDI を用いて評価値を求める方法を示したものである.

$$\text{TDI}[\text{mg}/(\text{kg}\cdot\text{d})] = \frac{\text{NOAEL または LOAEL}[\text{mg}/(\text{kg}\cdot\text{d})]}{\text{不確実係数}(-)} \quad (4.1)$$

さらに

$$\text{評価値}(\text{mg/L}) = \frac{\text{TDI}[\text{mg}/(\text{kg}\cdot\text{d})] \times \text{平均体重}(\text{kg}) \times \text{飲用寄与率}(-)}{1\text{人}1\text{日当りの水摂取量}(\text{L/d})} \quad (4.2)$$

ここで,1人1日当りの水摂取量は2 Lとし,人の平均体重はわが国では50 kg(WHOでは60 kg)としている.

なお,一般に化学物質の摂取量は,飲み水経由ではなく食品経由のものの方がはるかに大きな割合を占めることが多い.このため水質基準値には,水道水経由の曝露割合を反映させる必要がある.通常,水道水経由の曝露割合としては TDI の10%を割り当てることを基本としているが,消毒副生成物については,浄水処理に

おける消毒過程で生成することから2倍である20％が用いられている．しかし，詳しい調査が行われていないものが多く，この寄与率を真にいかなる値に設定するかは今後の逐次改正時の大きな課題となっている．この課題については4.4.3で再度とりあげる．

以上，基準値設定の考え方の概略を示したが，有害性が懸念される化学物質については毒性試験が常に行われており，毒性評価が終わったものから順次基準項目に加えるかどうかの判断がなされていく．この結果，基準となる項目が次第に増えていっており，先に述べたとおり，消毒副生成物では現行の水質基準から項目に加えられたものには，3つのクロロ酢酸類，臭素酸イオン，ホルムアルデヒド，塩素酸イオンの計6項目がある．

4.3.2 各項目の基準値とその設定根拠

次に各項目の基準値・目標値の設定根拠を見ていくことにする．それによってそれぞれの値が持つ意味や課題も浮き彫りになるであろう．

表-4.6は，消毒剤・消毒副生成物について，その基準値・目標値の設定根拠ならびに設定プロセスをまとめたものである．この表に示した物質については様々な毒性試験が行われているが，評価値の算出に実際に使用された毒性試験の結果を記した．評価値の算出方法については，遺伝子障害性を有する発がん物質の場合VSDを求めて評価値を算出するのでVSD法と記し，遺伝子障害性を示さない発がん物質および非発がん物質の場合TDIを求めて評価値を算出するのでTDI法と記した．VSD法では10^{-5}に相当するVSD値と評価値を記した．TDI法では，使用されたLOAELまたはNOAEL，これに対して適用された不確実係数と得られたTDI値，および最終的に算出された評価値を記した．

a. トリハロメタン　　トリハロメタンの代表的物質であるクロロホルムについては，齧歯類を用いた長期試験で発がん性が認められている．なお，クロロホルムは非変異・がん原性物質の一つ（5.1.2参照）と考えられており，クロロホルムには直接の遺伝子障害性はないか，あっても弱いとされている．また，その発がんの機序は，クロロホルムの代謝物による持続的な細胞障害とそれに引き続く再生性増殖によるものであり，クロロホルムによる発がんには閾値が存在するものと考えられている．したがって，仮に発がん性を示すデータを用いて評価値を算出する場合もTDI法に基づくべきであるとされている．

一方，基準値設定の根拠とされたデータは，表に示すように発がん作用ではなく，

第 4 章 消毒副生成物の規制

表-4.6 消毒副生成物の基準値および目標値

分類	物質名	評価値の算出に使用された毒性試験結果	評価値の算出方法	10^{-5}に相当するVSD値 [μg/(kg·d)]	LOAEL またはNOAEL [mg/(kg·d)]
水質基準	クロロホルム	ビーグル犬に対する7.5年間という長期間の強制経口投与試験.血清酵素アラニンアミノトランスフェラーゼレベルの上昇と肝臓の脂肪囊胞の形成頻度の増加に基づく.その後,変性肝細胞の結節形成も見られている	TDI法		LOAEL 15
	ジブロモクロロメタン	F344/NラットとB6C3F1マウスに対する90日間の強制経口投与試験.雄ラットで用量依存的に見られた肝臓の液胞化という組織病理学的損傷の増加に基づく	TDI法		NOAEL 30
	ブロモジクロロメタン	雌雄のWistarラットに対する24週間の強制経口投与試験.肝臓における慢性影響,すなわち相対肝臓重量の増加,肝臓脂肪変性と肉芽腫が認められたことに基づく	TDI法		LOAEL 6.1
	ブロモホルム	F344/NラットとB6C3F1マウスに対する90日間の強制経口投与試験.雄ラットで用量依存的に見られた肝臓の液胞化という組織病理学的損傷の増加に基づく	TDI法		NOAEL 25
	総トリハロメタン				
	クロロ酢酸	雄F344ラットに対する2年間の飲水投与試験.絶対および相対脾臓重量の増加を根拠	TDI法		LOAEL 3.5
	ジクロロ酢酸	雄B6C3F1マウスに対する90~100週間の飲水投与試験.肝細胞がんの増加を根拠	VSD法	1.43	
	トリクロロ酢酸	雄F344ラットに対する2年間の飲水投与試験.体重増加,肝臓重量の減少,血清アラニンアミノ基転移酵素活性の増加,シアン化物非感受性パルミトイルCoA酸化酵素活性の増加,肝細胞壊死の重症化.これらの非腫瘍性影響に基づく	TDI法		NOAEL 32.5
	臭素酸イオン	雌F344ラットに対する100週間の飲水投与試験.腎臓,甲状腺および精巣の中皮腫の3つのがんが生成.このうち,最も感受性の高い精巣中皮腫の発生率の増加に基づく	VSD法	0.357	
	ホルムアルデヒド	雌雄のWistarラットに対する2年間の飲水投与試験.摂餌,摂水,体重の減少,胃粘膜壁の不規則な肥厚,過角化症と限局性潰瘍を伴う前胃の乳頭状上皮過形成,潰瘍と腺癌形成を伴う腺胃の慢性萎縮性胃炎,腎相対重量の増加,腎乳頭壊死の発現増加.これらの一般毒性に基づく.諸臓器に腫瘍発生は認めず	TDI法		雄NOAEL 15 雌NOAEL 21

4.3 基準値の設定根拠

の設定方法まとめ

不確実係数(上) とTDI [μg/(kg·d)]	飲用寄与率 (%)	評価値 (mg/L)	基準値また は目標値 (mg/L)	備　考
1 000 12.9	20	0.06	0.06	週6日間投与に伴う補正あり(15×6/7≒12.9)
1 000 21	20	0.1	0.1	不確実係数に，発がん性可能性と短期間試験による因子として10採用．週5日間投与に伴う補正あり(30×5/7≒21)
1 000 6.1	20	0.03	0.03	
1 000 17.9	20	0.09	0.09	不確実係数に，発がん性可能性と短期間試験による因子として10採用．週5日間投与に伴う補正あり(25×5/7≒17.9)
		0.1	0.1	4物質の濃度の合算
1 000 3.5	20	0.02	0.02	
		0.04	0.04	発がんメカニズムについて，遺伝子障害性の有無に関する十分な知見がないが，安全側に立った評価を行う観点から，遺伝子障害性があると仮定するのが適切とされた
1 000 32.5	20	0.2	0.2	不確実係数に，発がん性の可能性として10採用
		0.009	0.01	
1 000 15	20	0.08	0.08	雄に対するNOAEL:15 mg/(kg·d)を採用．ホルムアルデヒドは，経口曝露試験では明らかな発がん性を示さないが，吸入曝露試験では発がん性を示す．このことから，不確実係数は気化による吸入曝露経路による発がん性を考慮し，追加の不確実係数10を採用

第4章　消毒副生成物の規制

rowspan	塩素酸イオン	雌雄のSprague-Dawleyラットに対して90日間飲水投与した亜慢性研究による.体重増加量の減少,ヘモグロビン・血球容量・赤血球数の減少を認めた.NOAELとしては,脳下垂体障害(下垂体前葉細胞質の空胞化),甲状腺コロイドの枯渇を認めないことに基づく	TDI法		NOAEL　30
	シアン化物イオンおよび塩化シアン	雌雄のF344ラットに対する13週間飲水投与試験.精巣上体および精巣重量と精子細胞数の用量依存の減少の有無に基づく	TDI法		NOAEL　4.5
水質管理目標設定項目	二酸化塩素	Sprague-Dawleyラットを用いた二世代試験.聴覚驚愕振幅の低下,F1世代とF2世代での絶対脳重量の減少,二世代での肝臓重量の変化に基づく	TDI法		NOAEL　2.9
	亜塩素酸イオン	Sprague-Dawleyラットを用いた二世代試験.聴覚驚愕振幅の低下,F1世代とF2世代での絶対脳重量の減少,二世代での肝臓重量の変化に基づく	TDI法		NOAEL　2.9
	ジクロロアセトニトリル	雌雄のCDラットに90日間,強制経口投与した試験.高用量群では体重減少と血清アルカリフォスファターゼの増加が認められた.8 mg/(kg・d)群では,相対肝臓重量の増加が認められただけであることから,これをNOAELとしている	TDI法		NOAEL　8
	抱水クロラール	雌雄のCD-1マウスに対する90日間の飲水投与試験.雄では肝臓肥大とミクロソーム酵素の増大などが認められた.雌では肝臓肥大はなかったが,ミクロソーム酵素には変化がみられた.LOAELの根拠は,雄での肝臓肥大に基づく	TDI法		LOAEL　16
要検討項目	ブロモクロロ酢酸				
	ブロモジクロロ酢酸				
	ジブロモクロロ酢酸				
	ブロモ酢酸				
	ジブロモ酢酸				
	トリブロモ酢酸				
	トリクロロアセトニトリル				
	ブロモクロロアセトニトリル				
	ジブロモアセトニトリル	雌雄F344ラットに対する13週間の飲水投与試験.飲水量減少や体重増加量のわずかな減少が見られたが,これらのわずかな変化は毒性的に意義のある変化とは考えられず,雄で	TDI法		NOAEL　11.3

4.3 基準値の設定根拠

1 000 30	80	0.6	0.6	不確実係数に,短期間試験による因子として 10 を採用
1 000 4.5	10	0.01	0.01	データベースが不足していることから不確実係数に 10 を追加
100 29	80	0.6	0.6	亜塩素酸イオンと同じ
100 29	80	0.6	0.6	二酸化塩素と同じ
1 000 8	20	0.04 P	0.04 P	不確実係数に,短期間試験による因子として 10 を採用.発生毒性や発がん性に関するデータが限られているので評価値は暫定値
3 000 5.3(暫定値)	20	0.03 P	0.03 P	不確実係数に,短期間試験による因子として 10, LOAEL を用いることに対して 3 を採用.LOAELであることを考慮した値が 10 ではなく 3 なのは,肝臓肥大がミクロソーム酵素の誘導によるものと考えられadverse effectとは把えにくいこと,および免疫学的影響もそれほど重篤でないと考えられたことによる.不確実係数が大きいことから,TDI は暫定的であり,評価値も暫定値
			–	
			–	
			–	
			–	
			–	
			–	
1 000 11.3	20	0.06	0.06	不確実係数に,短期間試験による因子として 10 を採用.水道水中の存在状況から 1 μg/L 以上の検出は見られず,現時点で水質基準とする必要

第4章　消毒副生成物の規制

	の最高用量である 11.3 mg/(kg・d) を NOAEL とみなした			
アセトアルデヒド				
MX	雌雄ラットに対する2年間の飲用投与試験. 甲状腺のろ胞腺腫およびびろ胞腺がん, 肝臓の胆管がんを観察. また発生頻度は低いが, 副腎の皮質腺腫が雄雌で, 肺胞腺腫・細気管支腫瘍症・ランゲルハンス島細胞腺腫が雄で, リンパ腫, 白血病, 乳腺の腺腫/線維腫が雌で, 有意な用量依存性が認められた. このうち, 胆管がんのデータを用いた	VSD法	0.055	
クロロピクリン				

　肝臓に対して慢性的毒性が発現したことを根拠としている. これはイヌに対する長期間投与試験の結果であり, 報告年は1979年とかなり以前のものとなっている.
　このように, 発がん物質であっても, 発がん性を根拠として評価値を算出するよりも, 他の慢性毒性を根拠として評価値を算出する方が安全側である場合などでは, 非発がん影響が採用されることがある.
　採用された試験結果では LOAEL 15 mg/(kg・d) しか得られていないため, 不確実係数は, 種内差および種間差の100に加えて, さらに10をとり1 000としている. 他の物質についても LOAEL を使用した場合には, 原則として不確実係数に10を追加している. 結果として, TDI 12.9 μg/(kg・d) を得ている(週6日投与による補正が行われている). これより式(4.2)を用いれば, 評価値は 0.06 mg/L と算出できる.
　ジブロモクロロメタンで算出根拠となっているのは, 90日間の試験における肝臓の組織病理学的損傷である. NOAEL 30 mg/(kg・d) が得られているが, 不確実係数が1 000となっているのは, 試験が90日と短期間しか行われていないことと, IARC(International Agency for Research on Cancer ; 国際がん研究機関)では本物質を Group 3(ヒトの発がん性ありとは分類できない)としているものの, 発がん性という重篤な影響の可能性が残されているとして10を追加していることによる. なお, TDI算出過程では週5日曝露による補正が行われている.
　ブロモジクロロメタンの算出根拠は, 肝臓における慢性影響である. LOAEL を使用したことから不確実係数は1 000となっている. IARC による分類は Group 2B(ヒトの発がん性の可能性あり)であるが, 既に不確実係数は1 000となっているため, 発がんの可能性に伴った追加はされていない.
　ブロモホルムの算出根拠は, 90日間の試験における肝臓の組織病理学的損傷である. IARC の分類は Group 3 であるが, ジブロモクロロメタンと同様の理由で不確実

4.3 基準値の設定根拠

			性は小さい
		−	
	0.001	0.001	測定例が少ないこと,およびそれらの値が評価値よりかなり小さいことから要検討項目とする

係数は 1 000 となっている.また,TDI 算出過程では週 5 日曝露による補正が行われている.

トリハロメタンは一般に発がん物質として見られる場合が多いが,以上のように基準値の設定根拠はいずれも非発がん影響となっている.

b. クロロ酢酸類　クロロ酢酸には,発がん性を示す証拠は認められていない.2 年間の飲水投与試験の結果,様々な影響が見られたが,最小投与量である 3.5 mg/(kg·d)では,絶対および相対脾臓重量の増加のみが見られ,これを LOAEL としている.

ジクロロ酢酸の IARC の分類は,Group 3(ヒトの発がん性ありとは分類できない)から 2002 年に Group 2B(ヒトの発がん性の可能性あり)に変更されている.評価値の算出にあたっては,肝細胞がんが用量依存的に有意に増加したことが根拠とされた.次にこの発がんのメカニズムとして,遺伝子障害性の有無が問題となるが,ジクロロ酢酸については現時点でははっきりしないとされている.にもかかわらず,安全側に立った評価を行う観点からは,遺伝子障害性があると仮定するのが適切であるとされ,評価値は VSD 法によって算出されたのである.この見解の妥当性については,4.4.1 で議論する.結果的に,10^{-5} リスクに相当する VSD 値として 1.43 μg/(kg·d)を得,体重 50 kg のヒトが 2 L/d 飲むと仮定することにより,評価値は 0.04 mg/L($\fallingdotseq$ 0.03575 mg/L)と計算した.

トリクロロ酢酸は,マウスでは肝腫瘍を引き起こすが,ラットでは発がん性を示す知見は認められない.IARC の分類は Group 3 となっている.**表-4.6** に示したいくつかの非腫瘍性影響が見られない NOAEL として 32.5 mg/(kg·d)が得られている.不確実係数は,発がん性の可能性として 10 が追加された結果 1 000 となっている.

c. 臭素酸イオン　まず,臭素酸イオンは遺伝毒性を有する発がん物質と考えられ

るため，評価値の算出は VSD 法に従い，線形多段階モデルを用いて算出するのが妥当と考えられた．

臭素酸イオンの飲水投与によって，腎臓の腺腫・癌腫，甲状腺の腺腫・癌腫，および中皮腫(精巣鞘膜)の 3 種類が発生した．わが国の評価値算出では，このうち最も感受性が高い精巣の中皮腫の発生率の増加が用いられ，10^{-5} リスクに相当する VSD は $0.357\,\mu g/(kg\cdot d)$ と算出された．最も感受性が高いとは，3 種のがんの中で最も発生数が多かったという意味である．この VSD 値から評価値として 0.009 mg/L を得，これを丸めて基準値としては 0.01 mg/L が設定された．

これに対して，U.S.EPA では腎臓，甲状腺および精巣中皮腫の 3 つのがんすべてを計算対象としてとりあげ，10^{-5} リスクに相当する評価値として 0.002 mg/L を得ており，WHO ガイドラインでもこの考え方が採用されている．この見解の相違については 4.4.2 でとりあげる．

d．ホルムアルデヒド　ホルムアルデヒドは，吸入曝露試験では発がん性を示すが，経口曝露では明らかな発がん性を示さない．評価値算出の根拠とされた試験の毒性も，**表-4.6** に示した一般毒性である．NOAEL［雄に対する $15\,mg/(kg\cdot d)$］が得られているので，不確実係数は 100 でよい．一般に水道水中物質は入浴時などに水道水から気化することによる吸入曝露が考えられるが，ホルムアルデヒドの場合，この経路による発がんの可能性を考慮する必要性があるとされ，10 を追加し，不確実係数としては結局 1 000 を適用している．

e．塩化シアン　塩化シアンの変異原性，遺伝毒性および発がん性に関するデータはなく，基準値は **表-4.6** に記した毒性を根拠としている．なお，項目としては消毒副生成物ではないシアン化物イオンも含むため，飲用寄与率は 20 ％ではなく 10 ％と設定されている．

f．二酸化塩素，亜塩素酸イオン，塩素酸イオン　基準項目である塩素酸イオン，および水質管理目標設定項目である二酸化塩素，亜塩素酸イオンについて，ここでまとめて述べる．

亜塩素酸イオンと塩素酸イオンの主要な毒性は，赤血球中のヘモグロビンと反応してメトヘモグロビンを形成し，血液中の酸素を各組織へ運搬する能力を減少させるというものである．

塩素酸イオンは，発がん性について評価できる知見は得られておらず，評価値算出の根拠は **表-4.6** に記した一般毒性である．NOAEL $30\,mg/(kg\cdot d)$ が得られているが，試験期間が 90 日間という亜慢性研究となっているため，不確実係数には 10 が

4.3 基準値の設定根拠

追加され，1 000 が適用されている．

　二酸化塩素は，水溶液中で急速に加水分解され亜塩素酸イオンとなる性質があることから，飲水投与試験により体内に取り込まれた後は，亜塩素酸イオンとしての毒性が現れると考え，二酸化塩素と亜塩素酸イオンは一体のものとして扱われる．発がん性の証拠はなく，評価値算出の根拠は表-4.6 に記した二世代試験における一般毒性である．NOAEL 2.9 mg/(kg・d) が得られており，不確実係数は 100 が適用されている．

　なお，以上 3 物質の TDI に占める飲料水の寄与率については，二酸化塩素の使用を想定している．すなわち，二酸化塩素は浄水処理に直接使用されるものであることを考慮して 80% が割り当てられている．この結果，評価値は 3 物質とも 0.6 mg/L と算出された．

　以上の結果，二酸化塩素，亜塩素酸イオン，塩素酸イオンの 3 種ともに目標値あるいは基準値は 0.6 mg/L で一致することとなった．しかし，毒性試験結果からわかるように，前二者の NOAEL は 2.9 mg/(kg・d) であるのに対し，塩素酸イオンの NOAEL は 30 mg/(kg・d) であり，明らかに塩素酸イオンの方が毒性は弱いと思われる．これに対して評価値の設定プロセスでは，そのルール上，毒性試験の質（この場合，短期間試験であることによる）を考慮して不確実係数を設定する結果，前二者には 100，塩素酸イオンには 1 000 が適用されている．この結果，偶然にも評価値が一致してしまったということができる．

　さて，以上のように，基準項目 11 物質（総トリハロメタンを除く）のうち VSD 法を用いているのは，ジクロロ酢酸と臭素酸イオンの 2 物質のみであり，あとの 9 物質は TDI 法によって算出している．

g. ジクロロアセトニトリル　90 日間の短期間試験において，最低投与量である 8 mg/(kg・d) では相対肝臓重量の増加が認められただけであるとして，これを NOAEL とみなしている．不確実係数には短期間試験による因子として 10 を追加し 1 000 としている．発生毒性や発がん性に関するデータが限られているので，得られた評価値は暫定的であるとされた．

　本物質は，毒性評価が暫定的であることを理由として水質管理目標設定項目に据え置かれた例である．すなわち，浄水においてはこの評価値の 10% を超える例が見られるので，仮に評価値が確定値として得られていれば水質基準項目となっている

ところである．

h．抱水クロラール　　評価値算出の根拠は表-4.6に示した一般毒性である．ただ，不確実係数としては，短期間試験であることに対して10，およびLOAELを用いることに対して3を与え3 000を適用した．LOAELであることを考慮した不確実係数は通常10であるが，肝臓肥大はミクロソーム酵素の誘導によるものと考えられadverse effectとは捉えにくいこと，免疫学的影響もそれほど重篤ではないと考えられたことから3が適当とされたものである．しかし，不確実係数が3 000と大きく，毒性評価が確定的とはいえず，得られた評価値も暫定値であることから，基準項目ではなく水質管理目標設定項目とされた．

次に要検討項目にリストアップされている12項目について記す．

i．含臭素ハロ酢酸　　ブロモクロロ酢酸，ブロモジクロロ酢酸，ジブロモクロロ酢酸，ブロモ酢酸，トリブロモ酢酸については，いずれも亜慢性および慢性毒性試験が行われていないので，現時点の情報で評価値を設定することは不適切であるとされた．

ジブロモ酢酸については，雄ラットに79日間行った生殖毒性試験からNOAEL 2 mg/(kg·d)を得，暫定評価値として0.1 mg/Lが試算されている．しかし，亜慢性以上の一般毒性試験が行われていないことから，現時点では評価値を設定することは不適切とされた．

以上のように，臭素を含むハロ酢酸6種については動物実験が進んでおらず，目標値設定も行われていない．

j．ハロアセトニトリル　　トリクロロアセトニトリルについては信頼できる毒性試験結果がない．また，ブロモクロロアセトニトリルについても，限られた生殖毒性に関する知見はあるものの，亜慢性および長期投与試験が行われていない．

一方，ジブロモアセトニトリルでは，飲水量の減少や体重増加量のわずかな減少が見られたが，これらのわずかな変化は毒性的に意義のある変化とは考えられないとして，当該試験における最高投与量であった11.3 mg/(kg·d)をNOAELとみなした．不確実係数としては，13週間という短期間試験であることから10を追加して，1 000を適用している．こうして毒性評価としては確定したが，基準値0.06 mg/Lに対して水道水中濃度は1 µg/Lを超える例がないことから基準項目とはせず，要検討項目として据え置くこととした．

k．アセトアルデヒド　　ホルムアルデヒドについては毒性評価が確定し基準項目と

なったが，アセトアルデヒドについては情報が不足している状況である．

I. MX　　MXの正式名称は3-クロロ-4-(ジクロロメチル)-5-ヒドロキシ-2(5H)-フラノンである．本物質は，1984年，Holmbomら[21]によって，塩素処理した製紙工場排水から変異原物質として分離，同定され，その存在が知られるようになった．そして，彼らは，このMXにより排水の総変異原活性の30〜50％を説明できると報告したのである．この報告以降，水道水中のMXの含有量と水道水の総変異活性に対する寄与率が調査された結果，数％から最大60％に達する例が報告され[22]，一躍注目されていく．

一方，同時にMXの様々な特性も明らかになっていった．例えば，S9mix存在下ではMXの変異原性は大幅に減少する．これは，S9mix中のタンパク質とMXが結合し不活性化されるか，P450系の酵素により酸化，分解されるものと考えられる．また，培養細胞を用いた実験ではMXの変異原性が低下する場合がある[23]が，これはMXが血清中のアルブミンと結合するためと考えられている．S9mixやアルブミン以外でMXの変異原性を抑制する物質として，L-システインやグルタチオンなどの含硫化合物，SO_2やピロリジンなどの求核試薬もあるという．

このようにMXは *in vitro* [*2]では強い直接変異原性を示すが，*in vivo* [*2]ではアルブミンなどのタンパク質やグルタチオンにより比較的不活性化されやすいと考えられる．また，MXは水中では加水分解の影響を受け不安定であることも報告された．以上のことから，MXは生体内での毒性は弱いのではないかとの想定もなされた．

このような中，1997年，Komulainenら[24]は，Wistarラットを用いてその発がん性を明確に報告したのである．その概要は表-4.6中に記した．

ここで示されたデータをもとに，Hiroseら[25]は，MXのVSDを5 ng/(kg·d)，およびTDIとしては40 ng/(kg·d)と算出した．そして水道水中の許容濃度を150 ng/Lとしている．また，WHOでは，同じデータからhealth-based valueを1.8 µg/Lと算出している．

わが国での評価値算出過程では，まずMXは遺伝毒性を有する発がん物質と考えられるので，線形多段階モデルを用いることが妥当とされた．次に，Komulainenらの実験で最も感度が高い指標として雌への胆管がんおよび雄への甲状腺ろ胞腺腫の発生増加が認められたが，ラット甲状腺腫瘍はヒトへの外挿性は低いと一般には理解されていることにより，VSDは胆管がんのデータをもとに算定された．この結果，

[*2] *in vitro* は試験管内で起こる現象を指す時に用いる用語で，*in vivo* は生体内，特に動物体内で起こる現象を指す時に用いる用語．

VSDは0.055 μg/(kg・d)となり，評価値として0.001 mg/L (≒ 1.375 μg/L)を得た．

こうしてMXの毒性評価は確定した．これに対し，わが国でのMXの測定例は決して多くはないものの，水道水中に実際に見出される濃度は1〜2 ng/Lである場合が多く，わが国のほとんどの水道水中濃度は高々数ng/L以下であると考えられる[26]．したがって，評価値0.001 mg/Lと比較してはるかに低濃度であることから要検討項目に置かれたものである．WHOでも，health-based value 1.8 μg/Lに対し，水道水中で一般的に見られる濃度はきわめて低いこと，低濃度域でのMXの測定は困難であることからガイドライン値を設定する必要はないとしている．

m．クロロピクリン　　発がん性試験の報告はあるものの，データとしては不十分であり，評価値を算定することができないとされている．

4.4　水質基準設定上の課題

ここでは，上述の基準値・目標値の設定手順における問題点や，積み残されている課題について論じる．特に慢性毒性物質を想定して議論を進める．**表-4.7**は論点をまとめて示したものである．

評価値算出に係る基本方針については，遺伝子障害性を有する発がん物質の場合には，閾値がないものとみなし，VSD法によって算出するのに対して，非遺伝子障害性の発がん物質および非発がん物質の場合には，閾値があるものとみなし，TDI法によって算出する．

この2つの算出方法は，本来メカニズムが全く異なるものである点を認識する必要がある．ある化学物質の特性がどう評価され，**表-4.5**のどこに分類されたかで，その後の評価値の算出メカニズムが決定的に異なるのである．**表-4.7**に示すように，毒性評価の方法，不確実性の扱い，飲用寄与率の扱いに差が生じ，それぞれの欄に記したような課題・問題点を指摘することができる．当然これらに伴って基準値の値も変わってくる．時として，値が大幅に変わる問題点があることもよく知られている[27]．

これらを考える例として，ジクロロ酢酸と臭素酸イオンの基準値の設定過程を振り返ってみる．

4.4.1　ジクロロ酢酸について

ジクロロ酢酸の指針値または基準値設定の経緯を**図-4.3**に示す．ジクロロ酢酸は，

4.4 水質基準設定上の課題

1993年時の水質基準体系の中では監視項目に位置づけられ，指針値 0.04 mg/L（暫定値）が設定されていた．これが1998年に見直され，0.02 mg/L と強化されることとなる．ジクロロ酢酸は発がん性は認められているが，遺伝子障害性の有無については不明瞭であること

```
  1992年  →  1998年           →  2003年
 0.04 mg/L    ・遺伝子障害性を仮定      ・遺伝子障害性を仮定
 （暫定値）    0.05 mg/L              0.04 mg/L
                                     （確定値）
             ・非遺伝子障害性を仮定
              0.02 mg/L            ・非遺伝子障害性を仮定（×）
                  ↓
              0.02 mg/L
              （暫定値）
```

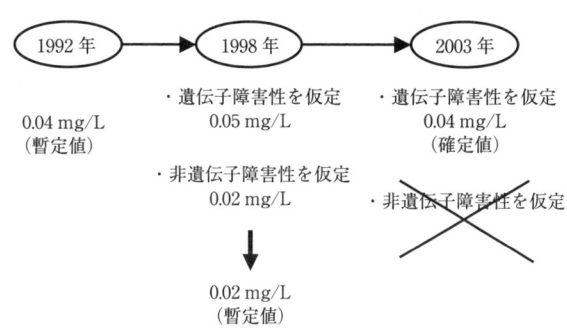

図-4.3 ジクロロ酢酸の指針値および基準値設定の経緯

は既に述べた．このことから，1998年時の評価[28]では，1996年に出されたDeAngeloらの報告[29]をもとに，遺伝子障害性があると仮定した計算と，ないと仮定した計算の2通りが行われたのである．そして遺伝子障害性を仮定しVSD法に従って計算すると，評価値は 0.05 mg/L となり，非遺伝子障害性であるとして TDI法に従うと，0.02 mg/L となった．これより安全側として 0.02 mg/L が採用されることとなる．しかし同時に，遺伝子障害性の有無について不明瞭であるため毒性評価としては暫定的であることから，この指針値は暫定値とされた．

ちなみにこの指針値の強化によって，事業体によっては対策のための調査研究が大々的に実施されることとなる[30]．

これに対し2003年における評価では異なる方法がとられている．新しい動物実験結果（1999年の DeAngelo らの報告[31]）を算出対象としているものの，依然として遺伝子障害性の有無については不明瞭であるので，同様に評価するのであれば，2通りの計算方法によって評価値を算出し，低い値を採用すべきである．しかしこの時は遺伝子障害性を前提とするVSD法のみで計算が行われた．その考え方とは，「安全側に立った評価を行う観点から，遺伝子障害性があると仮定するのが適切である」というものである．この結果，評価値として 0.04 mg/L という1種類の値のみが得られ，これを確定値として水質基準値とした．

このように，1998年における考え方と2003年の考え方との間には一貫性がない．問題点を整理する．

まず，遺伝子障害性の有無に関する知見に変化がないにもかかわらず，評価時の見方ひとつで分類が変化し，これによって全く異なる方法で評価値が算出されていることがある．これによって1998年の評価では 0.05 mg/L（VSD法）と 0.02 mg/L

(TDI法)という値が得られた他，2003年の評価では0.04 mg/L(VSD法)が得られている．ジクロロ酢酸ではこのような結果となったが，ダイオキシンの例では，VSD法とTDI法では結果に何桁もの差が生じている[27]．算出メカニズムが全く異なるのだからありうることである．ジクロロ酢酸の場合，上に記したようにVSD法では0.05 mg/L，TDI法では0.02 mg/L(1998年の評価)となり，それほど大きな差とはいえないが，本来このように近い値となる保証はない．見方ひとつで基準値が大きく変化する可能性があるともいえる．表-4.7で，「評価における基本方針」，「毒性評価の方法」の課題・問題点に記したのはこのような内容を指している．

また，2003年の評価では，遺伝子障害性があると仮定するのが安全側の評価になるとの観点からVSD法のみで算出が行われた．4.3.1で述べたように，一般的にこ

表-4.7 基準値設定方法とその課題

	遺伝子障害性 発がん物質	非遺伝子障害性 発がん物質 非発がん物質
評価における基本方針	・閾値がないものとみなす ・生涯を通じたリスク増分が10^{-5}となるレベル(実質安全量VSDとみなす)をもとに設定	・閾値があるものとみなす ・最大無毒性量(NOAEL)または最小毒性量(LOAEL)から耐容1日摂取量TDI[(mg/(kg・d)]を求め，これをもとに設定
毒性評価の方法	・用量-反応関係が得られた長期発がん試験結果を採用 ・通常，外挿法として線形多段階モデルが用いられる	・用量-反応関係が得られ，かつ，NOAELまたはLOAELが得られた試験結果を採用
不確実性の扱い	・閾値がないものとみなし，線形多段階モデルを用いて10^{-5}レベルを求めること自体が安全側であるとみなされる ・さらに，外挿する際に95%信頼限界の下限値を用いる ・これ以上の，実験動物からヒトへの外挿などに関する不確実係数は考慮しない	・NOAEL(またはLOAEL)を不確実係数で除してTDIを算出する 種内差に対して10，種間差に対して10．その他，毒性が発がん性など重篤な場合，NOAELがなくLOAELを用いた場合，短期の毒性試験によって求めた場合，毒性試験の質が不十分な場合などに10
飲用寄与率の扱い	・考慮しない	・水道水経由の曝露割合は一般に10%，消毒副生成物については20%．ただし，データがあるものについてはその値を用いる
基準値，目標値としての分類	・確定値とみなされれば「水質基準項目」となり，暫定値とみなされると「水質管理目標設定項目」となる ・暫定値となるケースは以下の場合 1)毒性評価の結果が確定しているとはいえない場合 2)(基準値となる前の)評価値に対し，分析技術，処理技術などの実行可能性を考慮して値を設定した場合	
運用方法	・基準値は一時的にも超えてはならないこととされている	

の考え方は誤りではない．しかし，1998年時の算出結果をみてみる．VSD法に従った場合の値は 0.05 mg/L であるのに対し，TDI法に従うと 0.02 mg/L となり，逆にTDI法の方が安全側の値となっている．このように VSD 法の方が値が小さく出るという保証があるわけではない．**表-4.7** で「不確実性の扱い」に記した課題・問題点の一つである．

4.4.2 臭素酸イオンについて

臭素酸イオンの WHO とわが国でのガイドライン値または基準値の導出過程を図-4.4 に示す．いずれも DeAngelo らの報告[32] をもとにしている．この報告では，臭素酸イオンのラットに対する飲水投与［臭素酸イオンとして，0，1.1，6.1，12.9，28.7 mg/(kg·d)］によって，腎臓の腺腫・癌腫の複合発生（各群の発生率はそれぞれ 2，2，13，8，40％），甲状腺の腺腫・癌腫の複合発生（各群の発生率はそれぞれ 0，10，2，11，47％），および中皮腫（精巣鞘膜）の発生（各群の発生率はそれぞれ 0，8，10，21，63％）の3種類が見られた．

U.S.EPA では，これら3つのがんすべてを計算対象としてとりあげ，10^{-5} リスクに相当する評価値として 0.002 mg/L を得ており，WHO ガイドラインでもこの考え方が採用されている．これに対し，臭素酸イオンについては，現在の浄水処理技術では対応策が限られる点や測定技術上の限界を考慮すると，ガイドライン値としては 0.01 mg/L とするのが現実的であるとした．しかし，0.01 mg/L という濃度は，発がんリス

課題・問題点
・ある化学物質の特性がどう評価され，どれに分類されるかは変化する可能性がある．すなわち，基準値の値が大きく変化する可能性がある
・いずれに分類されたかで，全く異なるメカニズムで評価が行われる
・評価者によって，どの毒性を計算対象とするかが変わる可能性がある．すなわち，同じ毒性試験結果を使用しても，その解釈によって基準値自体が変化する
・非発がん影響の場合，顕在化した影響の種類によってその重要性は異なるはずだが，この考慮は通常なされない
・いずれに分類されたかで，不確実性の扱いの考え方，および実際の方法に違いが見られる
・VSD法の方が安全側とされることもあるが，TDI法の方が値が小さく出る場合もある
・10^{-5}リスクに相当する摂取量を精度良く求めることは不可能
・不確実係数の妥当性に関する強い科学的根拠があるわけではない
・いずれに分類されたかで，寄与率も考慮する，しないに2分される
・また，水道水経由の曝露割合は暫定的に設定されているものが多く，詳細調査が本来必要．この大きさによって基準値は大きく変化する可能性がある
・「水質基準項目」は法律に基づき遵守義務が発生するのに対し，「水質管理目標設定項目」は単なる行政指導．その取扱いに差がありすぎる
・慢性毒性物質の基準値は，本来，生涯を通じた継続的摂取によって現れる毒性を根拠として設定されたもの

第4章 消毒副生成物の規制

クでいうと 10^{-4} レベルとなると述べている．

一方，わが国の評価では，3種類のがんのうち最も感受性が高い精巣の中皮腫の発生率の増加のみが用いられた．上記のように，確かに3種類の中では最も高発生率となっている．これより 10^{-5} リスクに相当する評価値として 0.009 mg/L を得た．その後，これを四捨五入して丸め，基準値としては 0.01 mg/L と設定したのである．

```
                    DeAngelo(1998)
        WHO                          日本
         ↓                            ↓
   腎臓，甲状腺，              最も感受性の高かった
   精巣中皮腫                  精巣中皮腫のみ
   3種のがんの合計              を計算対象
         ↓                            ↓
$10^{-5}$ に対応        0.002 mg/L              0.009 mg/L
する評価値                 ↓                       ↓
                      ・処理技術                 ・丸め
ガイドライン値            ・測定技術
または基準値             0.01 mg/L               0.01 mg/L
```

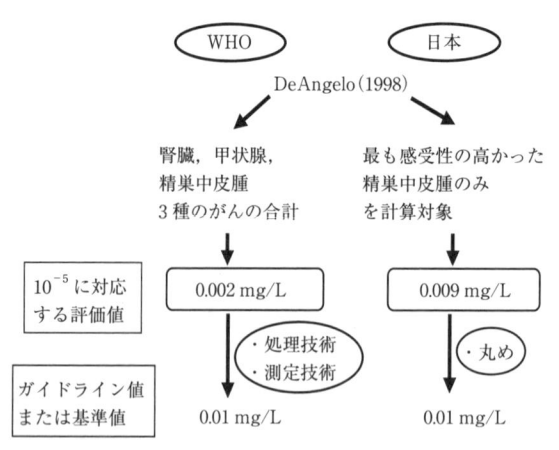

図-4.4 WHOとわが国における臭素酸イオンのガイドライン値または基準値の導出過程

このように最終的には，WHOとわが国でのガイドライン値または基準値は 0.01 mg/L と一致しているが，その内容が大きく異なっている．わが国での評価にあたっては，WHOが採用した3種類のがんすべてをとりあげて計算する方法の妥当性について「疑問の残るところである」とし，1種類のがんのみを計算対象としている．しかし，この2つの評価値算出方法について，一方が正しく，一方が誤りと決めつけることはできず，評価者の見方に委ねられているというのが実際のところであろう．表-4.7の「毒性評価の方法」の課題・問題点に記したのはこのような内容を含んでいる．

4.4.3 飲用寄与率について

その他，表-4.7に記した事項で重要なものに飲用寄与率の問題がある．まず，遺伝子障害性の発がん物質では，この寄与率は特に考慮されていない．一方，非遺伝子障害性の発がん物質および非発がん物質では，一般に10％が割り当てられているが，消毒副生成物に対しては，浄水処理における消毒操作によって生成したものを摂取するとことから2倍となる20％が割り当てられている．表-4.6には飲用寄与率を記載しているが多くの物質で20％となっている（ただし，二酸化塩素，亜塩素酸イオン，塩素酸イオンについては80％．シアン化物イオンおよび塩化シアンは10％）．しかしこれは暫定値であり，本来はわが国の実態に即した値を設定すべきと

ころである．仮に寄与率が20％ではなく40％であったならば，TDIのうち40％分が1日の飲水量2L中に含まれていても許されることになるから，基準値は2倍緩くなることを意味する．このように寄与率の値によっては，今後，基準値が大きく変わる可能性があるといえる．

例えば，ハロ酢酸はトリハロメタンと物性が全く異なり，基本的に水中から気中への揮散は考えられず，その取扱いも変えるべきものである[33]．それにもかかわらず，飲用寄与率は現状では両者とも20％に設定されており，今後の重要な課題と考えるべきである．また，臭素酸イオンは現在の評価はVSD法によっているため寄与率は使用されないが，『WHO飲料水水質ガイドライン』[3]によれば，仮にTDI法を用いる場合にはその寄与率はやはり20％と設定されているのである．消毒副生成物という分類だけで一律に20％が与えられていることが伺える．

以上の点に鑑み，著者らは，経口曝露の他に，経気曝露，経皮曝露といった曝露経路[34]を考慮し，わが国における消毒副生成物の飲用寄与率を評価する試みを行っている[35]．消毒副生成物ではないが，ホウ素についてその摂取経路を詳細に調査し，わが国における飲用寄与率を40％と設定した例[36]もあり参考になる．

4.5 水質基準の見方，活用の考え方

次にこうして設定された水質基準の見方，活用の方法について考えてみる．

上述したことからは，総じて基準値といっても不確実度が大きいということが浮き彫りになったといえよう．上に述べた以外の事項では，例えば，発がんリスク増分10^{-5}とは10万人に1人というレベルであるが，本当に10^{-5}に相当する摂取レベルを評価することはできないし，また，不確実係数100ないし1000にしても，それが妥当であるという強い科学的根拠があるわけではない[*3]．不確実係数の違いによって，二酸化塩素，亜塩素酸イオン，塩素酸イオンの3種の目標値あるいいは基準値が偶然一致したことは既に述べたとおりである．これらは**表-4.7**の「不確実性の扱い」に記している．

注意すべきなのは，これらの点を列挙することで，現在の基準値の欠陥を指摘しようとしているのではないことである．VSD法を採用するか，TDI法に従うかが評価者によって左右されうる点，同じ実験データを用いながらも解釈の相違によって

[*3] 不確実係数について，その科学的な検証作業などは実施されている[37]．

基準値が異なってくることもある点などは，評価者が未熟なのではなく，むしろ現在の毒性評価，あるいはリスクアセスメントの限界と捉えるべきと考える．

さらにいえば，水質基準とは科学的根拠に基づいて設定されるというのが建前なのだが，「科学的根拠」といえるほど確かなものがあるわけではない．それは現在の科学の限界というべきである．

もちろん，これらの課題を克服すべく，より科学的根拠に基づいたリスク評価を行うという努力も続けられている[38]．

その例として，生理学的薬動態学モデル（PBPK モデル；Physiologically Base Pharmacokinetics Model）の活用が考えられている．PBPK モデルは，体内に入った化学物質とその活性型の存在をコンパートメント化し，標的部位での曝露量を評価できるようにつくられる．そして，必要なパラメータの値を対象動物に適した値に入れ替えれば，異種の動物に対し，同一モデルにより当該化学物質の動態を評価することができる．これによって，動物種間外挿の持つ不確実性を低減することができる．

一方，濃度間外挿についても，現在使用されている線形多段階モデルには問題が多いとし，発がんにはオンコジーンの変異とがん抑制遺伝子の不活性化の２つが必要であることから生物学的二段階モデルが提案されている．

以上の方法によって，外部曝露量である摂取量ではなく，内部曝露量である化学物質の標的器官中濃度によって量-反応関係を樹立したうえで，ヒトに対するリスク評価を行うことができるようになる[39]．

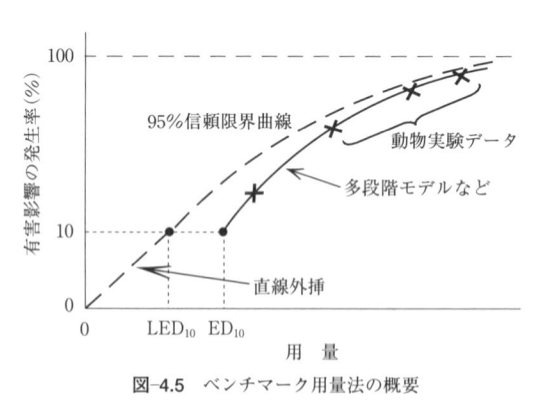

また，TDI 法では，量-反応関係の曲線のスロープを考慮していないことも一つの問題である．すなわち，NOAEL または LOAEL に対応する用量のみを情報として取り出し，それ以上の用量で生起した影響に関する情報を捨てているわけである．この欠点を補った方法としてベンチマーク用量法が提案されている[40]．考え方を図-4.5 に示す．まず，動物実験から得られるデータに適当な用量反応曲線（多段階モデルなどに

図-4.5 ベンチマーク用量法の概要

4.5 水質基準の見方,活用の考え方

よる.線形多段階モデルとは限らない)をあてはめる.これに基づいて,ある影響量(例えば,影響が10％過剰に発生)に対応する用量(ED_{10}; Estimated dose to 10% response)を求める.次いで安全のため,95％信頼限界の下限値(LED_{10}; Lower limit of estimated dose to 10% response)を算出する.これがベンチマーク用量である.

さらにこの方法は,適切な生理学的モデルを構築できず閾値を設定できない発がん物質についても適用される.すなわち,図-4.5に示すようにED_{10}およびLED_{10}を求めた後,LED_{10}を出発点として,低濃度域に対し閾値を前提とせず直線で原点まで外挿する.発がんリスク増分が10^{-5}となる用量を,使用する数理モデルによって大きく変動することなく算出することができる.

以上の方法は,U.S.EPAが2005年に公表した新しい発がん物質のリスク評価ガイドライン[41]で推奨されており,WHOガイドラインの中でもガイドライン値の算出に使用されている物質がある.わが国では,閾値を持たない発がん物質である1,2-ジクロロエタン(水道水質基準体系の中では水質管理目標設定項目として目標値あり)の大気環境に係る指針値設定において,初めてベンチマーク用量法が適用された[42].

これらの方法は,確実に発展し,一部は将来の基準値設定のプロセスに取り入れられていくであろう.

基準値設定上の問題点があるからといって,毒性評価やリスクアセスメントの科学自体を否定してはいけない.評価過程の不確実度が大きいという問題を抱えながら,それでもリスクを定量的に把握するという上記のような努力は今後も継続しなければならないのである.

一方,基準値に対する見方として重要なのは,基準値設定に係る科学的根拠の内容やその限界をある程度理解し,それに見合った見方,活用の仕方を考えるということであろう.課題例をあげつつ考えてみる.

表-4.7の「基準値,目標値としての分類」に記したように,毒性評価の結果,確定値とみなされれば「水質基準項目」となり,暫定値とみなされると「水質管理目標設定項目」となるのが原則となっている.暫定値となるケースは表に記したとおりである.そして,「水質基準項目」は法律に基づき遵守義務が発生するのに対し,「水質管理目標設定項目」は単なる行政指導である.基準値設定プロセスには不確実度が大きいにもかかわらず,その取扱いに差がありすぎるように思われる.確定値とされ基準項目となったものについても,今後の動物実験結果やその見方,飲用寄与率の再評価,さらにはベンチマーク用量法の適用によって,近い将来,再び値が変えられる可能

第4章 消毒副生成物の規制

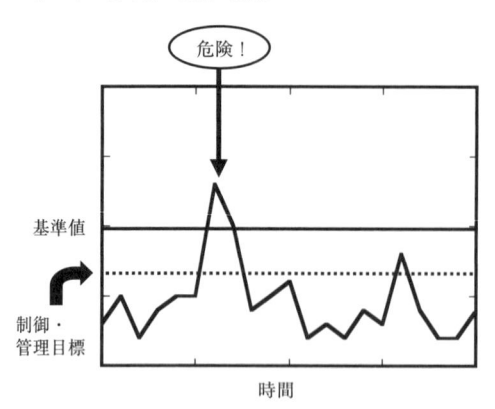

図-4.6 現行の水質管理の考え方

性も大きいのである．逆に，毒性評価が確定せず暫定値とならざるを得ないものについても，人々の健康の保護という目的から総合的に考えて基準項目とするという考え方があってもよいであろう．

また，運用面では，基準値とは一時的にも超えてはならないこととされている．実際上も，水質基準が一旦定められてしまうと，基準値を超えた水道水は危険な水とみなされ，逆に，特に水道事業者などは，基準値以下の水を配っているからうちの水は絶対安全な水，というように，水の安全性について白黒をつける判断材料として使われてしまう傾向がある．

水道事業者は基準値を超過することはあってはならないと考えるので，図-4.6に示すように，基準値の60％値や70％値を独自の管理目標レベルとして設定し，これを超えれば粉末活性炭を注入するといった対応がなされている．トリハロメタンやハロ酢酸がその代表的な対象項目である．

しかし，慢性毒性物質の場合，基準値は，一生涯を通じ継続して摂取した場合の毒性を根拠として設定されているので，一時的に超過したからといって，それが即危険というものではない．この場合，水質とは，ある一定期間をとり，その積分値として評価されるべきものなのである．図-4.7(a)は，この考え方を示している．なお，このような考え方が今までなかったわけではない．1.1.1で紹介しているように，トリハロメタンの規制が始まった頃，水源の状況や浄水処理上の制約といった事情があったものの，その制御目標値は年間平均値でよいとの考え方が存在していた．

逆に，遺伝子障害性の発がん物質の場合には閾値はないのを建前としているので，基準値以下であってもそれに対応したリスクはやはり存在する．図

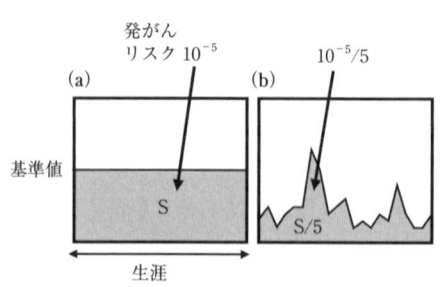

図-4.7 慢性毒性物質に対するリスクの大きさの考え方

4.5 水質基準の見方, 活用の考え方

-4.7(b)に示すように, 変動する水質の積分値が(a)の1/5であれば, 対応する発がんリスクは $10^{-5}/5$ の大きさとなる. ただしこの場合, 実質安全量(VSD)以下なので, いたずらに怖がるのが誤りであることはいうまでもない.

話題が前後するが, 臭素酸イオンついて, WHOガイドラインでは発がんリスク増分 10^{-5} に相当する評価値を 0.002 mg/L としていることを述べた. また上述のように, 慢性毒性物質の場合, その毒性は本来, 積分値として評価されるべきものである. これらのことを総合的に勘案して, 著者は, オゾン処理を新たに導入することを検討する水道事業体としては, 臭素酸イオンについて, 「年間を通じて平均的に 2 μg/L 程度を制御目標レベルとするのが妥当」との見解を提示した[43].

さて, 以上で議論したことを含めて, 今後を展望すると, 以下のように指摘できるだろう. すなわち, 水質基準は, 健康に関する項目と性状に関する項目とに大別され, 前者はさらに急性影響のものと慢性影響のものとに大別される. これら項目の基準値の数値が持つ意味内容は, 本来それぞれ異なっており, 基準値を超過した場合や超過するおそれがある場合について, その測定値の取扱い方法や, 対応策は自ずと変わるべきものである. 現行の水質基準は, これらの考え方を明確に示したものとはいえない. 今後はこのような, 各項目がもつ意味内容と対応させつつ, 水質基準の運用ならびに水質測定値の評価と対応策の考え方について整理していく必要があるといえよう.

さらに, 現在の「科学的根拠」の頑健さに照らして考えると, 基準値には不確実度が大きく, また今後もその値が変化していく可能性も大きいことを述べた. これらのことから, 基準値とは, ある化学物質について, これくらいの値に設定しておけば, 我々人間社会はその物質から悪い影響を受けることはまずないであろう, という一種の「人間の知恵」とみるべきなのだろうと著者は考える. こうした見方は, 水道水のみならず, 化学物質に関し様々な分野で設定される基準値というものに共通するということができるだろう.

また, 基準値設定における課題に加えて, 運用面での注意点を指摘したが, 総じて考えると, 基準値を絶対視し, これのみに縛られ, またそれを満たせばそれで事足りるとするのは水質管理のあるべき姿とはいえないことがわかる. むしろ基準値とは, 水質管理上の「目安」あるいは重要な参考資料として「活用」すべき性格のものといえると思われる. 5章ではそのいくつかの例を示す.

4.6 未規制ハロ酢酸の毒性の推定

　本章で示したように現行の水道水質基準では，9種類のハロ酢酸のうちクロロ酢酸類の3種が基準項目となっている．それ以外の臭素を含む6種については要検討項目に分類されているが，これらは今後，動物実験とそれに基づく毒性評価が行われれば，基準項目とするかの判断がなされていくことになる．

　一方，U.S.EPAでは，ハロ酢酸のうち5物質（クロロ酢酸，ブロモ酢酸，ジクロロ酢酸，ジブロモ酢酸，トリクロロ酢酸）をHAA5として，その合計濃度0.06 mg/Lを最大許容量としている[4]．

　一般に，動物個体を用いる in vivo 試験で確定的な毒性評価がなされるまでには長期間が必要で，その間，これらの物質は未規制のままということになる．in vitro バイオアッセイによって未規制物質の毒性を推定し，水質管理の対象としてとりあげるべき物質か否かを評価することができれば有益である．このような観点からここでは，ハロ酢酸の毒性を染色体異常試験と形質転換試験を用いて推定し，考察を行った例を述べる．染色体異常試験と形質転換試験についての詳細は 5.1 を参照されたい．もちろんここでは，in vitro バイオアッセイを用いてその毒性をあくまで推定しようとするものであり，各物質の毒性について結論が得られるわけではない点には注意が必要である．in vitro バイオアッセイの意義や限界についても 5.1 で述べてい

表-4.8　ハロ酢酸の染色体異常試験結果

物質名	−S9mix		+S9mix	
	染色体異常誘発強度 [（個・L）/（50細胞・mg）]	順位	染色体異常誘発強度 [（個・L）/（50細胞・mg）]	順位
クロロ酢酸（MCA）	0.29	6	0.13	2
ジクロロ酢酸（DCA）	0.26	7	0.11	4
トリクロロ酢酸（TCA）	0.19	9	0.06	7
ブロモ酢酸（MBA）	21	1	4.3	1
ジブロモ酢酸（DBA）	0.35	4	0.11	5
トリブロモ酢酸（TBA）	0.36	3	0.08	6
ブロモクロロ酢酸（BCA）	0.39	2	0.12	3
ブロモジクロロ酢酸（BDCA）	0.22	8	0.01	9
ジブロモクロロ酢酸（DBCA）	0.29	5	0.05	8

4.6 未規制ハロ酢酸の毒性の推定

る.

まず,染色体異常試験の結果から,各物質の毒性の強さを比較するため,染色体異常誘発強度を算出した.投与した物質の単位濃度(mg/L)当りの染色体異常数(個/50細胞)を表し,単位は[(個・L)/(50細胞・mg)]である.結果を表-4.8に示す.値が大きいほど染色体異常誘発性が強いことを意味する.

染色体異常誘発強度から見たハロ酢酸の毒性は,−S9mix系でMBA ≫ BCA > TBA > DBA > DBCA = MCA > DCA > BDCA > TCAとなった.この結果,ブロモ酢酸類の方がクロロ酢酸類よりも毒性が強いこと,また,ブロモ酢酸類やクロロ酢酸類の中ではトリハロ酢酸よりもモノハロ酢酸の方が毒性が強いことがわかる.基準項目となっているクロロ酢酸類よりも,臭素を含むハロ酢酸の方が毒性が強いことに注意されたい.

また,S9mix添加によって代謝活性化した場合,どの物質も染色体異常誘発強度は低下している.なお,S9mixを添加してアッセイを行う意義については5.3.4(5)で述べている.

形質転換試験の結果は,形質転換率が0.1を超過する投与濃度(mg/L)で評価した.−S9mix系における二段階形質転換試験および非二段階形質転換試験の結果を表-4.9に示す.この場合は,値が小さいほど毒性が強い.二段階形質転換試験から見たハロ酢酸の毒性の順位は,MBA > MCA > DBA > BCA > DCA > BDCA >

表-4.9 ハロ酢酸の形質転換試験結果(−S9mix)

物質名	二段階形質転換試験		非二段階形質転換試験	
	形質転換率0.1超過濃度(mg/L)	順位	形質転換率0.1超過濃度(mg/L)	順位
クロロ酢酸(MCA)	0.56	2	16	2
ジクロロ酢酸(DCA)	15	5	66	4
トリクロロ酢酸(TCA)	120	8	−	6
ブロモ酢酸(MBA)	0.082	1	0.21	1
ジブロモ酢酸(DBA)	0.64	3	41	3
トリブロモ酢酸(TBA)	−	9	−	7
ブロモクロロ酢酸(BCA)	10	4	110	5
ブロモジクロロ酢酸(BDCA)	45	6	−	8
ジブロモクロロ酢酸(DBCA)	71	7	−	9

注)「−」とは,形質転換誘発性が弱く,投与した濃度範囲では形質転換率が0.1に達しなかったもの.アッセイ結果から順位のみを記載した.

第 4 章　消毒副生成物の規制

表-4.10　わが国におけるハロ酢酸の検出実態（1998〜99 年

物質名	測定地点数	定量下限以下	定量下限超過	0.05 mg/L に対する割合			
				10% 超過	20% 超過	30% 超過	40% 超過
				10% 以下	20% 以下	30% 以下	40% 以下	50% 以下
			検出された測定地点の割合（%）				
クロロ酢酸(MCA)	380	96	4				
ジクロロ酢酸(DCA)	529	8	48	33	9	1	
トリクロロ酢酸(TCA)	528	16	40	32	8	3	1
ブロモ酢酸(MBA)	264	98	2				
ジブロモ酢酸(DBA)	264	40	60				
トリブロモ酢酸(TBA)	116	100					
ブロモクロロ酢酸(BCA)	331	28	68	5			
ブロモジクロロ酢酸(BDCA)	116	53	47				
ジブロモクロロ酢酸(DBCA)	116	56	34	9	1		

DBCA ＞ TCA ＞ TBA となった．また，非二段階形質転換試験における順位は，MBA ＞ MCA ＞ DBA ＞ DCA ＞ BCA ＞ TCA ＞ TBA ＞ BDCA ＞ DBCA となった．二段階形質転換試験，非二段階形質転換試験でともにブロモ酢酸(MBA)が突出して強い毒性を示したが，ブロモ酢酸類がクロロ酢酸類よりも毒性が強いとは一概にいえない結果であった．一方，S9mix を添加した場合では，染色体異常試験と同様にすべての物質で形質転換率は低下した．

　以上の結果を水質基準値や既往の研究結果と比較してみる．

　まず，クロロ酢酸類の基準値は，クロロ酢酸(MCA) 0.02 mg/L，ジクロロ酢酸(DCA) 0.04 mg/L，トリクロロ酢酸(TCA) 0.2 mg/L である．評価値の算出方法が異なるので直接比較するのは本来適当ではないが，水質基準値上，その毒性は MCA ＞ DCA ＞ TCA とみなされることになる．これに対し，染色体異常試験でのクロロ酢酸類の毒性順位は，−S9mix 系で MCA(6 位) ＞ DCA(7 位) ＞ TCA(9 位)であり，＋S9mix 系においては MCA(2 位) ＞ DCA(4 位) ＞ TCA(7 位)となり，水質基準における毒性順位と一致している．また，二段階形質転換試験(−S9mix)では MCA(2 位) ＞ DCA(5 位) ＞ TCA(8 位)，非二段階形質転換試験(−S9mix)でも MCA(2 位) ＞ DCA(4 位) ＞ TCA(6 位)となり，水質基準における毒性順位と一致した．これより，上記のバイオアッセイ結果は，水質基準における評価と整合性がとれているといえる．

4.6 未規制ハロ酢酸の毒性の推定

50％超過 60％以下	60％超過 80％以下	80％超過 100％以下

度)[46]

Plewaら[44]は,クロロ酢酸類およびブロモ酢酸類6種について,CHO細胞(チャイニーズハムスター卵巣細胞)を用いた遺伝毒性試験(SCGE Assay;Single-Cell Gel Electrophoresis Assay)を行っている.結果は,MBA > MCA > DBA > TBAとなり,DCAおよびTCAについては,有意な遺伝毒性が見られなかった.また,クロロ酢酸類よりもブロモ酢酸類の方が毒性が強く,分子中に置換されているハロゲン分子が少ないほど細胞毒性および遺伝毒性が強い傾向にあると述べている.

一方,Kargaliogluら[45]はAmes試験を行っている.−S9mix系では,TA98株でMBA > DBA > MCA > DCA,TA100株ではMBA > DBA > DCA > MCAという結果を得ている.また＋S9mix系では,TA98株ではMBA > DBAであり,TBA,MCA,DCA,TCAでは変異原性が認められなかった.＋S9mix系,TA100株では,MBA > DBA > MCA > DCAであり,TBA,TCAで変異原性が認められなかった.

以上のように,分子中で置換されるハロゲン原子の数が少ない方が高い毒性を示すという点,置換されたハロゲン原子の数が同じハロ酢酸同士を比較した場合,ブロモ酢酸類の方が高い毒性となる点,S9mixの添加によって大部分のハロ酢酸の活性が低下するという点について,既往の結果と概ね同様の結果となった.現行の水質基準で規制対象となっているクロロ酢酸類3物質よりも毒性が強いものも多い点に注意する必要がある.

以上の結果を利用し,未規制のハロ酢酸の中に水質管理上重要なものがないかを考察してみる.

1998〜99年度のわが国の9事業体における水道水中のハロ酢酸の検出実態を**表-4.10**にまとめた[46].水質基準項目であるジクロロ酢酸,トリクロロ酢酸の検出頻度が高いことがわかる.ただし本表では,いずれの物質も0.05 mg/Lに対する割合(％)で示している.

未規制ハロ酢酸6種のうち,定量下限以上で検出された頻度が最も高いのはブロモクロロ酢酸である.72％の地点で検出され,そのうち5％では0.005 mg/L以上0.01 mg/L以下で検出されている.染色体異常試験では,−S9mixで2位,＋S9mix

で3位となっており，二段階形質転換試験では4位と中程度の毒性を示している．これは，既に水質基準に設定されているジクロロ酢酸，トリクロロ酢酸よりも強い毒性であり，クロロ酢酸と同程度の毒性を示している．また，非二段階形質転換試験でも5位ながら有意な毒性を示した．これらのことから，本物質は，未規制とはいえ管理することが重要な物質と推定できる．

次に検出頻度が高く検出濃度も高いものにジブロモクロロ酢酸がある．染色体異常試験について−S9mixでは5位，＋S9mixでは8位と中程度〜比較的低い毒性を示しており，二段階形質転換試験でも7位と低い毒性を示した．非二段階形質転換試験では有意な毒性を示さないという評価であった．

検出頻度がブロモクロロ酢酸に次いで高いのはジブロモ酢酸であり，60％の地点で定量下限以上で検出されている．この物質の染色体異常試験結果は，−S9mixで4位，＋S9mixで5位と中程度の毒性を示した．二段階形質転換試験，非二段階形質転換試験ではともに3位で，ブロモクロロ酢酸を上回る比較的強い毒性を持つと評価された．これより，ジブロモ酢酸も水質管理の重要性が高いと指摘することができる．

一方，ブロモ酢酸は，定量下限以下となった地点が98％を占め，検出された地点でも0.005 mg/L以下であり，水道水中での寄与は小さいものと考えられる．しかし，すべてのバイオアッセイにおいて突出した毒性を示したことは看過しがたく，水質管理において注意すべき物質と考えられる．

以上より，未規制ハロ酢酸の中で，水質管理上その監視や毒性評価の必要性が最も高いと考えられるのはブロモクロロ酢酸であり，次いでジブロモ酢酸，ブロモ酢酸であると推定される．

U.S.EPAでは，ハロ酢酸のうち5物質(クロロ酢酸，ブロモ酢酸，ジクロロ酢酸，ジブロモ酢酸，トリクロロ酢酸)をHAA5として，その合計濃度0.06 mg/Lを最大許容量としている．これに対して，上述のように，わが国のハロ酢酸の検出実態およびその毒性の推定結果から考えると，この5物質に加えて，ブロモクロロ酢酸にも注目する必要があるということができる．

参考文献

1) 厚生科学審議会：水質基準の見直し等について(答申)，2003.
2) 厚生科学審議会生活環境水道部会水質管理専門委員会：水質基準の見直しにおける検討概要，2003.
3) World Health Organization：Guidelines for drinking-water quality incorporating first addendum, Vol.1, Recommendations-3rd ed., 2006.
4) USEPA：National Primary Drinking Water Regulations：Stage 2 Disinfectants and Disinfection Byproducts Rule；Final Rule, *Federal Register*, Vol.71, No.2, pp.388-493, 2006.
5) Health Canada：Guidelines for Canadian Drinking Water Quality, 2007.
6) European Union: Council Directive 98/83/EC on the quality of water intended for human consumption, Official Journal of the European Communities, L330/32-54, 1998.
7) Ontario Ministry of the Environment：Technical Support Document for Ontario Drinking Water Standards, Objectives and Guidelines(PIBS4449e01), 2006.
8) California Department of Public Health：A Brief History of NDMA Findings in Drinking Water, http://www.cdph.ca.gov/certlic/drinkingwater/Pages/NDMAhistory.aspx, 2006.
9) 八木田健司，泉山信司，遠藤卓郎：レジオネラ属菌の水系汚染—宿主アメーバの果たす役割，水環境学会誌，Vol.26, No.1, pp.14-19, 2003.
10) 水道法制研究会：水道法ハンドブック，p.153，水道技術研究センター，2003.
11) 芋阪晴男，贄川由美子，竹田岳：次亜塩素酸ナトリウム製造過程における臭素酸イオンの挙動，水道協会雑誌，Vol.72, No.8, pp.2-7, 2003.
12) 大谷真己，林田武志，高橋俊介，松岡雪子，浅見真理：水道用次亜塩素酸ナトリウム中の臭素酸に関する調査，水道協会雑誌，Vol.76, No.8, pp.14-17, 2007.
13) 渕上知弘，宮田雅典：貯蔵時における次亜塩素酸ナトリウムの品質管理，水道協会雑誌，Vol.75, No.9, pp.10-24, 2006.
14) おいしい水研究会：おいしい水について，水道協会雑誌，Vol.54, No.5, pp.76-83, 1985.
15) Damstra, T., Barlow, S., Bergman, A., Kavlock, R., van der Kraak, G.編，小林剛訳・註解：WHO 環境ホルモンアセスメント，内分泌攪乱化学物質の科学的現状と国際的評価，p.344，エヌ・ティー・エス，2004.
16) 小林剛訳・註解：環境保健クライテリア 225 WHO 化学物質の生殖リスクアセスメント 有害物質の評価プロセス，p.151，エヌ・ティー・エス，2005.
17) 間正理恵：化学物質の内分泌かく乱作用と各国の取組の現状，日本リスク研究学会誌，Vol.17, No.1, pp.55-60, 2007.
18) 柳川尭：環境と健康データ—リスク評価のデータサイエンス，p.201，共立出版，2002.
19) 中西準子，益永茂樹，松田裕之編：演習環境リスクを計算する，p.230，岩波書店，2003.
20) 森田健，石光進，森川馨：リスクアセスメントにおける遺伝毒性—海外の動向と視点—，環境変異原研究，Vol.27, No.2, pp.47-56, 2005.
21) Holmbom, B., Voss, R. H., Mortimer, R. D., Wong, A.：Fractionation, isolation, and characterization of

第4章　消毒副生成物の規制

Ames mutagenic compounds in kraft chlorination effluents, *Environ. Sci. Technol.*, Vol.18, pp.333-337, 1984.

22) 杉山千歳, 中嶋圓, 岩本憲人, 増田修一, 大石悦男, 木苗直秀：水道水中の強力な変異原物質3-chloro-4-(dichloromethyl)-5-hydroxy-2(5H)-furanone(MX)の分布と毒性, 水環境学会誌, Vol.27, No.6, pp.393-401, 2004.

23) Mäki-Paakkanen, J., Jansson, K., Vartiainen, T.：Induction of mutation, sister-chromatid exchanges, and chromosome aberrations by 3-chloro-4-(dichloromethyl)-5-hydroxy-2(5H)-furanone in Chinese hamster ovary cells, *Mutat. Res.*, Vol.310, pp.117-123, 1994.

24) Komulainen, H., Kosma, V.-M., Vaittinen, S.-L., Vartiainen, T., Kaliste-Korhonen, E., Lotjonen, S., Tuominen, R. K., Tuomisto, J.：Cacinogenicity of the drinking water mutagen 3-chloro-4-(dichloromethyl)-5-hydroxy-2(5H)-furanone in the rat, *J. Nat. Cancer Inst.*, Vol.89, No.12, pp.848-856, 1997.

25) Hirose, A., Nishikawa, A., Kinae, N., Hasegawa, R.：3-Chloro-4-(dichloromethyl)-5-hydroxy-2 (5H)-furanone(MX)：toxicological properties and risk assessment in drinking water, *Reviews on Environ. Health*, Vol.14, pp.103-120, 1999.

26) 消毒副生成物分科会：厚生労働科学研究費補助金がん予防等健康科学総合研究事業, WHO飲料水水質ガイドライン改訂等に対応する水道における化学物質等に関する研究　平成15年度研究報告書, pp.323-396, 2004.

27) 内山巌雄：化学物質リスクアセスメントの基礎(7)　ダイオキシン類のリスクアセスメント, 日本リスク研究学会誌, Vol.14, No.1, pp.75-79, 2002.

28) 生活環境審議会水道部会水質管理専門委員会：水道水質に関する基準の見直しについて, p.98, 1998.

29) DeAngelo, A. B., Daniel, F. B., Most, B. M., Olsen, G. R.：The carcinogenicity of dichloroacetic acid in the male Fischer 344 rat, *Toxicology*, Vol.114, pp.207-221, 1996.

30) 伊藤禎彦, 相澤貴子, 浅見真理, 浅野雄三, 上嶋善治：ハロ酢酸類低減化処理技術, 水道協会雑誌, Vol.74, No.1, pp.28-44, 2005.

31) DeAngelo, A. B., George, M. H., House, D. E.：Hepatocarcinogenicity in the male B6C3F1 mouse following a lifetime exposure to dichloroacetic acid in the drinking water：Dose-response determination and modes of action, *J. Toxicol. Environ. Health*, Vol.58, pp.485-507, 1999.

32) DeAngelo, A. B., George, M. H., Kilburn, S. R., Moore, T. M., Wolf, D. C.：Carcinogenicity of potassium bromate administered in the drinking water to male B6C3F1 mice and F344/N rats, *Toxicologic Pathology*, Vol.26, No.5, pp.587-594, 1998.

33) Martin, J. W., Mabury, S. A., Wong, C. S., Noventa, F., Solomon, K. R., Alaee, M., Muir, D. C. G.：Airborne haloacetic acids, *Environ. Sci. Technol.*, Vol.37, No.13, pp.2889-2897, 2003.

34) Kim, E., Little, J. C., Chiu, N.：Estimating exposure to chemical contaminants in drinking water, *Environ. Sci. Technol.*, Vol.38, No.6, pp.1799-1806, 2004.

35) Quen, D., Muto, T., Yanagibashi, Y., Itoh, S., Echigo, S., Ohkouchi, Y., Jinno, H.：Exposure assessment

of trihalomethanes in households for estimating allocation to drinking water, *Advances in Asian Environ. Eng.*, Vol.6, No.1, pp.43-48, 2007.
36) 浅野孝，丹保憲仁監修，五十嵐敏文，渡辺義公編著：水環境の工学と再利用，p.404, 北海道大学図書刊行会，1999.
37) 関澤純：リスクアセスメント・リスクコミュニケーションの国際動向，環境変異原研究，Vol.25, No.3, pp.199-202, 2003.
38) 国立医薬品食品衛生研究所「化学物質のリスクアセスメント」編集委員会：化学物質のリスクアセスメント－現状と問題点－，p.259, 薬業時報社，1997.
39) 和田攻：化学物質のリスク評価-よりよき手法を求めて，環境変異原研究，Vol.18, pp.1-4, 1996.
40) 吉田喜久雄，中西準子：環境リスク解析入門(化学物質編)，p.243, 東京図書，2006.
41) U.S.EPA : Guidelines for Carcinogen Risk Assessment, EPA/630/P-03/001F, 2005.
42) 中央環境審議会大気環境部会　健康リスク総合専門委員会：今後の有害大気汚染物質に係る健康リスク評価のあり方について，2007.
43) 京都市水道高度浄水処理施設導入検討会：京都市水道高度浄水処理施設導入に関する調査報告書，p.68, 2005.
44) Plewa, M. J., Kargalioglu, Y., Vankerk, D., Minear, R. A., Wagner, E. D. : Mammalian cell cytotoxicity and genotoxicity analysis of drinking water disinfection by-products, *Environ. Mol. Mutagen.*, Vol.40, pp.134-142, 2002.
45) Kargalioglu, Y., McMillan, B. J., Minear, R. A., Plewa, M. J. : Analysis of the cytotoxicity and mutagenicity of drinking water disinfection by-products in *Salmonella typhimurium*, *Teratogenesis, Carcinogenesis, and Mutagenesis*, Vol.22, pp.113-128, 2002.
46) 水道における化学物質の毒性，挙動及び低減化に関する研究　平成11年度厚生科学研究費補助金(生活安全総合研究事業)総合研究報告書，2001.

第5章

消毒副生成物の毒性

5.1 毒性の種類とバイオアッセイの意義

5.1.1 毒性の種類 [1,2]

一般に，化学物質の安全性評価のために行われる生物試験は，一般毒性試験と特殊毒性試験に分けられる．それぞれの試験法の主な種類を表-5.1に示す．この表は同時に毒性の種類をも示すものとなっている。一般毒性試験は，物質を生体に与え，発現する毒性反応を特に限定せず広範囲にわたって把握し，同時にそれらの反応と用量との関係を明らかにするものである．投与量，投与期間の違いによって急性毒性試験，亜急性毒性試験および慢性毒性試験に分けられている．これに対して特殊毒性試験は，生体に生じる特定の変化あるいは生体の特定部位における変化を評価するための試験である．なお，表中の試験の中にはエンドポイントが重なっているものもある．

表-5.1 毒性試験の分類と概要

分類	試験目的，検査項目など
一般毒性試験	
急性毒性試験	単独投与により生存率などを測定
亜急性毒性試験	投与期間1～3ケ月程度．体重測定，一般症状，病理的検査
慢性毒性試験	投与期間2年間など．病理学的，血液学的，生化学的試験
特殊毒性試験	
後世代毒性試験	生殖毒性，繁殖毒性試験
催奇形性試験	
発がん性試験	発がん性
遺伝毒性試験	微生物その他単細胞を用いた *in vitro* 試験
神経毒性試験	
生体内運命試験	吸収，分布，代謝，排泄，蓄積
依存性試験	薬物に対する依存性
免疫毒性試験	皮膚反応，感作性試験

第5章 消毒副生成物の毒性

本書でも繰り返しとりあげているように,化学物質の生体影響としてはこれまで発がんというエンドポイントが重視されてきた.本章でも,主として発がんに関連する毒性をとりあげて論ずることになる.これに対して,1990年代後半に内分泌撹乱化学物質(環境ホルモン)の問題に世界の大きな関心が集まった.これは表の中では主として後世代毒性であり,化学物質の毒性評価上の重要性が増してきている.

一般にバイオアッセイには,水質基準の設定などに関係する動物個体を用いた毒性試験と,環境水などの管理のための簡易毒性試験やバイオモニタリングがある.また,どの試験法も生物への有害性を調べるものであるが,ヒトの健康影響評価を指向した試験と生態毒性評価を主眼とした試験に大別される.以下ではヒトへの毒性を評価する試験について述べるが,これとは別に生態系を構成する生物に対する影響を評価するためのバイオアッセイ系が整備され発展してきている[3].

5.1.2 発がんプロセスとバイオアッセイ

(1) 発がんのプロセス[4,5]

発がんの機序には不明な点が多いが,その発生は少なくともイニシエーションおよびプロモーションよりなる2段階を経て生ずることが明らかになっており,さらにプログレッションにより悪性がんに進行するという段階を含めた多段階発がん説が唱えられている.図-5.1はこの概念を示したものである.

まず,DNAに対して化学物質が共有結合してDNAの損傷を引き起こす.動物細胞は,自ら備えている修復機能によりその損傷部分を切り取って元の構造に修復する.しかし,何らかの原因で修復ミスが起こったり,修復が完全に行われなかったりすると,突然変異を起こす場合がある.この段階でがん遺伝子が活性化されて前がん細胞となる過程がイニシエーションと呼ばれる過程である.一般にDNAの修復不全が起こった場合,細胞のアポトーシス(細胞の自殺)が誘導され,通常ならばそれだけでがんが生じることはない.しかし,化学物質の作用によ

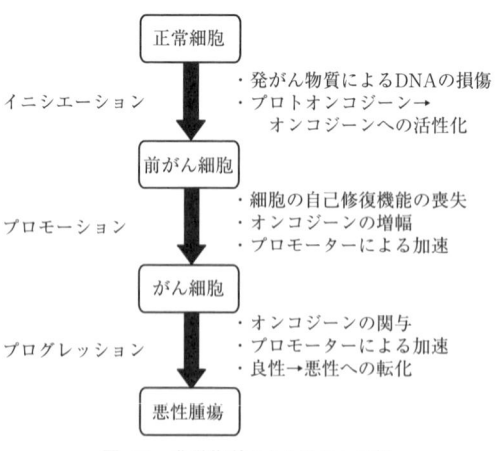

図-5.1 化学物質による発がん過程

イニシエーション
正常細胞
・発がん物質によるDNAの損傷
・プロトオンコジーン→オンコジーンへの活性化

プロモーション
前がん細胞
・細胞の自己修復機能の喪失
・オンコジーンの増幅
・プロモーターによる加速

プログレッション
がん細胞
・オンコジーンの関与
・プロモーターによる加速
・良性→悪性への転化

悪性腫瘍

りそのアポトーシスによる細胞死プログラムが改変されると，イニシエーションを起こした前がん細胞が異常増殖し，腫瘍を形成するようになる．この段階がプロモーションと呼ばれる．さらに，そのような細胞が免疫機構による排除機能により除去されず，転移能を備えて悪性がん細胞へとなる過程がプログレッションと呼ばれる．ここで，イニシエーションを引き起こす化学物質はイニシエーター，プロモーションを引き起こす化学物質はプロモーターと呼ばれる．

(2) **遺伝毒性試験**[6]

遺伝毒性(Genotoxicity)という言葉は，従来は遺伝病などの継世代的毒性を指していたが，最近では染色体異常，遺伝子突然変異やDNA損傷などを含め遺伝子に障害を与える毒性全般を指すようになった．そのため，遺伝子突然変異を検知することによって変異原性の有無や強弱を評価する変異原性試験は，広義の遺伝毒性試験に含まれる．上述のイニシエーション活性をスクリーニングする試験の多くは，一般に遺伝毒性試験または変異原性試験と呼ばれる．主な遺伝毒性試験の種類を**表-5.2**に示す．遺伝情報の貯蔵と伝達を担っているDNAはすべての生物共通の機能であることから，突然変異を検出する試験方法は多岐にわたって提案されている．そ

表-5.2 主な遺伝毒性試験の種類[6]

1. 遺伝子突然変異を指標とする試験
    a. 微生物(*S.typhimurium, E. coli* など)を用いる遺伝子突然変異試験
    b. 哺乳類の培養細胞を用いる遺伝子突然変異試験
    c. ショウジョウバエを用いる試験
    e. マウスを用いる特定座位試験
2. 染色体異常を指標とする試験
    a. 哺乳類の培養細胞を用いる染色体異常試験
    b. 齧歯類の骨髄細胞を用いる染色体異常試験
    c. 齧歯類を用いる小核試験
    d. 齧歯類の生殖細胞を用いる染色体異常試験
    e. 齧歯類を用いる優性致死試験
3. DNA損傷を指標とする試験
    a. 微生物を用いるDNA修復試験(*rec*-アッセイ)
    b. 哺乳類の細胞を用いる不定期DNA合成(UDS)試験
    c. 哺乳類の細胞を用いる姉妹染色分体交換(SCE)試験
4. その他の試験
    a. 酵母を用いる体細胞組換えおよび遺伝子転換試験
    b. マウスを用いる精子形態異常試験
    c. 哺乳類の培養細胞を用いる形質転換試験

して，発がん性物質の多くは，これらの試験で陽性となることが知られている．

変異原性試験としては，1974年にAmesによって開発されたサルモネラ菌(*Salmonella typhimurium*)を用いる方法が最も広く用いられている．Ames(エイムス)試験と呼ばれる本法は，ヒスチジン要求性の変異株を利用して被験物質による復帰突然変異(塩基対置換型突然変異とフレームシフト型突然変異)誘発率を測定し，その突然変異原性を判定するものである．

同じくバクテリアを用いた試験法としては，SOS遺伝子のレギュレータである*recA*の欠損した枯草菌と野生株との増殖の差異をもってDNA損傷性を判定する*rec*アッセイや，サルモネラ菌を用いてDNA損傷に伴うSOS修復により誘発される誤りがちの修復遺伝子*umuDC*の誘発を直接測定する*umu*テストがある．

バクテリア以外にも，哺乳動物培養細胞など各種生物材料を用いた試験法がいくつかある．染色体異常試験，姉妹染色分体交換(SCE；Sister Chromatid Exchange)試験，不定期DNA合成試験，小核試験などは実際に環境試料の評価に用いられている．

本書では，イニシエーション活性の検出を目的として変異原性試験の一つである染色体異常試験を行っている．

(3) 非変異・がん原性物質とプロモーション活性試験の意義[7〜9]

一方，プロモーションとは，少量の発がん性物質を処理した後で，それ自体ではがんを発生させないとされるプロモーターと呼ばれる物質の継続的処理でがん発生率が高まる現象である．

非変異・がん原性物質(Non-genotoxic Carcinogen)と呼ばれる物質群がある．これは，変異原性試験で陰性であるにもかかわらず，長期のがん原性試験では陽性を示す物質をいう．このような物質は，短期の変異原性試験では検出することができない．宇野ら[9]が700種類のがん原性物質について調査したところ，変異原性試験としてAmes試験を用いた時，非変異・がん原性物質の割合は44％であったという．この様子を図-5.2に示すが，発がん性と変異原性とが完全には重なっておらず，ずれているのである．そして，このような変異原性試験で陰性を示す非変異・が

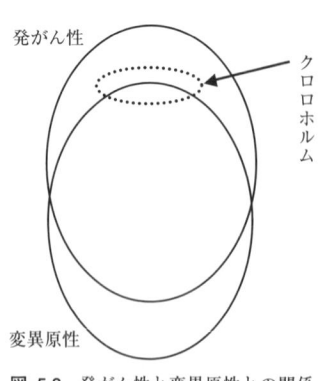

図-5.2 発がん性と変異原性との関係

ん原性物質とは，発がんプロモーション活性が大部分を占めるがん原性物質と想定される．そして，ヒトの場合，このプロモーターによるがん発生の修飾の可能性が高いとされる．

一般に，がん原性物質には，イニシエーション活性が強くプロモーション活性が弱いもの，逆にイニシエーション活性は弱くプロモーション活性が強いものなど様々なものがある．そして，イニシエーション活性とプロモーション活性の両方を持つものは完全がん原性物質といわれる．

このことを消毒副生成物とその毒性評価に照らして考えた場合，注意しなければならない点があることに気づく．すなわち，消毒副生成物の中にイニシエーション活性が弱くプロモーション活性が強いものがあれば，それらはAmes試験や染色体異常試験などの変異原性試験では安全評価から漏れ落ちるということになるのである．

実際，クロロホルムは非変異・がん原性物質の一つと考えられている．変異原性試験では陰性となるが，長期発がん試験では陽性という結果になる例[10～12]が多く，クロロホルムには直接の遺伝子障害性はないか，あっても弱いとされている．また，その発がんの機序は，クロロホルムの代謝物による持続的な細胞障害とそれに引き続く再生性増殖によるものであり，クロロホルムによる発がんには閾値が存在するものと考えられている．図-5.2の中には，クロロホルムの位置を概念的に描いた．また，他のトリハロメタンについても，ブロモジクロロメタンのように発がん性はあるが，変異原性は陽性と陰性の両方の結果がありはっきりしないものや，発がん性も変異原性も不明瞭なものがある．以上のように，消毒処理後の水道水の安全評価を行うためには，変異原性試験だけでは不十分である可能性があるのである．

実際，変異原性試験で陰性となる非変異・がん原性物質の毒性を検出するために，変異原性試験を補う試験としてプロモーション活性試験が行われている．

以上のことに鑑み，著者らはイニシエーション活性を測定するための染色体異常試験に加えて，プロモーション活性を検出する目的で形質転換試験を導入することとした．

5.1.3 染色体異常試験と形質転換試験

本書では消毒処理水やその中に含まれる副生成物について独自にバイオアッセイを実施し，その結果をもとに様々な考察を行っている．図-5.3に示すように，イニシエーション活性の指標としてはチャイニーズハムスター肺細胞を用いる染色体異

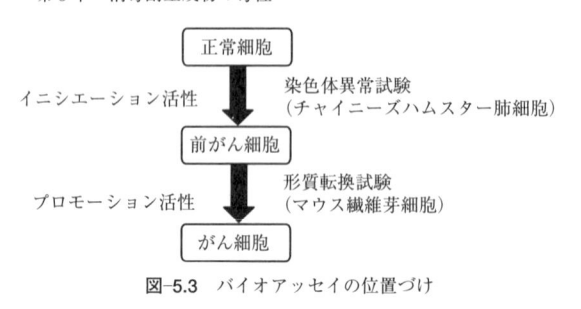

第 5 章　消毒副生成物の毒性

```
       ┌─────────┐
       │ 正常細胞 │
       └─────────┘
イニシエーション活性    │    染色体異常試験
                      ↓   （チャイニーズハムスター肺細胞）
       ┌─────────┐
       │ 前がん細胞│
       └─────────┘
プロモーション活性     │    形質転換試験
                      ↓   （マウス繊維芽細胞）
       ┌─────────┐
       │ がん細胞 │
       └─────────┘
```

図-5.3　バイオアッセイの位置づけ

常試験を行い，プロモーション活性の指標としてはマウス繊維芽細胞を用いる形質転換試験を行った．また，両者ともに，結果を画像解析によって客観的に評価しているのが特徴である．以下，その概略を示す．

(1)　**染色体異常試験** [13, 14]

イニシエーション活性を検出する変異原性試験としてはサルモネラ菌を用いた復帰突然変異試験，いわゆる Ames 試験が広く使用されているが，哺乳動物の培養細胞を用いた試験系である染色体異常試験は，よりヒトに近い細胞を用いることから好ましいとされる．染色体異常の誘発機構については必ずしも明らかにされているわけではないが，化学物質などが DNA と直接反応し，染色体を切断する場合や DNA の複製を阻害することで二次的に構造異常が起こると考えられている．染色体異常試験に用いられる培養細胞としては，染色体数の少ないチャイニーズハムスター由来の細胞がよく用いられており，著者らは新生チャイニーズハムスター雌肺細胞（細胞名 CHL/IU，大日本製薬）を使用した．その利点としては，①染色体数が 25 本と少ないうえ，染色体が大きいので，異常の観察に適していること，②増殖が速く実験が短期に行えること，③感受性が高いこと，などがあげられる．CHL/IU 細胞の染色体像を**写真-5.1** に示す．

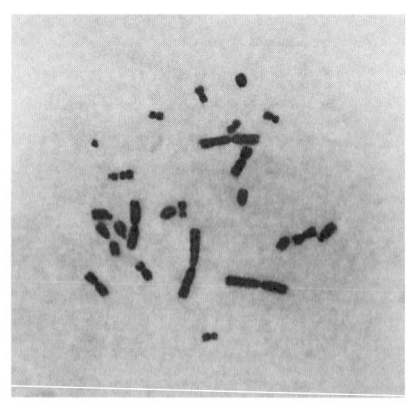

染色体異常の典型例を**図-5.4** に示す．染色体異常試験を実施するためには，検鏡によりこれらの異常を判定する必要があるが，その判定基準や記録方法などに差が生じ，研究者によって報告結果に差があることが考えられる．さらに染色体の分析には相当の時間と熟練を要する．この点に鑑み，染色体像を画像解析することによって異常を検出し，試験結果を

写真-5.1　チャイニーズ・ハムスター肺細胞（CHL）の正常染色体像

客観的に評価できるようにした．

異常染色体の検出方法を構築するにあたっては，『化学物質による染色体異常アトラス』[15]を利用した．本資料は，日本環境変異原学会が染色体異常の標準的判定方法を集大成したものであるので，これに対する識別方法を提示することができれば，同じ識別方法を適用することにより，実際標本の異常染色体を高い客観性を有しつつ定量化することが可能になる．

染色体の形状解析に用いたパラメータは，周囲長，包絡周囲長，幅，絶対最大長，湾曲の有無，穴の有無であり，これらを組み合わせることで識別方法を構築した．この結果，交換型異常染色体の識別率は91.1％であったのに対して，切断型異常染色体の識別率は47.4％となり，交換型異常の検出には使用可能であった．切断型異常では，正常染色体からの形状変化が小さいためどうしても識別率が低下してしまう．ただ，発がん物質の多くのものは交換型異常を多く出現させる傾向にあるとされ，検体の一定濃度(mg/L)当りの交換型異常を持つ細胞の出現頻度(TR値と称している)が試験結果の定量的比較方法の一つとして提案されている．したがって，構築した識別方法を用いて交換型異常のみを検出していくのも不適切ではないと考えた．

実際には，染色体標本を1 000倍で検鏡するとともに，任意の50細胞(観察する染色体数は50 × 25 = 1 250)に対して，画像解析(Image-Pro Plus Ver4.0使用)を行い，交換型異常染色体数を計数した．なお，コントロール標本においても画像解析の結果検出されてしまう染色体(多くは誤識別)があり，その数は4.5 ± 2.6染色体/50細胞であった．

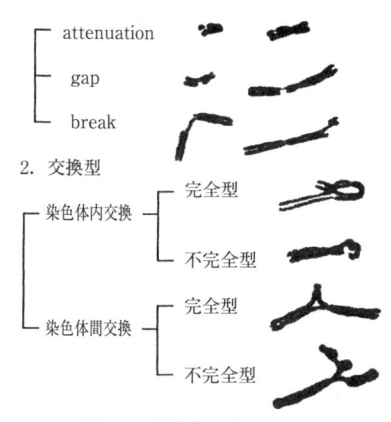

図-5.4 染色体異常の典型例

1. 切断型
   - attenuation
   - gap
   - break
2. 交換型
   - 染色体内交換
     - 完全型
     - 不完全型
   - 染色体間交換
     - 完全型
     - 不完全型

(2) 形質転換試験[16]

発がん過程におけるプロモーション活性を検出する試験系にも種々のものがあるが，ここではマウス胎児由来の繊維芽細胞を用いた形質転換試験を行った．これは，試験管内で細胞レベルでのがん化を検出するもので，試験管内発がん試験ともいわれる[17, 18]．

第5章 消毒副生成物の毒性

通常，繊維芽細胞を in vitro で培養すると，単層に広がって増殖し，ある程度の密度になると増殖を停止する．これを接触阻止という．これに対して，プロモーターによる作用によりその機能を失った細胞は，がん化形質を獲得して細胞の配列が乱れ，何層にも重なり合った細胞集団ができ，フォーカスを形成する（図-5.5 参照）．このように，試験管内で細胞が接触阻止の特性を失い，がん化することをトランスフォーメーション（形質転換）と呼ぶ．形質転換によって生じたフォーカス数を定量化することでプロモーション活性の指標とする．

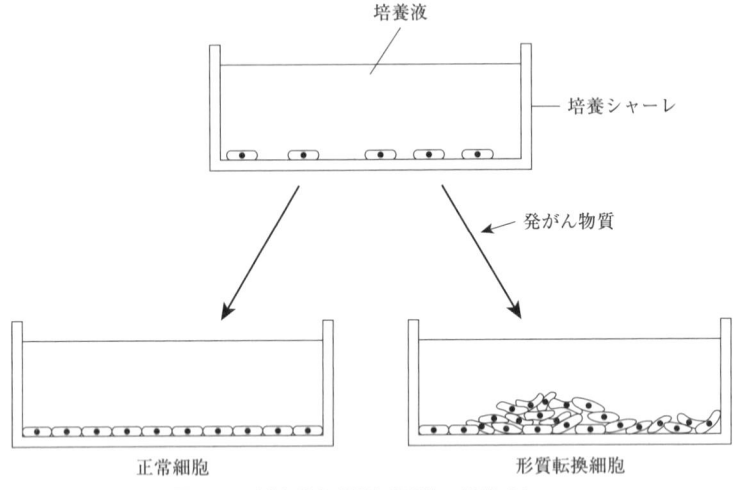

図-5.5 正常細胞と形質転換細胞の増殖パターン

使用した培養細胞はマウス繊維芽細胞 BALB/3T3 A31-1-1（JCRB0601，ヒューマンサイエンス振興財団）である．試験方法は，初めにイニシエーターとして既知の発がん性物質である3-メチルコラントレン（3-MC）を作用させ，DNA に損傷を与える．その後，試料を加え継代せずに培地交換を続け，約6週間後に形成されるフォーカスを観察する．この時，3-MC を投与しただけでは基本的にフォーカスを形成せず，プロモーターが作用して初めてフォーカスが形成されるのである．このように2段階で化学物質を作用させることから二段階形質転換試験とも呼ばれており，発がん過程のプロモーション段階の毒性を検出する指標となる．このプロトコールの概要を図-5.6 に示す．

一方，3-MC を作用させず，初めから試料を添加し続ける方法があり，これは非二段階形質転換試験と呼ばれている．この場合，形質転換細胞が誘発されるためには，試料が遺伝子障害性も有している必要があることから，試料のイニシエーショ

5.1 毒性の種類とバイオアッセイの意義

```
マウス繊維芽細胞              マウス繊維芽細胞
BALB/3T3 A31-1-1            BALB/3T3 A31-1-1
     ↓                           ↓
3-メチルコラントレン(3-MC)添加      試料添加
     ↓                           ↓
   培  養                       培  養
     ↓                           ↓
   試料添加  ←┐                  試料添加  ←┐
     ↓      │4回                 ↓      │4回
   培  養  ─┘                   培  養  ─┘
     ↓                           ↓
   標本作製                      標本作製
     ↓                           ↓
   画像解析                      画像解析
```

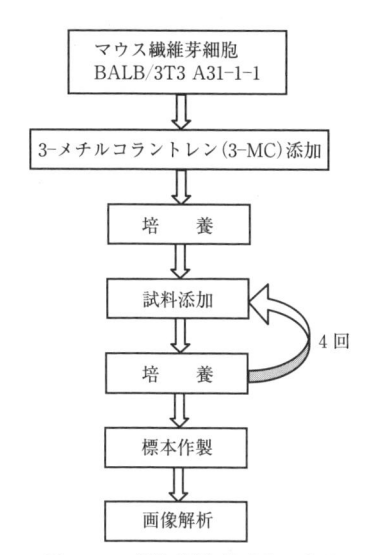

図-5.6 二段階形質転換試験の手順　　図-5.7 非二段階形質転換試験の手順

ン段階を含めた毒性を測定できる方法といえる．このプロトコールの概略を図-5.7 に示す．

標本は実体顕微鏡を用い，25 倍で観察した．**写真-5.2**，5.3 にコントロール細胞群と形質転換したとみられる細胞群を示す．ギムザ染色を行っているが，形質転換したとみられる細胞は重なり合って増殖しているため濃青色を呈する．これを画像として取り込むのであるが，濃青色部分は，モノクロ画像に変換した場合，より黒く（高濃度として）認識される．そこで画像処理により，この高濃度部の占める割合を求め，その差から正常細胞との識別を試みた．

この結果，正常細胞群を異常細胞群と見誤る率が 1 %，異常細胞群を正常細胞

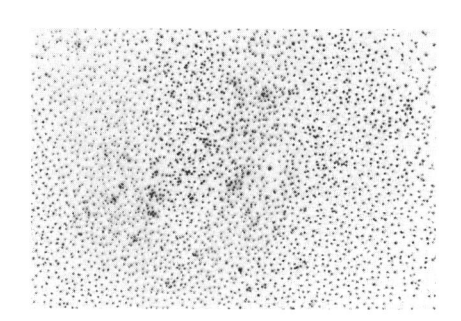

写真-5.2 マウス繊維芽細胞 BALB/3T3 A31-1-1

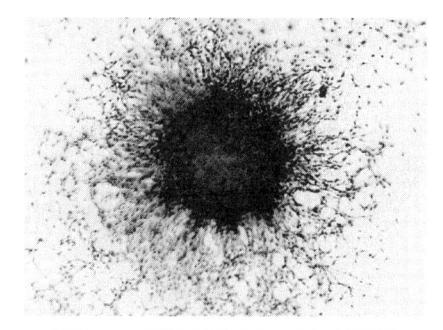

写真-5.3 形質転換したとみられる細胞群

第5章 消毒副生成物の毒性

群と見誤る率が 2.7 % となる識別論理を構築することができた．なお二段階試験において 3-MC を作用させただけの陰性対照の形質転換誘発率は 0.032 ± 0.005 であった．また，非二段階試験の陰性対照，すなわち何も添加していない細胞の形質転換誘発率は 0.011 ± 0.002 であった．

5.1.4 バイオアッセイの役割と限界

さて，バイオアッセイの種類と消毒処理水の安全性を検討するために本書で導入した試験法について述べた．これらのバイオアッセイの意義については誤解も多いので，ここではその役割と限界について整理しておきたい．特にここでは，バクテリアや培養細胞を用いた *in vitro* 系バイオアッセイを念頭に述べる．

有害物質の毒性発現に至る機構[6]は，当然のことながら，生物個体と単一細胞では大きく異なる．図-5.8 は，動物個体での化学物質の挙動・運命の概略を示したものである．

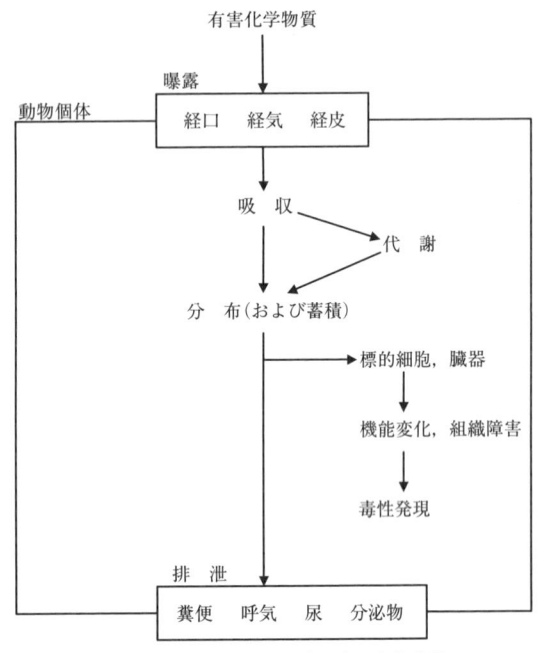

図-5.8 化学物質の生体内運命と毒性発現

有害物質の生物個体での毒性発現には，化学物質の吸収・代謝・分布・排泄，標的臓器での毒性発現物質濃度，組織間・細胞間相互作用や内分泌系などが大きく関与し，最終的に個体としての協調がとれなくなった場合に毒性が発現する．

これに対し，単一細胞では毒性物質が細胞に直接作用し，その活性が直接細胞に現れるのを観察しているだけである．したがって，*in vitro* 系バイオアッセイの場合には，個体毒性との間にどの程度の相関があるかが問われることになる．そして，染色体異常誘発性などの変異原性が強ければ発がん性も強い，といった相関も確かに得られている[15]．

しかし，*in vitro* 系バイオアッセイでは動物個体で現れうる毒性のきわめて限定的

5.1 毒性の種類とバイオアッセイの意義

な一面を測定しているだけであって，総合指標としては自ずから限界がある．さらにいえば，生物個体での吸収，代謝，分布，蓄積，排泄といった生体内挙動を踏まえた評価ができる方法で，しかもヒトに外挿できる方法は生物個体を用いる以外にはない．すなわち，in vitro 系の試験結果を生物個体としての用量−反応評価に置き換えることはできず，動物実験（in vivo 試験）の代わりとしての毒性評価には不適当と考えるべきなのである．

もちろんバイオアッセイの方法自体は，これら弱点を補うべく進歩を続けている[19]．従来から，細胞培養ではなく器官培養を行う技術，宿主経由法，トランスジェニックマウス・魚の開発などが行われてきた[2, 17, 20, 21]．そしてバイオアッセイが単に発がんリスクなどのスクリーニングや警鐘にとどまるのではなく，ヒトへの健康影響を評価しうる方法論として整備していく方向性が示されている[22, 23]．また最近では，化学物質の曝露に伴う様々な生体応答を遺伝子レベルで網羅的に調べることができる DNA マイクロアレイ法が発展している[24]．一方，リスク評価をより科学的根拠に基づいて行うという観点からは，4.5 でもとりあげたように，生理学的薬動態学モデル（PBPK モデル；Physiologically Base Pharmacokinetics Model）の利用が考えられ[25, 26]，そのモデル構築のために必要な各種アッセイが検討されてきている．

このような手法の発展にもかかわらず，現在のところ，4 章に述べたような基準値の設定に利用される毒性試験は，常にマウスやラットなどの齧歯類個体を用いた試験系であり，これに代わるものはない．少なくとも，in vitro 試験の結果によって発がんリスクレベルや耐容 1 日摂取量（TDI）といった値を予測したり，あるいは基準値を設定したりすることは本質的に期待できない．以上の点は，in vitro 系バイオアッセイを行う人も，結果を見る人も十分に認識しておく必要がある．

このことは，内分泌撹乱化学物質の影響を検討する場合も同様である．図−5.9 は，化学物質が内分泌系を撹乱するのに必要なプロセスをごく簡単に描いたものである[27]．in vitro バイオアッセイは，この最後の段階である標的細胞での反応を見ているにすぎない．5.4 ではエストロゲン様作用に関して論じるが，その試験結果が陽性であるからといって，その物質が生体内において内分泌撹乱作用を有する有害物質であると結論づけられるわけではない点には十分に注意する必要がある．

さてそれでは，以上のような制約のある in vitro 系バイオアッセイを行うことにはどのような意義があるのか．著者は，過大評価も良くないし，過小評価も良くないと考えている．考え方を図−5.10 に示す．

過大評価とは，「水道水から遺伝子に損傷を与える物質が検出された！」などとセ

第 5 章　消毒副生成物の毒性

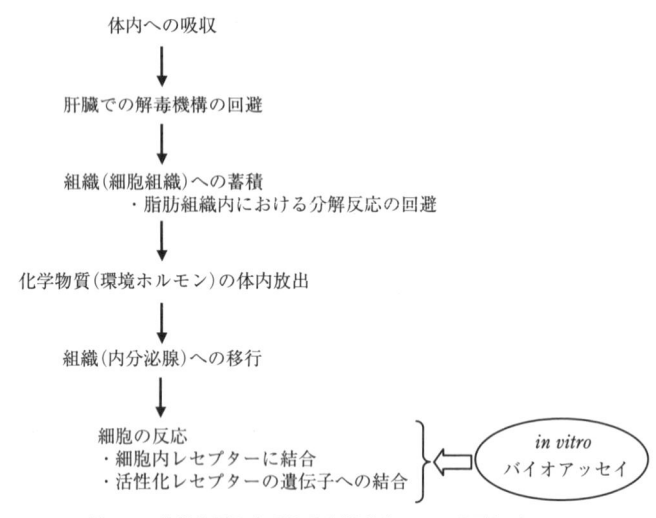

```
体内への吸収
    ↓
肝臓での解毒機構の回避
    ↓
組織(細胞組織)への蓄積
  ・脂肪組織内における分解反応の回避
    ↓
化学物質(環境ホルモン)の体内放出
    ↓
組織(内分泌腺)への移行
    ↓
細胞の反応
  ・細胞内レセプターに結合       ← in vitro バイオアッセイ
  ・活性化レセプターの遺伝子への結合
```

図-5.9　化学物質が内分泌系を攪乱するのに必要なプロセス

ンセーショナルに捉え，いたずらにおそれてしまうことである．このように，変異原性試験を含めたバイオアッセイの結果は，発がんとの関係がある場合が多いため過大に評価される傾向がある．本当にどの程度有害なものであるのか，どの程度対策が必要なものであるのかは，動物個体を用いた試験で得られる毒性評価を待ち，定量的に判断されなければならない．

```
過大評価 ✗  ⇒  総括的水質指標として測定
                    ⇓
過小評価 ✗      リスクを低減するための
                 管理・システム構築
```

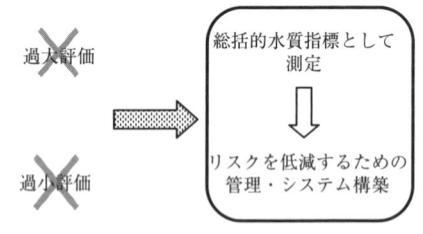

図-5.10　バイオアッセイ結果の活用の考え方

一方，過小評価とは，in vitro 系バイオアッセイは単細胞レベルでの反応を見ているだけであって，そのようなアッセイをいくらやっても生物個体でのリスクレベルもわからないし，リスク管理にも使用できず意味がない，というものである．

in vitro 系バイオアッセイを環境試料に適用する場合に絞って考えてみよう．この時，バイオアッセイによる測定結果とは，個別化学分析によってはリスク同定できない成分も含めて，総括的な水質指標という意義を有する．この結果，in vivo 試験では得ることが困難な情報を得ることができる．例えば，後に述べる消毒処理水の染色体異常誘発性の経時的変化(5.3.1，5.3.2，5.3.4 参照)などは in vivo 試験法では決して得られない情報であるし，個別の消毒副生成物の全体の毒性に対する寄与度の

評価(5.2.3, 5.2.4, 5.3.3参照)も in vivo 試験法では容易ではない．このような総括的水質指標としての測定結果は，リスクを低減するための管理に用いたり，将来のシステム構築に生かすことができる．水道であれば，より良い水道システムをつくっていくのに用いることができる．個別分析によっては捉えられない未知のリスク因子がある場合，もしくはある化学物質の毒性評価が未確定である場合には，特にこのような考え方が重要であろう．本章は，このようなバイオアッセイの活用例を示すものともなっている．もちろんこの場合にも，上に記した in vitro 系バイオアッセイの限界を十分に踏まえる必要があることはいうまでもない．

5.2 消毒処理水の毒性の強さと副生成物の寄与

ここでは，消毒処理水の毒性(変異原性)をバイオアッセイを用いて測定し，いくつかの消毒剤で処理した水の毒性の強さを比較する．また，その中に含まれる副生成物について，消毒処理水の毒性全体に対する寄与度について調べる．さらにこの結果をもとに，特に塩素処理水の総括的水質指標としての TOX の意義について考察する．

5.2.1 塩素とその代替消毒剤による処理水の染色体異常誘発性[28]

(1) 消毒処理水の変異原性の比較研究例

まず，フミン物質や水道原水を各消毒剤で処理し，その処理水の変異原性を比較した従来の研究例についてまとめてみる．変異原性試験法は，ほとんどが Ames 試験であり，以下特に断らない限り Ames 試験による結果を述べている．これまでに行われた主な研究結果を表-5.3に示す．

代表的な結果は，ミシシッピ川の水を用いて実験を行った Meier と Bull[30] によって得られている．すなわち，塩素処理水の変異原性が最も強く，クロラミン処理水の変異原性も確認された．二酸化塩素処理水の変異原性はわずかであり，オゾン処理水の変異原性は認められなかった．しかしこの結果は，対象水，試験調製方法などによって変化する．その他，オゾンは原水の変異原性を低下させる作用があること，オゾン処理水の変異原性については，変異原性が認められない例や認められる例があるなど一定ではない，などの知見が得られている．

これらの研究では，原水を消毒処理した後，まず XAD-2，C18 などの樹脂に通水する．吸着物質を有機溶媒で溶出し，溶媒を減圧濃縮して乾固した後，ジメチル

第 5 章　消毒副生成物の毒性

表-5.3　消毒処理水の

アッセイの種類	原水	処理	濃縮法・使用樹脂
Ames 試験	Lake Savojarvi（フィンランド）	pH, Cl, O_3 and floc, pH, Cl, O_3	XAD-4, XAD-8
	Mississippi River（米国）	Floc, sfilt, Cl or O_3 or NH_2Cl or ClO_2, GAC, Cl	XAD-8, XAD-2
	Rhine/Meuse River（オランダ）	pH, Cl or O_3 or ClO_2, UV, $FeCl_3$ safilt, GAC	XAD-4, XAD-8
	Mississippi River（米国）	Floc, F, sfilt, O_3 or ClO_2 or NH_2Cl or Cl or nothing, sfilt or GAC	逆浸透膜 XAD-8, XAD-2
	Rhine/Meuse River（オランダ）	Cl_2 or O_3 only (and dfilt, GAC)	XAD-4, XAD-8
	Houlle River（フランス）	Cl, floc, flot, GAC, O_3, or Cl	XAD-4, XAD-2
	Seine River, wells（フランス）	Aer, bionit, O_3, GAC, Cl	XAD-4, XAD-2
	Seine River（フランス）	Floc, rsfilt, O_3, GAC, Cl, ClO_2	XAD-4, XAD-2
	泥炭地着色水（日本）	Cl, NH_2Cl, ClO_2	蒸発乾固
	泥炭地着色水（日本）	Cl, O_3	XAD-2
	淀川（日本）	Cl, O_3	XAD-2
	N. Sakatchewan River（カナダ）	Floc, sfilt, Cl or ClO_2 or O_3 or NH_2Cl or nothing, GAC, Cl	XAD-2
Ames 試験, SOS, Chromotest, Mutatox など	Trasimeno Lake（イタリア）	Cl, ClO_2, PAA	C18
Ames 試験	イタリア北部の湖	6浄水場の試料．処理としては消毒のみ, rsfilt-消毒, GAC-rsfilt の場合あり．消毒剤には Cl, ClO_2, O_3 使用．	C18
コメットアッセイ, 小核試験	Trasimeno Lake（イタリア）	Cl, ClO_2, PAA	C18

Floc-flocculation, flot-flotation, sfilt-sand filtration, safilt-sand and anthracite filtration, rsfilt-rapid sand ozone, UV-ultraviolet light, PAA-peracetic acid, pH-pH adjustment, $FeCl_3$-ferric chloride, GAC-granular C6-hexane, DMSO-dimethylsulfoxide, DCM-dichloromethane, MeOH-methanol, Cl 水-塩素処理水, NH_2Cl

5.2 消毒処理水の毒性の強さと副生成物の寄与

変異原性の比較研究例

溶媒	活性画分	結果	文献
EtOAc	酸性	Cl が大, O_3 水もあるが, 高注入率では減少	29
ACTN	酸性	Cl 水が最大, NH_2Cl 水で確認, ClO_2 水でわずか, O_3 水はなし	30
DMSO	中性	Cl 水と ClO_2 水は同程度, O_3 + UV が最も低い. O_3 は原水の変異原性を低下	31
ACTN	酸性	Cl 水が最大, ついで NH_2Cl 水, ClO_2 水の順. O_3 水はなし	32
DMSO ACTN	中性/酸性	O_3 は原水の変異原性を低下. Cl は増大	33
DCM/MeOH	酸性	Cl 水と O_3 水は同程度 (前塩素処理水)	34
DCM/MeOH	酸性	O_3 で増大. 注入率 12 mg/L, 接触時間 30 分で最大	34
DCM/MeOH	酸性	O_3 は原水の変異原性を低下	34
DCM	中性	NH_2Cl 水は Cl 水の 1/7 倍の強さ. ClO_2 水はなし	35
DCM/MeOH	酸性	Cl 水と比較して O_3 水はわずか	36, 37
DCM/MeOH	酸性	原水の変異原性が高い. 原水, Cl 水, O_3 水, O_3–Cl 水の順に減少	38
ACTN(15%) / C6(85%)	中性	Cl 水が高頻度. NH_2Cl 水でもしばしば確認. ClO_2 水, O_3 水はなし	39
EtOAc/DCM /MeOH	中性	Cl 水と ClO_2 水は同程度. PAAは原水の活性を低減	40
MeOH/ acetonitrile	酸性	Cl 水はすべての試料で変異原性増大. ClO_2 水では常に低下. O_3–ClO_2 水では増大する場合と低下する場合	41
EtOAc/DCM /MeOH	酸性	コメットアッセイでは, PAA 水が最大で Cl 水と ClO_2 水よりも大. ただし原水の変異原性高い場合には, 3 消毒剤とも変異原性それ以上増大させず. 小核試験では, 3 消毒剤とも原水の活性を増大させず	42

filtration, dfilt–dune filtration, F–fluoride, Cl–chlorination, NH_2Cl–chloramins, ClO_2–chlorine dioxide, O_3–activated carbon, bionit–biological nitrification, aer–aeration, EtOAc–ethyl acetate, ACTN–acetone, 水–クロラミン処理水, ClO_2 水–二酸化塩素処理水, O_3 水–オゾン処理水

スルホキシド(DMSO)などで再溶解したものを試料としている．したがって，例えばオゾン処理によって多く生成すると思われる親水性物質は，XAD-2, C18 などの非イオン性樹脂には吸着しにくく試験対象となっていない問題点が指摘されている[43]．

哺乳動物個体を対象として，各消毒処理水の毒性を比較した研究は少ないが，Bull[44]らの例がある．彼らは，マウスに各消毒処理水を投与し腫瘍形成性を調べているが，投与方法は皮下注射である．濃縮試料の投与期間は2週間で，その後プロモーターとして TPA のみを投与している．その後の観察期間を含めると試験期間は52週間である．結果を**表-5.4, 5.5** に示す．**表-5.4** の皮膚における腫瘍形成性を見た例では，二酸化塩素処理水のみに腫瘍形成性が見られず，他の3種に腫瘍形成性が見られる．しかし，顕微鏡観察結果を示した**表-5.5** では，二酸化塩素処理水でも病変が起きており，毒性の大小についての明確な結論は得られていない．

表-5.4 消毒処理水による皮膚腫瘍の形成性[44] (Environmental Health Perspectivesの許諾に基づき転載)

試料	濃縮倍率	腫瘍を形成した個体数	腫瘍の総数	腫瘍総数／個体数 ×100
未処理水	102	0/25	0	0
塩素処理水	106	4/25	5	20
クロラミン処理水	142	5/25	8	32
二酸化塩素処理水	168	0/25	0	0
オゾン処理水	186	7/25	9	36
塩類溶液	−	1/25	1	4
DMBA*(陽性対照)	−	16/25	35	140

注) 実験は各試料のイニシエーション作用を調べたもの．
プロモーターとしては TPA(12-o-tetradecanoylphorbol)が用いられた．
* DMBA-7, 12-dimethylbenz(a)anthracene

表-5.5 解剖時に検鏡によって観察された病変[44] (Environmental Health Perspectivesの許諾に基づき転載)

試料	皮膚腫瘍		組織腫瘍		
	パピローマ	扁平上皮がん	肺アデノーマ	乳腺腫	胃腫
未処理水	0	1	0	0	0
塩素処理水	1	3	2	0	0
クロラミン処理水	1	2	5(4)	0	0
二酸化塩素処理水	0	0	4(3)	3	1
オゾン処理水	2	2	1	0	0
塩類溶液	0	1	1	2	0
DMBA*(陽性対照)	8(6)	1	0	0	0

注) ( )は腫瘍数と腫瘍形成個体数が異なる時の腫瘍形成個体数を示す．
* DMBA-7, 12-dimethylbenz(a)anthracene

また，Danielら[45)]は，オゾン処理およびオゾン-塩素処理を行ったフミン酸水を雌雄ラットに90日間飲水投与する亜慢性毒性試験を行っている．この結果，オゾン-塩素処理水を投与した雄で肝臓の相対重量の増加が見られたが，雌では見られず，またオゾン処理水では見られなかった．この他の血液学的および臨床学的変化も見られなかったとしている．

(2) 試料の作製方法についての考え方

上に示したように，塩素，クロラミン，二酸化塩素，オゾンを用いて処理し，その処理水を濃縮したものを試料として変異原性を比較すると，その強さは，オゾン処理水＜二酸化塩素処理水＜クロラミン処理水＜塩素処理水の順になることがしばしばある．しかし，この際の濃縮方法は多くの場合，まず消毒処理水をXAD-2，C18などの樹脂に通水して吸着させる．その後，有機溶媒で溶出し，溶媒を減圧濃縮して乾固した後，DMSOなどで再溶解したものを試料としている．この方法では，実際に消毒処理した水を対象とすることができる反面，ホルムアルデヒドなど親水性物質はXAD-2，C18などの非イオン性樹脂には吸着しにくいであろうし，溶媒を乾固することからクロロホルムなどの揮発性物質は最終的に試料中に入ってこないなど，副生成物を平等に濃縮することができない．本項のように異なる消毒処理水の変異原性の比較を行いたい場合，この点には特に注意する必要がある．それは3章で述べたように，消毒剤が異なれば有機物との反応性も異なり，生成物の種類も異なるため，同じ濃縮方法をとった場合，変異原性の強さの評価が不平等になるおそれがあるからである．

そこで次に示す実験では，消毒副生成物全体の染色体異常誘発性を測定することを目的に，最初に自然水を濃縮したうえで消毒処理を行い，処理水をそのまま染色体異常試験に供する方法をとっている．すなわち，自然水をXAD-2樹脂に通水した後，吸着成分を溶媒抽出し，乾固した残渣を蒸留水に再溶解して濃縮水を作製する．この試料に消毒剤を加えて処理し，それをそのまま染色体異常試験の試料とした．もちろんこの方法では，自然水中に存在する物質のうち，濃縮できた疎水性物質しか消毒処理の対象にならないという限界もある．

(3) 消毒処理水の染色体異常試験結果

原水には琵琶湖南湖表流水を用いた．吸着樹脂には，自然水中の疎水性物質の濃縮に広く利用されているXAD-2を用いた．通水後，ジエチルエーテル（安全のため

第 5 章　消毒副生成物の毒性

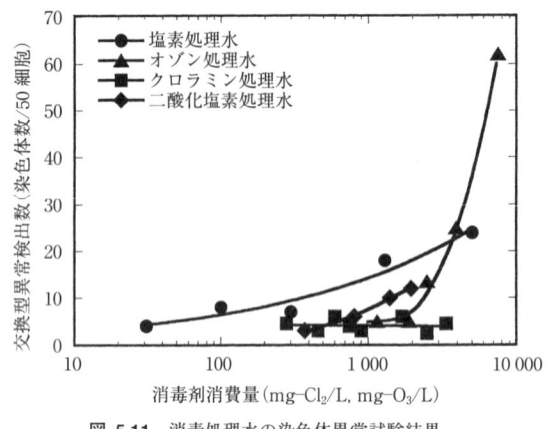

図-5.11　消毒処理水の染色体異常試験結果

未開封のものを使用)で抽出操作を行った．得られた濃縮水の過マンガン酸カリウム消費量から，濃縮倍率は 420 倍であった．

各消毒処理水の染色体異常試験結果をまとめて図-5.11 に示す．横軸は消毒剤の消費量を mg-Cl_2/L または mg-O_3/L で表示してある．濃縮倍率から換算すると，図の 420 mg/L の位置が実際の琵琶湖水に消毒剤 1 mg/L を消費させた場合に対応するとみなすことにより，染色体異常誘発性の大小関係を比較しうる．

まず塩素処理水は，低消費量範囲から染色体異常誘発性を有意に認め，4 種の中では最も強い．次に二酸化塩素処理水は，塩素処理水よりも弱く，最大でも塩素処理水の 1/2 程度である．オゾン処理水は，高消費量範囲では塩素処理水以上となっているものの，通常の消毒範囲では，塩素処理水や二酸化塩素処理水よりも染色体異常誘発性は弱いと考えてよいだろう．またクロラミン処理水の染色体異常誘発性は認められなかった．

すなわち，消毒処理水の染色体異常誘発性は，通常の消毒処理範囲では，塩素処理水が最も強く，次いで二酸化塩素処理水，オゾン処理水の順であり，クロラミン処理水の染色体異常誘発性が最も弱いという結果となった．

この結果を先述した従来の結果と比較すると，二酸化塩素処理水とオゾン処理水の変異原性が相対的に強い結果となっているのが特徴といえるようである．その理由としては，消毒処理の対象水が異なること，Ames 試験ではなく哺乳動物の培養細胞を用いた染色体異常試験による結果である可能性も否定できないが，やはり変異原性試験のための試料の作製方法の違いによるものだろう．すなわち，二酸化塩素処理水とオゾン処理水の変異原性が相対的に強い結果となったのは，従来の消毒処理を行った後に濃縮する方法では回収できなかった，アルデヒドなどの親水性の副生成物が本実験では試料中に存在するためと推察しうる．そしてこの方が実際の消毒処理水の毒性の順位を表しているのではないかと考えている．

5.2.2　副生成物生成との関係[46]

消毒処理水の毒性を比較するという目的には，5.2.1 に示したようなバイオアッセイを行うことが最も望ましい．それは，種類のみならず化学物質としての特性もが多様である副生成物に対し，バイオアッセイはそれらの総括的水質指標とみなせるからである．それに対し，消毒副生成物を分析することによって処理水の毒性を推定しようとする手法がある．しかし 5.2.1 のように異なる消毒剤で処理した水を対象とする場合，ある消毒処理副生成物を分析してその毒性を比較することは大変注意深く行わなければならない．それは，3 章で繰り返し指摘したように，各消毒剤はそれぞれ有機物との反応性が少しずつ異なるからである．例えば，二酸化塩素やクロラミンを用いれば，生成するトリハロメタンや TOX (Total Organic Halides；全有機ハロゲン) は塩素の場合よりも少なくなるが，新たな生成物によって新たな毒性が生起する可能性を否定できない．

このような反応性の異なる消毒剤によって処理された消毒処理水に対し，副生成物を分析することによってその毒性を比較するためには，いかなる物質に着目すればよいのか．以下では，このような観点から，消毒処理水の染色体異常誘発性と副生成物との関係について述べる．

ところで 5.2.3 で述べるように，トリハロメタン，ハロ酢酸やアルデヒドなどの個別の副生成物は，処理水の染色体異常誘発性に対する寄与がきわめて小さいことがわかっている．

このように，異なる消毒処理水を対象とする必要があること，および個別副生成物の毒性の寄与が小さいことから，ここでは個々の化合物ではなく，官能基を中心とする原子団に着目して検討してみた．

実験的検討に先立って，今までに報告されている染色体異常試験データ[47]を解析することにより，いかなる分子構造が染色体異常を誘発しやすいかを調べた[48]．解析対象とした化合物数は 465 であった．この結果，染色体異常誘発能が強く示唆される原子団として，$C=C-NO_2$，$C=C-C-N<$，$-NO_2$，可能性がややあるものとして，$C-C-C=O$，$C-COO^-$，可能性が考えられるものとして，$C-C=O$ があげられた．

解析の結果からは，ニトロ基とカルボニル基が染色体異常誘発性に寄与している可能性が高いことが示された．また本解析の範囲では，ハロゲン化物の染色体異常誘発性に対する寄与が認められなかった点も特徴であった．次いで，この解析で抽

第 5 章 消毒副生成物の毒性

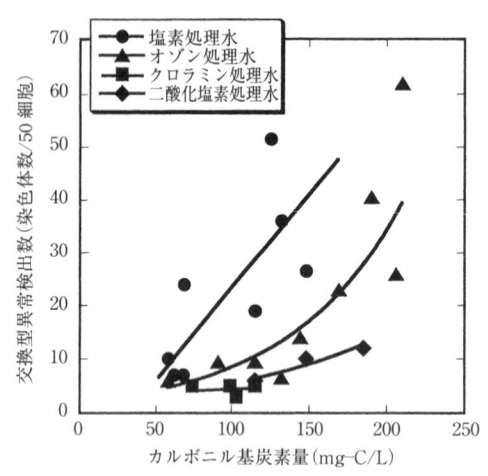

図-5.12 消毒処理水中の含有カルボニル化合物量と染色体異常誘発性との関係

出された構造を有する物質が塩素とその代替消毒剤によっていかに生成するかを調べ，染色体異常誘発性との関係を実験的に調べてみた．

試料水は，5.2.1 と同様に琵琶湖南湖表流水を XAD-2 に通水後，ジエチルエーテルで抽出したものである．得られた含有カルボニル基量と染色体異常誘発性との関係を図-5.12 に示す．含有カルボニル基量が多いほど染色体異常誘発性も強いという傾向が認められる．しかし同量の含有カルボニル基量であっても，塩素処理水の染色体異常誘発性が他の 3 種に比べて強いのが特徴である．これはカルボニル化合物に加えて有機塩素化合物が染色体異常誘発性に寄与していることを予想させる．

一方，二酸化塩素とクロラミンについても，塩素化が進行していると推察されたが，図-5.12 の結果から，有機塩素化合物が生成していたとしても，同じ生成カルボニル量で比較した場合，染色体異常誘発性はオゾン処理水を上回るものではないことがわかる．すなわち，二酸化塩素処理水，クロラミン処理水の染色体異常誘発性に対する有機塩素化合物の寄与は，仮にあるとしてもわずかであると推察できる．それは結局，二酸化塩素およびクロラミンによって生成する有機塩素化合物が少量であるためと思われる．

次に，含有ニトロ基量と染色体異常誘発性との関係を図-5.13 に示す．含有ニトロ基が多い処理水ほど染色体異常誘発性も強かった．

一方，オゾン処理水中のニトロ基は，

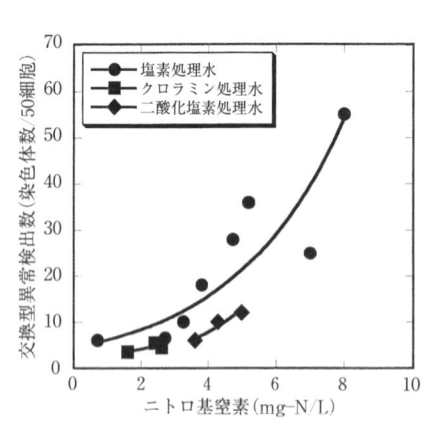

図-5.13 消毒処理水中の含有ニトロ基量と染色体異常誘発性との関係

用いた測定方法では有意な生成は認められなかった．採用した測定方法では主として芳香環を有するニトロ基を測定しているが，オゾンによって芳香環の開裂が進むためと推察される．そこで，パラフィン系のニトロ基を測定したところ，オゾン処理によって生成していることは確かめられた．しかし，結局オゾン処理水については，含有ニトロ基量と染色体異常誘発性との関係は不明瞭であった．

また，両図から生成量を比較すると，カルボニル基の最高生成量が約 210 mg-C/L であるのに対し，ニトロ基の最高生成量は約 8 mg-N/L と，ニトロ基に比べてカルボニル基の生成量の方がはるかに多いことがわかる．

ところで，カルボニル基の選択的還元剤として水素化ホウ素ナトリウム($NaBH_4$)がある．この時，カルボニル基はアルコールとなる．$NaBH_4$ はカルボニル基は還元するが，エステル，アミド，エーテル，ニトロ基，C＝C の二重結合などは還元しないという[49, 50]．

塩素処理水とオゾン処理水に $NaBH_4$ を注入した後，染色体異常誘発性を測定した結果を図-5.14 に示す．0.2％ $NaBH_4$ 処理によって処理水中のカルボニル基はほぼ還元されたとみなされ，またこの時，ニトロ基は還元されずに残存していると考えられる．なお，添加した $NaBH_4$ 自体は染色体異常誘発性を持たない．

図-5.14 より，カルボニル基の選択的還元処理によって処理水の染色体異常誘発性が大きく低下したといえる．ただし，塩素処理水については，カルボニル基が還元されて染色体異常誘発性が低下したと考えられると同時に，有機塩素化合物が還元された可能性も否定できない．

以上の結果をまとめると，
① 含有カルボニル基量が多いほど染色体異常誘発性が強い．
② ニトロ基の生成量はカルボニル基に比べてはるかに少ない．また含有ニトロ基量と染色体異常誘発性との関係は，特にオゾン処理水で不明瞭であり，全体として関係を認めるには至らなかった．
③ カルボニル基の選択的還元処理によって処理水の染色体異常誘発性が大きく低下した．

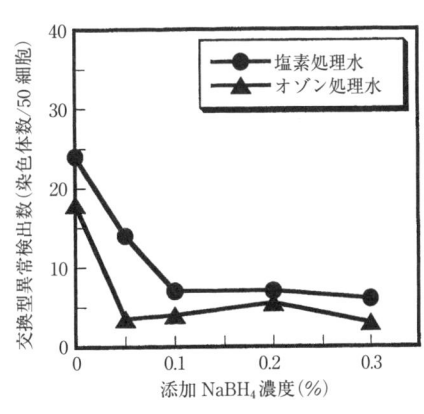

図-5.14 消毒処理水の染色体異常誘発性に対する $NaBH_4$ 還元の影響

以上より，カルボニル基が染色体異常誘発性に大きく寄与していると推定することができる．

そこで，図-5.12をベースに，カルボニル基の評価指標としての可能性について考えてみる．なお，カルボニル基は原水の天然有機物に一般的に見られる構造なので，ここでは各消毒処理によって増加した「生成量」を比較する必要がある．実際の消毒剤注入量を勘案すると，含有カルボニル基量は約 110 mg-C/L までの範囲と見ることができたので，図-5.12の横軸がこの値までの範囲で比較すると，

　　二酸化塩素，クロラミン，オゾン：カルボニル基生成量
　　塩素　　　　　　　　　　　　　：カルボニル基生成量×7～10

を指標とすれば，異なる消毒剤で処理した水の毒性を大まかに比較することが可能といえる．塩素処理水のみカルボニル基生成量の 7～10 倍とする必要があるのは，先述のように有機塩素化合物の寄与があるためである．一方，カルボニル基の測定方法については，なお検討する余地がある．

既に述べたように，異なる消毒剤を用いれば異なる種類の副生成物が生成するのであるから，トリハロメタンや TOX の生成量を比較したのでは消毒処理水の毒性を平等に比較したとはいえない．この問題に対してここでは，評価指標としてカルボニル基生成量を提示したことに意義がある．

5.2.3　個別副生成物の寄与度

5.2.2 では，個別の副生成物ではなく，官能基としてカルボニル基に着目することが有用であることを述べた．ここでは，塩素処理水の染色体異常誘発性や形質転換誘発性に対する個別の副生成物の寄与率について調べてみる．

塩素処理水またはオゾン-塩素処理水のバイオアッセイを行うとともに，個別の副生成物の生成量測定と各副生成物のバイオアッセイを行い，それらから寄与率を推定した[51～53]．表-5.6 はその結果であり，トリハロメタンのうちクロロホルム，ハロ酢酸のうちジクロロ酢酸，トリクロロ酢酸，および MX，臭素酸イオンについて示している．

表-5.6 を見ると，クロロホルム，ジクロロ酢酸，トリクロロ酢酸の3物質の合計でも，染色体異常誘発性に対する寄与率は 2.9％，形質転換誘発性に対する寄与率は 1.4％である．MX や臭素酸イオンについては，試験条件がそれぞれ異なるものの，これらの数値よりもはるかに小さく(0.1％未満)，その寄与についてはほとんど無視できるという結果であった．

表–5.6 塩素処理水の染色体異常誘発性,形質転換誘発性に対する個別副生成物の寄与率の評価例

物質名	染色体異常誘発性	形質転換誘発性 (二段階試験)	実験条件等	文献
クロロホルム	0.5%	0.9%	試薬フミン酸溶液に対し,$Cl_2/TOC=1$ 付近で塩素処理を行った結果から推定	51
ジクロロ酢酸	0.8%	0.25%		
トリクロロ酢酸	1.6%	0.25%		
MX	無視できるほど小さい	無視できるほど小さい	琵琶湖水を塩素処理しバイオアッセイを行うとともにMX生成量を測定した結果から推定	52
臭素酸イオン	無視できるほど小さい	———	臭化物イオンを含む試薬フミン酸溶液に対し,オゾンおよび塩素処理を行った結果から推定	53

以上は塩素処理水についての結果であるが,オゾン処理水について $C_0 \sim C_3$ の直鎖低分子アルデヒド(ホルムアルデヒド,アセトアルデヒド,プロピオンアルデヒド,ブチルアルデヒド)を測定して,処理水の染色体異常誘発性に対する寄与度を検討したが,これらの物質がほとんど寄与していないことがわかっている[28].

このような,バイオアッセイ結果に対して個別の消毒副生成物の寄与が非常に小さいという結果は,他の研究でも示されてきている.例えば,Meier ら[54]は,10種類に及ぶ塩素処理副生成物についてその寄与率を試算したところ,Ames 試験のTA100 株では10種類合計で 7～8％,TA98 株では 2％未満にすぎなかったとしている.

ここで MX について若干補足しておかなければならない.MX は,塩素処理水中に見出される強変異原性物質として報告されてきた物質である.

実際,Ames 試験などによって,これまでに塩素処理水の変異原性に対する MX の寄与率が数％から最大 60％に達する例も報告されている[55,56].ところが,上記のように CHL を用いた染色体異常試験によって測定するときわめて低い寄与率となったのである.

MX の変異原性に対する寄与率については,このように Ames 試験の結果と哺乳動物の培養細胞を用いた結果に大きな差があることがいくつか報告されている.Plewa ら[57]は,チャイニーズハムスター由来の培養細胞である CHO を用いて単細胞ゲル電気泳動アッセイ(コメットアッセイ)で数種の臭素化合物と MX の DNA 損傷能を検討した.その結果,MX の DNA 損傷能は低くブロモ酢酸,ジブロモ酢酸,

トリブロモ酢酸のほうが DNA 損傷能は大きかったという．また，培養細胞を用いた実験では MX の変異原性自体が低下することも報告されている[58]．このように，MX の変異原性が培養細胞系で小さく評価される理由としては，MX が培養液中の血清に含まれるアルブミンと結合することが推定されている．以上の特性は 4.3.2 でも触れている．

アッセイの特性はあるものの，個別物質の毒性の寄与率は塩素処理水全体に対して高く見積もっても数％であり，現在，水質基準として規制されている物質以外の物質の毒性が大半を占めている．個別の物質ごとに基準値を設定して水質管理を行う現在の体制では不十分といわざるをえない．個別の物質についての基準だけでなく，消毒副生成物全体としての毒性を把握し，それを制御することを可能にする総括指標の導入を本来は検討すべきであると指摘できる．

5.2.4　TOX 指標を用いた総括的毒性評価の試み

水道水中の有機ハロゲン化合物の総量を表す指標として TOX が用いられている．前項で示したように，個別物質の規制では限界があるため，ここでは TOX を用いて毒性を総括的に把握し，TOX 濃度としての許容レベルの提示を試みる．ただし，ここでの検討は塩素処理水に限られる．

水中天然有機物のモデル物質として，国際フミン質学会 (International Humic Substances Society ; IHSS) より購入した Suwannee River Natural Organic Matters(SRNOM) を用いた．調製後の TOC は 1 000 mg-C/L で，これに初期塩素濃度 1 500 mg-Cl_2/L となるよう次亜塩素酸ナトリウムを加えた．塩素処理後に生成した TOX の濃度は 225 mg-Cl/L であった．これを希釈しつつ染色体異常試験および形質転換試験に供した．

表-5.7 は，SRNOM 塩素処理水とクロロ酢酸類のアッセイ結果を比較[51]したものである．ここで D20 値とは，染色体異常試験において 20％の細胞に何らかの異常染色体が見られる時の投与濃度を表す．値が小さいほど染色体異常誘発性が強いことを意味する．形質転換誘発率とは，観察したコロニーのうち形質転換を起こしたと判定されたコロニーの率である．誘発率 0.1 を超過する濃度で比較しており，やはり値が小さいほど形質転換誘発性が強いことを意味する．単位はすべて Cl 重量で表示してある．

この結果，SRNOM 塩素処理水の染色体異常誘発性についてはジクロロ酢酸と同程度，形質転換誘発性では二段階試験でクロロ酢酸とジクロロ酢酸の間，非二段階

表-5.7　SRNOM 塩素処理水の毒性の相対評価

	染色体異常誘発性	形質転換誘発性	
		二段階試験	非二段階試験
	D 20 値(mg-Cl/L)	誘発率 0.1 超過濃度(mg-Cl/L)	誘発率 0.1 超過濃度(mg-Cl/L)
クロロ酢酸	12	0.21	6.0
ジクロロ酢酸	25	8.3	36
トリクロロ酢酸	110	79	550
SRNOM 塩素処理水	33	0.83	0.71

試験ではクロロ酢酸より強いと評価される結果となった．総じて，SRNOM 塩素処理水の毒性は，トリクロロ酢酸よりも強く，ジクロロ酢酸またはクロロ酢酸と同程度といえるようである．TOX 中の Cl がすべてジクロロ酢酸やクロロ酢酸中の Cl とみなすと，それが塩素処理水の毒性の強さを表すことになる，という意味である．

さて，5.3.1 で述べるように，塩素処理水の毒性は，相対的にイニシエーション活性の方がプロモーション活性よりも強いと考えられる（図-5.18 参照）．そこで表-5.7 の中で染色体異常誘発性の結果を重視し，SRNOM 塩素処理水がジクロロ酢酸と同程度の毒性を有すると仮定して考察を進める．

ジクロロ酢酸の基準値は，生涯にわたる発がんリスクの増分が 10^{-5} となるレベルで設定されており，その値は 0.04 mg/L である（4 章参照）．これを Cl 重量に変換すると 0.022 mg-Cl/L（= 22.0 μg-Cl/L）となる．これが Cl 重量，すなわち TOX としての許容レベルということを意味する．わが国の水道水の一般的な TOX の生成量は 80～100 μg-Cl/L と想定され，その毒性がいかに大きいかがわかる．水質基準の設定リスクレベル 10^{-5} に照らして考えると，TOX は現状の 1/4 から 1/5 しか許容できないということになる．

もちろん以上は，*in vitro* バイオアッセイ結果から考察したものであり，動物個体に対する毒性に関して結論が得られるわけではない．本来は，TOX すなわち塩素処理水そのものの *in vivo* 試験を行い，その毒性を評価する必要があると指摘できる．

このような観点からの動物実験がこれまで全く行われてこなかったわけではない．5.2.1 で表-5.4，5.5 に示した Bull らの結果[44]（ただし，投与方法は皮下注射）は一つの例である．Van Duuren ら[59]は，1 g/L 濃度の塩素処理したフミン酸水をマウスに 2 年間飲水投与する実験を行ったが，腫瘍の増加は見られなかったという．Condie ら[60]は，塩素処理したフミン酸水を 90 日間飲水投与する亜慢性毒性試験を

第5章 消毒副生成物の毒性

行い,NOAEL を 0.5 g-TOC/L としている.また Daniel ら[45]も,雌雄ラットに90日間飲水投与する亜慢性毒性試験を行っているが,暫定 NOAEL は,未処理フミン酸水およびそのオゾン処理水,オゾン-塩素処理水ともに 1.0 g-TOC/L であるとした.

今後は,TOX の水質基準値を導出できるような毒性試験が必要であると考えられる.実際,U.S.EPA には,まさにこの目的のためのプロジェクトが存在する[61, 62].計画のフローを図-5.15 に示す.*in vitro* バイオアッセイも行うが,*in vivo* での毒性試験を発がん性のみに限定せず系統的に行うとしている点に意義がある.

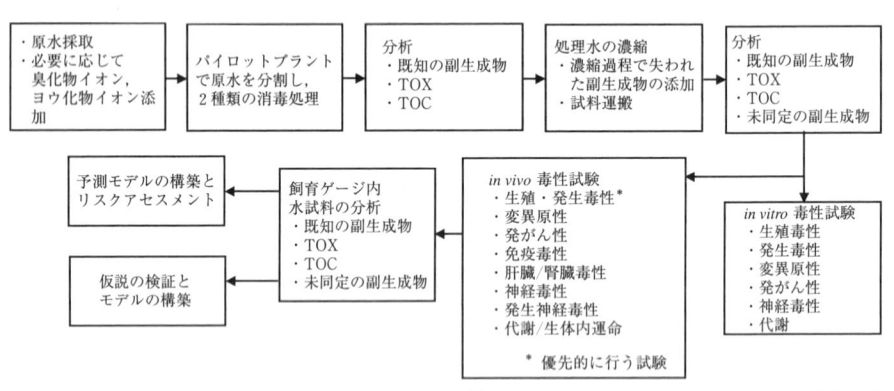

図-5.15 U.S.EPAにおける消毒処理水の毒性評価フロー[61](Taylor & Francis Informa UK Ltd. の許諾に基づき転載)

塩素処理副生成物による健康影響として,発がん性の次に注目されてきているものに生殖・発生毒性がある.周知のように,1990年代後半,内分泌攪乱化学物質(環境ホルモン物質)の問題に世界の大きな関心が集まった.これに伴い,消毒副生成物についてもそのような作用があるか否かが関心事となったのである.1.1.2 で述べたように,これまでの疫学調査の結果では,流産・死産の増加,低体重児の出生および胎児の生育不良,神経毒性,心臓,泌尿器,呼吸器などにおける先天異常や奇形の発生などが報告または示唆されている.本書では5.4で塩素処理水のエストロゲン様作用の問題をとりあげる.図-5.15 のプロジェクトでは,この内分泌攪乱の影響に関連した生殖・発生毒性,免疫毒性,神経毒性などの毒性も重要な評価対象となっている.

本プロジェクトでは,逆浸透膜による濃縮技術の整備,実験動物が飲水可能な濃縮水の調製,濃縮水の安定性などいくつもの課題が容易に想像できるが,異なる分

野の専門家が試験計画を立案しプロジェクトを進めており注目に値する．

一方，消毒技術においてリスク管理を行うためには，微生物リスクと化学物質リスクという2つの異なる種類のリスクを取り扱わなければならず，その共通の指標として障害調整生存年数(Disability-adjusted Life Years；DALYs)があることを1.2.3で述べた．ここに紹介したU.S.EPAのプロジェクトで得られる毒性評価結果もこのDALYs指標を用いて論じ，消毒のあり方を議論できることが望ましい．我々はその道筋の途上にいる．

5.3 消毒処理水の毒性の特性と指標副生成物の提示

本節では，消毒処理水の毒性の様々な特性を見ていくことにする．この際，毒性はバイオアッセイによって測定するが，これは総括的水質指標とみなすことができる．これに対して，トリハロメタンやハロ酢酸などの典型的な指標物質は副生成物のごく一部にすぎないため，副生成物濃度と処理水の毒性とが対応しない場合も出てくる．

例えば，図-5.16を見ていただきたい．浄水場で塩素消毒を行った時，水中にはある濃度のトリハロメタンが生成し，かつその水はある強さの変異原性を有することになる(図-5.16 Ⓐの水)．そして塩素消毒後，時間とともに(あるいは，浄水場からの距離が大きくなるに従って)，水道水中のトリハロメタンやハロ酢酸濃度は増大していく(図ではトリハロメタンのみを描いている)．その一方で，変異原性は逆に低下していくことが知られている．

そして一般には，発がん物質であるトリハロメタン濃度が増えるに従って，より毒性の強い水道水になっていくと信じられている．

しかし，この場合，塩素消毒直後の水Ⓐは，トリハロメタンの濃度は低いが変異原性が強い．これに対して，ある時間経過した水Ⓑは変異原性は低いがトリハロメタン濃度は高い．果たして，水Ⓐと水Ⓑのどちらがより有害かという判断ができるで

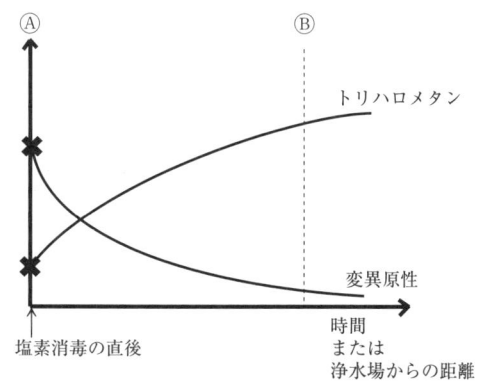

図-5.16 塩素消毒後のトリハロメタン濃度と変異原性の変化

あろうか？

本節では，例えば上記のような問題を扱う．これによって消毒処理水の毒性に対する見方が明らかになってくるであろうし，指標物質にしても，水質管理の場に応じて使い分ける必要があることが理解できるであろう．

5.3.1 塩素処理水の毒性の生成・低減過程と MX の指標性 [63]

初めに塩素を注入した後の水の有害性の時間的な変化について論じる．

先にも記したように，水道水の配水過程では，トリハロメタンやハロ酢酸の濃度は次第に増大していく．塩素処理副生成物の濃度は時間とともに変化していくのが普通であり，トリハロメタンやハロ酢酸の他，ハロアセトニトリル，ハロケトン，クロロピクリン，抱水クロラール，クロロフェノール，MX なども濃度が変化する．その要因としては，塩素によって生成した高分子の有機塩素化合物が徐々に低分子化していく他，それぞれの物質自体も加水分解したり，残留塩素と反応するなどして形態が変化することがあげられる[64]．3 章ではこのような現象についても解説している．

塩素処理副生成物の濃度が時間とともに変化していくということは，処理水の毒性は一定ではないということを意味する．著者らは，これまでに消毒が終了した後その処理水の毒性は，安定ではなく変化するという観点から種々の検討を行っている[65〜67]．本項では，塩素処理後の水の染色体異常誘発性，形質転換誘発性の変化と，副生成物の濃度変化を測定し，両者の対応関係について示す．

副生成物としては，典型的な塩素処理副生成物に加えて，強変異原物質として知られる MX[3-クロロ-4-(ジクロロメチル)-5-ヒドロキシ-2(5H)-フラノン]に注目している[55, 56]．本物質は，当初，塩素処理水の変異原性の相当部分を説明できる物質として注目されたが，その後，発がん性が確認[68]されるに至り，毒性評価の結果，目標値 1 μg/L が設定され，要検討項目にリストアップされている物質である（4章参照）．MX は，水中での不安定性や塩素との反応性が指摘されてきており，塩素処理水中で一旦生成した後，次第に低下していく物質である．すなわち，トリハロメタンやハロ酢酸といった通常測定される指標副生成物とは逆の変化傾向を示すのである．ここにあげた物質は，いずれも発がん性を有する副生成物であるが，水道水の有害性の変化はどの物質に着目すれば把握できるといえるだろうか．

水道原水としては琵琶湖南湖表流水を用いている．塩素処理を行った琵琶湖水に対し，そのバイオアッセイを行うとともに，副生成物の濃度変化を測定し，両者の

対応関係について検討した．その結果から，配水過程における水道水の有害性を比較する目的に適した指標副生成物を提示することを意図している．

(1) 塩素処理した琵琶湖水のバイオアッセイ結果

3種類のバイオアッセイを行った結果を図-5.17に示す．横軸は塩素添加後の経過日数を表している．塩素は注入時の初期残留塩素濃度が約 2 mg-Cl_2/L となるように添加し，4日後の残留塩素濃度は 0.8 mg-Cl_2/L であった．この間 pH 調整操作は行わなかったが，7.4 ～ 7.8 の範囲であった．なお，図で経過時間 0 日とは，塩素を添加せず，琵琶湖原水の試験結果を意味する．また，形質転換試験は，二段階試験と非二段階試験の双方を行っている．

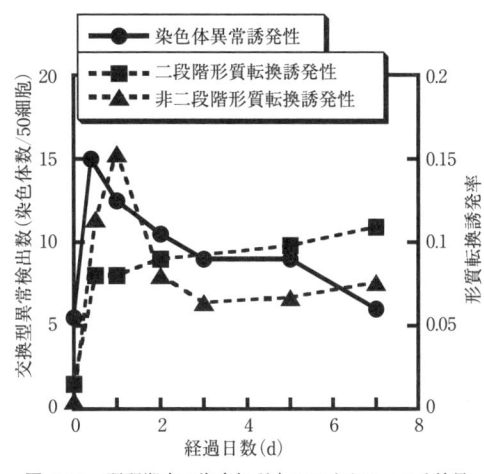

図-5.17 琵琶湖水の塩素処理水のバイオアッセイ結果

染色体異常誘発性は，塩素注入後，上昇し，やがて低減するという傾向を示した．琵琶湖水中に生成した染色体異常誘発性物質は，安定ではなく，加水分解などの影響を受けて徐々に減少したと考えられる．上記のとおり，実験期間中，塩素は常に残留している状態であるが，それにもかかわらず染色体異常誘発性は低減していくのである．

二段階試験による形質転換誘発性は，塩素注入後に上昇し，上昇傾向が継続した．また，この傾向は染色体異常誘発性のそれとは異なっていた．これは水中有機物と塩素の反応により生成した形質転換誘発性物質は，染色体異常誘発性物質とは異なり，水中において比較的安定であるためと推定できる．

一方，非二段階形質転換誘発性については，上昇した後，低減している．その変化傾向は，二段階試験による形質転換誘発性とは異なり，染色体異常誘発性と類似している．

このように，塩素処理水中には，次第に増大する毒性と次第に低減する毒性の両者が含まれていることが明らかである．また，5.1.3 に記したように，非二段階試験

ではイニシエーション過程を含めた形質転換誘発性を測定しているが，この結果は，その活性が次第に低減していくことを示したものとして重要である．

以上の結果は，著者らが別に行った試薬フミン酸を用いた結果[67]と定性的に一致している．

(2) 他の化学物質との比較

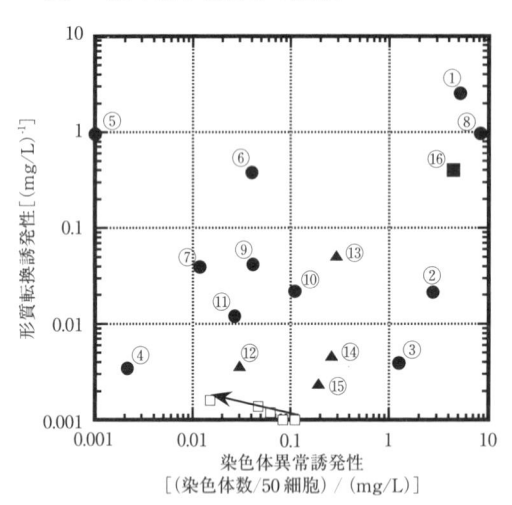

文献[47, 69〜71]からイニシエーション活性，プロモーション活性，またはその両方の活性を持つと考えられる物質を選定し，染色体異常試験および二段階の形質転換試験に供した．図-5.18に結果を示す．横軸は染色体異常誘発強度，縦軸は形質転換誘発強度を示している．さらにこの平面上に，図-5.17の染色体異常誘発性および（二段階）形質転換誘発性の結果を同時に示した．矢印は経時的変化の向きを示している．

形質転換試験は二段階試験による．
□→□は，塩素処理水の変化を示す．
①4-NQO，②quercetin，③5-fluorourasil，④sodium nitrite，⑤TPA，⑥mezerein，⑦BHA，⑧3-MC，⑨teoferin，⑩urea，⑪caffein，⑫chloroform，⑬monochloroacetic acid，⑭dichloroacetic acid，⑮trichloroacetic acid，⑯MX

図-5.18 染色体異常誘発性と形質転換誘発性の関係

まず，塩素処理水の初期の水についてプロットされた位置を他の物質と比較すると，塩素処理水は形質転換誘発性よりも染色体異常誘発性の方が相対的に強いということができる．次に，その後の変化を見ると，染色体異常誘発性が大きく低減する一方，形質転換誘発性は増大するものの，その変化量は比較的小さいことがわかる．

染色体異常誘発性はイニシエーション活性の指標として測定しているが，塩素処理水は，他の化学物質と比較して相対的にイニシエーション活性の方が強いということができる．すなわち，図-5.17で，非二段階形質転換誘発性が生じた後，低減に転じたのは，染色体異常誘発性として測定されるイニシエーション活性が大きく低減したためと考えることができる．同時に，（二段階）形質転換誘発性はプロモーション活性の指標として測定しているが，その増大量は比較的小さい（図-5.18）ため，

非二段階形質転換誘発性としては低減した(図-5.17)と推定することができる．

(3) 塩素処理水の発がんに関連する毒性の変化の推定

以上をまとめたものが図-5.19である．塩素処理直後の水はイニシエーション活性が強い．その後，時間の経過とともに，強いイニシエーション活性が急激に低減する一方，プロモーション活性がわずかに増大する．変異原性を持たない(または，変異原性が弱い)トリハロメタンが増大することによる毒性は，このわずかに増大したプロモーション活性に含まれると推察できよう．そして塩素処理水の毒性とは，その中にわずかに増大する毒性が含まれるものの，全体としては低下する方向にあると推定するのが自然である．

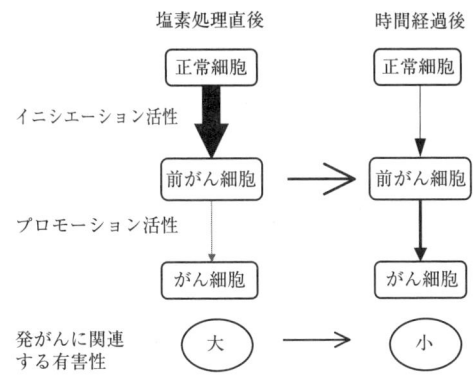

図-5.19 塩素処理水のイニシエーション活性・プロモーション活性の変化推定図

もちろんこの考察は，*in vitro* バイオアッセイ結果に基づいており，塩素処理水の発がん性そのものを測定したわけではないという点は何度注意してもしすぎることはない．水道水の有害性の変化をあくまで「推定」できるにとどまる点がこの種のバイオアッセイの限界である(5.1.4参照)．

このような限界があるとはいえ，ここで示した結果は，広く受け入れられている認識をくつがえす重大な知見といいうる．一般に給配水過程でも，その水質を把握するためにトリハロメタンやハロ酢酸を測定し，その濃度が高まっていくのを見て，水道水の有害性も高まっていくと信じられているからである．

実際，図-5.17を得た実験で

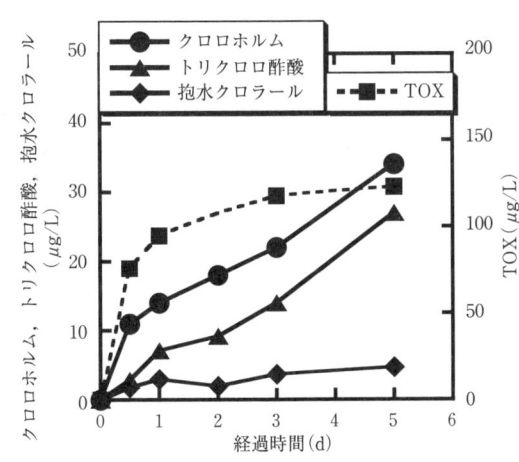

図-5.20 琵琶湖水の塩素処理における副生成物の生成

第5章 消毒副生成物の毒性

のクロロホルム，トリクロロ酢酸，抱水クロラール，TOX はいずれも経時的に増加した（図-5.20）．この傾向は，広く測定されよく知られているとおりである．さてこの結果をバイオアッセイ結果と比較すると，定性的に，(二段階) 形質転換誘発性の変化傾向と類似しているのみであり，染色体異常誘発性や非二段階形質転換誘発性の変化傾向とは異なっている．図-5.19 に示した水道水の有害性の変化に追随していないということである．すなわち，上記の指標副生成物として広く測定されている物質群は，塩素処理後，すなわち配水過程における有害性の変化を把握する指標としては適切でない．

(4) MX の指標性に関する考察

それではいかなる物質に着目すればよいか．図-5.21 は MX の測定結果を示したものである．MX は，塩素注入後生成し，ピークに達した後，やがて減少した．これは染色体異常誘発性や非二段階形質転換誘発性と定性的に一致している．MX は塩素処理後の変化過程全体において，染色体異常誘発性や非二段階形質転換誘発性の変化傾向を追随している．すなわち，MX はこれらの指標となる物質の一つと考えられる．

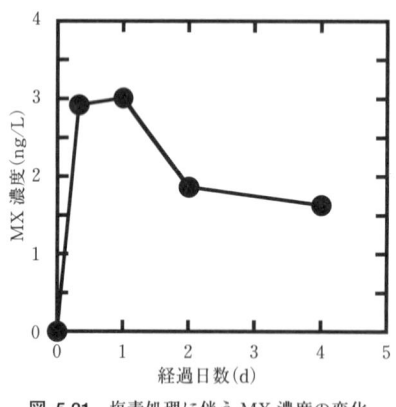

図-5.21 塩素処理に伴う MX 濃度の変化

生成した MX がやがて減少に転じるのは，加水分解や塩素による分解が原因である．これらの変化速度や，濃度変化とバイオアッセイ結果との対応について次に見てみる．

まずは MX の基礎的な特性を見ておく．図-5.18 には，MX の染色体異常誘発強度，および形質転換誘発強度を求め，他物質とともにプロットしている（番号⑯）．MX は右上方に位置し，染色体異常誘発強度，形質転換誘発強度ともに強い物質であることがわかる．この図では，横軸付近に位置する物質群はイニシエーション活性が強く，縦軸付近に位置する物質群はプロモーション活性が強いことを示している．そして，右上方に位置する物質群とは，イニシエーション活性とプロモーション活性を有する完全がん原性物質である．本バイオアッセイの結果からは，MX はこれら完全がん原性物質にグルーピングされる物質ということができる．

次に，蒸留水中および塩素水溶液中の MX の挙動を調べた結果，塩素を添加して

いない水中でも徐々に減少していくこと，および添加塩素濃度が高いほど減少速度が大きいことを確認した[63]．

MXが水中で加水分解を受けつつ減少していくことはKinaeら[72]およびMeierら[73]が示しており，酸性側よりアルカリ条件下で不安定とされる．また，大阪市の調査[74]では，MXは残留塩素と反応して減少することを示すとともに，浄水中では加水分解による減少よりも残留塩素との反応による減少の方が卓越すると推定している．

さて，上述のように，染色体異常誘発性，非二段階形質転換誘発性，MX濃度はよく似た変化傾向を示した．そこで，MXの指標性について速度定数を用いて定量的に検討してみた．図-5.21においてMXが減少している範囲で一次反応を仮定して求めた結果，MXの減少速度定数として$0.19\ \mathrm{d}^{-1}$を得，図-5.17より染色体異常誘発性と非二段階形質転換誘発性についてはそれぞれ$0.14\ \mathrm{d}^{-1}$，$0.18\ \mathrm{d}^{-1}$を得た．このように，3者の速度定数の値には大きな差がない．すなわち，MXは配水過程において，染色体異常誘発性や非二段階形質転換誘発性の指標となる物質であることが定量的にも示されたといえる．

次に，指標としての適用範囲として残留塩素濃度の条件について見てみる．

MXは残留塩素の影響を強く受け，残留塩素濃度が高いほど分解されやすく速やかに減少する．一方，染色体異常誘発性について[65]は，残留塩素濃度が高いほど低減しにくいことがわかっている．すなわち，染色体異常誘発性は主として加水分解によって低減していくのであり，MXの濃度変化とはその機構が異なっている．したがって，バイオアッセイ結果とMX濃度変化が対応するのは，ごく限られた残留塩素濃度の範囲であると考えられる．この点についてさらに考察を進める．

なお，以下の検討では，毒性としては染色体異常誘発性のみを対象とした．これは，先に述べたとおり，塩素処理水の毒性の変化傾向を染色体異常誘発性が代表するとみなすことができるためである．

琵琶湖南湖表流水に対する実験結果を図-5.22に示す．染色体異常誘発性を見ると，塩素注入量の増加に伴い，

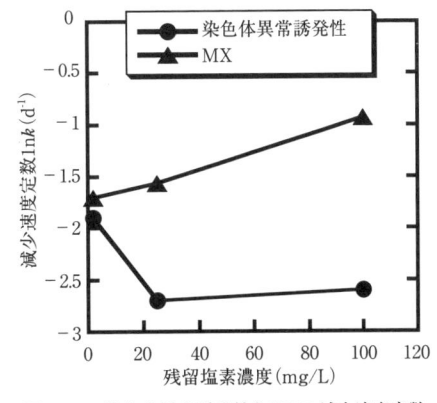

図-5.22 染色体異常誘発性とMXの減少速度定数

減少速度定数は小さくなる，つまり減りにくくなることを意味している．これに対して，MX を見てみると，塩素注入量の増加とともに減少速度定数は大きくなる，つまり MX は減りやすくなることを意味する．すなわち，水中の残留塩素濃度が大きくなるほど，両者の変化速度は乖離し，MX は指標として適さなくなるということである．

しかし，通常の水道水に近い濃度条件で塩素処理を行った場合の，MX の減少速度定数は 0.19 d^{-1}，染色体異常誘発性は 0.14 d^{-1} であった．通常の水道水中の残留塩素濃度は 0.5 mg-Cl_2/L 前後であることが多いので，通常の水道水を想定する限り，見かけ上 MX を指標とすることが可能と考えられる．

一方，MX については，pH が水中での安定性に影響を与えることが知られている．Kinae ら[72] および Meier ら[73] は，MX の安定性に対する pH の影響について検討した結果，酸性側よりアルカリ条件下で不安定であることを示すとともに，pH 6 よりも pH 8 の方がより安定となる不連続領域があることを示している．これに対し，著者らの染色体異常誘発性に対する pH の影響に関する検討結果[5.3.4(3)参照]では，このような不連続な影響は見られず，酸性側よりアルカリ条件下で染色体異常誘発性は速やかに低減する．ここでも両者の変化機構の違いを見ることができる．

以上のことから，バイオアッセイ結果に対する MX の指標性を論ずる場合には，pH 条件と残留塩素濃度の条件を限定して論ずる必要があることがわかる．これに対しここでは，pH および残留塩素ともに通常の水道水の範囲で調べた結果，実際の水道水の条件下では，MX を配水過程における発がんに関連する有害性変化の指標とみなせることを示したことになる．

このように，配水過程を見る限り，トリハロメタンやハロ酢酸は有害性の変化を把握する指標としては不適当で，MX が適していることを指摘できる．しかし，汚濁が進んだ水道原水に塩素処理を行えば，トリハロメタンやハロ酢酸は多く生成するのであり，それらの指標物質としての有為性は変わらない．重要なことは，水質管理の場に応じて指標物質の使い分けを行うことであろう．これについては **5.3.5** でまとめる．

もちろん MX 以外の物質であっても，塩素処理によって一旦生成した後，低減[64]していくような副生成物（3 章も参照）で，**図-5.17** に示したアッセイ結果に追随できるような物質があればそれを指標物質にできる可能性もある．

5.3.2 二酸化塩素処理水の毒性の特性 [65, 66, 75]

(1) 代替消毒剤としての二酸化塩素と注意点

　水道水の消毒法について，塩素の代替消毒剤に関する調査研究が進められ，導入のための有益な情報が蓄積されてきた[76〜80]．これに伴い消毒処理水の変異原性に関しても知見が集積されてきている．住友ら[28, 81]は，独自に検討を行い，処理水の変異原性，微生物の不活化力，および消毒剤の残留性の観点から，単一の消毒剤としては二酸化塩素が消毒剤として優れた特性を有していることを示している．高効率浄水処理開発研究(ACT21)の成果[76]でも，二酸化塩素は十分に実用化の域に達した技術であると評価されている．代替消毒剤としての二酸化塩素の特性は2章，6章でとりあげている．

　しかしこれらの評価では，実は，消毒処理された水の毒性がその後変化していくことに十分配慮されているとはいえないのである．例えば，水道水の給配水過程でトリハロメタンやハロ酢酸の濃度が高まっていくことは広く知られているが，これは同時に，水道水の有害性が時間とともに変化していくことを意味している(この場合，5.3.1で詳述したとおり，有害性は増大しているわけではないので注意されたい)．

　塩素の代替消毒剤といわれている消毒剤を用いた場合，一般にトリハロメタンをはじめとする有機ハロゲン化合物の生成量を格段に低減することができ，消毒副生成物の問題を回避できるとみなされることが多い．しかし，消毒剤が異なれば異なる種類の副生成物が生成するのであり，その後の水中での挙動も，塩素処理水のそれとは異なってくる可能性がある．

　以上の点に鑑み，ここでは，代替消毒剤として二酸化塩素をとりあげ，塩素と比較しつつ，その処理水の毒性を，水道水の給配水過程を含めて評価してみる．

　5.3.1で述べたように，消毒処理水の変異原性には，それが生成する過程と，やがて低減していく過程とがある．そして，塩素と二酸化塩素とでは，生成する変異原性の強さはもちろん異なるが，生成および低減の速度も異なる可能性がある．すなわち，二酸化塩素の導入にあたっては，これらの特性を塩素と比較しつつ把握し，適切に使用することが本来必要なのである．本項では，消毒剤注入後の変異原性について，その生成から低減に至る変化過程を詳細に調べ，給配水過程における変異原性の変化を推定する．また，この変化過程における副生成物の変化についても同時に測定し考察する．

(2) 変異原性の生成と低減

最初に，塩素および二酸化塩素処理による副生成物の生成量を比較してみよう．クロロホルムおよび TOX の測定結果の例をそれぞれ図-5.23，5.24 に示す．二酸化塩素処理によるクロロホルム生成量は塩素処理の場合の1％程度であり，TOX では 5～7％程度であった．

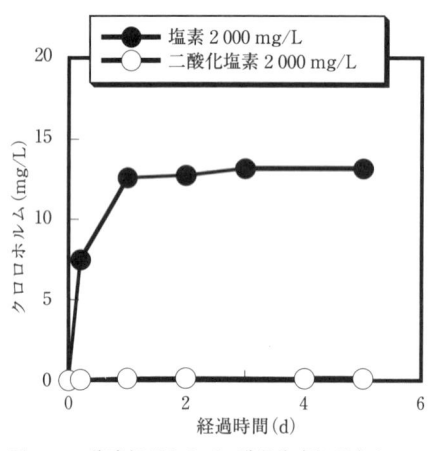

図-5.23 塩素処理および二酸化塩素処理水中のクロロホルム

図-5.24 塩素処理水および二酸化塩素処理水中の TOX

このように二酸化塩素を使用すれば，処理水中の有機塩素化合物の濃度をはるかに低減することができ，このことが塩素と比較して二酸化塩素が有利とされる主な理由である．有機塩素化合物の量のみを比較すると，確かにそのとおりであろう．しかしながら，有機塩素化合物を含む処理水の毒性全体を把握し，かつその変化傾向を調べたうえで判断すべきではないか．

試薬フミン酸溶液（消毒剤注入後の最終 TOC 濃度として 910 mg/L）を塩素および二酸化塩素で処理し，染色体異常試験を行った結果を図-5.25，5.26 に示す．これらは，消毒剤を注入した直後からの染色体異常誘発性を調べたものであるが，ともに，染色体異常誘発性は注入後緩やかに生成し，最大となる点を経て低減へと至っている．試薬フミン酸の塩素処理水におけるこの変化は，5.3.1 で示した琵琶湖水を用いた結果と定性的に一致している．このように消毒処理によって染色体異常誘発性が生成するが，それは不安定で次第に低減する性質を有する．

図 5.23，5.24 と図 5.25，5.26 を見比べると，染色体異常誘発性の変化傾向はクロロホルムや TOX の変化の傾向とは異なっていることがわかる．これとは別に，ア

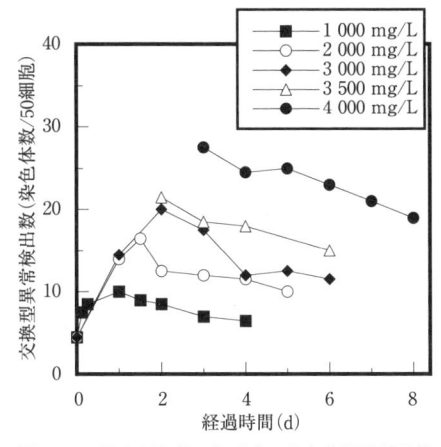

5.3 消毒処理水の毒性の特性と指標副生成物の提示

図-5.25 塩素添加後の処理水の染色体異常誘発性の変化

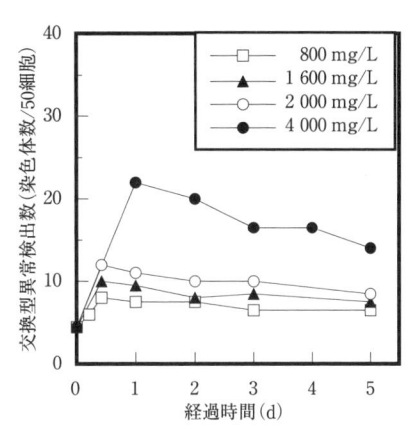

図-5.26 二酸化塩素添加後の処理水の染色体異常誘発性の変化

ルデヒドやカルボニル基炭素量を測定しているが，やはり染色体異常誘発性の変化傾向と一致するものはない．

さて，図5.25，5.26の染色体異常誘発性の強さを比較すると，二酸化塩素処理水の染色体異常誘発性は塩素処理水の75％程度あることがわかる．上述のように，二酸化塩素による有機塩素化合物の生成量は塩素と比較するとはるかに少ない．しかし，染色体異常誘発性は格段に低いわけではないと指摘できる．

また，塩素添加量3 000 mg/L以上の試料水，および二酸化塩素添加量4 000 mg/Lの試料水では，実験期間中，消毒剤が終始残留していた．このように，処理水の染色体異常誘発性は,消毒剤が残留していても低減していくことがわかった．

さらに染色体異常誘発性が低減している範囲を比較すると，塩素処理水の方がより速やかに低減し，二酸化塩素処理水の方がより緩慢であることも伺えよう．残留消毒剤の効果も勘案したうえで，この低下速度を評価してみたところ，二酸化塩素処理水の方が1.4〜1.9倍小さく，より安定であるといえた．この結果は，消毒処理を行った直後では塩素処理水の染色体異常誘発性の方が強いが，時間が経つにつれて2つの染色体異常誘発性の差が縮まっていくということを意味する．

(3) 水道水における変化過程の推定

以上の結果をもとに，実際の水道水における変化過程を推定してみた．この場合，実験自体は高濃度の試薬フミン酸を用いているため，結果をそのままあてはめるの

第5章　消毒副生成物の毒性

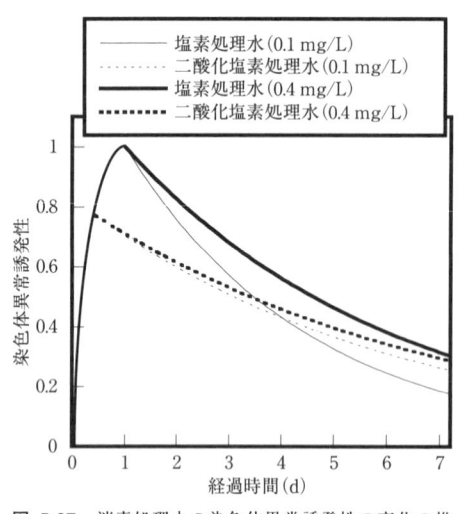

図-5.27　消毒処理水の染色体異常誘発性の変化の推定結果
（原水 DOC 2.0 mg/L，急速砂ろ過後 DOC 1.1 mg/L，注入率：消毒剤/DOC=1）

凡例：
- 塩素処理水（0.1 mg/L）
- 二酸化塩素処理水（0.1 mg/L）
- 塩素処理水（0.4 mg/L）
- 二酸化塩素処理水（0.4 mg/L）

は無理がある．そこで，試薬フミン酸を用いた図-5.25のような結果と琵琶湖水を用いた実験結果（例えば，図-5.17）から，消毒剤注入後，染色体異常誘発性が生成し始め最大となるまでの時間，低減過程における低下速度などについて注意深く検討し，大きな誤りは生じないと判断したものである[66]．

わが国の典型的な水道水を想定し，水源水質が比較的良好であり，標準的な浄水処理が行われている条件を設定した．原水のDOCが2.0 mg/L，急速砂ろ過後のDOCが1.1 mg/L（除去率を45％に設定），消毒剤注入量1.1 mg/L（消毒剤/DOC＝1），残留消毒剤濃度が0.1および0.4 mg/Lである場合の推定結果を図-5.27に示す．図では，塩素処理水の染色体異常誘発性が最大に達する時の値を1.0として，これに対する相対値を描いている．

いずれの場合も消毒剤を添加した後，染色体異常誘発性が緩やかに生成し，最大となった後，低減していくことが示されている．塩素処理水と二酸化塩素処理水では，染色体異常誘発性の生成に要する時間や，その後の低減過程での低下速度が異なっている．そして，この低下速度は二酸化塩素処理水の方が小さく，より安定である．この結果，時間が経つにつれて2つの染色体異常誘発性の差が縮まっていく．特に，残留消毒剤濃度が0.1 mg/Lの場合では，注入後約4日で二酸化塩素処理水の染色体異常誘発性が塩素処理水のそれとほぼ等しくなり，その後は大小関係が逆転した．0.4 mg/Lの場合では，両者の差が縮まりにくいことの他に，特に塩素処理水の染色体異常誘発性の低下そのものが緩やかである．

さらに，生成・変化過程全体を見ると，二酸化塩素処理水の染色体異常誘発性は，塩素の場合の70〜80％程度に低減できるにとどまるといえる．しかも，消毒処理が終了した時点では，二酸化塩素処理水の方が変異原性は低いかもしれないが，滞留時間が増大するほど，変異原性の差が縮まっていくのである．

上述のように，生成する TOX やクロロホルムの量のみを比較すると，二酸化塩素を使用すれば，処理水中の濃度をはるかに低減することができるだろう．しかしながら，有機塩素化合物を含む処理水全体の毒性を測定し，かつその変化傾向を見てみた結果，処理水の変異原性の強さを大きく低減できないことがわかったのである．

以上から判断すると，消毒副生成物の問題を回避できるという理由で二酸化塩素の適用を考えるのは早計であり，二酸化塩素に過大な期待を寄せるのは難しいということになる．

現在の水道水質基準の体系では，基準項目として塩素酸イオン，水質管理目標設定項目として二酸化塩素，亜塩素酸イオンがあり，基準値および目標値がいずれも 0.6 mg/L と設定されている．この制約があるため，二酸化塩素の適用範囲は広いとはいえないが，ここで得られた知見は，二酸化塩素の優位性がさらに限定的であることを示すものとなった．

5.3.3 有機臭素化合物の寄与 [82, 83]

臭化物イオンは，水道原水中に数 μg/L から数百 μg/L の濃度範囲で存在している．その起源は，海水の地下帯水層への浸入や流域の地質学的特徴による自然由来のもの，および工業活動や人々の日常生活に伴って排出される人為的なものの2種類に大別される．塩素処理過程において，臭化物イオンは次亜塩素酸と速やかに反応し，次亜臭素酸に酸化される．この次亜臭素酸はフミン質などの天然由来の有機物に対して高い反応性を示す．このため，浄水塩素処理過程では，有機塩素化合物に加えて有機臭素化合物が生成する．以上の臭化物イオンの由来や消毒処理における反応性については3章で詳述している．

塩素処理副生成物のうち，ハロ酢酸のような比較的化学構造が簡単なものについては，臭素化体の生成量は塩素化体のそれより少ないものの，単位濃度当りの毒性は分子内に臭素を含むものの方が高いことが指摘されてきた[84, 85]．これは「4.6 未規制ハロ酢酸の毒性の推定」でも述べたとおりである．また未同定の反応生成物についても，フミン酸と次亜臭素酸を直接反応させた際の生成物とフミン酸と次亜塩素酸との反応生成物の染色体異常誘発性を比較すると，TOX 基準では前者の方が数倍程度高いことが明らかになっている[83]．

そこで，塩素処理副生成物全体の毒性に対する有機臭素化合物の寄与を評価してみた．毒性は染色体異常試験によって測定した．

表-5.8 は，全染色体異常数に対する臭素系副生成物による染色体異常数の割合，

表-5.8 フミン酸の塩素処理水の染色体異常誘発性に対する有機臭素化合物の寄与率

[Br⁻]/TOC 比	塩素注入量/TOC 比		
	0.5	1.0	1.5
0.05	46	35	28
0.10	70	52	52
0.15	79	66	63
0.20	86	77	74
0.25	86	81	78

注) TOC：1 000 mg/L（塩素処理後の最終濃度）
反応時間：1 日，pH：7.0.
表中の単位は%，臭化物イオン，塩素注入量，TOC の単位はすべて mg/L.

表-5.9 臭化物イオンを添加した琵琶湖水の塩素処理水の染色体異常誘発性に対する有機臭素化合物の寄与率

臭化物イオン濃度 （μg/L）	TOBr の寄与率 （%）
38	31
120	57
240	72
400	78
600	86

注) 琵琶湖南湖水は，2003 年 11 月採水．原水の臭化物イオン濃度は 38 μg/L で，これに所定の濃度となるように臭化物イオンを添加．TOC：1.9 mg/L，塩素注入量：2.9 mg/L（Cl₂/TOC=1.5 mg–Cl₂/mg–C），pH：7.0.

すなわち寄与率を算出したものである．フミン酸水溶液に対して塩素処理を行ったもので，塩素添加後の最終 TOC が 1 000 mg/L となるようにした．表に示すように，この時，臭化物イオンを 5 段階の濃度で共存させている．なお，TOX の測定では，全有機臭素（Total Organic Bromine ; TOBr）と全有機塩素（Total Organic Chlorine ; TOCl）を分離して定量[86, 87]している．

表-5.8 を見ると，実際の水道水の条件に近い[Br⁻]/TOC = 0.05 ～ 0.1 mg–Br/mg–C，[HOCl]/TOC = 1.0 ～ 1.5 mg–Cl₂/mg–C では，有機臭素化合物の染色体異常誘発性に対する寄与率は 28 ～ 52％であった．

また，TOBr と TOCl の染色体異常誘発強度を比較すると，TOBr では 7.3 L/(100 細胞・mg–Cl)，TOCl では 1.5 L/(100 細胞・mg–Cl)と算定された．TOX 基準では，有機臭素化合物の方が 4.8 倍程度有害性が高いということである（Cl 重量として比較）．一般に，TOBr の生成量は TOCl の生成量と比べてはるかに少ないものの，その毒性が強いため，表-5.8 のようにその寄与率も意外に大きいということができる．

表-5.8 は，高濃度のフミン酸水溶液を用いた結果であるが，次に実際の水道原水として琵琶湖南湖水を用いた例を示す．表-5.9 は，TOBr の染色体異常誘発性への寄与率を算定した結果である．

臭化物イオンが琵琶湖水に実際に含まれているレベル（38 μg/L）でも TOBr の寄与は約 30％と高く無視できないことがわかる．日本国内の水道原水中臭化物イオン濃度は，100 μg/L 以下であることが多いが，海外では 100 μg/L 以上の場合も多く，

TOBr の寄与が TOCl の寄与を上回るケースも現実に存在するものと考えられる．

ところで，著者らは，水道原水中の臭化物イオンを独自に合成した選択的イオン交換体を用いて除去する検討を行っている(**6.1.4 参照**)．

水道原水中の臭化物イオンをあらかじめ除去できれば，その後のオゾン処理における臭素酸イオンの生成量を抑制することができる．しかし，オゾン処理を行った水に対して，その後，塩素消毒を行うので，最終的には塩素処理水ができる．このオゾン-塩素処理水の毒性に対する臭素酸イオンの寄与が無視できるほど小さいことは 5.2.3 で述べた．これに対して，上述のように，有機臭素化合物の寄与を算定したところ，思いの他大きいことがわかったのである．**図-5.28** はこれを概念的に描いている．すなわち，水道原水中の臭化物イオンを除去するという操作は，オゾン処理で臭素酸イオンをつくらないという意義よりも，塩素処理で有機臭素化合物をつくらないという意義の方がはるかに大きいのである．臭素酸イオンの生成量を抑制できるというのは副次的効果と考える必要がある．

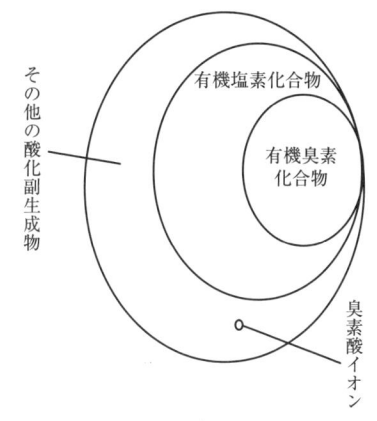

図-5.28 オゾン-塩素処理水の変異原性に対する副生成物の寄与度(概念図)

次に**図-5.29** を見ていただきたい．臭化物イオンを共存させたフミン酸水に塩素処理，およびオゾン-塩素処理を行った水の染色体異常誘発性を示している．オゾン注入量 0 の時の値が塩素処理のみを行った場合の染色体異常誘発性の強さである．これに対し，あらかじめオゾン処理を行った後に塩素処理を行った場合では，その染色体異常誘発性は顕著に低下していることがわかる．もちろんこの時，臭素酸イオンは生成している(生成量は最大 1.1 mg/L)．

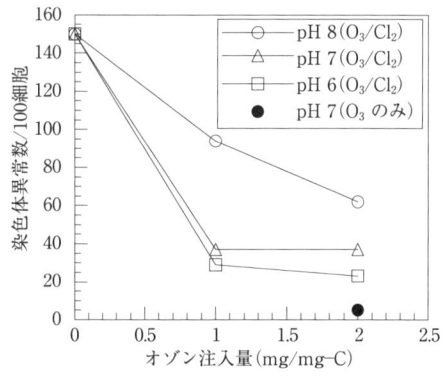

図-5.29 塩素処理水の染色体異常誘発性に対する前オゾン処理の効果
(Br^-/TOC：0.05 mg/mg-C，フミン酸濃度：750 mg-C/L，塩素注入率：2 mg-Cl_2/mg-C，塩素反応時間：24 時間)

オゾン処理のみを行い,臭素酸イオンを含む水(図-5.29 中の黒丸)の染色体異常誘発性もきわめて低くなっている.

オゾン処理を行うと,水中有機物の化学構造が変化するので,その後の塩素処理によって生成する副生成物の種類が変化し,最終的にできる塩素処理水の染色体異常誘発性が低くなる.つまり,オゾン処理は,臭素酸イオンを確かに生成するのだが,最終的にできる水道水の安全性を高める可能性が高いのである.

水道事業体の中には,前もって塩素を注入して有機臭素化合物を生成させることで原水中の臭化物イオンを削減し,その後のオゾン処理における臭素酸イオン生成量を抑制しようとする例が見られる.しかし,最終的にできる塩素処理水の有害性に対する臭素酸イオンの寄与は無視できるほど小さく,有機臭素化合物の寄与の方がはるかに大きいのであるから,このプロセスは危険な技術である可能性があり,導入にあたっては慎重な検討が求められる.

水質基準値(ここでは,臭素酸イオン)の遵守にばかり躍起になっていては見落とすものがある.4.5 で述べたように,水質基準とは水質管理上の「目安」と考えるべきで,それを満たせば事足りるというものではない.ここに述べた有機臭素化合物と臭素酸イオンに関する毒性の相対評価(図-5.28),およびオゾン処理の意義を示す実験例(図-5.29)は,水道水の全体の安全性を見る必要があることを教えてくれる好例といえよう.

5.3.4 消毒処理水の毒性に関するその他の特性

ここでは,消毒処理水の毒性に関するその他の特性について紹介する.毒性に対する主な影響因子は,pH と還元剤であり,前節までに述べた特性に関連しそれらを補足するものである.

(1) 塩素処理時の pH の影響[65]

5.2.1 に記した方法であらかじめ濃縮(濃縮倍率約 400 倍)した琵琶湖水に対し,pH を変えて塩素処理を行った.塩素は Cl_2/TOC 比で約 1

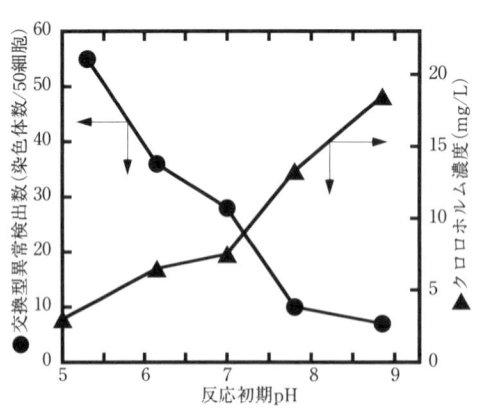

図-5.30 塩素処理水の染色体異常誘発性とクロロホルム生成に及ぼす pH の影響

(600 mg-Cl$_2$/L)となるように注入した．図-5.30は，この処理水の染色体異常誘発性とクロロホルム濃度を測定したものである．

染色体異常誘発性は，低pH域で処理した試料の方が強く，高pH域で処理した方が弱いという結果になっている．その理由としては，①塩素は次亜塩素酸(HOCl)の卓越する低pH域ほど酸化力が強いので，有機塩素化合物を含む酸化生成物の量が多い，②高pH域では生成した有機塩素化合物はより加水分解を受けやすいため，結果として染色体異常誘発性が低下した，ことが考えられる．しかし，添加した塩素はどの試料でもほぼ全量消費されているため，主として②の理由であると推察される．

一方，クロロホルムは，低pH域の処理水には少なく，高pH域の処理水に多く含まれている．上記のように，高pH域では有機塩素化合物は加水分解を受けやすいため，クロロホルム生成量が多くなると考えられる．

このように，pHをパラメータとした時，染色体異常誘発性とクロロホルム生成量とは逆パターンを描く．塩素処理水の染色体異常誘発性に対するクロロホルムの寄与がほとんどないことは別に確認(5.2.3で述べたとおり)しており，図は，塩素処理水の染色体異常誘発性には，クロロホルムよりも他の有機塩素化合物または他の酸化副生成物の方が重要であることをさらに確認するものといえる．

(2) クロロホルム生成との関係[46]

塩素処理水の加水分解に伴う変化については，次のような実験によっても確認することができる．

まず，フミン酸溶液の初期pHを5としたうえで塩素を注入し，3日間反応を行わせて塩素処理水を作製する．ここでpHを5としているのは，塩素処理中に加水分解が進行するのを防ぐためである(3日後でも変異原性は85％程度残存する)．処理後，試料水のpHを10として，クロロホルム濃度を測定するとともに，染色体異常誘発性の変化を調べた．図-5.31

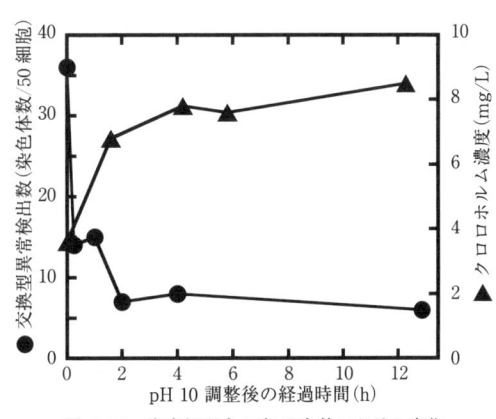

図-5.31 塩素処理水の高pH条件における変化

はその結果である．

pH 10というアルカリ条件下では，有機塩素化合物の加水分解が促進するため，クロロホルムの生成が促進する．一方，この間，染色体異常誘発性は大きく低下している．このようにクロロホルム濃度の変化と染色体異常誘発性の変化とは逆傾向を示す．塩素処理水とは，加水分解によってこのような変化傾向を持つのである．先に示した図-5.30ではこのような効果が含まれているといえる．

重要なことは，pHを10としたのは，加水分解の影響を明瞭にしようとしただけであって，加水分解自体は中性であっても緩やかに進んでいく．すなわち，図-5.31に示した変化は，その速度が違うだけで，実際の水道水であっても起きている．その毒性的な意味，およびクロロホルムなどのトリハロメタンや適切な指標副生成物については，5.3.1で既に論じたとおりである．

また高温条件とした場合も，加水分解速度が増大するため変異原性は低下しやすくなることが知られている[88]．

(3) 染色体異常誘発性の低下速度に対するpHの影響[75]

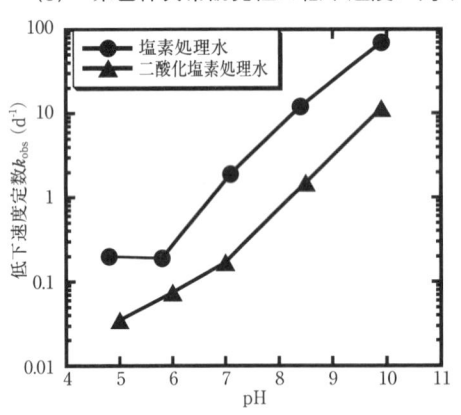

(2)のような実験を繰り返し，染色体異常誘発性の低下に対するpHの影響をまとめたものが図-5.32である．低下速度定数として整理するとともに，二酸化塩素処理水についても示している．

pHが高いほど低下速度定数k_{obs}の値が大きいこと，また，k_{obs}の値はpHすなわちOH^-濃度とほぼ比例関係にあることがわかる．その傾きは1ではないが，塩素処理水および二酸化塩素処理水中に含まれる副生成物が主としてOH^-による加水分解を受けることによって，両処理水の染色体異常誘発性そのものが低下したと考えることができる．(2)で述べたように，中性条件であっても加水分解自体は進行することも同時に読みとることができる．このような消毒処理水の変異原性に対するpHの影響については，他にも報告例[88〜91]があり，ここで示した結果と定性的に一致している．

また，この低下過程では，塩素処理水および二酸化塩素処理水ともにクロロホル

図-5.32 染色体異常誘発性の低下速度

ムの濃度が増大していく．塩素処理水について，加水分解によって処理水の染色体異常誘発性が低下すること，およびその過程でクロロホルムが生成することは図-5.31に示したが，二酸化塩素処理水中の副生成物にも同様な反応が起きるものと推察できる．

一方，加水分解による染色体異常誘発性の低下速度は，二酸化塩素処理水の方が小さい．消毒処理を行った直後では，二酸化塩素処理水の方が変異原性（ここでは，染色体異常誘発性）は弱いが，変異原性の差がその後縮まっていき，さらに，その大小関係が逆転する可能性もあるということを示唆している．この現象については5.3.2で詳述した．

(4) 染色体異常誘発性および形質転換誘発性の変化[67]

以上は染色体異常誘発性の変化について述べたが，形質転換誘発性はどう変化するであろうか．既に中性条件で，二段階試験による形質転換誘発性は次第に増大するのに対して，非二段階試験による形質転換誘発性は生成した後低減に転ずることを示した（図-5.17参照）．

フミン酸溶液をpH 5で塩素処理した後，処理水のpHを変化させて染色体異常誘発性および形質転換誘発性の経時変化を測定した結果を図-5.33，5.34に示す．

図-5.33(a)を見ると，いずれも染色体異常誘発性は低減しているが，高pHで速やかに低減している．(b)の形質転換誘発性（二段階試験）はいずれも増大しているが，高pHほど速やかに増大している．この高pHほど増大するという傾向は，クロロホルムなどのトリハロメタンが示す変化と同じである．クロロホル

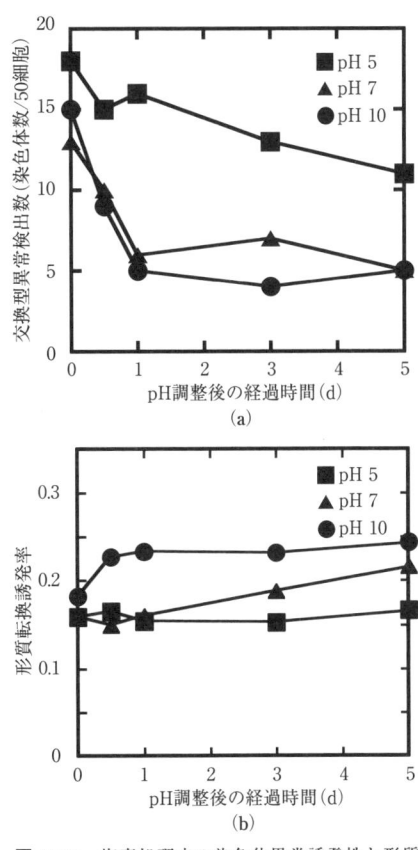

図-5.33 塩素処理水の染色体異常誘発性と形質転換誘発性の変化．(b)の形質転換試験は二段階試験法による

第5章 消毒副生成物の毒性

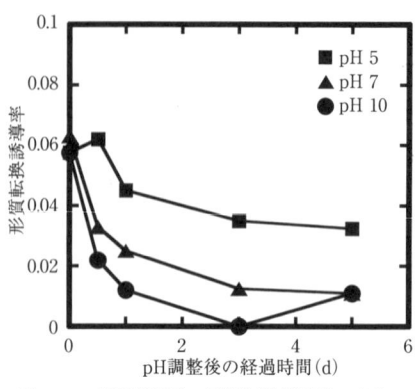

図-5.34 塩素処理水の形質転換誘発性の変化．形質転換試験は非二段階試験法による

ムなどの毒性は，二段階試験による形質転換誘発性の中に含まれると推察できる．一方，非二段階の形質転換試験結果である図-5.34を見ると，染色体異常誘発性と同様に高pHで速やかに低減している．

これらの変化傾向自体は図-5.17に示した，琵琶湖水を用い，中性条件で行った結果と定性的に同じである．そして，pHが高いほどその変化速度が大きいことを示している．染色体異常誘発性，形質転換誘発性(二段階試験および非二段階試験)ともに，やはり，塩素処理によって生成した有機塩素化合物の加水分解の効果がこのような形になって現れていると考えられる．

(5) 還元剤の影響

変異原性試験のための試料調製段階において，脱塩素を目的として還元剤を添加すると，生成した変異原物質も還元作用を受ける結果，変異原性が大きく低下することが報告されてきた[43, 92, 93]．これは変異原性物質の求核試薬との反応性と理解される．例えば，鈴木ら[93]は，残留塩素を含む水道水に対し，残留塩素濃度の1.5倍当量の亜硫酸ナトリウムを添加したところ，変異原性は6.5時間で初めの40％にまで減少したことを示している．このことは消毒処理後の水道水の変異原性試験を行う場合に注意しなければならない点である．処理水の変異原性への影響を最小限とするように脱塩素剤を注入する必要がある．一方，著者らは，変異原性試験に支障のない限り，試料水中の残留塩素を除去する操作は行っていない．

また，5.2.2では，カルボニル基の選択的還元剤である水素化ホウ素ナトリウム($NaBH_4$)によって塩素処理水とオゾン処理水の染色体異常誘発性が低下する例を示した．

ところで，体内に摂取された汚染化学物質は，肝臓の解毒機構によって無毒化され，体外に排出される場合が多い．しかし化学物質の中には，生体内で代謝を受ける結果，その毒性が増したり，新たに毒性を持つようになるものがある．したがって，一般に有害化学物質の変異原性試験などでは，この可能性を考慮し，代謝活性

化された条件での試験も併行して行う必要がある．このためには，化学物質の細胞への投与時に，薬物代謝酵素であるシトクロム P-450 が誘導されたラット肝ミクロソーム画分(S9)に補酵素の NADPH, NADH およびグルコース-6-リン酸を添加した S9mix を共存させる．

しかし塩素処理水の場合，この代謝活性化条件で変異原性試験を行うために S9mix を試料に添加すると，多くの場合，変異原性が顕著に低下することが繰り返し報告されている[43]．そして，これも S9mix が持つ還元作用によって副生成物の変異原性が低下するものと考えられている．この点に鑑み，著者らは，塩素処理水のみならず，消毒処理水に対して代謝活性化条件下でのアッセイは原則として行っていない．

5.3.5 適切な指標副生成物の提示

5.2 と 5.3 では消毒処理水の毒性の強さやいくつかの特性について見てきた．それらの考察をもとに，指標として適切な副生成物についてまとめる．5.3.1 では，水質管理の目的に応じて指標物質の使い分けを行うことが重要であることを指摘した．表-5.10 は，水質管理の目的ごとに，指標として適切な副生成物を提示するとともに，指標として適切ではないと考えられる副生成物を示したものである．

表-5.10　水質管理の目的と適切な指標副生成物

目的	指標として適切な副生成物	指標として適切でないと考えられる副生成物
異なる塩素処理水について，その有害性を比較	トリハロメタン ハロ酢酸 TOX など	
ある塩素処理水について，その有害性の変化を把握	MX	トリハロメタン ハロ酢酸 TOX など
異なる消毒剤で処理した水の有害性を比較	カルボニル基生成量 ただし， 塩素：カルボニル基生成量×7〜10 二酸化塩素, クロラミン, オゾン：カルボニル基生成量	トリハロメタン ハロ酢酸 TOX など

例えば，異なる塩素処理水についてその有害性を比較する目的には，現在行われているとおり，トリハロメタン，ハロ酢酸，TOX などを用いればよい．この目的の中には，異なる水道原水を塩素処理しその有害性を比較する場合の他，ある水道事

業体が高度浄水処理の導入効果を判断する場合，水質の季節変動を把握する場合や長期トレンドを検討する場合なども含まれよう．有機物が多く含まれる水道原水に塩素処理を行えば，これらの物質は多く生成するのであり，それらの指標物質としての有為性は変わらない，というわけである．

次に，ある塩素処理水について，その有害性の時間的変化を把握する目的には，5.3.1で述べたとおりMXが適する．そしてこの目的には，トリハロメタン，ハロ酢酸，TOXなどは適さない．給配水過程における水質を把握するために広く測定されているこれらの副生成物は，いずれも時間とともに増大するが，塩素処理水の毒性は，一旦生成した後，やがて低減していくと推定されるからである．

さらに，異なる消毒剤で処理した水の有害性を比較するという目的には，5.2.2で述べたとおり現時点ではカルボニル基生成量が適する．ただし，塩素処理水についてはカルボニル基生成量×7〜10として他の消毒処理水と比較する必要がある．そしてこの場合も，トリハロメタン，ハロ酢酸，TOXなど有機ハロゲン化合物に関する指標は適さない．オゾンの場合は有機ハロゲン化合物を生成しない（正確には少量の有機臭素化合物が生成しうる．3章参照）のでいうまでもないが，例えば二酸化塩素の場合，有機ハロゲン化合物の量のみを見るとはるかに低減できるものの，処理水の変異原性の強さを大きく低減できないことは5.3.2に詳述したとおりである．

5.4 塩素処理水のエストロゲン様作用とその構造

1章で，消毒副生成物の健康影響については，まず発がん性がとりあげられ，次いで生殖・発生毒性が注目されてきたことを述べた．本章でも，これまで発がんに関連する毒性として変異原性をとりあげて論じてきた．本節では，生殖・発生毒性の問題に目を移し，特にエストロゲン様作用について述べることとする．

最初に用語の意味する内容[94〜96]を整理しておこう．内分泌撹乱化学物質（Endocrine Disrupting Chemicals；EDCs）は，環境中に放出された化学物質で体内に入るとあたかもホルモンのように作用する化学物質のことである．これにより生殖上の機能を障害し，発生上有害な影響をもたらすことが考えられる．一方，動物の体内において，内分泌系と神経系，免疫系とは相互に関連し合っているのであり，内分泌撹乱化学物質の毒性は，生殖・発生上の障害に限定されるわけではなく，神経系，免疫系を介しての毒性発現，あるいは発がんにも関与すると考えられている．このように内分泌撹乱性は，生殖・発生毒性と同義ではなく，幅広い毒性を持つも

のと理解しておく必要がある.

また,内分泌撹乱化学物質のほとんどは,女性ホルモン(エストロゲン)様の作用を示す.この時,化学物質は,標的細胞内のエストロゲン受容体に結合することによりエストロゲンと同じような働きをしてしまう.以上のことから本書でも,内分泌撹乱性を検出する第一歩として,エストロゲン様作用を検出するバイオアッセイを行っている.

5.4.1 水道水中の内分泌撹乱化学物質に関する検討経緯

(1) 水道水中の内分泌撹乱化学物質に関する調査研究

内分泌撹乱化学物質問題が注目を浴びてから,多方面で様々な調査研究が行われてきた.消毒副生成物について論ずる前に,水道水に関わる検討の経緯について概観する.

国内の水道分野での組織的研究としては,1998年度から実施されてきた厚生(労働)科学研究がある[97~99].**表-5.11**にその概要を示す.

これにより水道水および水道原水の汚染実態,浄水処理過程における除去特性,水道管からの溶出特性などに関して有益かつ包括的な情報が蓄積されてきた.この調査研究の過程で,特に,浄水施設内においてスカムなどの水表面に浮遊する懸濁物質にフタル酸ジ-2-エチルヘキシルなどが高濃度で濃縮・蓄積されることが判明したことから,2002年度からの研究では,この問題に焦点をあてた研究が展開された.国際的にもユニークな調査研究といえる.

国際的には,国際水協会(IWA)が主催する会議で議論されたり,現況のとりまとめなどが行われてきた[100, 101].

まず,内分泌撹乱化学物質の水道水由来の曝露量は,食品経由などと比較して少なく,健康影響が顕在化する可能性は低いかもしれない,としている.また,EDCsの規制が存在しないのは,科学的根拠が欠落しているためなのか,ヒトの健康影響に対する重要度が低いために規制を設けなくてよいのかを明確にしておく必要があるとしているが,現状では明らかに前者である.

浄水処理プロセスにおける処理性については,凝集処理,活性炭吸着,膜ろ過,塩素処理,オゾン処理,紫外線処理に関して報告されまとめられている.総じて,高度浄水処理に使用される処理法によれば,EDCsは高い除去率で除去されるとしている.

ところで,こうした国際的研究動向に見られる特徴は,わが国の環境省(旧環境庁)

第5章　消毒副生成物の毒性

表-5.11　厚生(労働)科学研究で行われた研究内容

年度	研究題目	研究項目
平成10	内分泌攪乱化学物質の水道水からの曝露などに関する調査研究	1. 水道水などの汚染状況に関する現場調査 2. 水道用資機材からの溶出に関する調査 3. 水道水などの内分泌攪乱作用評価手法の検討 4. 空気の汚染状況に関する調査
平成11～13	内分泌攪乱化学物質の水道水中の挙動と対策などに関する研究	1. 浄水処理過程における挙動および除去対策 　(1) 浄水処理過程におけるフタル酸類などの除去特性 　(2) 浄水場でのスカムなどによるフタル酸ジ-2-エチルヘキシルなどの濃縮特性 　(3) 農薬の使用実態とその水道水源などにおける検出状況 2. 水道用資機材からの溶出特性および溶出防止対策 3. 水道水などの内分泌攪乱作用の評価 　(1) 蛍光偏光度法による水道水などのエストロゲン活性の評価 　(2) 酵母 Two-Hybrid 法による環境水のエストロゲン活性の評価 　(3) MVLN アッセイ法による水道水などのエストロゲン活性の評価 　(4) ビスフェノール A などの塩素処理副生成物とそのエストロゲン活性の評価 　(5) 酵母 Two-Hybrid 法による農薬のエストロゲン活性の評価
平成14～16	水道におけるフタル酸ジ-2-エチルヘキシルの濃縮機構などに関する研究	1. フタル酸ジ-2-エチルヘキシルなどによる汚染実態などに関する検討 　(1) フタル酸ジ-2-エチルヘキシルなどによる汚染実態の詳細調査 　(2) 浄水場におけるフタル酸ジ-2-エチルヘキシルなどの除去方法に関する検討 2. フタル酸ジ-2-エチルヘキシルなどの濃縮機構に関する検討 　(1) フタル酸ジ-2-エチルヘキシルなどの浮上濃縮に関する再現実験 　(2) フタル酸ジ-2-エチルヘキシルなどの浮上濃縮モデルに関する検討 　(3) 表面浮上物や沈殿汚泥のエストロゲン様作用の評価 3. 水道管からのフタル酸ジ-2-エチルヘキシルなどの溶出に関する検討 　(1) タール系樹脂塗装管などからの溶出特性に関する検討 　(2) タール系樹脂塗装からの浸出水などに関するエストロゲン様作用の評価

5.4 塩素処理水のエストロゲン様作用とその構造

がリストアップしたような化学物質[*4]の他に,医薬品なども検討対象としているという点である.すなわち,EDCs としてリストアップされたものの中に医薬品そのものが含まれていたことがきっかけとなり,医薬品などによる環境汚染・水質汚染がクローズアップされた.この問題については本節の最後(5.4.7)で再度触れることにする.

(2) 内分泌撹乱化学物質の規制とリスク評価について

表-5.12 は,2004 年から施行されているわが国の水道水質基準体系[104, 105]の中で,環境省(旧環境庁)が内分泌撹乱の疑いがあるものとしてリストアップしていた化学物質をとりあげたものである.表中の「番号」は,水質基準などの表に記されている番号をそのまま記載している.農薬については,総農薬方式がとられて,水質管理目標設定項目に位置づけられ,102 種類が対象[*5]となっているが,その中で内分泌撹乱の疑いがあるとされたのが 4 つ目の表に示した 10 物質である.

このように多くの物質がリストアップされ,目標値などが定められているが,内分泌撹乱性という観点から評価が確定した物質はない.また,ビスフェノール A のように,特にヒトへの低用量域での健康影響に関して現在のところ評価は確定しておらず,内分泌撹乱性からの評価は見送られた物質もある.今後,精緻な動物実験が行われ,信頼できる新たなデータが得られれば,その段階で毒性評価が行われることになろう.『WHO 飲料水水質ガイドライン』[106]でも EDCs に対する確定的な毒性評価は行われていない.EDCs の健康影響評価に関する動向は 4.2.4 で簡単に紹介した.

なお,表-5.12 には消毒副生成物は含まれていない.すなわち現段階では,特に個別の消毒副生成物について,その内分泌撹乱性が注目されているわけではない.

(3) 検討経緯に見られる特徴と課題

以上,水道水に関する検討経緯と規制へ向けた現状について概観したが,ここで見られる特徴の一つは,いずれも対象物質がビスフェノール A,フタル酸類,ア

[*4] 1998 年に提示された『内分泌撹乱化学物質問題への環境庁の対応方針について—環境ホルモン戦略計画 SPEED'98—』でとりあげられた 67 物質.その後,見直しを行い 2000 年に 65 物質に修正[102].さらに現在では,これを廃止し,一時点でのリストアップは行わず,必要に応じて試験対象物質を選定しつつその評価を進めていくという考え方をとっている[103].

[*5] 2004 年施行時には 101 種類が対象農薬であったが,その後 1 つが追加され,2008 年現在 102 種類.対象農薬の種類およびその数は今後も変化していくと予想される.

第 5 章 消毒副生成物の毒性

表-5.12 わが国の水道水質基準体系における内分泌攪乱関連化学物質

(a) 水質基準

番号	項目	基準値(mg/L)
3	カドミウムおよびその化合物	0.01
5	水銀およびその化合物	0.0005
7	鉛およびその化合物	0.01

(b) 水質管理目標設定項目

番号	項目	目標値(mg/L)
9	フタル酸ジ-2-エチルヘキシル	0.1

(c) 要検討項目

番号	項目	目標値(mg/L)
7	17β-エストラジオール	0.00008 P
8	エチニルエストラジオール	0.00002 P
10	エピクロロヒドリン	0.0004 P
16	スチレン	0.02
17	ダイオキシン類	1 pgTEQ/L(P)
19	ノニルフェノール	0.3 P
20	ビスフェノール A	0.1 P
24	フタル酸ジ(n-ブチル)	0.2 P
25	フタル酸ブチルベンジル	0.5 P
27	有機すず化合物	0.0006 P(TBTO)

(d) 農薬類の対象農薬

番号	農薬名	用途	目標値(mg/L)
2	シマジン(CAT)	除草剤	0.003
19	2,4-ジクロロフェノキシ酢酸(2,4-D)	除草剤	0.03
47	アラクロール	除草剤	0.01
48	カルバリル(NAC)	殺虫剤	0.05
63	アトラジン	除草剤	0.01
69	エンドスルファン(エンドスルフェート, ベンゾエピン)	殺虫剤	0.01
73	マラソン(マラチオン)	殺虫剤	0.05
74	メソミル	殺虫剤	0.03
75	ベノミル	殺菌剤	0.02
100	トリフルラリン	除草剤	0.06

ルキルフェノール，17β-エストラジオールなどの個別の化学物質に限定されていることである．これに対して1.1.2で述べた疫学調査では，塩素消毒された水道水の消費と生殖・発生毒性との関係が議論されている．そこでは当然，フミン物質を中心とする天然有機物から生成した有機ハロゲン化合物などの副生成物が関心事となるはずである．以下ではこの観点から検討すべき枠組みについて考察する．

5.4.2 検討の枠組みと方法

(1) 検討の枠組み

以下，著者らが行った研究を中心に，水道水の内分泌撹乱化学物質問題について述べる．特に，水道水のエストロゲン様作用の構造を把握することに焦点をあてた基礎的・原理的な検討を進めてきた．

内分泌撹乱を生起する可能性がある化学物質に関して，多方面から調査研究が進められてきた．そこでは具体的に化学物質名をあげて調査研究を行うことがほとんどであるが，一方，U.S.EPAが設置した『内分泌撹乱化学物質のスクリーニングと試験法に関する諮問委員会』(Endocrine Disruptor Screening and Testing Advisory Committee；EDSTAC)は，個別の化学物質に加えて，次の6つのタイプの混合物についても試験を行うことを勧告した[107]．

① 母乳，
② 大豆ベースの乳幼児食中の植物エストロゲン，
③ 有害廃棄物処分場で一般的に検出される混合物，
④ 農薬・肥料，
⑤ 消毒副生成物，
⑥ ガソリン．

混合物といっても世の中には多種多様なものがあるわけで，EDSTACが特に選定して勧告したわずか6つの混合物の中に「消毒副生成物」が含まれていることは，水処理上，重要なことと認識する必要があろう．

実際，塩素処理副生成物の生殖毒性に関する疫学調査としては，1.1.2に記したWallerら[108]の調査研究が代表例である．水道水中に含まれるトリハロメタンの量と水の摂取量，および流産との関係を調べ，トリハロメタン摂取量が多いグループの流産率が高いことを報告した．これ以外にも**表-1.1**に示した生殖・発生毒性に関連する健康影響が検出または示唆されている[109]．

以上より，上水道としても，消毒副生成物を内分泌撹乱誘発の可能性があるもの

としてとりあげ，対応策を検討しておく必要があると考えた．

ところで，この消毒副生成物の前駆物質は，一般にはフミン物質を中心とする天然有機物と考えられる．しかし，これに加えて個別の微量汚染物質と消毒剤が反応して生成する物質も消毒副生成物といいうる．さらに，消毒剤と反応する前の化学物質自体がエストロゲン様作用などを持つ場合もある．整理すると，水道原水や水道水に含まれうるエストロゲン様作用を有する可能性のある物質群には以下があげられよう．

① 内分泌撹乱性が疑われるとしてリストアップされている物質，
② ①以外の微量汚染物質，
③ 人畜由来ホルモン，
④ 植物エストロゲン，
⑤ フミン物質を中心とする天然有機物，
⑥ 以上の物質の塩素処理副生成物(塩素添加の場合)．

これらに関する調査研究が十分なされているわけではなく，不明な点が多く残されている．著者らはこの中で，①フミン物質を中心とする天然有機物，② 17β-エストラジオールや4-ノニルフェノールなどの微量汚染物質，および③これらの塩素処理副生成物をエストロゲン様作用を有する可能性のある物質としてとりあげて検討してきた．

図-5.35は，この考え方を示したものである．重要なのは，水中有機物が消毒剤と反応して消毒副生成物となっていく構図の中で，エストロゲン様作用が前と比べてどうなったかを把握する必要があるのではないか，という点である．しかし，図-5.35に示すように天然有機物を含めて検討した例は，著者らの他にはほとんどない．なお，U.S.EPAの毒性評価プロジェクト(5.2.4参照)では生殖・発生毒性も重要な評価対象としてとりあげられている．

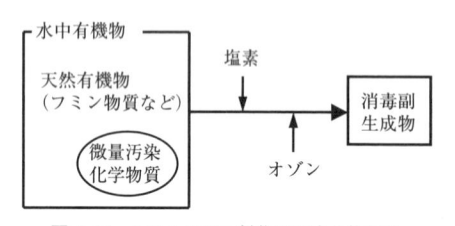

図-5.35 エストロゲン様作用研究の枠組み

(2) バイオアッセイの方法[110, 111]

表-5.13は，EDSTACが示した化学物質の内分泌撹乱性を評価するための試験方法体系の概略である．このうち，水環境の内分泌撹乱性評価の目的でよく利用されるのは，第一段階スクリーニング試験のin vitroアッセイに属するもので，エストロ

5.4 塩素処理水のエストロゲン様作用とその構造

表-5.13 内分泌攪乱化学物質のスクリーニングと検査法に関する諮問委員会報告書 試験方法体系の概要

ハイスループット事前スクリーニング

第一段階スクリーニング試験(T1S)
  in vitro
    1. レセプター結合性試験(cell-free 系)
        エストロゲンレセプター結合試験，アンドロゲンレセプター結合試験
    2. レセプター／レポーター遺伝子試験
        エストロゲン転写活性試験，アンドロゲン転写活性試験
    3. 精巣ミンチによるステロイド生合成試験
  in vivo
    1. 齧歯類 3 日間子宮肥大試験
    2. 齧歯類 20 日間思春期雌性甲状腺試験
    3. 齧歯類 5〜7 日間ハーシュバーガー試験
    4. 蛙変態試験
    5. 魚類生殖性復帰試験

第二段階確認試験(T2T) (*in vivo*)
  1. 哺乳類　　　・2 世代哺乳動物生殖毒性試験(または 1 世代試験など)
  2. 哺乳類以外　・鳥類生殖試験
              ・魚類ライフサイクル試験
              ・アミ類生殖毒性試験
              ・両生類発生生殖試験

ゲンレセプターとの結合性試験，ヒト乳がん細胞株である MCF-7 細胞を用いる E-Screen アッセイ，酵母 Two-Hybrid 試験，MVLN 細胞レポーター遺伝子試験などがある．その他には，オス魚におけるビテロゲニン産生性試験やメダカを用いた試験などが行われている．

エストロゲン様物質は，まず標的細胞内のエストロゲン受容体タンパクに結合する．そして，エストロゲン–受容体タンパク複合体となって DNA に作用しにいき，遺伝子発現を誘導する．この結果，遺伝情報の転写が活性化されることになる．

著者らの一連の検討では，エストロゲン様作用を検出するためのバイオアッセイとして MVLN アッセイを行っている[107, 112]．この方法は，EDSTAC が，エストロゲン様作用を検出するための *in vitro* 試験として最も推奨したものである．MVLN 細胞は，ヒト乳がん細胞である MCF-7 細胞に，ヴィテロジェニンの制御領域エストロジェンレセプター α を含む遺伝子，およびレポーター遺伝子としてホタルの発光反応を触媒するルシフェラーゼの遺伝子とを導入し，安定形質発現を実現したものである．この細胞を用いたアッセイは，化学物質がレセプターと結合した後の転

写の活性化の程度を調べるもので，実際には転写活性化の結果産生されるルシフェラーゼの酵素活性を測定する．

MVLN 細胞は，1990 年フランス国立衛生医学研究所の Pons 博士らによって作製されたものである[112]．本研究所から直接分与された MVLN 細胞を用いて実験を行っている．

なお，このバイオアッセイは，*in vitro* で行うものであり，広く行われている酵母を用いた方法などと同様に，ある物質が細胞内でエストロゲン様の作用を有するかを調べるものである．このようなバイオアッセイの役割と限界については 5.1.4 で述べた．すなわち，その試験結果が陽性であるからといって，その物質が生体内において内分泌攪乱作用を有する有害物質であると結論づけられるわけではないことには十分に注意する必要がある．

5.4.3 塩素処理によるエストロゲン様作用の変化

最初に，水道原水である琵琶湖水（南湖表流水）のエストロゲン様作用試験を行うとともに，浄水処理過程での処理性を室内実験によって調べた．結果を図-5.36 に示す[113]．ここでは，各浄水処理操作および塩素処理を行った後，濃縮操作を行っている．試料水の濃縮は，基本的にフミン物質に対する方法で行った[113, 114]．すなわち，吸着固相として XAD7HP を用い，吸着後の溶離は水酸化ナトリウム水溶液を使用している．なお，図の縦軸は，女性ホルモンそのものである 17 β-エストラジオールを MVLN 細胞に投与した場合に得られるルシフェラーゼ活性を 100 ％として，試料投与によって得られる活性値を示している[115]．

まず，水道原水の一つである琵琶湖水からエストロゲン様作用が検出されている．

次に，琵琶湖水にポリ塩化アルミニウムを用いて凝集処理を行った．さらに，この凝集処理水に対して通常の浄水処理に近い条件で粒状活性炭処理を行った．

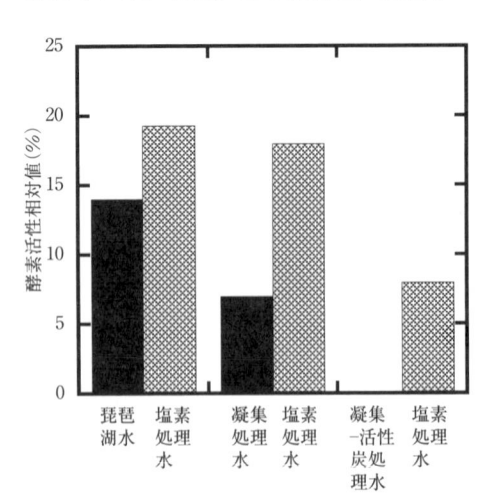

図-5.36 琵琶湖水のエストロゲン様作用の変化

図-5.36 から，まず，原水のエス

トロゲン様作用は，凝集によって半減し，さらに活性炭処理を行うことによってほぼ消失している．なお，この活性炭処理に伴うエストロゲン様作用の低減は，TOCの除去性とほぼ対応していた．

一方，図-5.36には，これらの処理水を塩素処理したものの試験結果も示した．いずれの場合も，塩素処理を行った水の方がエストロゲン様作用は強くなるという結果が得られた．特に，凝集および活性炭処理によってほぼ消失したエストロゲン様作用が塩素処理によって新たに生成したことが注目される．

このように，塩素によってエストロゲン様作用が増大する現象は，試薬フミン酸を用いた場合にも得られている[115]．試薬フミン酸そのものも弱いエストロゲン様作用を有するが，その強さは塩素処理により最大で約2.9倍に強められたのである．

本実験において最も重要な点は，水道水のエストロゲン様作用においても，いわゆるトリハロメタン問題と同じ構造の問題が存在することが明らかになったことである．すなわち，水処理後であってもそこに残存する有機物と塩素が反応すればトリハロメタンが必ず生成するのと同様に，残存有機物と塩素との反応によりエストロゲン様作用が生成するのである．

この結果，我々は図-5.37のように理解しなければならなくなった．すなわち，塩素消毒によって発がんというリスクが新たに生まれるが，

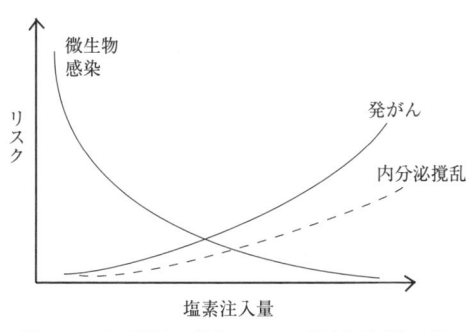

図-5.37 塩素消毒に伴うリスクの低減と生成概念図

これに加えてもう一つ，内分泌撹乱性というリスク因子も生成するということになる．

5.4.4 エストロゲン様作用が塩素処理で増大する理由[113]

上述のように，琵琶湖水から検出されるエストロゲン様作用は塩素処理によって増大した．また，試薬フミン酸のエストロゲン様作用も塩素処理によって増大する．この原因としては，以下の可能性が考えられよう．
① 塩素との反応により有機塩素化合物などが生成し，この中にエストロゲン様作用を持つ分子が存在した結果作用が強められた．
② 有機物の酸化分解および加水分解により構成成分が低分子化し，細胞膜を通

過できる分子が増加した結果，エストロゲン様作用が強められた．

③　水中フミン物質との相互関係（錯体形成・吸着・分配・可溶化）で溶存していた微量の有機化合物（エストロゲン様作用物質や農薬など）が，フミン物質の構造の変化により解放され，エストロゲン様作用を増加させた．

上記3つの可能性を念頭に，塩素処理によって作用が増大する要因について検討を行った．概要は以下のとおりであった．

(1) 塩素副生成物のエストロゲン様作用試験

典型的な塩素処理副生成物をとりあげてMVLNアッセイを行った．対象物質は，クロロホルム，ジクロロ酢酸，トリクロロ酢酸，抱水クロラール，2-クロロフェノール，2,4-ジクロロフェノールであったが，2,4-ジクロロフェノールを除きエストロゲン様作用は見られなかった．2,4-ジクロロフェノールのエストロゲン様作用の強さは，17β-エストラジオールを1とした時7.7×10^{-5}であった．2,4-ジクロロフェノールのエストロゲン様作用は，組換え酵母を用いた試験法でも検出されている[116]．

2,4-ジクロロフェノールの塩素処理水中濃度は低く，エストロゲン様作用に寄与するほどではないと推定されるが，塩素処理水のエストロゲン様作用を調べるうえでクロロフェノール類は今後検討すべき物質群といえよう．

(2) 分子量分布の変化との関係

琵琶湖水の塩素処理の前後の水について，分子量分布の変化を測定した．しかし，塩素処理によってエストロゲン様作用が2～3倍程度に増大するのと比較して，MVLN細胞中に入りエストロゲン様作用に寄与すると想定される分子量1 000以下の低分子量画分の増加はわずかであることがわかった．すなわち，エストロゲン様作用の増大において，塩素によって低分子化が進み，細胞内に入る物質量が増えるという要因は大きくなく，塩素によって物質の構造自体が変化する影響の方が大きいものと推察できた．

(3) 典型的なエストロゲン様作用物質の塩素処理によるエストロゲン様作用の変化

ビスフェノールAや4-ノニルフェノールなどの代表的なエストロゲン様作用について，塩素処理による反応生成物の同定やエストロゲン様作用の変化に関する検討

例がいくつかある．

　相澤ら[117, 118]は，ビスフェノールAの塩素反応生成物として，1～4塩素化ビスフェノールAなど計7種類の物質を構造決定している．この中には，副反応によって生成し，もとのビスフェノールA(分子量228)よりも高分子量である塩素化フェノール二量体(分子量524)も含まれている．そして塩素処理の結果，エストロゲン受容体との結合活性が増大したとしている．ビスフェノールAの塩素処理によってエストロゲン様作用が増大した例は他にも見られる[119]．ただし，これらの反応生成物は蓄積する一方ではなく，反応経過とともに別の物質に形態が変化していく．一方，塩素処理によってビスフェノールAのエストロゲン様作用が低下したという報告[120, 121]も見られる．

　4-ノニルフェノールや17β-エストラジオール(E_2)，エストロン(E_1)，エストリオール(E_3)，17α-エチニルエストラジオール(EE_2)などは，塩素によってフェノール構造が酸化され分解していくことが知られている[122]．4-ノニルフェノールについては，塩素処理の結果，エストロゲン様作用が低下するという報告[120, 121, 123, 124]がある一方，増大したという報告[119]もある．Huら[123]は，反応生成物として2塩素化ノニルフェノールを構造決定している．また，17β-エストラジオール，エストロン，エストリオール，17α-エチニルエストラジオールについては，塩素処理によってエストロゲン様作用が低下するという報告[125～127]が見られる．

　これに対して著者らは，17β-エストラジオール，エストロン，ビスフェノールAと4-ノニルフェノールについて，塩素による分解性とエストロゲン様作用変化を調べた．この結果，いずれの物質も塩素によって濃度が低下するとともに，エストロゲン様作用も低減するという結果を得ている．上記の中でビスフェノールAや4-ノニルフェノールのエストロゲン様作用が塩素によって増大したとする報告においても，処理時間を長くしたり塩素の添加量を増やしたりすると，エストロゲン様作用は低減する可能性がある．

　既報[115]で，琵琶湖水中から検出されるエストロゲン様作用に個別物質として寄与しうるものは，17β-エストラジオールと4-ノニルフェノールであると推定したが，以上のように，検討した範囲では塩素処理によってその作用が増大する現象は見られず，これらの物質は，塩素による琵琶湖水の作用の増大要因ではないと考えられた．

　水中有機物と相互作用によって溶解していた17β-エストラジオールや4-ノニルフェノールが塩素の作用によって相互作用から解放される結果，エストロゲン様作

用を増大させる可能性も考えられたが，仮にそのような機構があるとしても，解放された物質は塩素によって分解されつつエストロゲン様作用を失う可能性が高い．したがって，上記のようなエストロゲン様作用を持つ個別の化学物質は，塩素による琵琶湖水の作用の増大には寄与していないと考えられる．

著者らが試験対象とした琵琶湖水についてはこのように推定している．しかしながら，上述した研究例が示すとおり，ビスフェノールAや4-ノニルフェノールについては，塩素との反応条件によっては親物質よりもエストロゲン様作用が強い反応生成物が生成する可能性がある点には注意する必要がある．

(4) まとめ

塩素処理によって作用が増大する要因について，先に記した3つの可能性について検討を行った．まず，低分子化することの効果は小さいと推定された．また，相互作用の解放効果の可能性はあるにしても，17 β-エストラジオールのように，相互作用が解放された後，塩素と反応し速やかにエストロゲン様作用を失う可能性が高い．したがって，主として一番目の要因，すなわち，塩素による塩素化または酸化作用の結果生成する物質，つまり副生成物の効果が大きいものと推察される．エストロゲン様作用を有する塩素処理副生成物として，ここでは2,4-ジクロロフェノールを見出した．

5.4.5　水道水のエストロゲン様作用の構造[128]

5.4.3の検討は，主としてフミン物質を中心とする天然有機物とその塩素処理副生成物に焦点をあてたものであった．図-5.35に示したように，自然水または水道原水中には，これに加えて，個別の微量汚染物質が存在する．ここではこれらを考慮した場合，水道水のエストロゲン様作用とはいかなる構造と考えればよいかについて述べる．

(1) エストロゲン様作用検出における試料調製法の影響

初めに，水道原水中でエストロゲン様作用を示すような個別の微量汚染物質を濃縮するために適した方法を検討した．この結果，吸着固相としてウォーターズ製Oasis HLBを用い，溶出溶媒にはジクロロメタンを用いる方法を採用した．

このOasis HLBを用いる方法と，主としてフミン物質を中心とする天然有機物の濃縮を目的とするXAD7HPを用いる方法（この場合，吸着後の溶離は水酸化ナトリ

5.4 塩素処理水のエストロゲン様作用とその構造

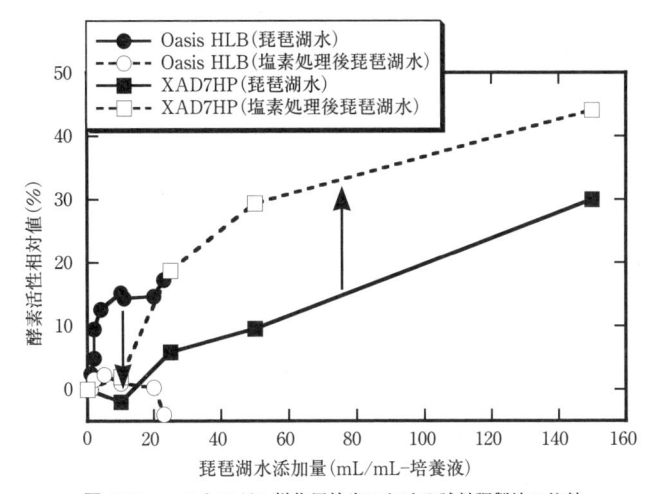

図-5.38 エストロゲン様作用検出における試料調製法の比較
(琵琶湖水：DOC 2.7 mg/L, E_{260} 0.040, pH 7.6)

ウム水溶液を使用)を用いて，琵琶湖水とその塩素処理水を濃縮し，MVLN アッセイを行った結果を図-5.38 に示す．横軸は，MVLN 細胞の培養液に何 mL 分の琵琶湖水を添加したか(つまり濃縮率)を表している．

驚いたことに，XAD7HP 調製方法を用いた場合，エストロゲン様作用は増大するものとして検出されているが，Oasis HLB 調製方法を用いた場合には，逆に低減する結果となった．すなわち，塩素処理による影響が 2 つの調製法の間で全く逆に現れるのである．

(2) 水道水のエストロゲン様作用の構成成分

塩素添加の影響については河川水や下水処理水を対象として，塩素処理によってエストロゲン様作用が低減したとする報告[129, 130]と，増大したとする報告[131]が見られる．

これに対し著者らは，塩素処理によるエストロゲン様作用の増加・減少どちらも確認したことになる．図-5.38 に示すように，それは試料の調製方法に依存する．すなわち，水道原水中には，塩素処理によってエストロゲン様作用が増大する物質と減少する物質があり，水道水のエストロゲン様作用にはこれらが混在しているのである．

以上の結果を踏まえ，水中のエストロゲン様作用の構成成分と塩素による変化に

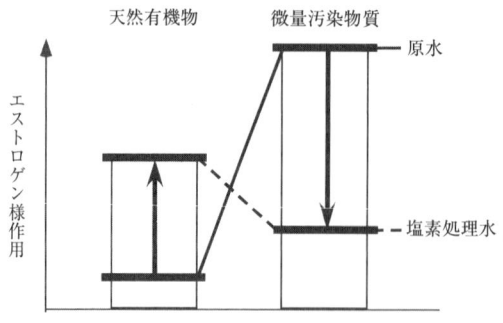

第 5 章　消毒副生成物の毒性

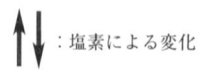

関する概念を図-5.39 に示した．まず，フミン物質を中心とする天然有機物にはそれ自体に弱いエストロゲン様作用があるが，塩素処理によってその作用が増大する．一方，微量汚染物質については先にも記したように，ビスフェノール A や 4-ノニルフェノールのように一時的に作用が増大する物質も報告されているものの，多くの場合，作用が減少すると考えられ

図-5.39　エストロゲン様作用の構成成分と塩素による変化

↑↓：塩素による変化

る．すなわち，琵琶湖水中には，塩素処理によってエストロゲン様作用が増大する物質と減少する物質があること，および，その塩素処理水のエストロゲン様作用とは，塩素によって増大した作用と低減した作用の和として現れるものであることを示している．

図-5.38 を得るために用いた XAD7HP を用いる方法は，フミン物質の濃縮を目的としており，溶出液として水酸化ナトリウム溶液を使用している．これにより，図-5.39 のうち作用が増大する物質を主として回収したと推定できる．一方，Oasis HLB を用いる方法では，微量汚染物質の濃縮を目的とし，溶出液としてジクロロメタンを使用している．これにより，図-5.39 のうち作用が減少する物質を主として回収したと推定できる．結果として，図-5.38 に示したように，塩素処理による影響が 2 つの調製法の間で逆に現れるものと考えられる．

ところで，この図式は，エストロゲン様作用に特有のものではないと著者は考えている．実は変異原性でも同様な現象は見られるのである．

水中に天然有機物があり，これと塩素が反応するとトリハロメタンやその他変異原性を有する有機ハロゲン化合物などが生成する．一方，これとは別に，汚染が進んだ水域では，微量汚染物質として変異原性を有する化合物が既に存在する場合もある．これと塩素が反応すると，塩素化された反応生成物が生成することが考えられる他，化学物質が有していた変異原性が消失または低減する場合もあろう．塩素処理水の変異原性とは，やはり増大した変異原性と低減した変異原性の和とみなすことができる．

事実，淀川水系の水試料を塩素処理すると，その変異原性が低下する場合がある

という報告がいくつか見られる[38, 132, 133]．天然有機物由来の副生成物によって新たに生じた変異原性よりも，汚染物質の変異原性が低下した効果の方が大きかったと推定することができる．

ただ，変異原性試験の場合には，一般には，天然有機物由来の副生成物による変異原性が強いので，塩素処理によって変異原性が生成したという評価になることが多い．一方，エストロゲン様作用試験の場合には，17β-エストラジオールをはじめとするホルモン物質そのものが存在し，またそれぞれがごく微量でエストロゲン様作用を示す．このことから，図-5.39において，変異原性試験の場合よりも微量汚染物質（個別化学物質）の影響が大きく出るものと考えられるのである．

(3) 水道水のエストロゲン様作用試験のための試料調製方法

以上より，水道水のエストロゲン様作用試験を行おうとする場合には，天然有機物と微量汚染物質とを区別して扱う必要があると指摘できる．図-5.38の実験結果からは，対象とする水において，原水中に含まれ塩素との反応で作用が低減するエストロゲン様作用物質の量，および塩素との反応によって新たにエストロゲン様作用が生成するような前駆物質の量とを調べ，2つの方法のいずれか，または両者を使用する必要があることになる．

例として，微量汚染物質が少ない清浄な湖沼水・河川水を想定すると，フミン物質を中心とする天然有機物を主対象とすればよいことから，原水，塩素処理水ともにXAD7HPを用いる調製方法を使用すればよい．一方，下水処理水の放流などを受け微量汚染物質が比較的多く含まれる都市河川水の場合は，原水においてはOasis HLBを用いた調製方法が適するが，塩素処理水にはXAD7HPを用いる調製方法を使用する必要があると推定できる．

ところで，フミン酸，フルボ酸の抽出はこれまでXAD樹脂を用いる方法が多用されてきたが，今日では特に微量有機物質の抽出を目的として固相抽出用カートリッジと加圧送液システムを用いる方法が普及してきている．フミン物質の抽出にもこのような固相カートリッジを用いることができれば，上記のように水道水の試験に2つの方法（Oasis HLB調製法，XAD7HP調製法）を併用することなく，1種類の固相で行える可能性がある．

このために著者らはまず，Oasis HLBに通水した後，水酸化ナトリウム水溶液で溶出させた試料を三次元蛍光分析に供することにより，琵琶湖水およびその塩素処理水中有機物がXAD7HPの場合と同様に回収できることを確認した[134]．

この成果をもとに整備した試料調製方法を図-5.40に示す．天然有機物とその塩素処理副生成物は，主として水酸化ナトリウム水溶液によって溶出され，次いで，個別の化学物質とその塩素処理副生成物は，主としてジクロロメタンによって溶出されると想定している．改めて検討した結果，塩素処理水中の天然有機物由来のエストロゲン様作用と典型的なエストロゲン様作用物質の回収性を評価し，本方法の有効性を認めた[128]．

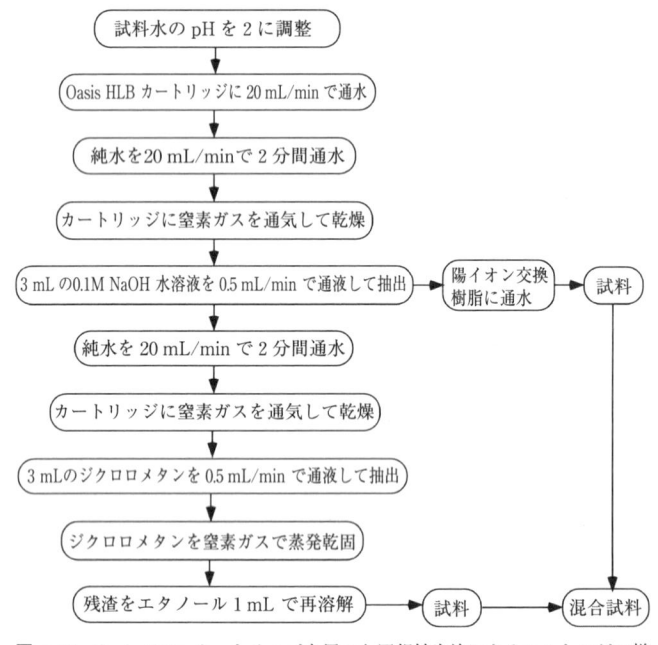

```
試料水のpHを2に調整
        ↓
Oasis HLBカートリッジに20 mL/minで通水
        ↓
純水を20 mL/minで2分間通水
        ↓
カートリッジに窒素ガスを通気して乾燥
        ↓
3 mLの0.1M NaOH水溶液を0.5 mL/minで通液して抽出 → 陽イオン交換樹脂に通水 → 試料
        ↓
純水を20 mL/minで2分間通水
        ↓
カートリッジに窒素ガスを通気して乾燥
        ↓
3 mLのジクロロメタンを0.5 mL/minで通液して抽出
        ↓
ジクロロメタンを窒素ガスで蒸発乾固
        ↓
残渣をエタノール1 mLで再溶解 → 試料 → 混合試料
```

図-5.40 Oasis HLBカートリッジを用いた固相抽出法によるエストロゲン様作用試験のための自然水とその塩素処理水の濃縮方法

(4) エストロゲン様作用の浄水処理における挙動[135]

以上の考え方と方法を用いて，浄水処理プロセスにおけるエストロゲン様作用の挙動について調査を行った例を示す．

調査対象は，琵琶湖水を原水とするA市B浄水場である．処理方式は，凝集，フロック形成，沈殿，急速砂ろ過の各プロセスからなる急速ろ過法である．凝集は硫酸ばんどとポリ塩化アルミニウムが併用されている．また沈殿池とろ過池の間で中間塩素処理，ろ過後に後塩素処理が行われていた．採水した試料は基本的に図-5.40に示す前処理を行って微量汚染物質と天然有機物の双方を回収した．エストロン，

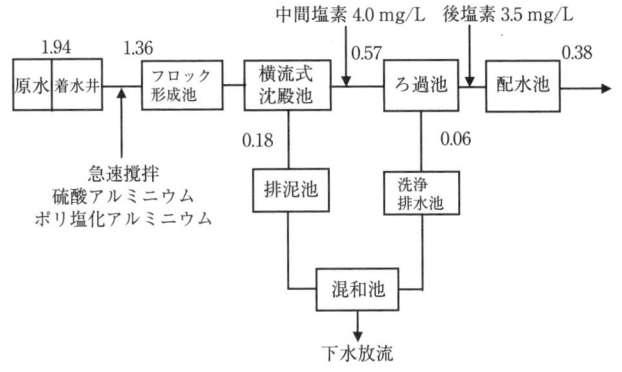

5.4 塩素処理水のエストロゲン様作用とその構造

図-5.41 エストロゲン様作用の浄水場内でのフロー（単位はg/dで，エストロゲン様作用の強さから17β-エストラジオールの量に換算したもの）

17β-エストラジオール濃度およびエストロゲン様作用を測定し，エストロゲン様作用の強さは17β-エストラジオール濃度換算値として求めた．

浄水場各地点におけるエストロゲン様作用測定結果に，流量(m^3/d)を乗じてフラックスを算出した結果を図-5.41に示す．また，エストロゲン様作用，エストロン，17β-エストラジオールの各フラックスについて，原水（着水井試料）を100％として残存率（％）を算出すると，図-5.42のようになる．

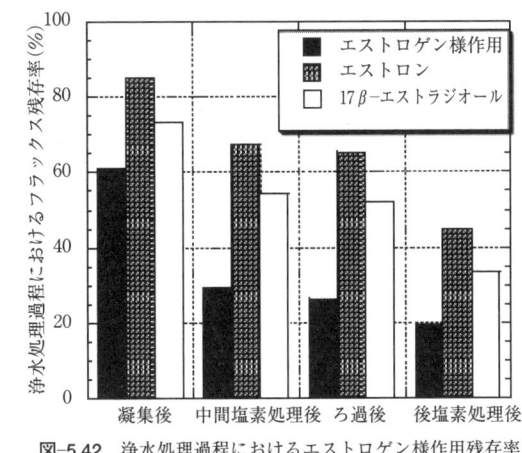

図-5.42 浄水処理過程におけるエストロゲン様作用残存率

流入した原水は最初に凝集処理を受けるが，除去率が最も大きいのはエストロゲン様作用である．凝集処理による除去率は，エストロゲン様作用で38％，エストロンで15％，17β-エストラジオールで26％であった．

その後，中間塩素処理によりエストロゲン様作用物質の一部が分解あるいは作用が低減する．図-5.39で示したように，水道水中のエストロゲン様作用を構成する物質は，天然有機物と微量汚染物質，およびそれらの副生成物であり，塩素処理によって増大した作用と低減した作用との和になっているはずである．しかし，本調

査の結果を見る限りでは，塩素処理によるエストロゲン様作用の増大傾向は見られず，低減する結果となった．図-5.39 を参照して考えると，琵琶湖水のエストロゲン様作用の強さは，微量汚染物質の方が卓越しているものと推察される．

一方，塩素処理に続く砂ろ過では，ほとんど除去されていない．最終的に，後塩素処理によりエストロゲン様作用物質はさらに減少し，浄水処理による最終的な除去率は，エストロゲン様作用で 79％，エストロンで 55％，17β-エストラジオールで 67％となった．以上のことから，エストロゲン様作用物質の除去は，主として凝集処理と塩素処理によってなされることが明らかとなった．

一方，エストロン，17β-エストラジオールおよびエストロゲン様作用は浄水場内の沈降汚泥やスカムに原水の 10～30 倍という高濃度で濃縮されていることもわかっている．したがって，発生した固相をできるだけ系外に除去することが安全側の管理であると指摘できる．

5.4.6　エストロゲン様作用生成能とその測定 [136]

(1)　エストロゲン様作用生成能の存在

a. 塩素処理後の水のエストロゲン様作用の変化　　図-5.39 に示したように，塩素処理によってフミン物質を中心とする天然有機物のエストロゲン様作用が高まり，トリハロメタン生成と同じ構図であることを指摘した．本項ではこの成分にさらに注目する．すなわち，フミン酸の塩素処理を行い，そのエストロゲン様作用の特性を把握するとともに，トリハロメタン生成の特性と比較してみた．

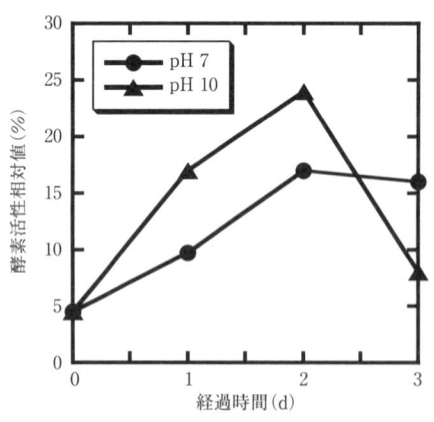

図-5.43　塩素処理したフミン酸のエストロゲン様作用の変化

まず，試薬フミン酸溶液（TOC 920 mg/L）に塩素を注入（1 500 mg - Cl_2/L）した後，pH 5 で 48 時間静置して塩素処理水を作製する．48 時間後には残留塩素はなくなっている．その後この処理水の pH を変化させ，エストロゲン様作用の経時変化を測定した．結果を図-5.43 に示す．

既に説明したように，塩素処理したフミン酸溶液はある強さのエストロゲン様作用を持つ（図-5.43 の経過時間 0 の時の値）．そしてこのエストロゲン

5.4 塩素処理水のエストロゲン様作用とその構造

様作用は，次第に増大していくという結果となった．ここで重要な点は，残留塩素が既にない水であるにもかかわらず，ただ静置するだけで，エストロゲン様作用が増大していったということである．トリハロメタン濃度が増大するのと同様に，エストロゲン様作用は，塩素消毒後に作用が増大する特性を持つ．pH 7, 10 とした両方の試料水で増大したが，pH 10 としたものの方が速やかに増大している．pH 10 の方が塩素処理水中の有機物の加水分解が促進するためであろうと考えられる．また，pH 10 の条件では，2 日後に最大となった後，低減に転じている．

このような結果になるとは，実は予想していなかった．5.3 では，塩素処理水の毒性のいくつかの特性について紹介した．図-5.17 に示したように，まず，塩素処理水の染色体異常誘発性は，生成した後低下する．これは発がん過程のイニシエーション活性の指標となるものであるが，一方，プロモーション過程の指標として行った（二段階）形質転換誘発性は，逆に次第に増大する．しかし，その増大の程度は小さく，イニシエーション活性とプロモーション活性を合わせて測定できると考えられる非二段階形質転換誘発性は，染色体異常誘発性と同様に低下した．すなわち，発がん性という生物に対する生理活性は低下していっているのである．生物学的あるいは化学的に熟考したわけではないが，これらの経験を踏まえ，塩素処理によって生成したエストロゲン様作用は，その後低下していくのではないかと想像していた．結果は逆であった．

イニシエーション活性やプロモーション活性を示す副生成物と，エストロゲン様作用を示す副生成物とは，どう同じでどう異なるのか興味あるところである．

さて，先の検討を続ける．加水分解の影響について触れたが，加水分解を促進するためには pH を高める他に水温を高める方法がある．ここで pH や水温を変化させることはエストロゲン様作用の特性を調べるためであって，浄水処理などにおける操作を意図しているわけではないことはもちろんである．ここでは塩素処理水の pH を変化させるとともに 80 ℃で 1 時間保温し，エストロゲン様作用の変化を測定した．結果を図-5.44 に示す．

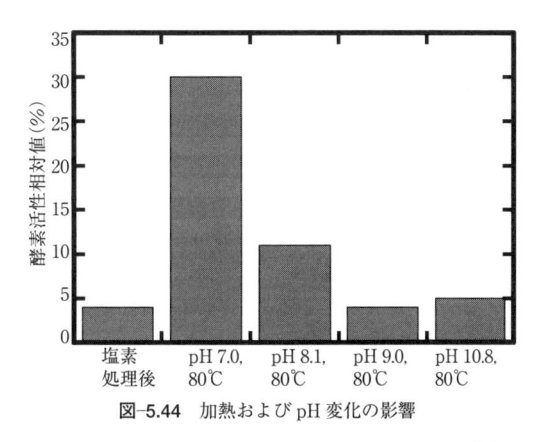

図-5.44 加熱および pH 変化の影響

pH 7 の条件で 80 ℃ 保温した場合，塩素処理水のエストロゲン様作用は大きく増大した．しかし，pH 8.1 以上の条件で 80 ℃ 保温した場合には，増大した作用が低減するという結果となった．したがって，塩素処理水のエストロゲン様作用は，塩素処理後，加水分解が進むとともに次第に増大するものの，加水分解がさらに進むと低減に転ずると推定することができる．これは，図-5.43 の pH 10 の場合に，2 日後に最大となった後，低減に転じたこととも一致する現象である．

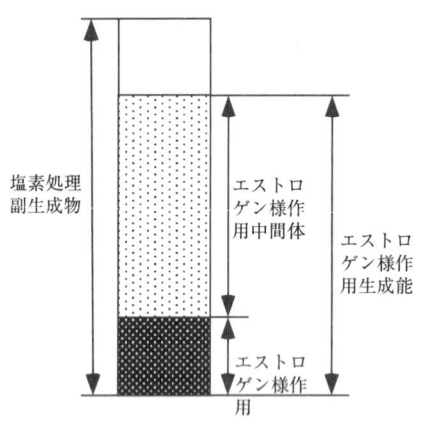

図-5.45 天然有機物に由来するエストロゲン様作用の構造

b. エストロゲン様作用中間体と生成能 塩素処理水のエストロゲン様作用の特性を調べたが，実際の水道水の配水過程のような中性，常温の条件を想定すると，エストロゲン様作用は増大する方向にあると考えて差し支えないだろう．これを考慮したうえで，水道水のエストロゲン様作用の構造を推定したものを図-5.45 に示す．

図-5.43，5.44 に示す実験結果から，「エストロゲン様作用中間体」，「エストロゲン様作用生成能」として定義できる成分が存在しているものと推定した．つまり，塩素処理が終了した直後はエストロゲン様作用を示す成分は少ないが，「中間体」があり，時間とともにエストロゲン様作用を示すものに変わっていくと考えられるのである．

トリハロメタン生成の場合[137, 138]，塩素で生成した全有機ハロゲン化合物のうちトリハロメタンはごく一部を占めるにすぎない．全有機ハロゲン化合物の中にトリハロメタン中間体が存在し，残留塩素のない条件下であっても，時間とともにトリハロメタンに変わっていく．そして全体は，トリハロメタン生成能と呼ばれている．この過程は反応速度とともに理解され，例えば，配水過程でトリハロメタン濃度が増大していく事実や，中間塩素処理の有効性と限界に関する説明が可能となっている．この意味において塩素処理水のエストロゲン様作用の特性は，トリハロメタン生成の構造と同一であるということができる．

なお，図-5.39 で示したように，水道水のエストロゲン様作用には，フミン物質を中心とする天然有機物に由来するものと，微量化学物質に由来するものとがあり，塩素処理による変化方向が異なる．ここの議論では，少なくとも水道水中には，そ

のエストロゲン様作用の強さが次第に増大していく天然有機物に由来する成分が存在するということである．

一方，フミン酸の作用が塩素によって増大する理由については，塩素による塩素化または酸化作用の結果生成する物質の効果が大きいものと推定した．そこで，このエストロゲン様作用の特性と副生成物との関係についても一部検討を行った[139]．先述したように，副生成物のうちで2,4-ジクロロフェノールにエストロゲン様作用があることを確認しており，クロロフェノール類の挙動を調べたが，クロロフェノール類は中間生成物であることから生成した後速やかに減少していき，エストロゲン様作用と対応しているとはいいがたい結果であった．このように現在までのところ，塩素処理水のエストロゲン様作用とその変化の原因となり，また指標となりうる副生成物を特定することには成功していない．

次に塩素注入率の影響についても調べた．その結果，エストロゲン様作用が最大となったのはCl_2/TOCが1の時で，注入率をそれ以上にしても作用の増大は見られなかった．

以上の結果を総合すると，水道水のエストロゲン様作用の強さを決定する要因としては，以下をあげることができる．①塩素注入量，②反応時間，③反応時のpHおよび水温．図-5.45に示す「エストロゲン様作用生成能」，すなわち，その水のエストロゲン様作用のとりうる最大値を測定するためには，上記の条件を明らかにする必要がある．

(2) 水道原水のエストロゲン様作用生成能の測定

ここでは水道原水の一つである琵琶湖水を対象として，図-5.40の手順で試料調製を行い，塩素注入後のエストロゲン様作用の変化を測定するとともに，エストロゲン様作用生成能を検出することを試みる．

そのためには，塩素処理水のエストロゲン様作用の強さを規定する上記3項目を検討する必要がある．このうち塩素注入率については，Cl_2/TOCを1以上としてもエストロゲン様作用の増大は見られなかったことから，$Cl_2/TOC=1$付近で行うことを基本とし，実際には塩素要求量も考慮して初期残留塩素濃度が$1\,mg-Cl_2/L$となるように塩素を添加した．また，加水分解の反応速度の調節は，水温調整ではなくpHを調整することにより行った．

図-5.46に測定結果を示す．この図の経過時間0とは，塩素を添加してから24時間後を意味しており，この時，既に残留塩素は検出限界以下となっている．この後

第5章 消毒副生成物の毒性

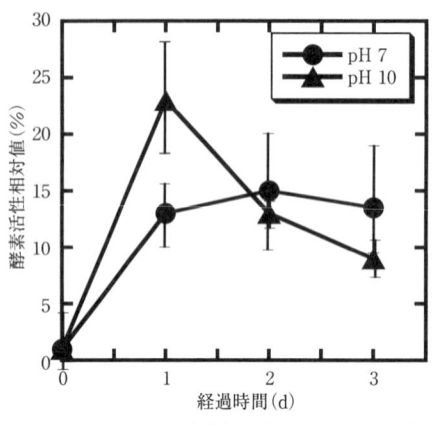

図-5.46 琵琶湖水の塩素処理後のエストロゲン様作用の変化

pHを7または10に調整したうえでエストロゲン様作用の経時変化を測定したものである．

まず，琵琶湖水原水の酵素活性相対値は平均11％であった．図-5.46の経過時間0の時の値は，塩素処理後の値を示しているので，塩素処理により，琵琶湖水のエストロゲン様作用はほぼ消失していることがわかる．図-5.39に示すように，フミン物質を中心とする天然有機物と塩素とが反応すれば，エストロゲン様作用が増大するが，微量汚染物質が塩素によって分解されて，そのエストロゲン様作用を失う効果の方が大きいものと考えられる．

この結果は，浄水処理過程における変化を示す図-5.41，5.42の調査で，中間塩素処理によってエストロゲン様作用が低下したことと定性的に一致している．

次に，図-5.46を見ると，塩素処理水のエストロゲン様作用は，残留塩素がなくても次第に増大している．また，pH7よりもpH10の方がより速やかに増大すること，pH10では最大となった後は低減に転じていることがわかる．これらの傾向は，試薬フミン酸を用いた結果である図-5.43と定性的に一致している．

上述したように，塩素処理を行った時点（図-5.46の経過時間0）では，琵琶湖水のエストロゲン様作用は低減（ほぼ消失）したと評価されていた．しかし，その後，加水分解が進むにつれてエストロゲン様作用が増大していったのである．一旦塩素による分解作用を受けた個別の微量化学物質が再びエストロゲン様作用を持つようになるとは考えにくいので，やはり，図-5.45に示したように，天然有機物由来のエストロゲン様作用中間体がエストロゲン様作用を持つようになったものと推察される．そしてその値の大きさは，最大で，琵琶湖水原水（平均11％）の2倍以上に達している．

図-5.41，5.42の調査でも，試料水（中間塩素処理後および配水池出口）を採取した後，すぐに濃縮操作を行わずにしばらく静置しておけば，そのエストロゲン様作用は増大する可能性がある．

ところで，本文でいうエストロゲン様作用生成能とは，結局，その水が達しうる

エストロゲン様作用の最大値を意味している．図-5.46で測定した範囲では，エストロゲン様作用が最大となったのは，pH 10，経過時間1日においてである．この値をエストロゲン様作用生成能とみなすこととし，その測定手順を整理すると，以下のとおりとなる．塩素注入率：初期残留塩素濃度1 mg-Cl_2/L (ただし，琵琶湖水を使用した本実験の場合)．pH 7，20℃，暗所で24時間静置．その後，pHを10として24時間静置．これを図-5.40の手順に従ってバイオアッセイのための試料調製を行う．

一般にトリハロメタン生成能の測定は，試料水pH 7，温度20℃，反応時間24時間とし，また，24時間後の残留塩素濃度が1～2 mg-Cl_2/Lとなる条件で行うこととされている[140]．この方法は化学的な最大値を求めようとするよりは，水道水の給配水過程で実際に出現しうる濃度を把握しようという意図がある．これに対して本実験では，pH再調整の影響だけを見ようとしたため，塩素添加後24時間で塩素がほぼ消費される条件としており，またエストロゲン様作用の最大値を把握するためにpHを10としている．したがって，今後，水道水の給配水過程で実際に出現しうるエストロゲン様作用の強さを把握しようとする場合には，上記のトリハロメタン生成能の測定条件と同様な条件で測定を行う必要があろう．

一方，本検討による成果から指摘されるべき重要な点は，上述のように，エストロゲン様作用生成能は，主としてフミン物質を中心とする天然有機物に由来すると考えられ，その作用の大きさは，本測定の場合，琵琶湖水原水の2倍以上であったということである．すなわち，水処理後の残存有機物と塩素とが反応すればトリハロメタンが必ず生成するのと同様に，残存有機物と塩素との反応によりエストロゲン様作用が生成してくるという点で，水道水のエストロゲン様作用においても，いわゆるトリハロメタン問題と同じ構造の問題が存在するということができる．

したがって，水質管理上，水道水のエストロゲン様作用低減化のためには，現在までにリストアップされている個別の微量汚染物質の除去に加えて，塩素接触前に，全有機炭素(TOC)などとして測定される有機物の除去も重視すべきであると指摘しうる．

5.4.7 今後の微量化学物質問題

1.1.2において，消毒副生成物の健康影響については，まず発がん性がとりあげられ，次いで生殖・発生毒性が注目されてきたことを述べた．本章でも発がんに関連する毒性として変異原性をとりあげ，さらにエストロゲン様作用について論じた．

第5章 消毒副生成物の毒性

ここでは消毒副生成物に限定せず，微量化学物質に関する問題の現在と今後の展望について言及する．

水道水の汚染経路は図-4.1に示したとおりである．これらの汚染がヒトに及ぼす健康影響の種類も，未知の影響を含めて様々なものが考えられる．

生体に悪影響を及ぼす化学物質については，重金属類をはじめとして歴史的に様々な物質および毒性が注目されてきた[141]．この歴史的経緯から展望すると，今後は，発がんのような重篤なエンドポイントを持つものから，健康な状態からの乖離を引き起こすものへ視点がシフトしていくとも考えられる．それらの化学物質は，何らかの生理活性作用を有し，生体の恒常性を撹乱するということができよう[142]．注目すべき物質群として，内分泌撹乱化学物質[143]，免疫毒性物質[144]，残留医薬品，自然毒などがあげられる．

例えば，内分泌撹乱化学物質の可能性があるとしてリストアップされたものの中にエチニルエストラジオールなどの医薬品そのものが含まれていたことから，医薬品による環境汚染・水質汚染がクローズアップされた[145]．代表例として，EU諸国では，医療機関や家庭から排出される医薬品による水質汚染問題や必要な対策技術について検討するための大きなプロジェクト（POSEIDON Project）が進められた[146]．現在では，医療用，畜産用に使用される医薬品をはじめ，化粧品など身体ケア製品由来の化学物質（Pharmaceuticals and Personal Care Products；PPCPs）を対象として，実態調査や影響評価に関する研究が進められている[147, 148]．

微量化学物質による水質汚染問題では，今後も様々な物質がクローズアップされ続けるだろう．また，生殖・発生毒性のように健康影響の種類自体にも目が向けられていくであろう．例えば，本書では大きくとりあげることができていないが，塩素やその副生成物による免疫毒性の可能性についても議論されている[149, 150]．免疫毒性は，U.S.EPAの毒性評価プロジェクト（5.2.4，図-5.15参照）でも評価対象としてとりあげられている．

これら健康リスク因子に対応できる水処理技術を保持または整備する必要があるが，同時に，ヒトの健康や生態系に対する影響の重篤度や対策の必要性を評価する手法を整備していく必要もある．

参考文献

1) 林祐造，大澤仲昭：毒性試験講座1　安全性評価の基礎と実際，p.311，地人書館，1990．
2) 日本組織培養学会編：細胞トキシコロジー試験法，p.322，朝倉書店，1991．
3) 特集　バイオアッセイによる環境影響評価の実際，水環境学会誌，Vol.29, No.8, pp.425−449, 2006．
4) 黒木登志夫，渋谷正史：細胞増殖とがん，岩波書店，1999．
5) 生田哲：がんとDNA，p.280，講談社，1997．
6) 鈴木基之，内海英雄編，上野仁，中室克彦著：バイオアッセイ　水環境のリスク管理，pp.135，講談社サイエンティフィク，1998．
7) 黒川雄二：ワークショップ「いわゆるNon-mutagenic Carcinogenをめぐる諸問題」，発がん性試験実施の立場から，環境変異原研究，Vol.14, pp.99−103, 1992．
8) 梅田誠，伏脇裕一，浜村哲夫：発がんプロモーター活性の培養細胞検出法，水環境学会誌，Vol.19, No.10, pp.14−18, 1996．
9) 宇野芳文，岩瀬裕美子，吉川邦衛：ワークショップ「いわゆるNon-mutagenic Carcinogenをめぐる諸問題」　変異原性試験実施の立場から−ラット肝複製DNA合成(RDS)試験の推奨−，環境変異原研究，Vol.14, pp.75−83, 1992．
10) Ishidate, M. Jr., Harnois, M. C., Sofuni, T.：A comparative analysis of data on the clastogenicity of 951 chemical substances tested in mammalian cell cultures, *Mutat. Res.*, Vol.195, pp.151−213, 1988.
11) Ashby, J., Tennant, R. W.：Definitive relationships among chemical structure, carcinogenicity and mutagenicity for 301 chemicals tested by the U.S.NTP, *Mutat. Res.*, Vol.257, pp.229−306, 1991.
12) 荒木明宏：気相暴露による微生物変異原性試験法の開発とその応用，環境変異原研究，Vol.18, No.1, pp.5−13, 1996．
13) 住友恒，伊藤禎彦：画像解析を導入した染色体異常試験法の開発，衛生工学研究論文集，Vol.26, pp.107−115, 1990．
14) 伊藤禎彦，住友恒：染色体異常試験，土木学会衛生工学委員会編：環境微生物工学研究法，pp.379−382, 技報堂出版，1993．
15) 日本環境変異原学会・哺乳動物試験分科会編：化学物質による染色体異常アトラス，p.198，朝倉書店，1988．
16) 住友恒，伊藤禎彦，山下基，池田大助：マウス繊維芽細胞を用いる形質転換試験結果の画像解析による評価方法，環境衛生工学研究，Vol.12, No.3, pp.181−185, 1998．
17) 日本組織培養学会編：組織培養の技術第三版，p.621，朝倉書店，1996．
18) 内海博司：培養細胞から生命をさぐる，p.166，裳華房，1995．
19) 酒井康行：バイオアッセイの展望，水環境学会誌，Vol.26, No.7, pp.400−403, 2003．
20) 内海英雄：水環境の安全性評価のためのバイオアッセイの今後，水環境学会誌，Vol.19, No.10, pp.758−763, 1996．
21) 青木康展：環境から暴露される化学物質の生体影響評価―変異原物質を例として―，環境変異原研究，Vol.25, No.3, pp.199−202, 2003．

第5章 消毒副生成物の毒性

22) 能美健彦：変異原性試験で何がわかるか：21世紀の展望，環境変異原研究，Vol.24, pp.75-80, 2002.
23) 鈴木孝昌：環境変異原研究の光と陰：これから進むべき道，環境変異原研究，Vol.24, pp.179-184, 2002.
24) 岩橋均：DNAマイクロアレイ技術の現状と展望，水環境学会誌，Vol.26, No.7, pp.412-414, 2003.
25) 国立医薬品食品衛生研究所「化学物質のリスクアセスメント」編集委員会：化学物質のリスクアセスメント-現状と問題点-，p.259，薬業時報社，1997.
26) 和田攻：化学物質のリスク評価-よりよき手法を求めて，環境変異原研究，Vol.18, pp.1-4, 1996.
27) 筏義人：環境ホルモン，p.210, 講談社，1998.
28) 住友恒，松岡譲，伊藤禎彦：消毒処理水の染色体異常試験，水道協会雑誌，Vol.62, No.1, pp.30-39, 1993.
29) Backlund, P.: Mutagenic activity in humic water and alum flocculated humic water treated with alternative disinfectants, *Sci. Total Environ.*, Vol.47, p.257, 1985.
30) Meier, J. R, Bull, R. J.: Mutagenic properties of drinking water disinfectants and by-products, Water Chlorination : Chemistry, Environmental Impact and Health Effects(Jolly, R. L., et. al., eds), Vol.5, pp.207-220, Lewis Publishers, 1985.
31) Zoeteman, B. C. J., Hrubec, J., Greef, E., Kool, H., J.: Mutagenic activity associated with by-products of drinking water disinfection by chlorine, chlorine dioxide, ozone and UV-irradiation, *Environ. Health Perspect.*, Vol.45, pp.197-205, 1982.
32) Lykins, B. W., Koffskey, W. E., Miller, R. G.: Chemical products and toxicologic effects of disinfection, *J. Am. Water Works Assoc.*, Vol.78, No.11, pp.66-75, 1986.
33) Kool, H. J., van Kreiji, C. F.: Formation and removal of mutagenic activity during drinking water prepatation, *Water Res.*, Vol.18, No.8, pp.1011-1016, 1984.
34) Cognet, L., Courtois, Y., Mallevialle, J.: Mutagenic activity of disinfection by-products, *Environ. Health Perspect.*, Vol.69, p.165, 1986.
35) 亀井翼，丹保憲仁，金子篤：遊離塩素，クロラミン及び二酸化塩素処理によって水中のフミン質類から生成する成分の環境変異原性，水道協会雑誌，Vol.58, No.2, pp.21-29, 1989.
36) 亀井翼，丹保憲仁，田村聡志：塩素及びオゾン処理によって水中のフミン質類から生成する成分の環境変異原性，水道協会雑誌，Vol.54, No.11, pp.25-33, 1985.
37) 丹保憲仁，亀井翼，中津川誠：塩素及びオゾン処理によって水中のフミン質類から生成する成分の環境変異原性(II)，水道協会雑誌，Vol.56, No.6, pp.2-11, 1987.
38) 佐谷戸安好，中室克彦，上野仁，長谷川達也，後藤里香：浄水プロセスにおける変異原性の消長に関する研究，水道協会雑誌，Vol.60, No.6, pp.12-20, 1991.
39) Anderson, W. B., Huck, P. M., Daignault, S. A., Irvine, G. A., Rector, D. W., Savege, E., von Borstel, R. C., Williams, D. T.: Comparison of drinking water disinfectants using mutagenicity testing, Water Chlorination : Chemistry, Environmental Impact and Health Effects(Jolly, R.L., et.al., eds), Vol.6, pp.201-225, Lewis Publishers, 1990.
40) Guzzella, L., Monarca, S., Zani, C., Feretti, D., Zerbini, I., Buschini, A., Poli, P., Rossi, C., Richardson, S.

D.：*In vitro* potential genotoxic effects of surface drinking water treated with chlorine and alternative disinfectants, *Mutat. Res.-Genetic Toxicology and Environ. Mutagen.*, Vol.564, pp.179-193, 2004.

41) Monarca, S., Zanardini, A., Feretti, D., Dalmiglio, A., Falistocco, E., Manica, P., Nardi, G.：Mutagenicity of extracts of lake drinking water treated with different disinfectants in bacterial and plant tests, *Water Res.*, Vol.32, No.9, pp.2689-2695, 1998.

42) Maffei, F., Buschini, A., Rossi, C., Poli, P., Forti, G. C., Hrelia, P.：Use of the comet test and micronucleus assay on human white blood cells for *in vitro* assessment of genotoxicity induced by different drinking water disinfection protocols, *Environ. Mol. Mutagen.*, Vol.46, pp.116-25, 2005.

43) Donald, K.D., William, B.A., Susan, A.D., David, T.W., Peter, M. H.：Evaluating treatment processes with the Ames mutagenicity assay, *J. Am. Water Works Assoc.*, Vol.89, No.9, pp.87-102, 1989.

44) Bull, R.J., Robinson, M., Meier, J.R., Stober, J.：Use of biological assay systems to assess the relative carcinogenic hazards of disinfection by-products, *Environ. Health Perspect.*, Vol.46, pp.215-227, 1982.

45) Daniel, F. B., Robinson, M., Rlnghand, H. P., Stober, J. A., Page, N. P., Olson, G. R.：Subchronic toxicity study of ozonated and ozonated/chlorinated humic acids in Sprague-Dawley rats：A model system for drinking water disinfection, *Environ. Sci. Technol.*, Vol.25, No.1, pp.93-98, 1991.

46) Itoh, S., Matsuoka, Y.：Contributions of disinfection by-products to activity inducing chromosomal aberrations of drinking water, *Water Res.*, Vol.30, No.6, pp.1403-1410, 1996.

47) 祖父尼俊雄：染色体異常試験データ集, 改訂1998年版, エル・アイ・シー, 1999.

48) 伊藤禎彦：染色体異常誘発性と大腸菌ファージ不活化からみた上水消毒剤の比較研究, 京都大学博士学位論文, p.180, 1993.

49) Chaikin, S. W., Brown, W. G.：Reduction of aldehyde, ketones and acid chlorides by sodium borohydride, *J. Am. Chemistry*, Vol.71, pp.122-125, 1949.

50) Brown, H. C., Mead, E. J., Subba Rao, B. C.：A study of solvents for sodium borohydride and the effect of solvent and the metal ion borohydride, *J. Am. Chem. Soc.*, Vol.77, pp.6209-6213, 1955.

51) 辻村泰聡：バイオアッセイを用いた水道水中未規制ハロ酢酸類および全有機ハロゲン化合物の毒性の推定に関する研究, 京都大学大学院工学研究科修士論文, p.74, 2005.

52) 藪下登史子：哺乳動物培養細胞を用いたバイオアッセイからみた水道水質指標の活用法に関する研究, 京都大学大学院工学研究科修士論文, p.67, 2001.

53) 夏井智毅：染色体異常誘発性からみた浄水プロセスにおけるオゾン/塩素処理の評価に関する研究, 京都大学大学院工学研究科修士論文, p.52, 2003.

54) Meier, J. R., Ringhand, H. P., Coleman, W. E., Munch, J. W., Streicher, R. P., Kaylor, W. H., Schenck, K. M.：Identification of mutagenic compounds formed during chlorination of humic acid, *Mutat. Res.*, Vol.157, pp.111-122, 1985.

55) 木苗直秀, 杉山千歳, 下位香代子：水中の直接変異原MXの生成と毒性発現の機構, 環境変異原研究, Vol.22, pp.141-148, 2000.

56) 杉山千歳, 中嶋圓, 岩本憲人, 増田修一, 大石悦男, 木苗直秀：水道水中の強力な変異原物質3-

第 5 章　消毒副生成物の毒性

chloro-4-(dichloromethyl)-5-hydroxy-2(5H)-furanone(MX)の分布と毒性, 水環境学会誌, Vol.27, No.6, pp.393-401, 2004.

57) Plewa, M. J., Kargalioglu, Y., Vankerk, D., Minear, R. A., Wagner, E. D.: Development of quantitative comparative cytotoxicity and genotoxicity assays for environmental hazardous chemicals, Proceedings of The 3rd IWA Specialized Conference on Hazard Assessment and Control of Environmental Contaminants-ECOHAZARD' 99-, pp.147-154, Otsu, Japan, 5-8 Dec., 1999.

58) Mäki-Paakkanen, J., Jansson, K., Vartiainen, T.: Induction of mutation, sister-chromatid exchanges, and chromosome aberrations by 3-chloro-4-(dichloromethyl)-5-hydroxy-2(5H)-furanone in Chinese hamster ovary cells, *Mutat. Res.*, Vol.310, pp.117-123, 1994.

59) Van Duuren, B. L., Melchionne, S., Seidman, I., Periera, M. A.: Chronic bioassays of chlorinated humic acids in B6C3F1 mice, *Environ. Health Perspect.*, Vol.69, pp.109-117, 1986.

60) Condie, L., Laurie, R., Bercz, J.: Subchronic toxicology of humic acid following chlorination in the rat, *J. Toxicol. Environ. Health*, Vol.15, pp.305-314, 1985.

61) Simmons, J. E., Teuschler, L. K., Gennings, C., Speth, T. F., Richardson, S. D., Miltner, R. J., Narotsky, M. G., Schenck, K. D., Hunter III, E. S., Hertzberg, R. C., Rice, G.: Component-based and whole-mixture techniques for addressing the toxicity of drinking-water disinfection by-product mixtures, *J. Toxicol. Environ. Health*, Part A, Vol.67, pp.741-754, 2004.

62) Simmons, J. E., Richardson, S. D., Speth, T. F., Miltner, R. J., Rice, G., Schenck, K. D., Hunter III, E. S., Teuschler, L. K.: Development of a research strategy for integrated technology-based toxicological and chemical evaluation of complex mixtures of drinking water disinfection byproducts, *Environ. Health Perspect.*, Vol.110, Supplement 6, pp.1013-1024, 2002.

63) 伊藤禎彦, 仲野敦士, 荒木俊昭：塩素処理水の染色体異常誘発性・形質転換誘発性の変化過程と強変異原物質 MX の指標性, 水環境学会誌, Vol.26, No.8, pp.499-505, 2003.

64) Lekkas, T. D., Nikolaou, A. D.: Degradation of disinfection byproducts in drinking water, *Environ. Eng. Sci.*, Vol.21, No.4, pp.493-506, 2004.

65) 伊藤禎彦, 村上仁士：塩素処理水の染色体異常誘発性に対する加水分解の影響, 環境工学研究論文集, Vol.30, pp.219-226, 1993.

66) 伊藤禎彦, 村上仁士, 福原勝, 仲野敦士：塩素および二酸化塩素処理水の染色体異常誘発性の生成・低減過程, 環境工学研究論文集, Vol.40, pp.201-212, 2003.

67) Itoh, S., Ikeda, D., Toba, Y., Sumitomo, H.: Changes of activity inducing chromosomal aberrations and transformations of chlorinated humic acid, *Water Res.*, Vol.35, No.11, pp.2621-2628, 2001.

68) Komulainen, H., Kosma, V.-M., Vaittinen, S.-L., Vartiainen, T., Kaliste-Korhonen, E., Lotjonen, S., Tuominen, R. K., Tuomisto, J.: Cacinogenicity of the drinking water mutagen 3-chloro-4-(dichloromethyl)-5-hydroxy-2(5H)-furanone in the rat, *J. Nat. Cancer Inst.*, Vol.89, No.12, pp.848-856, 1997.

69) Ishidate, M. Jr., Harnois, M. C., Sofuni, T.: A comparative analysis of data on the clastogenicity of

951 chemical substances tested in mammalian cell cultures, *Mutat. Res.*, Vol.195, pp.151-213, 1988.
70) Sakai, A., Umeda, M., Nakamura, Y., Sakaki, K., Iwase, Y.: *In vitro* assays for tumor promoters, *Environ. Mutagen Res.*, Vol.15, pp.131-153, 1993.
71) Budunova, I. V., Williams, G. M.: Cell culture assays for chemicals with tumor-promoting or tumor-inhibiting activity based on the modulation of intercellular communication, *Cell Biol. Toxicol.*, Vol.10, pp.71-116, 1994.
72) Kinae, N., Sugiyama, C., Nasuda, M.Y., Goto, K., Tokumoto, K., Furugori, M., Shimoi, K.: Seasonal variation and stability of chlorinated organic mutagens in drinking water, *Water Sci. Technol.*, Vol.25, No.11, pp.333-340, 1992.
73) Meier, J.R., Knohl, R.B., Coleman, W.E., Ringhand, H.P., Munch, J.W., Kaylor, W.H., Streicher, R.P., Kopfler, F.C.: Studies on the potent bacterial mutagen, 3-chloro-4-(dichloromethyl)-5-hydroxy-2 (5H)-furanone : aqueous stability, XAD recovery and analytical determination in drinking water and in chlorinated humic acid solutions, *Mutat. Res.*, Vol.189, pp.363-373, 1987.
74) MXの検出実態とその前駆物質の挙動, 平成11年度厚生科学研究 水道における化学物質の毒性, 挙動及び低減化に関する研究報告書, pp.2.152-2.159, 2000.
75) 伊藤禎彦, 村上仁士, 戸田博之, 福原勝：二酸化塩素処理水の染色体異常誘発性とその安定性, 環境工学研究論文集, Vol.31, pp.215-224, 1994.
76) 水道技術研究センター：高効率浄水処理開発研究（ACT21）, 代替消毒剤の実用化に関するマニュアル, p.313, 2002.
77) Singer, P. C., ed.: Formation and Control of Disinfection By-products in Drinking Water, p.424, American Water Works Association, 1999.
78) Barrett, S. E., Krasner, S. W., Amy, G. L., eds.: Natural Organic Matter and Disinfection By-products, Characterization and Control in Drinking Water, p.425, American Chemical Society, Washington D.C., 2000.
79) Fielding, M., Farrimond, M., eds.: Disinfection By-products in Drinking Water, p.227, Current Issues, Royal Society of Chemistry, UK, 1999.
80) Gates, D.: The Chlorine Dioxide Handbook, p.186, American Water Works Association, 1998.
81) 住友恒, 伊藤禎彦, 田中雅人：大腸菌ファージを用いたウイルスの不活性化実験による消毒剤の特性比較, 水道協会雑誌, Vol.61, No.12, pp.24-33, 1992.
82) 越後信哉, 伊藤禎彦, 荒木俊昭, 安藤良：臭化物イオン共存下での塩素処理水の安全性評価：有機臭素化合物の寄与率, 環境工学研究論文集, Vol.41, pp.279-289, 2004.
83) Echigo, S., Itoh, S., Natsui, T., Araki, T., Ando, R.: Contribution of brominated organic disinfection by-products to the mutagenicity of drinking water, *Water Sci. Technol.*, Vol.50, No.5, pp.321-328, 2004.
84) Plewa, M. J., Kargalioglu, Y., Vakerk, D., Minear, R. A., Wagner, E. D.: Mammalian cell cytotoxicity and genotoxicity analysis of drinking water disinfection by-products, *Environ. Mol. Mutagen.*, Vol.40, pp.134-142, 2002.

85) 辻村泰聡, 田渕真衣, 伊藤禎彦：水道水中未規制ハロ酢酸類の毒性の推定, 第38回日本水環境学会年会講演集, p.439, 2004.
86) Echigo, S., Zhang, X., Plewa, M. J., Minear, R. A.: Differentiation of TOCl and TOBr in TOX measurement (Barrett, S., Krasner, S., Amy, G., eds.), Natural Organic Matter and Disinfection By-Products, pp.330-342, CRC Press, Boca Raton, FL, 2000.
87) 越後信哉, 伊藤禎彦, 夏井智毅, 荒木俊昭：全有機塩素と全有機臭素の分離定量, 第54回全国水道研究発表会講演集, pp.558-559, 2003.
88) Meier, J. R., Longg, R. D., Bull, R. J.: Formation of mutagens following chlorination of humic acid：A model for mutagen formation during drinking water treatment, *Mutat. Res.*, Vol.118, pp.25-41, 1983.
89) 岡部文枝, 高梨啓和, 藤江幸一, 浦野紘平：水道水中の変異原性物質の特性, 第26回日本水環境学会年会講演集, pp.96-97, 1992.
90) 立石浩之, 石本知子, 新谷保徳, 三輪雅幸：水中における変異原性の変動, 第46回全国水道研究発表会講演集, pp.496-497, 1995.
91) 上口浩幸：浄水pH調整による消毒副生成物等の挙動, 用水と廃水, Vol.38, No.12, pp.20-26, 1996.
92) 岡部文枝, 高梨啓和, 藤江幸一, 浦野紘平：水道水中の変異原性物質の特性, 第26回日本水環境学会年会講演集, pp.96-97, 1992.
93) 鈴木規之, 中西準子, 松尾友矩：水道水の変異原性原因物質の分画および還元剤との反応性に関する研究, 水環境学会誌, Vol.15, No.1, pp.42-49, 1992.
94) シーア・コルボーン, 養老孟司, 高杉邁, 田辺信介, 井口泰泉, 堀口敏宏, 森千里, 香山不二雄, 椎葉茂樹, 戸高恵美子：よくわかる環境ホルモン学, p.220, 環境新聞社, 1998.
95) 井口泰泉：生殖異変 環境ホルモンの反逆, p.111, かもがわ出版, 1998.
96) 樽谷修, 本間慎：検証「環境ホルモン」, p.274, 青木書店, 1999.
97) 平成10年度厚生科学研究費補助金 内分泌かく乱化学物質の水道水からの暴露等に関する調査研究報告書, 1999.
98) 厚生科学研究費補助金生活安全総合研究事業 内分泌かく乱化学物質の水道水中の挙動と対策等に関する研究, 平成11〜13年度総合研究報告書, 2002.
99) 厚生労働科学研究費補助金化学物質リスク研究事業 水道におけるフタル酸ジ-2-エチルヘキシルの濃縮機構等に関する研究, 平成16年度総括・分担研究報告書, 2005.
100) Harrison, P., Itoh, S., Brauch, H. J., IJpelaar, G., Janex, M.-L., Linden, K., Schulting, F., Jacobsen, B. N.: Summary of presentations and discussions on endocrine disrupting compounds (EDCs) in drinking water, IWA Leading Edge Technology Conference, 26-28 May 2003, Noordwijk, The Netherlands (http://www.iwahq.org.uk/template.cfm?name=technology2003).
101) Jacobsen, B. N., Schafer, A. I. eds.: IWA World Water Congress, Melbourne 2002, Workshop on Endocrine Disrupters Proceedings, p.63, 2002.
102) 環境庁：内分泌撹乱化学物質問題への環境庁の対応方針について-環境ホルモン戦略計画SPEED'98-, 1998, 2000年版.

103) 環境省：化学物質の内分泌かく乱作用に関する環境省の今後の対応方針について-ExTEND2005-, 2005.

104) 厚生科学審議会：水質基準の見直し等について(答申), 2003.

105) 厚生科学審議会生活環境水道部会水質管理専門委員会：水質基準の見直しにおける検討概要, 2003.

106) World Health Organization : Guidelines for drinking-water quality incorporating first addendum, Vol.1, Recommendations-3rd ed., 2006.

107) 小林剛訳注：内分泌攪乱化学物質スクリーニング及びテスト諮問委員会(EDSTAC)最終報告書, p.532, 産業環境管理協会, 2001.

108) Waller, K., Swan, S. H., DeLorenze, G., Hopkins, B. : Trihalomethanes in drinking water and spontaneous abortion, *Epidemiology*, Vol.9, pp.134-140, 1998.

109) Nieuwenhuijsen, M. J., Toledano, M. B., Eaton, N. E., Fawell, J., Elliott, P. : Chlorination disinfection byproducts in water and their association with adverse reproductive outcomes : A review, *Occup. Environ. Med.*, Vol.57, pp.73-85, 2000.

110) 内海英雄：水環境と内分泌攪乱化学物質, 水環境学会誌, Vol.22, No.8, pp.2-7, 1999.

111) 井上達監修：内分泌攪乱化学物質の生物試験研究法, p.249, シュプリンガー・フェアラーク東京, 2000.

112) Pons, M., Gagne, D., Nicolas, J. C., Mehtai, M. : A new cellular model of response to estrogens : A bioluminescent test to characterize(anti)estrogen molecules, *BioTechniques*, Vol.9, No.4, pp.450-459, 1990.

113) 伊藤禎彦, 長坂俊樹, 中西岳, 野中愛, 百々生勢：水道水のエストロゲン様作用の特性と制御性に関する研究, 環境工学研究論文集, Vol.37, pp.333-344, 2000.

114) Thurman, E. M., Malcolm, R. L. : Preparative isolation of aquatic humic substances, *Environ. Sci. Technol.*, Vol.15, pp.463-466, 1981.

115) Itoh, S., Ueda, H., Nagasaka, T., Nakanishi, G., Sumitomo, H. : Evaluating variation of estrogenic effect by drinking water chlorination with the MVLN assay, *Water Sci. Technol.*, Vol.42, Nos.7-8, pp.61-69, 2000.

116) 矢古宇靖子, 高橋明宏, 東谷忠, 田中宏明：組み換え酵母を用いた下水中のエストロゲン活性の測定, 環境工学研究論文集, Vol.36, pp.199-208, 1999.

117) 相澤貴子：内分泌攪乱化学物質の塩素処理副生成物とそのエストロゲン様活性, 用水と廃水, Vol.44, No.1, pp.21-27, 2002.

118) Hu, J., Aizawa, T., Ookubo, S. : Products of aqueous chlorination of bisphenol A and their estrogenic activity, *Environ. Sci. Technol.*, Vol.36, No.9, pp.1980-1987, 2002.

119) Lenz, K., Beck, V., Fuerhacker, M. : Behavior of bisphenol A(BPA), 4-nonylphenol(4-NP) and 4-nonylphenol ethoxylates(4-NP1EO, 4-NP2EO)in oxidative water treatment processes, Proceedings of The 4th IWA Specialized Conference on Assessment and Control of Hazardous Substances in Water -ECOHAZARD 2003-, pp.5/1-5/7, Aachen, Germany, 14-17 Sep., 2003.

第 5 章　消毒副生成物の毒性

120) Tabata, A., Miyamoto, N., Ohnishi, Y., Itoh, M., Yamada, T., Kamei, T., Magara, Y.：The effect of chlorination of estrogenic chemicals on the level of serum vitellogenin of Japanese medaka (Oryzias latipes), *Water Sci. Technol.*, Vol.47, No.9, pp.51-57, 2003.

121) Lee, B. C., Kamata, M., Akatsuka, Y., Takeda, M., Ohno, K., Kamei, T., Magara, Y.：Effects of chlorine on the decrease of estrogenic chemicals, *Water Res.*, Vol.38, No.3, pp.733-739, 2004.

122) Deborde, M., Rabouan, S., Gallard, H., Legube, B.：Aqueous chlorination kinetics of some endocrine disruptors, *Environ. Sci. Technol.*, Vol.38, No.21, pp.5577-5583, 2004.

123) Hu, J.-Y., Xie, G.-H., Aizawa, T.：Products of aqueous chlorination of 4-nonylphenol and their estrogenic activity, *Environ. Toxicol. Chem.*, Vol.21, No.10, pp.2034-2039, 2002.

124) García-Reyero, N., Requena, V., Petrovic, M., Fischer, B., Hansen, P. D., Díaz, A., Ventura, F., Barceló, D., Piña, B.：Estrogenic potential of halogenated derivatives of nonylphenol ethoxylates and carboxylates, *Environ. Toxicol. Chem.*, Vol.23, No.3, pp.705-711, 2004.

125) Nakamura, H., Shiozawa, T., Terao, Y., Shiraishi, F., Fukazawa, H.：By-products produced by the reaction of estrogens with hypochlorous acid and their estrogen activities, *J. Health Sci.*, Vol.52, No.2, pp.124-131, 2006.

126) Kuruto-Niwa, R., Ito, T., Goto, H., Nakamura, H., Nozawa, R., Terao, Y.：Estrogenic activity of the chlorinated derivatives of estrogens and flavonoids using a GFP expression system, *Environ. Toxicol. Pharmacol.*, Vol.23, No.1, pp.121-128, 2007.

127) Hu, J. Y., Cheng, S. J., Aizawa, T., Terao, Y., Kunikane, S.：Products of aqueous chlorination of 17 beta-estradiol and their estrogenic activities, *Environ. Sci. Technol.*, Vol.37, No.24, pp.5665-5670, 2003.

128) 伊藤禎彦, 中西岳, 早坂剛幸：塩素処理によるエストロゲン様作用の変化と試料調製法に関する実験的考察, 水道協会雑誌, Vol.72, No.4, pp.10-20, 2003.

129) 赤塚靖, 鎌田素之, 武田誠, 亀井翼, 眞柄泰基, 西原力：水処理プロセスにおける Estrogen 活性の挙動に関する研究, 第 34 回日本水環境学会年会講演集, p.204, 2000.

130) Takigami, H., Matsuda, T., Matsui, S.：Detection of estrogen-like activity in sewage treatment process waters, *Environ. Sanitary Eng. Res.*, Vol.12, No.3, pp.214-219, 1998.

131) 矢古宇靖子, 高橋明宏, 東谷忠, 田中宏明：下水処理場内でのエストロゲン様活性の挙動, 第 34 回日本水環境学会年会講演集, p.419, 2000.

132) 佐谷戸安好, 中室克彦, 上野仁：都市河川水とその塩素およびオゾン処理水の変異原性に関する研究, 変異原性試験, Vol.1, No.1, pp.18-27, 1992.

133) 石本知子, 寺嶋勝彦：水道水源に存在する変異原性物質及びその前駆物質の挙動と特性, 水道協会雑誌, Vol.69, No.1, pp.9-17, 2000.

134) 伊藤禎彦, 早坂剛幸, 岡田朋之：蛍光分析による琵琶湖水と塩素処理水中フミン物質の回収性の検討, 用水と廃水, Vol.45, No.6, pp.24-28, 2003.

135) 伊藤禎彦, 早坂剛幸, 宮本太一, 越後信哉, 岡山治一：浄水処理過程におけるエストロゲン様作用物質の固相・水相間挙動, 土木学会論文集 G, Vol.62, No.2, pp.258-267, 2006.

136) 伊藤禎彦，吉村友希，岡田朋之，辻村泰聡：水道水のエストロゲン様作用生成能の測定に関する基礎実験，水道協会雑誌，Vol.74, No.4, pp.12－23, 2005.
137) 丹保憲仁編著：水道とトリハロメタン，p.273，技報堂出版，1983.
138) 梶野勝司：塩素処理過程におけるトリハロメタン中間体の生成とトリハロメタン生成に及ぼす影響，水道協会雑誌，Vol.51, No.7, pp.33－39, 1982.
139) 曽志紅：Behavior of chlorophenols as suspected endocrine disruptors in chlorinated water, 京都大学大学院工学研究科修士論文，p.56, 2001.
140) 上水試験方法 2001 年版，日本水道協会，2001.
141) Introduction : Emerging contaminants in water, *Environ. Eng. Sci.*, Vol.20, No.5, pp.387－388, 2003.
142) 特集 環境汚染物質による生体恒常性の撹乱，水環境学会誌，Vol.25, No.2, pp.2－24, 2002.
143) 松井三郎，田辺信介，森千里，井口泰泉，吉原新一，有薗幸司，森澤眞輔：環境ホルモンの最前線，p.252, 有斐閣選書，2002.
144) 髙木邦明：化学物質による炎症・アレルギーの誘導，水環境学会誌，Vol.25, No.2, pp.7－9, 2002.
145) Snyder, S. A., Westerhoff, P., Yoon, Y., Sedlak, D. L.：Pharmaceuticals, personal care products, and endocrine disruptors in water : Implications for the water industry, *Environ. Eng. Sci.*, Vol.20, No.5, pp.449－469, 2003.
146) Janex, M.-L., Bruchet, A., Charles, P., Huber, M., Ternes, T.：On－going EU research and current experiences with advanced drinking water treatment processes for EDC and pharmaceutical removal, IWA Leading-Edge Conference on Water and Wastewater Treatment Technologies, p.29, Noordwijk/Amsterdam, The Netherlands, 26－28 May 2003.
147) 特集 水環境における医薬品類の挙動に関する研究の最新動向，水環境学会誌，Vol.29, No.4, pp.186－204, 2006.
148) 田中宏明：医薬品類の水汚染に関する最近の研究状況，環境衛生工学研究，Vol.21, No.3, pp.5－8, 2007.
149) French, A. S., Copeland, C. B., Andrews, D. L., Wiliams, W. C., Riddle, M. M., Luebke, R. W.：Evaluation of the potential immunotoxicity of chlorinated drinking water in mice, *Toxicology*, Vol.125, No.1, pp.53－58, 1998.
150) 上野仁，大石晃司，保田朝幸，佐谷戸安好，中室克彦：塩素消毒副生成物の免疫応答に及ぼす影響，第 33 回日本水環境学会年会講演集，p.394, 1999.

第6章

消毒副生成物の制御

6.1 対策の考え方

2004年に施行された水質基準では,塩素による副生成物としてトリハロメタン4種とその合計値,ならびにクロロ酢酸類3種に加えて,ホルムアルデヒドおよび臭素酸イオンの各項目に関して基準値が設定された.またその後,新たに塩素酸イオンが基準項目に加えられた.

わが国ではトリハロメタン問題の波を受けて,1981年にトリハロメタン対策の指針がとりまとめられた[1].しかし,現在に至るまでの度重なる水道水質基準の改正により,ハロ酢酸や臭素酸イオン,塩素酸イオンといった新たな消毒副生成物に焦点が当てられるようになり,これらの副生成物も含めたより多角的な対策が求められている.

わが国における水道水中での副生成物の検出状況を表-6.1にまとめて示す[2,3].これによると,複数の水質基準項目において基準値に近い,あるいは超過値が検出されている場合もあり,水道水中の濃度を低減するための何らかの方策が必要となる.また基準値以下であっても,『水道事業ガイドライン』[4]では浄水中濃度と基準値との比が業務指標としてとりあげられており,より低濃度であれば高い評価が与えられるようになっている.

水道水中の副生成物濃度を低減するための技術は,副生成物の前駆物質(消毒剤を含む)を制御することにより生成量を抑制する方法と,生成した副生成物を除去する方法とに分類される.また消毒副生成物は,表-6.1にも示したように有機系副生成物,細分化すると有機ハロゲン化合物(トリハロメタン,ハロ酢酸など)および非ハロゲン化有機化合物(ホルムアルデヒドなど)に加えて,無機化合物(臭素酸イオン,塩素酸イオンなど)に分類され,それぞれの物理化学的特性により低減化対策も異なってくる.

第 6 章　消毒副生成物の制御

表-6.1　水道水での消毒副生成物の

項目		水質基準値 (mg/L)	測定値点数	10% 以下	10% 超過 20% 以下	20% 超過 30% 以下	30% 超過 40% 以下
有機ハロゲン	クロロホルム	0.06	5 510	3 653	695	505	328
	ジブロモクロロメタン	0.1	5 509	5 193	271	37	2
	ブロモジクロロメタン	0.03	5 510	3 420	829	517	335
	ブロモホルム	0.09	5 512	5 389	85	30	4
	総トリハロメタン	0.1	5 510	3 285	787	585	386
	クロロ酢酸	0.02	380	365		15	0
	ジクロロ酢酸	0.04	1 121	823	137	87	38
	トリクロロ酢酸	0.2	1 121	1 113	8	0	0
非ハロゲン	ホルムアルデヒド	0.08	1 104	1 046	38	9	7
無機	臭素酸イオン	0.01	87	49		18	

　水道における有機ハロゲン化合物の低減化対策を進めるうえでの基本的な考え方を図-6.1に示す[5]．低減化策を講じるにあたっては，まず水道原水および浄水水質についての現況把握を行ったうえで，浄水施設規模や維持管理レベルなどを考慮して水質管理目標を決定する．次いで，設定した水質管理目標レベルに対して対応可能と考えられる水源対策，浄水処理対策および制御監視方法など，前駆物質の低減化および消毒副生成物の生成抑制に向けた多面的な検討を行う．

　有機ハロゲン化合物の生成を抑制するためには，消毒剤注入時点までのプロセスにおいて前駆物質をいかに除去できるかが第一のポイントとなる．消毒副生成物低減の観点から実施可能な水源対策は次節でとりあげるが，主として水源保全施策の実施や適切な水源水質管理に加えて，他系統の水道原水への切替えや希釈，ダム湖などでの選択取水などが中心となる．続く浄水処理プロセスでは，前駆物質としての有機物除去による生成抑制，あるいは代替消毒剤の使用および塩素注入量の削減，残留塩素濃度の低減といった技術が有効な手段となる．これら生成抑制のための処理技術を6.3で，浄水処理過程で生成した副生成物の除去技術を6.4でとりあげる．また，実際の制御プロセス例を6.5で紹介するとともに，6.6では代替消毒剤の使用も含めた今後の消毒のあり方に言及する．

　ところで，『WHO飲料水水質ガイドライン』(第3版)[6]の特徴の一つに，水安全計

検出状況 [2,3)]

	水質基準値に対して						
40% 超過 50% 以下	50% 超過 60% 以下	60% 超過 70% 以下	70% 超過 80% 以下	80% 超過 90% 以下	90% 超過 100% 以下	100% 超過	
168	85	47	17	5	5	2	
1	5	0	0	0	0	0	
202	136	58	7	4	1	1	
0	0	2	1	0	1	0	
263	136	43	19	4	1	1	
0	0	0	0	0	0	0	
23	13 (0.02 mg/L 以上の検出例)						
0	0	0	0	0	0	0	
2	0	1	0	0	0	1	
11	6				1	2	

画を水道へ導入することが提唱されたことがある．水安全計画とは，水源から給水栓までの水道システム全体を通した潜在的な危害因子の同定と起こりうる危害の評価を行い，それに対する監視計画と危害事象の発生もしくは発生が予測される場合の対応計画をあらかじめ作成するというもので，食品業界で採用されているHACCP (Hazard Analysis and Critical Control Point；危害度分析重要管理点方式)の考え方がとりいれられている．ここに述べた消毒副生成物に対する様々な対策も，必要に応じてこの水安全計画の中に位置づけることが望ましい．

6.2 水源における対策

6.2.1 水源水質保全の仕組み

最初に水道水源における対策を考えてみる．水道水質を良好なものとするためには，良好な水質の原水を確保することが最も基本的で重要なことであることは論を待たない．このための行政的施策として定められた水源水質保全に関連する各種法制度を図-6.2に示す．このうち，公共用水域の水質保全対策の軸をなしているのが『環境基本法』に基づく水質汚濁に係る環境基準の設定である [7)]．環境基準値は規制

第6章 消毒副生成物の制御

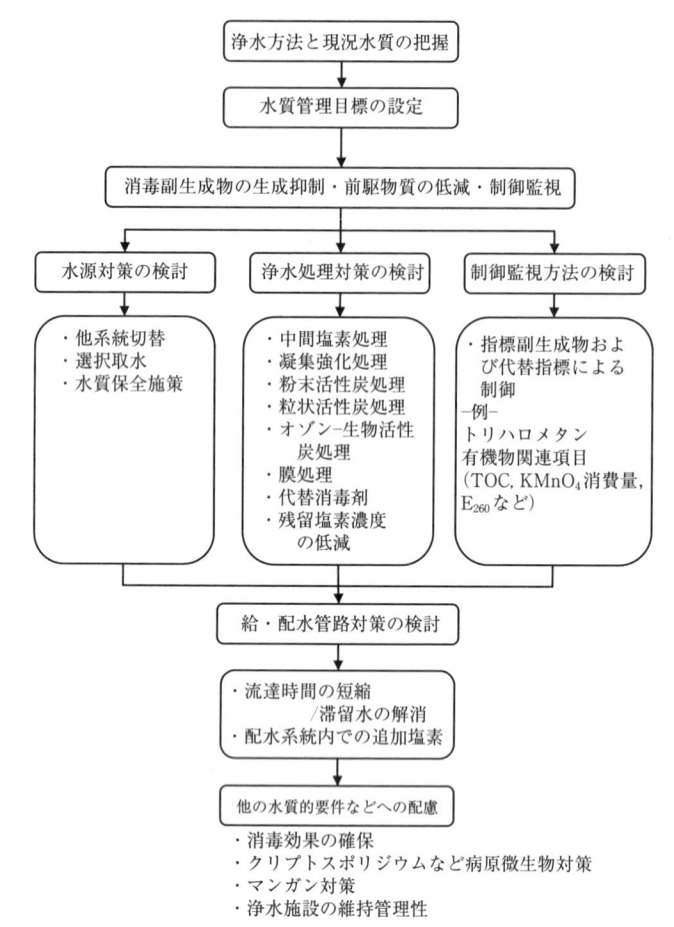

```
浄水方法と現況水質の把握
        ↓
    水質管理目標の設定
        ↓
消毒副生成物の生成抑制・前駆物質の低減・制御監視
```

水源対策の検討	浄水処理対策の検討	制御監視方法の検討
・他系統切替 ・選択取水 ・水質保全施策	・中間塩素処理 ・凝集強化処理 ・粉末活性炭処理 ・粒状活性炭処理 ・オゾン-生物活性炭処理 ・膜処理 ・代替消毒剤 ・残留塩素濃度の低減	・指標副生成物および代替指標による制御 —例— トリハロメタン 有機物関連項目 (TOC, $KMnO_4$消費量, E_{260}など)

```
給・配水管路対策の検討
・流達時間の短縮/滞留水の解消
・配水系統内での追加塩素
        ↓
他の水質的要件などへの配慮
・消毒効果の確保
・クリプトスポリジウムなど病原微生物対策
・マンガン対策
・浄水施設の維持管理性
```

図–6.1 消毒副生成物低減化対策の考え方[5]

値ではなく,行政上の施策目標である点に注意されたい.環境基準は,「人の健康の保護に関する基準(健康項目)」(26項目)と「生活環境の保全に関する基準(生活環境項目)」(水域ごとに6～9項目),「要監視項目および指針値」(27項目)が定められている.健康項目の大部分は,浄水処理では除去できないとの立場に立って基準値が設定されており,生活環境項目については利水目的に応じて類型化した水域ごとに基準値が設定されている.1990年代以降の2回にわたる水道水質基準の改正を受けて健康項目が改正されるとともに,人の健康の保護に関する物質ではあるものの,公共用水域における検出状況からみて直ちに環境基準とはせず,引き続き知見の集積

6.2 水源における対策

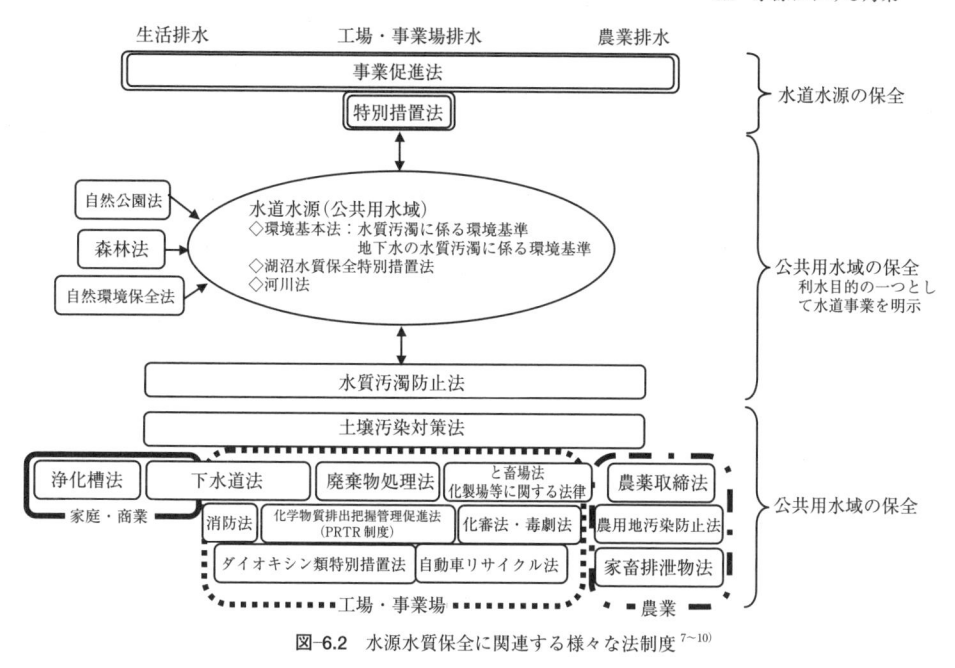

図-6.2 水源水質保全に関連する様々な法制度 [7～10]

に努めるべき物質として，1993年および2004年には要監視項目がそれぞれ22項目，5項目追加された．

この環境基準に対応する形で『水質汚濁防止法』に基づく排水基準[8]が設定され，特定施設を有する工場，事業場から公共用水域に排出される水に対して規制がかけられている．排水基準は，排水が公共用水域で少なくとも10倍程度に希釈されることを想定し，全国一律に概ね環境基準の10倍に設定されている．また，全国一律の排水基準では水質汚濁防止が不十分であると判断される場合には，都道府県の条例により，より厳しい排水基準を上乗せすることができる．しかし，こうした排水基準や同じく『水質汚濁防止法』に基づく総量規制は，ごく一部の大口排出源に対する規制でしかなく，数多く点在する点源汚染源あるいは非点源汚染源に対しては，図-6.2に示すような様々な水源水質保全に関連する法制度を組み合わせることで補完しているのが現状である．しかし，これらの法制度はいずれも水道水源保全を第一の目的としたものではなく，水道事業の視点から見た新たな法制度整備の必要性が指摘されるようになった．

そこで制定された消毒副生成物の生成抑制の観点から重要な仕組みが，『水道原水

水質保全事業の促進に関する法律』(事業促進法)と『特定水道利水障害の防止のための水道水源水域の水質の保全に関する特別措置法』(特別措置法)の，いわゆる水道水源水質保全関連2法(水源2法)である[9]．

2つの法律の目的や手段などを表-6.2に示す．『事業促進法』では，トリハロメタン，異臭味などの水道水で生じている問題全般を視野において，必要な事業を実施するものである．『特別措置法』は，対象をトリハロメタンに限定し，その水質基準を満たさなくなることを防止するため，生成原因物質を規制することに主眼がある．いずれも水道事業者が，浄水場における処理など自らの対策だけでは，供給する水道水が水質基準を満たさなくなるおそれがあると判断した場合，都道府県に要請する．これに基づき，水源地域に位置する都道府県や河川管理者による計画の策定や事業の実施措置が講じられることになる．

表-6.2 水道水源水質保全関連2法の関係[9]

	水道原水水質保全事業の実施の促進に関する法律(事業促進法)	特定水道利水障害の防止のための水道水源水域の水質の保全に関する特別措置法(特別措置法)
ねらい	トリハロメタンのみならず，異臭味など水道の問題に幅広く対応	トリハロメタンに限定
手段	下水道，合併処理浄化槽，河川事業などの公共事業などの促進に限定	工場排水の規制が主な柱(他に総合的計画など)
法制的な位置づけ	『水道法』や『河川法』などの特例法	『水質汚濁防止法』などの特例法

この仕組みは，制定当時，水道事業者の発言権が増し，水源の水質保全に能動的に働きかけることを可能にする画期的な制度であると評された．本法律に基づき発動要請された例[10]では，事業計画として，下水道施設，農村集落排水施設，合併処理浄化槽，家畜糞尿肥料化施設，コミュニティプラントなどがあげられている．また，河川水の直接浄化も実施されている．

なお，この2つの法律は，1992年に水道水質基準が約30年ぶりに大改正されたことがきっかけとなって1994年に制定されたものである．これに対して，現在の水質基準は2004年に施行されたものを基本としており，さらに今後も逐次改正されていくと予想される．今後は，規制内容と水源水質保全の仕組みとを連動させていくことも必要になるであろう．

6.2.2　副生成物制御を目的とした水道水源管理[10]

水道水源としては，それぞれ水質特性の異なる河川水，湖沼水，地下水などが利

用されており，一般に原水水質に応じて適切な浄水処理方式が選択されている．しかし水源水質は，自然環境の変化または人為活動の変化を背景として時々刻々と変化しており，各水道事業体は水源水質の監視体制を整えるとともに，水質変動に対応して必要なアクションをとらなければならない．浄水処理における消毒副生成物の制御を主目的とした場合，まず溶存有機物(DOM)の量的・質的変動に注意を払う必要があるだろう．図-6.3 に副生成物制御からみた水源水質管理の枠組みを示す．

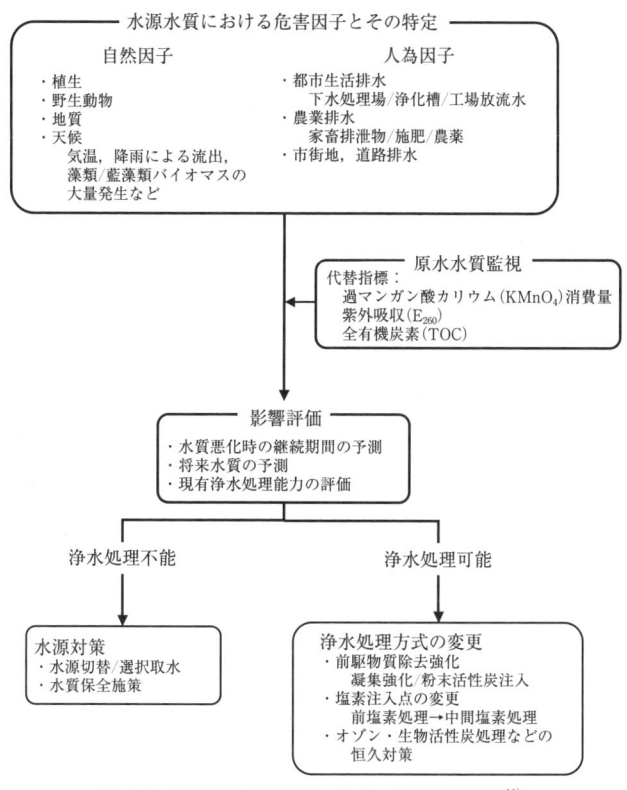

```
┌─────────── 水源水質における危害因子とその特定 ───────────┐
│        自然因子                      人為因子            │
│    ・植生                         ・都市生活排水          │
│    ・野生動物                        下水処理場/浄化槽/工場放流水 │
│    ・地質                         ・農業排水              │
│    ・天候                           家畜排泄物/施肥/農薬  │
│      気温，降雨による流出，       ・市街地，道路排水      │
│      藻類/藍藻類バイオマスの                             │
│      大量発生など                                        │
└──────────────────────────────────────────────────────────┘
                            │
                            ▼
        ┌─────────── 原水水質監視 ───────────┐
        │ 代替指標：                          │
        │   過マンガン酸カリウム(KMnO₄)消費量 │
        │   紫外吸収(E₂₆₀)                    │
        │   全有機炭素(TOC)                   │
        └─────────────────────────────────────┘
                            │
                            ▼
        ┌─────────── 影響評価 ───────────┐
        │ ・水質悪化時の継続期間の予測    │
        │ ・将来水質の予測                │
        │ ・現有浄水処理能力の評価        │
        └─────────────────────────────────┘
             │                      │
      浄水処理不能            浄水処理可能
             ▼                      ▼
   ┌─────────────────┐    ┌─────────────────────┐
   │ 水源対策        │    │ 浄水処理方式の変更  │
   │ ・水源切替/選択取水 │    │ ・前駆物質除去強化  │
   │ ・水質保全施策  │    │   凝集強化/粉末活性炭注入 │
   │                 │    │ ・塩素注入点の変更  │
   │                 │    │   前塩素処理→中間塩素処理 │
   │                 │    │ ・オゾン・生物活性炭処理などの │
   │                 │    │   恒久対策          │
   └─────────────────┘    └─────────────────────┘
```

図-6.3 消毒副生成物制御のための水源水質管理 [10]

前駆物質となる DOM は様々な化合物から構成される不均一な有機物群であり，直接的な定量は消毒剤の注入により副生成物の生成能を求めることで可能となる．しかし，連続的な監視にはトリハロメタン生成能またはハロ酢酸生成能と相関が高いとされる過マンガン酸カリウム(KMnO₄)消費量，全有機炭素(TOC)および紫外吸収(E_{260})などが代替指標として用いられる．水源水質の異なる複数の事業体において

251

これらの代替指標とクロロホルム生成能,ジクロロ酢酸生成能の相関を調べた結果から,$KMnO_4$消費量が最も高い相関を示し,TOCおよびE_{260}との相関は比較的低いことが示されている[11]．ただし，原水中に存在する前駆物質となりうるDOMの汚濁起源（人為活動，自然）が異なり，結果としてDOM組成が異なることを理由として，水源水質ごとに適した指標が異なることも同時に示している．したがって，水源ごとに代替指標と副生成物生成との関係をあらかじめ検証し，適切な監視指標を選択する必要がある．

水源におけるDOMは生活排水や農業排水，工場排水といった人為的活動要因のみならず，降雨による物質流出や渇水，閉鎖性水域における藻類・藍藻類の大量発生といった自然要因によっても大きく変動する．そのため，水源水域を取り巻く環境や土地利用形態を考慮したうえで平常時の危害因子，突発的な危害因子を特定し，それらの影響の大きさの評価を通して，危害に対するアクションの優先付けを行う．想定される原水水質悪化が保有する浄水処理能力を超える場合には，水源の切替えや選択取水といった方策がとられる．一方，保有する浄水処理設備により危害因子の除去が可能と判断される場合には，凝集剤や粉末活性炭注入率の増加，前塩素処理から中間塩素処理への変更といった対策がとられる．

とりわけ，前駆物質であるDOMは微量汚染物質などと比較すると圧倒的に存在量が多く，応急的な除去対策は限られる．そのため，安全な水道水を安定的に供給するためには，長期的な観点から水源水質変動の将来予測に基づいて水源水質対策，浄水処理対策を検討しておく必要がある．

6.3 前駆物質の除去と生成抑制

6.3.1 前駆物質の除去技術

3.3では，消毒副生成物の前駆体としてDOM，臭化物/ヨウ化物イオン，アンモニウムイオンをとりあげ，水環境中での挙動について概説した．浄水処理過程では消毒剤である塩素とDOM中の反応性官能基が反応し，有機ハロゲン化合物が生成する．また，オゾン処理の際には臭化物イオンから臭素酸イオンが，塩素処理の際にはアンモニウムイオンからトリクロラミンが生成することも述べた．これらの消毒副生成物を低減するためには，前駆物質が浄水処理の各単位処理プロセスによりどの程度除去されるかを理解し，原水水質に応じた処理フローを選定する必要がある．

6.3 前駆物質の除去と生成抑制

本項では前駆物質のうち DOM に焦点をあて，単位処理プロセスの DOM 除去特性について述べる．有機物群のキャラクタリゼーションについては 3.3 で詳細に説明したが，ここでも簡単に述べておく．DOM の特性と消毒副生成物生成の関係を明らかにするため，物理的特性(見かけ分子量)あるいは化学的特性(非イオン性・イオン交換樹脂に対する吸・脱着特性)に基づいた DOM の分画が進められると同時に，各画分からの副生成物生成量の比較や，浄水処理過程における各有機物画分の除去特性に関する検討が行われている[12]．DOM の分画は，主に，① XAD 樹脂を用いた DOM の化学的特性に基づいた分画方法，② DOM の物理的特性(見かけ分子量)に基づいた分画方法，の２つのアプローチにより行われる．XAD 樹脂を用いた分画では，大きく疎水性(XAD-8 吸着性)および親水性(XAD-8 非吸着性)の２画分に分類され，このうち疎水性画分はさらに強酸性条件下(pH = 1)における可溶性によって，フルボ酸画分(可溶)およびフミン酸画分(不溶)に分類される．フルボ酸/フミン酸はともに浄水処理においては色度の主原因となる．なお，フルボ酸，フミン酸画分は，それぞれ低分子量(見かけ分子量＜1 000)画分，高分子量画分(同＞1 000)に対応すると考えられている．

これまでの成果から，トリハロメタン前駆物質は一般に疎水性画分に，またハロ酢酸前駆物質は疎水性画分に加えて一部は親水性画分に含まれると考えられている[12]．ただし，同一画分においても水源水質ごとに反応性官能基の含有割合が大きく異なることから，どの画分に副生成物前駆物質が多く含まれるかについては残念ながら統一的な見解に至っていない．したがって，こうした副生成物前駆物質としての DOM キャラクタリゼーションに関する情報蓄積を進めると同時に，個々の単位処理プロセスによる DOM の除去特性を理解することが重要となる．ここでは，有機物除去が可能とされる各単位操作について，消毒副生成物，特に代表的な有機ハロゲン化合物であるトリハロメタンとハロ酢酸の前駆物質をいかに低減可能かを概説する．図-6.4 に浄水処理の対象となる物質の物性とその処理性に関する概念を表した．一般的な傾向とし

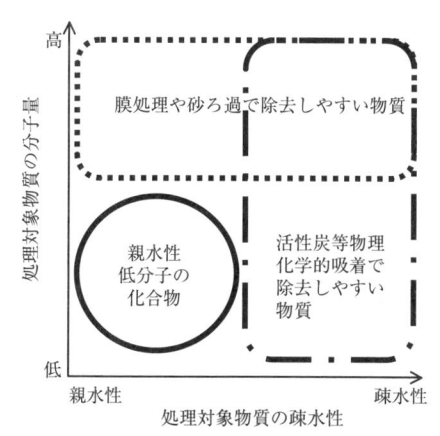

図-6.4 水の物理化学的処理における物質の処理性と物性の関係

第6章 消毒副生成物の制御

表-6.3 原水中の不純物

処理技術	対象物質	懸濁有機物			溶存有機物(Dissolved Organic	
		粒子	微生物	コロイド	フミン質	
					疎水性画分	
					フミン酸 (>1 kDa)	フルボ酸 (<1 kDa)
1	凝集	◎	◎	◎	◎	○
2	粉末活性炭	−	−	−	△	△
3	粒状活性炭	−	−	−	△	△
4	オゾン	−	◎	△	○	×
5 A	精密ろ過	◎	◎	◎	×	×
5 B	限外ろ過	◎	◎	◎	○	△
5 C	ナノろ過	◎	◎	◎	◎	◎
5 D	逆浸透	◎	◎	◎	◎	◎
6	生物	△	×	−	×	×
7	イオン交換	−	−	−	◎	◎

◎：除去率70%以上, ○：除去率50〜70%, △：除去率20〜50%, ×：除去率20%

ては，分子量が大きいほど，また疎水性の物質ほど除去されやすい．逆にいえば，親水性の低分子化合物(すなわち，水分子によく似た物質群)が最も除去されにくいといえる．

また，表-6.3に本項でとりあげる単位処理プロセスと，浄水処理において除去対象となる前駆物質の化学的・物理的分類，ならびに前駆物質の除去可能性を，表-6.4にこれらの単位処理技術を組み合わせた実際の制御プロセスとその副生成物低減効果の目安をまとめたので参照されたい．

(1) 凝集処理

凝集処理は，凝集剤として多価カチオン塩を添加して水中に存在する粒子やコロイド(粒子径1nm〜1μm)表面の電荷を変化させることにより不安定化し，粒子同士を結合させ沈降しやすくする操作である．実際には，凝集剤添加後，急速撹拌による粒子会合，その後，緩速撹拌により凝集粒子の衝突を繰り返すことにより粒子を沈降可能なサイズにまで成長させる(フロック形成)．凝集剤としては，主にアルミニウム塩(硫酸アルミニウム，ポリ塩化アルミニウム)や鉄塩(塩化第二鉄など)が一般に用いられている．凝集処理の対象は，主に懸濁態物質であるが，一部のDOM

6.3 前駆物質の除去と生成抑制

分類と単位処理プロセスによる処理特性

Matter)	無機物		備考
フミン質以外			
親水性画分	Br^-/I^-	NH_4^+-N	
×	−	−	
×	−	−	
○	−	−	生物活性炭化により親水性画分, NH_4^+-N に対する除去効果あり
×	×	−	
×	×	×	
△	×	×	膜の分画分子量により除去率変化
◎	△	−	通常, 固液分離(前処理)が必要
◎	◎	◎	通常, 固液分離(前処理)が必要
△	×	○	
◎	△	○	処理対象物質に応じて交換体を選択

未満, −：検討事例なし, または処理対象外

表-6.4 制御プロセスによる消毒副生成物低減効果の目安

制御プロセス	期待される効果	消毒副生成物低減効果	
		トリハロメタン	ハロ酢酸
凝集強化処理	前駆物質の低減	40〜60%	40〜60%
粉末活性炭処理	前駆物質の低減	〜60%	〜60%
粒状活性炭処理	前駆物質の低減	〜80%[*1]	80%
	副生成物除去		
オゾン-生物活性炭処理	前駆物質の低減	80%以上	80%以上
ナノろ過処理	前駆物質の低減	80%以上	80%以上
	副生成物除去	〜60%[*2]	
生物処理	前駆物質の低減	10〜20%	20〜30%
中間塩素処理	生成抑制	20〜40%	20〜40%
二酸化塩素処理[*3]	生成抑制	10〜70%	10〜50%
クロラミン転換処理	生成抑制	40〜60%	40〜60%
残留塩素濃度の低減	生成抑制	10〜20%	20〜30%

[*1] 粒状活性炭によるトリハロメタン低減効果は, 活性炭使用期間に伴って低下する.
[*2] 膜の種類や原水水質によっては, ろ過継続につれて低減効果が顕著に低下する.
[*3] 二酸化塩素処理による副生成物低減効果は, 前塩素処理を行った場合との比較で表した. ただし, その効果は二酸化塩素および後塩素注入率により大きく変化する.

も除去可能である．凝集反応の詳細については成書[13]を参考にされたい．ここでは凝集処理による前駆物質の除去に限ってとりあげることとする．DOM除去を目的として凝集剤を用いる場合には，懸濁態物質と比べてDOMは比表面積が大きく，かつ粒子表面の負電荷量も大きいため，大きな電気的中和力が求められる．そこで，一般に凝集反応をpH 5～6の弱酸性側で行うことにより高荷電アルミニウムポリマーを形成させてコロイド表面の電荷を中和する．研究レベルでは，DOM除去に対して効果的な凝集条件で処理を行う方法を凝集強化処理と呼んで，通常の凝集処理と区別する場合もある．この方法によりフミン酸画分（疎水性・高分子量）からは良好なフロック形成が確認され，高い除去効果が得られる．一方，フルボ酸画分（疎水性・低分子量）に関しては除去効果が低下し，親水性画分に関してはほとんど除去効果が望めない．そのため，一部の消毒副生成物の生成抑制は可能であるが，その効果は限定的である．

　Volkらは複数の原水に対して凝集処理を行ったが，最適凝集条件におけるDOC除去率は18～76％と大きく変化した[14]．Sharpらは種々の条件下で凝集反応を実施し，フミン酸画分については84％，フルボ酸画分については炭素ベースで64％が除去されるものの，親水性画分については14～17％しか除去されないことを示した[15]．また，生成したフロックの特性を調べた結果，フルボ酸画分は，他の画分と比較して形成されたフロックサイズが顕著に小さいこと，そのため沈降性が悪いことを報告している．これらの実験例から，凝集処理によるDOM除去性は処理対象水の水質に大きく左右され，不飽和化合物を多く含むSUVA値（UV_{254}/DOC）の高い水ほどDOC除去率が高くなると考えることができる．

　Leeらは，実プラントから採取した原水および凝集処理水を対象として前述のXAD樹脂を用いたDOM分画を行い，凝集処理による各画分の除去特性を調べた[16]．その結果，各画分の除去率は約25％（疎水性），2.3～13％（親水性）と大きく異なり，やはり親水性画分についてはほとんど除去されないことを示している．また同時に，DOMの分子量分布を凝集処理前後で比較すると，分子量1 000以下のDOMは凝集ではほとんど除去されていない．

　なお，上述のようにDOM除去能は原水に含まれるDOM組成により大きく変動するが，わが国で凝集強化条件における副生成物生成能の除去効果を調べた結果（室内回分実験）によると，トリハロメタン生成能，ハロ酢酸生成能ともに約40～60％の除去率が得られている[17]．

(2) 粉末活性炭処理

　活性炭は乱層構造の結晶を有する炭素系物質であり，多孔性吸着剤の一種である．水処理では主に粒径 0.074 mm 以下の粉末活性炭が多用されている．活性炭は図-6.5 に示すように内部に無数の細孔を有するため，単位体積当りの表面積が $1\,000\,\mathrm{m^2/g}$ 程度と非常に大きく，この細孔内部表面を吸着の場として有機物除去が行われる．活性炭の表面が疎水性であるため，親水性が低く溶解度の小さい物質ほど吸着されやすい．吸着現象の詳細については成書[18]を参考にされたい．ここでは活性炭によるDOMの除去を詳しくみてみる．

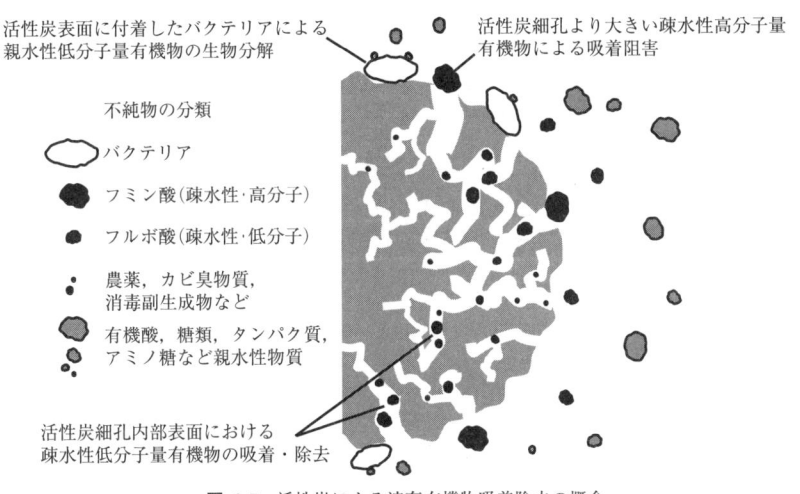

図-6.5 活性炭による溶存有機物吸着除去の概念

　吸着現象は，①被吸着物質が水中から活性炭表面に移動する拡散，②被吸着物質の内部細孔への粒内拡散，③被吸着物質の細孔内表面への吸着，の機構で起こる．そのため，被吸着物質の分子サイズにより吸着反応速度を左右する粒内拡散係数が大きく異なり，分子サイズの小さい物質ほど吸着速度が大きい．可能であれば，被吸着物質の分子サイズを考慮して，適した細孔径を有する活性炭を選定するのが望ましい．こうした活性炭の吸着特性から農薬やカビ臭物質など微量汚染物質の吸着性は非常に高いと考えられるため，これらの物質による突発的な水源悪化に対する応急的な処置として，粉末活性炭を着水井などに投入することが行われてきた．しかし，前駆物質としてのDOM除去を目的とする場合，**表-6.3**の疎水性画分，特に低分子量のフミン酸画分と一部のフルボ酸に関しては高い除去効果が見込まれるも

のの，高分子量のフミン酸画分は内部細孔の分子ふるい効果により活性炭粒子内部への拡散が阻害され，有効吸着面積が減少することにより除去率の低下を招く．同時に，これらの疎水性画分は農薬やカビ臭物質と比べて分子サイズが比較的大きいため，吸着速度を考慮して接触時間を十分に長くとること，あるいは適した細孔径を有する活性炭を選択するといった処理条件の検討が必要となる．このように，まず被吸着物質の分子サイズにより大きく左右される吸着反応ではあるが，一旦活性炭細孔内に被吸着分子が到達すると，次に化学的特性，特にフェノール基やカルボキシル基による酸性度が大きく影響することとなり，1分子当りの酸性度が極端に高く親水性の高いフルボ酸については吸着されにくくなるとされている[19]．

　このように，粉末活性炭処理は，活性炭種の他，注入率や接触時間に依存するものの前駆物質に対してある程度の除去効果が期待できる．一方，除去率が必ずしも安定しないことや，発生汚泥量の増加，あるいは活性炭のろ過池からの漏洩などの問題が生じうるため，長期的あるいは恒久的な処理法としては課題が残る．

　Amyらは，DOMの分子量分布が大きく異なる地下水を原水として，粉末活性炭処理により除去可能なDOMの分子量特性，ならびに各分子量画分のトリハロメタン生成能の変化を調べた[20]．これによると，粉末活性炭処理では分子量500未満の低分子量画分の除去率は10％前後と非常に低かった．こうした分子量500未満の低分子量有機物は相対的に親水性が高いため，活性炭に吸着されにくいと考えられる．一方，分子量分画1 000以上の各画分については粉末活性炭処理による一定の除去特性は確認できなかったことから，活性炭吸着能が被吸着物質の分子量のみならず，その化学的特性に大きく左右されることがわかる．なお，粉末活性炭処理によるDOM除去率は30〜50％である一方で，トリハロメタン生成能除去率は約17％と低い値にとどまった．同様に，Linらは試薬フミン酸溶液を粉末活性炭処理してゲルろ過クロマトグラフィー測定を行い，分子量300未満および17 000より大きい有機物画分に対しては活性炭吸着が無効であるとしている[21]．

　このように原水や活性炭注入率により除去効果は異なるが，わが国の水道事業体で粉末活性炭処理を検討した事例(室内回分実験)では，トリハロメタン生成能，ハロ酢酸生成能ともに最大60％程度の除去効果が得られている[1, 17]．

(3) 粒状活性炭処理

　(2)の粉末活性炭処理が一時的な水源水質悪化に対する応急的処置であるのに対して，供給水質の安定を図るために常時活性炭を使用する必要がある浄水場において

は，再生利用が可能な粒状活性炭処理が選択される．粒状活性炭による消毒副生成物前駆物質の除去メカニズムおよび特性は粉末活性炭と同様であり，低分子フミン酸および一部のフルボ酸に対して高い除去効果を示す．一方，活性炭粒子径の増大に伴って物質吸着速度が低下するため，被吸着物質との接触時間を確保する吸着池が必要となる．吸着池には固定層式および流動層式の2形式があるが，いずれも粒状活性炭の吸着能力は使用継続とともに低下し，最終的に破過に至る．そのため，除去対象とする物質ごとにその吸着特性を把握するとともに，活性炭の交換・再生を行う必要がある．

　Jacangelo らは，粒状活性炭処理を連続的に行い TOC および前駆物質の除去効果を調べた[22]．運転開始3ヶ月までは，TOC およびハロ酢酸前駆物質は80〜90％程度，トリハロメタン前駆物質は95％程度と安定した除去率を示した．その後，運転時間に伴ってこれらの除去率は低下し，6ヶ月後には TOC 除去率が55％，トリハロメタン前駆物質除去率が60％まで低下したのに対して，ハロ酢酸前駆物質は80％の除去率を維持していた．オゾン処理−凝集砂ろ過処理水を粒状活性炭処理することにより DOM 画分の除去特性を調べた Owen らは，通水開始直後では親水性画分，低分子画分（分子量＜1 000）ともに炭素ベースで70％近く除去されるものの，TOC が50％破過する時点まで通水を続けることにより，親水性画分の除去率は56％程度，低分子画分の除去率については25％程度まで顕著に低下することを示した[23]．これらの結果から，粒状活性炭処理はハロ酢酸前駆物質や親水性 DOM 画分に対しては比較的長い期間高い除去効果を示すことがわかる．この理由として，粒状活性炭表面に微生物が増殖し，これら微生物による生物分解作用が DOM 除去に寄与したと考えられる．このように，前段までのプロセスにおける消毒剤注入を回避することにより，粒状活性炭処理に生物機能を付与することができる点が特徴である．

（4）オゾン処理

　オゾン処理は，分子オゾン（O_3）または生成したヒドロキシルラジカル（・OH）の強い酸化力によって有機物の酸化分解を行う．ここで，色度成分の原因となる DOM の酸化分解，あるいは細菌，ウイルス，原生動物の不活化効果を目的とする場合には，分子オゾン濃度と処理対象物質の接触時間（オゾン CT 値）によりその効果が左右される．一方，カビ臭物質や農薬，あるいは副生成物である有機ハロゲン化合物などの難分解性の微量有機物質についても分解除去可能であるが，この場合にはヒ

ドロキシラジカルによる分子構造に依存しない酸化作用が重要な役割を果たす．さらに，溶解性鉄・マンガンなどを酸化して不溶化することにより，これら無機物に由来する色度成分も除去可能である．

オゾン処理を浄水処理のどの時点で行うかは，オゾンにより除去したい不純物の種類によって変化する．図-6.6 に示すように，代表的なオゾン注入点としては，凝集沈殿と砂ろ過の間(以下，中オゾン処理)または砂ろ過後(以下，後オゾン処理)があげられる．これら2箇所に分けて注入する中オゾン+後オゾン処理を採用する浄水場もある．この図からもわかるように，わが国では残留オゾンやオゾン処理副生成物除去のため，オゾン処理の後段には活性炭処理を併用することとなっている．ここで中オゾン処理は，異臭味の除去，DOM の酸化分解を主目的とし，オゾン注入量が多くなる点が不利である一方，最終工程が砂ろ過であるため活性炭からの微生物や濁質の漏出を最小化できる利点がある．また，砂ろ過前に塩素注入を行うことで，鉄・マンガンの完全な除去も可能となる．これに対して後オゾン処理では，

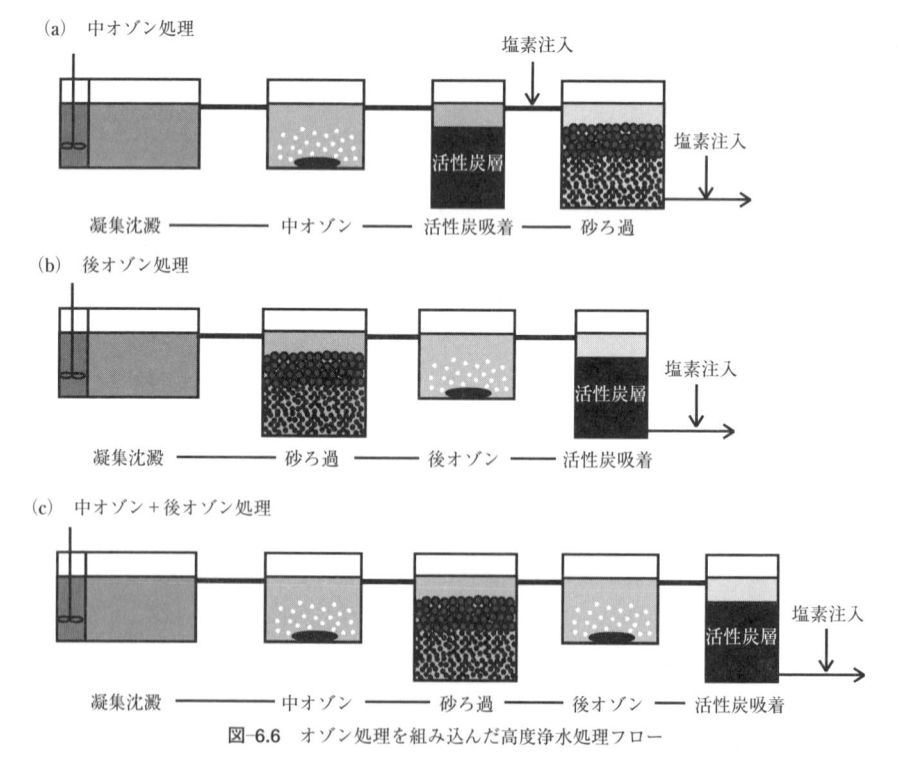

図-6.6 オゾン処理を組み込んだ高度浄水処理フロー

鉄・マンガンおよび残存有機物の酸化分解を目的としており，濁質除去後であるためオゾン注入量を抑制できること，活性炭への濁質負荷を低減できるため前駆物質除去能が高いこと，また後塩素処理のみ行うことで消毒副生成物生成抑制が可能などの利点があるが，低水温期にマンガンが漏出する事例が報告されている．これら両システムの利点を活かし，欠点を補完するシステムとして，中オゾン＋後オゾン処理が提案されるようになった．

以上のように強い酸化力を有するオゾンであるが，実浄水場で運転される注入条件におけるオゾン処理の役割は高分子有機物群を低分子化すること，同時に疎水性有機物を親水性有機物に変換する点にあると考えられる．そのため，高分子前駆物質の除去効果による副生成物低減が可能である一方で，オゾン単独処理では低分子前駆物質，特にアルデヒド，ケトン，アルコール，カルボン酸が顕著に増大する[24]ため，これら中間分解物と塩素が反応することにより，総合的には副生成物低減に対する高い効果は望めない．

Marhabaらは，原水を前オゾン処理することによりDOM画分がどのように変化するかを調べた[25]．これによると，疎水性画分は全体として28％が除去されるのに対して，親水性画分は若干の増大を示している．さらに各画分を細かく見ると，オゾン処理により疎水性塩基性画分が大きく減少する一方で，親水性塩基性画分が顕著に増大しており，より生物分解を受けやすい有機物群への変換が行われたと考えられる．またAmyらは，DOMの分子量分布が大きく異なる複数の地下水を原水として，オゾン処理により除去可能なDOMの分子量特性，ならびに各分子量画分のトリハロメタン生成能の変化を調べた[20]．これによると，分子量30 000以上の画分では炭素ベースで90％程度の優れた除去効果が得られるが，分子量5 000以下の画分では逆にDOC量が大きく増加している．オゾン処理前後の全体としてのDOM除去効果は20％前後となり，決して高い値とはいえない．また，トリハロメタン生成能の除去効果についても20〜30％と比較的低い値を示している．分子量画分別に見ると，オゾン処理により顕著に増大した分子量5 000以下の有機物がトリハロメタン生成に大きく寄与しており，この増大画分を効率的に除去するためには活性炭処理を組み合わせることが望ましい．

(5) 膜処理

消毒副生成物前駆物質除去に対して効果が確認されている新しい技術として，膜分離プロセスがあげられる．膜ろ過処理は，使用する膜の分離特性（分離対象粒子の

粒径・分子量)により，精密ろ過(Microfiltration；MF)法，限外ろ過(Ultrafiltration；UF)法，ナノろ過(Nanofiltration；NF)法，逆浸透(Reverse Osmosis；RO)法に分類される．それぞれの膜の分離特性を**表-6.5**[26]に示す．いずれの膜を用いた場合でも，圧力が物質分離の駆動力となる．一般に，膜ろ過法の導入は，以下に示す利点がある．

① 膜の分離特性に応じて，粒径または分子量が一定以上の不純物を確実に除去可能である．
② 自動運転が容易である．
③ 凝集剤の使用量を削減できる．
④ 浄水場の設置面積を縮小できる．
⑤ 浄水施設の建設工期が短縮される．

表-6.5 浄水処理で使用される膜の種類と分離特性 [26]

膜の種類	分離粒径/分子量	操作圧力(100 kPa)
精密ろ過膜	最小分離粒径：0.01 μm 浄水処理では膜孔径 0.1〜0.3 μm が一般的	吸引方式：−0.6 程度以上 加圧方式：　2 程度以下
限外ろ過膜	分画分子量：500〜300 000 浄水処理では膜孔径 0.01 μm が一般的	吸引方式：−0.6 程度以上 加圧方式：　3 程度以下
ナノろ過膜	分子量：数百	2〜15
逆浸透膜	分子量：数十	海水淡水化：50〜75 かん水脱塩：4〜40

その一方で，除去対象となる原水中の不純物がファウリング物質として時間経過とともに蓄積するため，定期的な物理的・化学的洗浄が必要となり，洗浄による再生が困難となった時に交換・廃棄処分となる．小規模浄水場においても数百本程度の膜モジュールが必要となるため，これらに対する管理体制を整える必要もある．

a．**精密ろ過膜による処理**　　MF膜では，0.01 μm 以上の有機物，**表-6.3**に示す粒子物質や微生物，コロイドなどの濁質が除去対象となり，固液分離プロセスの代替処理として用いられる．特に，クリプトスポリジウムなど耐塩素性病原微生物による汚染が問題となる場合，確実な除去を目的として用いられる場合が多い．精密ろ過膜を用いた膜分離プロセス単独では，分離膜の特性上，消毒副生成物前駆物質，カビ臭物質や農薬，界面活性剤といった微量汚染有機物などの各種 DOM は除去不可能である．

そのため，MF膜を用いてDOM除去を試みた事例はほとんど見られず，むしろDOMはMF膜処理により固液分離を行う際のファウリング物質として問題視される．DOMのうち，疎水性画分に関しては膜孔径に吸着することで目詰まりを起こし，最も問題となる親水性中性画分は膜表面にゲル層をつくることで目詰まりを起こすとされている[27]．この親水性中性画分は凝集操作により除去できないため，前段階で凝集を行っても高い膜ファウリング防止効果は得られない．また，DOMはファウリングの原因物質となるにも関わらず，炭素ベースでその除去率を見ると，ほとんど除去されていない．

b. 限外ろ過膜による処理　　UF膜による膜処理は，膜細孔による分子ふるい分け効果による有機物分離であり，膜ごとに公称される分画分子量（Molecular Weight Cut-off；MWCO）に基づいて，見かけ分子量500〜300 000以上の有機物除去が可能である．除去対象は，粒子状物質や微生物，コロイドなどであり，精密ろ過膜と同様，高い固液分離効率を示す．さらに，ウイルスの確実な除去が期待できる他，分子量の大きいDOM画分に関しても除去可能となる点は特筆すべきである．

UF膜によるDOM除去特性は，主にDOMの分子量ごとの画分と関連づけて調べられている．もちろん，DOMの除去率は使用するUF膜の分画分子量に大きく左右される．Amyらは，DOC当りの高いトリハロメタン生成能は分子量5000以下の低分子量画分に由来するとしている[20]ため，この画分のDOMを如何に除去するかがキーとなる．ただし，**表-6.5**にも示したとおり最も孔径の小さいUF膜でも分画分子量500であることから，UF膜単独による前駆物質除去には限界がある．Kimらによる分画分子量100 000のUF膜を使用した実験[28]では，疎水性画分の38％，親水性画分の32％が除去され，凝集沈殿処理と同程度のDOM除去効果が得られているが，さらなるDOM除去を行うためには他の処理を組み合わせる必要がある．

一方，Leeらは分画分子量8 000のUF膜を使用した処理水の有機物分画を行い，UF膜処理により疎水性画分が約58％，親水性画分が約45％除去されると報告している[16]．また，この時，ハロ酢酸9種生成能は約40％除去されていた．実際に処理水の分子量分布を調べた結果によると，メーカー公称の分画分子量よりもかなり小さいDOM分子（分子量約2 200以上）も阻止されていることが判明し，膜表面の負電荷との静電的反発力によりDOM中の酸が効率的に除去され，これが比較的高いハロ酢酸生成能除去につながっていると考えられる．

c. ナノろ過膜による処理　　NF膜は1980年代中頃から開発・普及が進んだ．分離機構は，膜細孔による分子ふるい分け効果と膜荷電により生じる静電効果に基づく

塩阻止効果の組合せである．NF処理では分子量数百以上の有機物が除去対象となることから，前駆物質となりうるDOMのうち，特に他の処理技術では除去困難であった分子量1 000以下のフルボ酸画分ならびに親水性画分を部分的に除去可能であり，消毒副生成物の生成抑制に高い効果を発揮すると期待される．同様に，カビ臭物質や農薬，界面活性剤といった比較的分子量の大きい微量汚染物質も除去される．ただし，浄水処理過程で生成したトリハロメタンやハロ酢酸などの低分子量消毒副生成物に対しては，除去効果が見込めない．さらに，静電効果に基づく塩阻止によりカルシウム，マグネシウムなど硬度成分の一部も除去されるため，処理水のランゲリア指数低下に注意を払う必要がある．

NF膜の分離特性からみて，粒子物質や微生物，コロイド類といった粗大有機物についても当然除去可能であるが，濁度が低い地下水を原水とする場合を除いて，通常，前段で粗大懸濁物質やフミン酸画分などを凝集沈殿処理，あるいはMF膜やUF膜による膜処理といった固液分離操作により除去しておく必要がある．

Leeらは，原水に対して凝集処理を行った後，さらにNF膜（MWCO = 250）処理を行った処理水について，DOMの分子量分布とXAD樹脂を用いた分画を行った[16]．処理水では分子量1 000以上のDOMは完全に除去されており，DOMとして80%以上の除去率が達成されている．この時，各XAD画分の除去特性を比較すると，これまで述べてきた他の処理では，親水性画分を除去することは非常に困難であったのに対して，NF処理では疎水性，親水性のいずれの画分についても80%以上除去されている．NF処理水に塩素を注入してハロ酢酸9種生成能（HAAFP9）を調べたところ，NF処理により80%程度低減されており，親水性画分の高い除去率がハロ酢酸生成抑制につながっていると考えられる．

d. 逆浸透膜による処理　　RO膜は表-6.5にも示したように，分子量数十に相当する孔径を有する膜であるが，実際には塩類に対しても非常に高い阻止率を示す．無機塩類や有機物を多量に含む原水にRO膜を介してこの溶液の浸透圧以上の圧力をかけると，水分子のみが膜を浸透する現象を利用して，原水中の不純物除去を行う．原理上，従来処理では除去困難な低分子画分を含むDOMのほぼ完全な除去が可能となるのみならず，アンモニウムイオンや臭化物イオン，マンガン，鉄といった無機イオンに対しても高い除去効果が得られ，消毒副生成物生成抑制に対しても総合的に高い効力を発揮すると考えられる．数多くの研究から，RO膜によりDOMは90%以上が除去されることがわかる[29, 30]．ただし，運転圧力が非常に高くエネルギー消費の観点から採算が見合わないことから，浄水処理分野では海水淡水化施設に

おける使用に限られているのが現状である．わが国では，浄水供給を目的とした大規模な海水淡水化プラントが，沖縄県北谷町(4万 m^3/d, 1996年～)および福岡市(5万 m^3/d, 2005年～)において稼働している．

(6) 生物処理

生物処理は，主に好気性微生物の生物活性を利用して，水中有機物や窒素，リンなどの栄養塩を分解・除去する処理技術である．反応の場における微生物密度を高く保つ必要があるため，水中に沈めた蜂の巣状のプラスチック筒に微生物膜を形成させて循環通水を行うハニコーム方式や，多孔質の粒状ろ材の表面に生物膜を付着させて通水ろ過を行う生物接触ろ過方式が採用される．親水性低分子有機物やアンモニア態窒素，粒子状物質が主として除去される．また，溶解性マンガンの酸化不溶化によるマンガン除去効果も確認されており，生物膜内に蓄積した鉄バクテリアによる複合効果と考えられている．ただし，微生物活性が水温の影響を大きく受けるため低温期には除去能が低下する，生物膜形成に時間が必要なため立ち上げ時の生物活性に注意する必要がある，あるいは微生物の漏出に注意が必要といった問題点もある．

ここで，生物処理によるDOM除去について考えてみると，一般的にDOMはその起源ごとに有機物構成が異なり，土壌起源の場合は動植物体，水環境起源の場合は藻類や藍藻類のバイオマスといった有機物が自然環境中で微生物分解を受けた結果として蓄積したものである．そのため，一般的には生物分解性はあまり高くないと考えられる．Kalbitzらは，土壌由来のDOMを想定して種々の異なる有機物特性を有する土壌サンプルからDOM抽出溶液を調製し，その生物分解性を比較している[31]．これによると，DOM中の無機化される炭素の割合はXAD-8吸着性炭素，すなわち疎水性画分の炭素割合が高いほど顕著に低下している．XAD-8吸着性炭素の割合が30%以下の場合には炭素ベースで60%程度のDOMが分解される一方，XAD-8吸着性炭素が70%超の場合には生物分解性は10%未満である．このように，生物処理によるDOM除去は主に親水性画分が対象となると考えられる．

また，Goelらは，地下水，表流水，藍藻類懸濁液，試薬フミン酸溶液と有機物構成の異なる試水の生物分解性を比較し[24]，DOMを構成する有機物群の見かけ分子量および UV_{254}/TOC 比と生物分解性に相関を見出した．すなわち，見かけ分子量の低い有機物ほど，また UV_{254}/TOC 比が低い，つまり不飽和有機物が少ないほど生物分解性は高くなり，地下水と表流水では生物処理により20%強の炭素が除去された．

また，いずれのDOMでも前処理としてオゾン処理を行うことにより生物処理による炭素除去効果は43〜75％に上昇している．オゾン処理の項でも述べたように，オゾン酸化には高分子有機物画分の低分子化に加えて，極性/親水性を増大させることにより，より生物処理に適した有機物へと変換する機能があるためである．このように，消毒副生成物前駆物質の除去を目的とする場合には，生物処理の前処理としてオゾン処理を行うことが有効な手段となりうる．

（7）イオン交換処理

イオン交換体は，これからのDOM対策技術として有望視されている技術である．DOM除去には陰イオン交換樹脂が選択される．種々の陰イオン交換樹脂が市販されているが，中でも注目を集めているものにMIEX®（Magnetic Ion Exchange, Orica Australia Pty Ltd.）がある．MIEX®はポリアクリルの多孔性マトリクスであり，表面に強塩基性陰イオン交換基を有する樹脂である．また，磁化酸化鉄を樹脂マトリクス内部に組み込んでいるため，集塊・沈降しやすい特性を有している．図-6.7に示すようにMIEX®樹脂を用いた場合，DOMは交換基表面に存在する塩化物イオンをターゲットとして交換され，吸着される．その後，MIEX®樹脂を分離回収することにより水中からDOMが除去される．回収した樹脂は，塩化物イオン溶液を用いて再生し，再利用される．

Morranらは，実プラントを用いてMIEX®処理を行い，炭素ベースで60％前後のDOMを除去可能であることを示した[32]．比較のため行った凝集処理では，分子量1 000以上のDOMが主に除去されるのに対して，MIEX®処理では分子量1 000以下のDOMに対しても同等の除去効果が確認されている．また，MIEX®処理によ

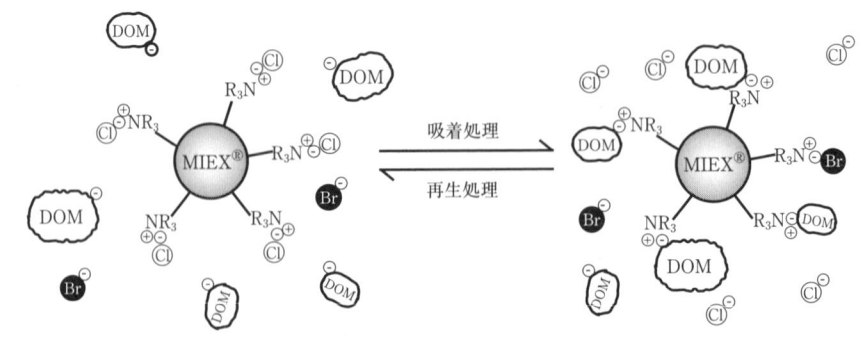

図-6.7 MIEX®樹脂による前駆物質の除去メカニズム

り荷電有機物画分が除去されて有機物構成が変化すること，結果として約73％のトリハロメタン生成能が除去されたことも示されている．MIEX®処理後に凝集処理を組み合わせることで疎水性画分が効率的に除去されるため，さらに有機物除去効果を高めることができる．また，単独処理では2-メチルイソボルネオールやジェオスミンといったカビ臭物質はほとんど除去されないが，凝集・粉末活性炭処理の前にMIEX®処理を追加することで，これらの物質の除去率も増大している．同じくSingerらは，9箇所の異なる原水を使用してMIEX®処理によるDOM除去効果を調べ，TOC当りのMIEX®添加量が0.38～2.14 mL/mgの範囲でトリハロメタン生成能が71～84％除去されること，またハロ酢酸生成能に関してはデータ数が少ないものの，TOC当りのMIEX®添加量が上記の範囲において46.3～93.8％除去されることを見出した[33]．この時，TOCを1 mg低減するごとにトリハロメタン生成能が26μg減少していた．

このようにMIEX®処理は，従来の単位処理プロセスでは除去困難とされてきた低分子量画分あるいは親水性画分を含む幅広いDOM（図-6.4参照）に対して，高い除去効果を示すものとして注目される．一方，処理対象水のイオン強度が高い場合，種々の陰イオン種がMIEX®樹脂のイオン交換サイトに競合的に作用するため，DOMの除去率低下をもたらす点に注意が必要である[34]．

以上本項では，消毒副生成物前駆物質としてのDOM除去技術についてまとめた．ここで，高いDOM除去効果が期待されるNF膜処理やイオン交換処理において注意を払うべき点を一つ指摘しておこう．これらの処理ではDOC成分が効率的に除去される一方，臭化物イオンはそれほど高い除去効果が得られないため，処理水のBr⁻/DOC比率が高くなる．その結果，塩素処理により生成する有機ハロゲン化合物種が変化し，臭素置換体の生成量が増大する傾向にある[35]（3.4.1も参照）．つまり，副生成物生成量は大きく低減されても，より毒性の強いとされる有機臭素化合物が生成する[36]（5.3.3も参照）こととなり，生成物全体としての毒性の変化に十分注意する必要がある．

6.3.2 消毒副生成物の生成抑制技術[5]

前項では，消毒副生成物の前駆物質，特にDOMを対象とした除去技術の詳細を述べた．これに対し本項では，塩素消毒剤の注入点および注入量を変更することにより消毒副生成物生成量を抑制する技術，塩素ではない消毒剤を使用する技術，さ

らには残留塩素濃度低減により給配水過程における消毒副生成物生成量を抑制する技術について概説する．なお，表-6.4 も参照されたい．

(1) 中間塩素処理

前塩素処理から中間塩素処理への塩素注入点の変更は，大規模な改良を必要としないため，既存施設における副生成物低減策として実効性が高い．塩素注入点を沈殿池以降に変更することにより，あらかじめ凝集沈殿処理により消毒副生成物前駆物質の一部を除去することが可能であるため，トリハロメタン，ハロ酢酸ともほぼ同等の低減効果が期待でき，一般にその効果は 20 ～ 40 ％程度と考えられる[37]．注意点としては，沈殿池内が無塩素状態となるため，藻類発生による生物障害やマンガン対策，消毒効果の低下などの問題が起こりうる点である．

中間塩素処理導入を想定したハロ酢酸低減効果を調べた室内回分実験の例として，福岡県南広域水道企業団による実験結果を示す[17]．試料水は当該企業団の取水原水である．前塩素処理の場合，試料水に塩素を注入して凝集処理を行い，その後，ろ過を行った．中間塩素処理の場合には，試料水をまず凝集処理した後で塩素を注入し，その後同様にろ過を行った．反応は 30 ℃で行い，塩素添加後 24 および 72 時間後にハロ酢酸濃度を測定した．

図-6.8 にハロ酢酸生成量の比較を示す．本事例では，前塩素処理した場合と比較して，中間塩素処理によりジクロロ酢酸，トリクロロ酢酸ともに最大約 40 ％の低減効果が認められた．

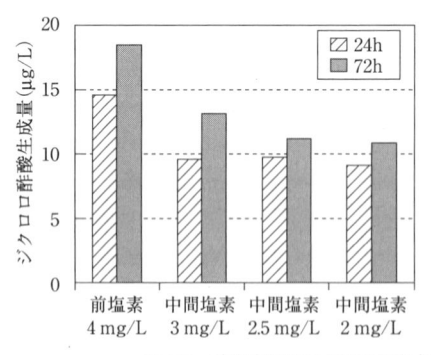

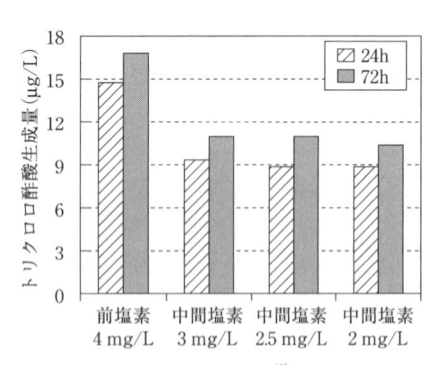

図-6.8 前塩素処理および中間塩素処理によるハロ酢酸生成量の比較[17]

6.3 前駆物質の除去と生成抑制

(2) 二酸化塩素処理

前塩素処理の代わりに酸化剤として二酸化塩素（ClO_2）を用いることにより，消毒副生成物の生成を抑制することができる．消毒剤としての二酸化塩素の詳細については 6.6.1 で述べるが，二酸化塩素は酸化力が強いため，少量注入で高い酸化力が期待できる．また，トリハロメタンやハロ酢酸などの生成量がきわめて少ない点が優れている．

前塩素処理，前二酸化塩素処理を行った場合の消毒副生成物生成を比較した茨城県企業局の事例を示す[17, 38]．実験では，原水に対して前塩素処理あるいは前二酸化塩素処理を行った後に凝集反応を行い，ろ液を後塩素処理することにより生成した副生成物濃度を測定した．

トリハロメタンおよびハロ酢酸の測定結果を図-6.9 に示す．有機ハロゲン化合物

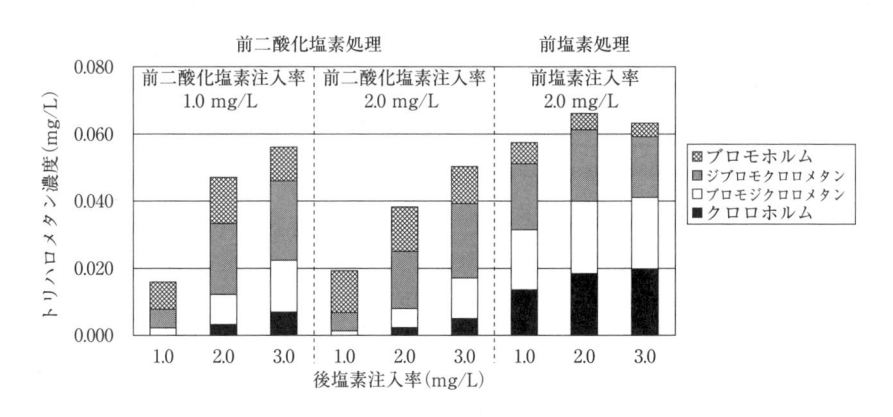

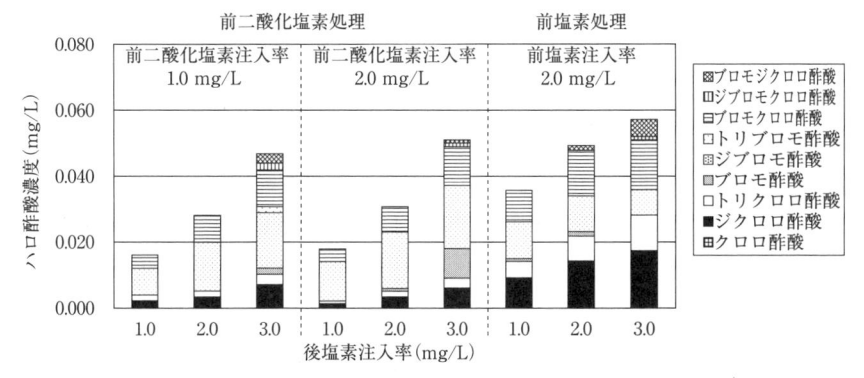

図-6.9 前二酸化塩素処理および前塩素処理による副生成物生成量の比較[38]

の生成量は，いずれのケースにおいても後塩素注入率の増加に伴い増大する．ただし，二酸化塩素の注入率による生成量の差はあまり見られず，後塩素注入率 2.0 mg/L 以下の場合には前塩素処理と比べて有機ハロゲン化合物が大きく低下することが確認され，併用する後塩素との注入比率によっては低減効果が得られると考えられる．

なお，二酸化塩素の注入に伴い，塩素酸イオン（水質基準項目）および亜塩素酸イオン（水質管理目標設定項目）が生成するため，二酸化塩素注入率設定の際にはこれらに対する留意が必要となる[39]．さらに，5.3.2 でも述べたように，著者らの実験結果からは塩素処理水と比較して二酸化塩素処理水の変異原性が格段に低いとはいえないことから，有機ハロゲン化合物以外の消毒副生成物を含めた毒性を視野に入れておく必要がある．

(3) クロラミン転換処理

最終消毒剤を塩素からクロラミンに転換することで，給配水過程における消毒副生成物の増加を抑制することができる．クロラミンは塩素と比較して有機物との反応性が低いと考えられるため，塩素注入後の給配水時間に比例して増大する副生成物を抑制することが可能となる．一般にクロラミン消毒を行う場合，一旦塩素による酸化・消毒を行った後，アンモニアを添加してクロラミンを生成させるという方法がとられる．

室内回分実験により，塩素処理およびクロラミン転換処理を行った場合の消毒副生成物生成の経時変化を調べた阪神水道企業団の例を示す[40]．凝集沈殿水を試水として，塩素添加 1 時間後の遊離塩素濃度が 0.4 および 1.0 mg/L となるように 2 段階の塩素注入率（1.2，2.2 mg/L）を設定して塩素処理を行った．一方の試水にのみアンモニアを重量比で Cl：N ＝ 5：1 となるよう添加してクロラミン転換を行い，消毒副生成物の生成量を経時的に測定した．ここで，遊離塩素処理試料のみ塩素消費が進むため，24 時間ごとに追加塩素注入を行った．

副生成物生成量の経時変化を図-6.10 に示す．遊離塩素処理からクロラミン処理へと転換することにより，総トリハロメタンおよびハロ酢酸（ジクロロ酢酸，トリクロロ酢酸）の新たな生成は認められなくなった．一方，未知の消毒副生成物も含むと考えられる全有機ハロゲン（TOX）については，クロラミン処理後も生成が確認され，遊離塩素処理の場合と比較すると 40 ％程度の生成抑制にとどまっている点に注意する必要がある．

6.3 前駆物質の除去と生成抑制

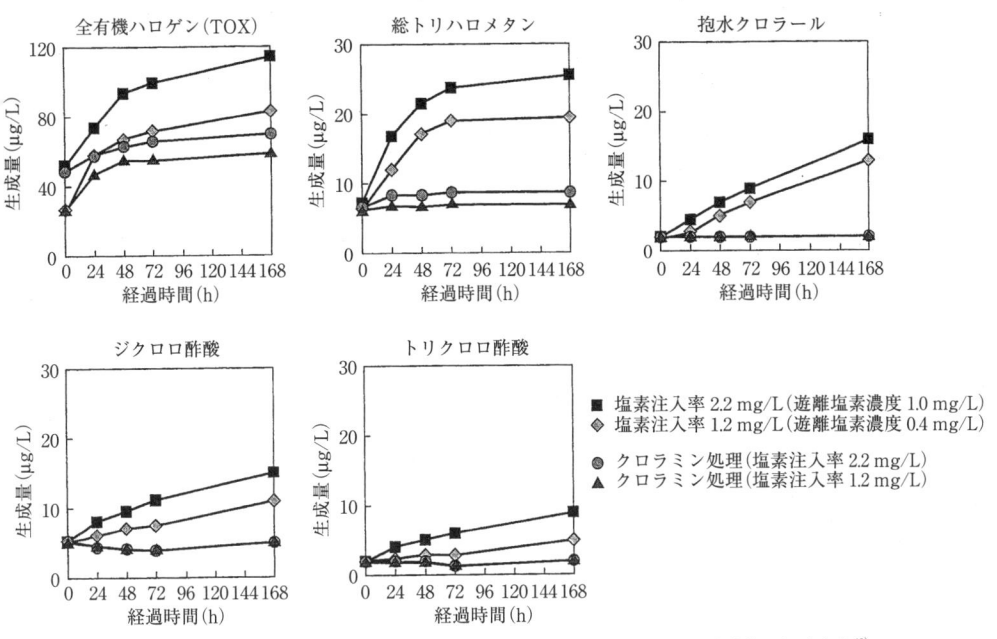

図-6.10 遊離塩素処理ならびにクロラミン転換処理試料における副生成物の経時変化[40]

このように，副生成物生成抑制に高い効果を示すクロラミン処理であるが，遊離塩素処理と比較すると高い残留性という長所を有する反面，消毒効果が低下する点や処理条件によってはクロラミンに起因した臭気（カルキ臭）が問題となるといった短所を有する．特に，カルキ臭発生に関しては水道水の飲用行動を回避させる一原因であることが指摘されており[41]，処理条件とその制御に注意が必要となる．

(4) 残留塩素濃度の低減化

図-6.10 にも示したとおり，塩素注入後，浄水場出口から給水栓に至る過程において，トリハロメタン，ハロ酢酸といった消毒副生成物は水質的な要因に加えて，残留塩素濃度や塩素との接触時間に影響を受けて増大する（ただし，仮に残留塩素がなくても増大するので注意．5.3 参照）．以下では，残留塩素濃度制御による生成抑制を検討した阪神水道企業団の事例を紹介する[40]．

前塩素–凝集–沈殿–砂ろ過の従来処理を行った処理水を供試水とし，24時間ごとに消費分の塩素を追加注入することで遊離残留塩素濃度を 0.4，0.7，1.0 mg/L の3段階に保持し，総トリハロメタン，抱水クロラール，ジクロロ酢酸，トリクロロ酢酸

表-6.6 残留塩素濃度低減による消毒副生成物の生成抑制効果[40]

消毒副生成物 (μg/L)	遊離残留塩素濃度								
	0.4 mg/L			0.7 mg/L			1.0 mg/L		
	24 h	72 h	168 h	24 h	72 h	168 h	24 h	72 h	168 h
総トリハロメタン	31.8	49.6	44.7	35.6	52.7	45.3	38.3	57.8	54.0
抱水クロラール	8.3	11.9	16.8	8.4	13.3	18.7	9.2	13.2	18.8
ジクロロ酢酸	11.2	16.4	20.0	12.8	20.0	26.1	13.6	22.4	27.9
トリクロロ酢酸	8.3	11.3	13.0	9.7	13.2	16.4	11.5	14.7	17.6

の経時変化を測定した．結果を表-6.6に示す．本実験では前塩素処理を行っているため，遊離残留塩素濃度が低くかつ反応時間が短い場合でも10μg/L程度以上の消毒副生成物が生成しているものの，残留塩素濃度1.0 mg/L保持に対して，残留塩素濃度0.7 mg/Lに低減した場合には10%前後の，さらに残留塩素濃度0.4 mg/Lまで低減した場合には20〜30%程度の抑制効果が得られることがわかる．

このように，給配水過程での残留塩素濃度を0.4 mg/L程度まで低減することで，有機ハロゲン化合物の生成量を抑制することが可能であるが，残留塩素濃度低減環境における微生物学的な安全性を適切に評価したうえで，残留塩素濃度の最適化ならびに管理を行う必要がある．同時に，給配水過程で生じる残留塩素濃度減少要因の解消，例えば，高度浄水処理導入による塩素要求量の低い浄水水質への改善や，経年管路の更新，管網整備による末端までの流達時間の短縮・適正化などの改善策を図ることも重要になる．

6.3.3 無機消毒副生成物の生成抑制技術

現行の水道水質基準で基準値が定められている無機消毒副生成物は，臭素酸イオン（BrO_3^-），塩素酸イオン（ClO_3^-）および塩化シアン（ClCN）である．

塩素酸イオンは，通常，二酸化塩素を消毒剤として用いる場合に特徴的な副生成物とされるが，次亜塩素酸ナトリウムの貯留中に起こる不均化反応に由来する不純物でもあり，塩素処理においても増大する可能性がある．特に，高温条件での貯留中に塩素酸イオンの濃度増大が顕著となることから，貯留温度や貯留期間に配慮して次亜塩素酸ナトリウムの品質管理を行う必要がある[42]．

臭素酸イオンは主にオゾン処理プロセスで臭化物イオンが酸化されることで生成する．また，オゾン処理水と比較して塩素消毒後の浄水における臭素酸イオン濃度が増大することから，次亜塩素酸製造時および貯留時に不純物である臭化物が酸化

されることによる臭素酸イオンの増加が指摘されており[43, 44]，浄水処理全体を通して臭素酸イオンの挙動に注意する必要がある．10 μg/L が基準値として設定されて以来，オゾン処理を導入している，または導入を検討している事業体にあっては，水質管理上，最も留意すべき項目の一つとなった．

オゾン処理の際には，オゾンの分解過程で分子オゾン(O_3)，ヒドロキシルラジカルや O_3^-，O_2^- などの負電荷のフリーラジカル，過酸化水素(H_2O_2)といった多種類の化学種が生成し，これらが複合的に作用することでオゾン処理効率に影響を与える．この際に臭化物イオンが共存すると，O_3 あるいは上記のラジカル種により臭化物イオンが酸化され，次亜臭素酸イオンを経て臭素酸イオンが生成する．臭化物イオン共存下における副生成物生成機構については図-3.34 を参照されたい．一方，オゾンの自己分解は，pH や水温の影響を受けるとともに，ラジカルスカベンジャーとしての DOM の存在に加えて，共存無機物の存在などの水質条件に大きく左右される．そのため，臭素酸イオン生成抑制を目的として，**表-6.7** に示す4手法によりオゾン反応条件の制御が試みられている．以下，順に詳述する．

表-6.7 臭素酸イオン生成抑制技術の分類

臭素酸イオン制御技術		原理	実績/効果
(1)	注入率制御	注入するオゾン量自体を下げることで臭素酸イオン生成量を制御	国内実績あり
	溶存オゾン制御	溶存オゾン濃度を必要最小限の低濃度に維持することで，目的物質の分解を達成する一方，臭素酸イオンの生成量を最小化	国内実績あり
(2)	pH 制御	pH を低下させ，オゾンの自己分解(=ヒドロキシルラジカルの生成)を抑制することで臭素酸イオンを抑制	・実施例は少ない ・pH 8 →pH 6 への変更で低減率 60%[45]
(3)	アンモニア添加	中間体である次亜臭素酸をブロマミンに変換し，次亜臭素酸が臭素酸イオンに酸化される反応を抑制	・実施例は少ない ・低減率 50%[45, 49]
(4)	過酸化水素添加	ヒドロキシルラジカルの生成を促進する一方で，次亜臭素酸を還元	・分子オゾンによる酸化を期待する場合(消毒など)は不適

(1) オゾン注入率／溶存オゾン濃度の制御

過剰なオゾン注入を回避することにより，臭素酸イオン生成抑制を目指す技術である．オゾン注入率を低減する場合(オゾン注入率制御)とオゾン反応槽出口の溶存オゾン濃度を一定に保つ場合(溶存オゾン濃度制御)があり，両者が併用されるケースもある．溶存オゾン濃度制御の場合には，突発的な水質悪化による要求オゾン量

の増大には対応が可能である反面，特に高水温期にはオゾンの自己分解が進み，結果的にオゾン注入量が増大することにより臭素酸イオンの生成増大を招きやすい[44]．本手法は臭化物イオン濃度が $100\,\mu g/L$ 以下と比較的低濃度であり，また多量のオゾン注入を必要としない原水水質である場合には非常に有効な技術であり，多くの実浄水場で導入されて有効性が検証されている．6.5 において事例を紹介する．

(2) 低 pH 条件でのオゾン処理

臭化物イオン濃度が比較的高く（一般に $100\,\mu g/L$ 程度以上），かつオゾンによる消毒効果や不飽和化合物の選択的酸化を目的として処理水中の溶存オゾン濃度をある程度高く維持する必要がある場合に，低 pH 条件でのオゾン処理が選択される．pH 7 以下ではオゾンの自己分解速度が減少し溶存オゾン濃度が安定化する[45]ため，一定のオゾン CT 値を達成するために必要なオゾン注入量の削減が可能となる．また，以下の次亜臭素酸と次亜臭素酸イオンの平衡関係から，低 pH 条件では臭素酸イオン生成に関与する次亜臭素酸イオンの生成が抑制されることも，臭素酸イオン生成抑制に一役かっていると考えられる．

$$HOBr \rightleftarrows H^+ + OBr^- \tag{6.1}$$

オゾン処理時の反応 pH およびオゾン CT 値と臭素酸イオンの関係を調べた阪神水道企業団の事例を以下に示す[46,47]．凝集沈殿水を試水として，反応 pH およびオゾン注入率（3，4，5 mg-O_3/L）を変化させて回分反応を行った．CT 値は溶存オゾン濃度と接触時間の積から算出した．図-6.11(a)に示す結果から，同一のオゾン注入率条件においても低 pH 条件ほど高いオゾン CT 値が達成されること，また反応 pH および CT 値が高いほど臭素酸イオンの生成は増大し，特に pH 上昇が臭素酸イオン生成に与える影響が大きいことがわかる．実プラントにおいて低 pH 制御を行った実験結果［(b)］でも，臭素酸イオンの生成抑制が実証された．このように，オゾン処理時における反応 pH を適正に制御することで臭素酸イオンの生成抑制を効果的に達成することができる．

(3) アンモニア添加

ラジカルスカベンジャーとしての有機物を添加してヒドロキシルラジカルを抑制することにより，臭素酸イオンの生成抑制が可能である[45,48]．しかしながら，実施設においては DOM が残存しているため，特に有機物を添加しなくても，オゾン処理により生成した低分子有機物がこうしたラジカルスカベンジャーの役割を示すと

(a) 回分実験結果[46]

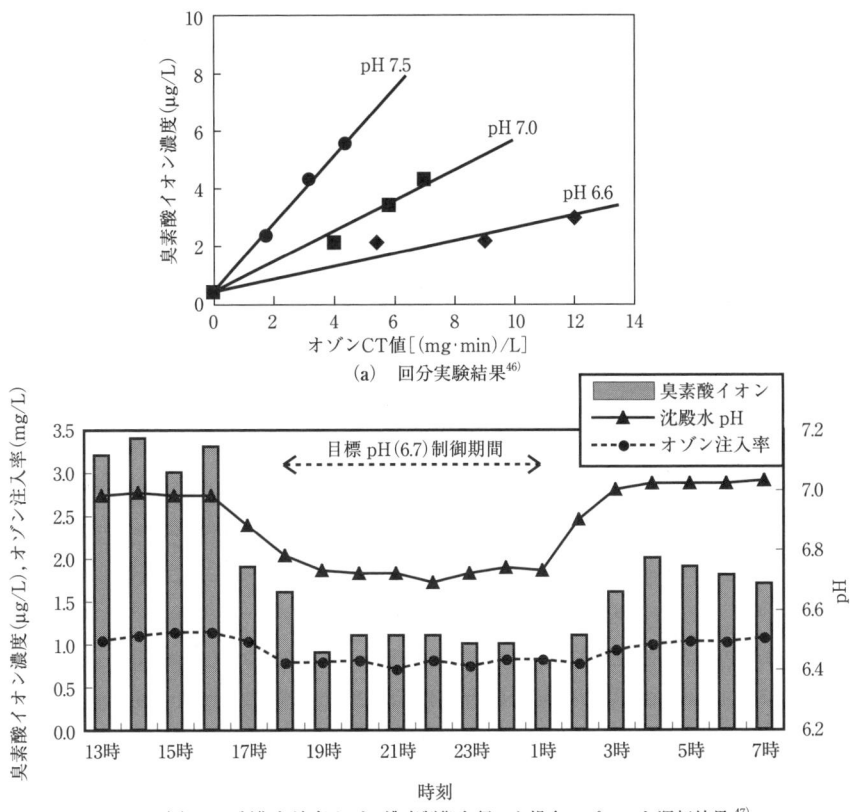

(b) pH制御と溶存オゾン濃度制御を行った場合のプラント運転結果[47]

図-6.11 低pH条件下オゾン処理による臭素酸イオンの生成抑制効果

考えられる．これに対して，アンモニアを人為的に添加することにより臭素酸イオンの生成を抑制する技術が提唱されている．アンモニアは，次亜臭素酸と反応してブロマミンを生成し，次亜臭素酸イオンの生成を抑制する．浄水処理が行われるpH範囲では，この反応は非常に速く進行する．一方で，生成したブロマミンは，さらなるオゾン酸化によりゆっくりと硝酸塩と臭化物イオンに分解されるが，ここに生じたタイムラグが臭素酸イオン生成を遅らせると考えられている．

山田らは，臭化物イオンを添加した琵琶湖表流水を3段階のpH条件下でオゾン処理を行い，アンモニア態窒素添加の臭素酸イオン生成抑制に対する効果を調べた[図-**6.12**(a)][49]．その結果，アルカリ領域(pH8.5)では，反応開始20分後の臭素酸イオン生成量がアンモニア態窒素添加により約56％に低減した．このアンモニア態

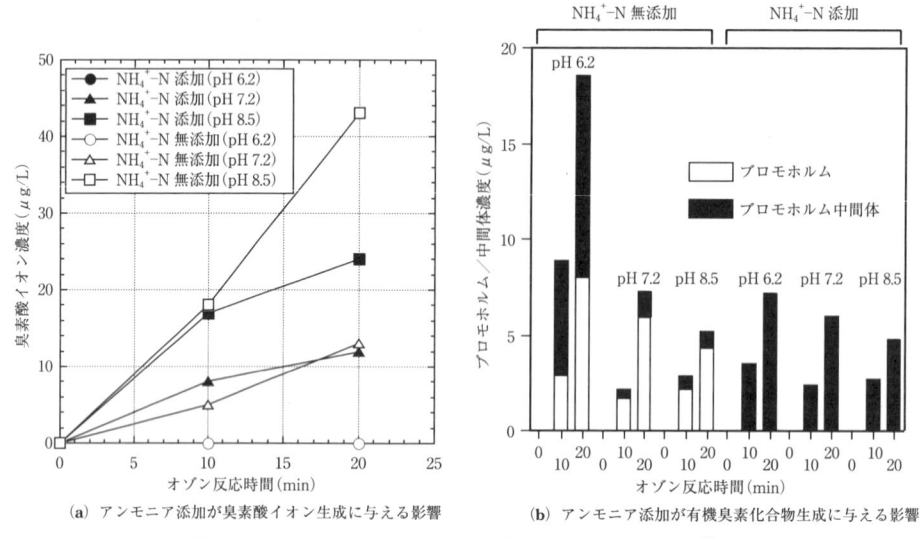

図-6.12 アンモニア添加による臭素酸イオンの生成抑制効果[49]

窒素添加系では，いずれのpH条件においても数十 μg/L のアンモニア態窒素が残存していたことから，アンモニア態窒素が残存する条件下でも臭素酸イオンの生成が起こっており，期待されたアンモニアの存在による生成抑制効果は限定的と考えられる．この理由として，反応pHが高いため，生成ラジカル反応による臭素酸イオン生成が同時に進行した点があげられる．一方，反応溶液中の有機臭素化合物，特にブロモホルムおよびその中間体の生成を調べた結果[(b)]では，アンモニア態窒素を添加した系ではブロモホルムは検出されず，ブロモホルム中間体のみが検出された．このように，アンモニア添加による臭素酸イオンの生成抑制手法をDOMを含む自然水系に適用する場合には，有機ハロゲン化合物の生成も含めた条件検討を慎重に行う必要があるだろう．

(4) 過酸化水素添加

過酸化水素を添加すると水中にヒドロキシルラジカルが増大するため，図-3.34で示したように次亜臭素酸の酸化が抑制され，臭素酸イオンの生成が大幅に抑制されると考えられる．しかし，この際に溶存オゾンとヒドロキシラジカルの両者が水中に十分に存在すると，かえって臭素酸イオン生成量の増大を招く危険性がある．このため，オゾン注入率制御あるいは溶存オゾン濃度制御により系内の溶存オゾン

6.3 前駆物質の除去と生成抑制

濃度を低く維持することが必要となる．また，原水中に含まれる DOM の種類やその他の水質要件により，臭素酸イオンの生成量は大きく左右されるため，実際の原水を用いて実験的に最適条件を決定する必要もある．

過酸化水素添加による臭素酸イオン生成特性の評価を行った実証プラント実験を紹介する[50]．この評価は，日本オゾン協会と日本水道協会が共同で設立した「最適オゾン処理調査委員会」の一部として実施された．実験では，臭素酸イオン生成能が高い原水を想定し，臭化物イオンの添加を行っている．溶存オゾン濃度制御を2段階で設定し，さらに各条件においてオゾン注入率に対する過酸化水素添加のモル比率を変化させたところ，図-6.13のように低濃度(0.1 mg/L)で溶存オゾン濃度制御を行った場合で，かつ過酸化水素添加比率が高い場合[$H_2O_2/O_3 = 2.5, 5.0 (mol/mol)$]

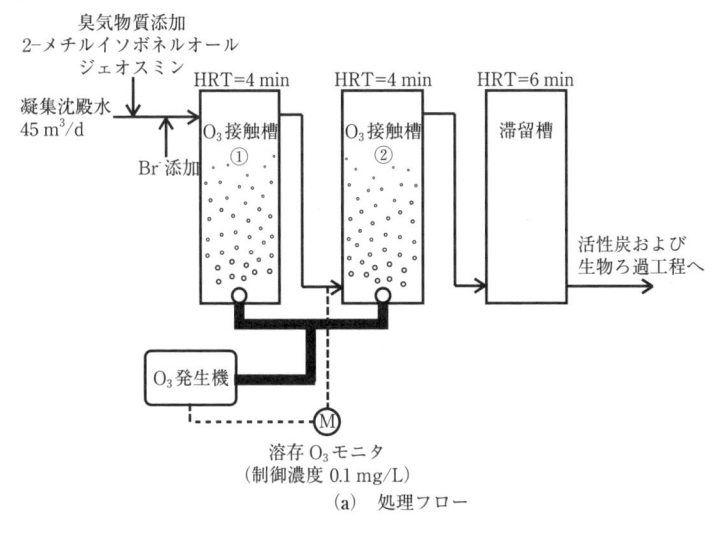

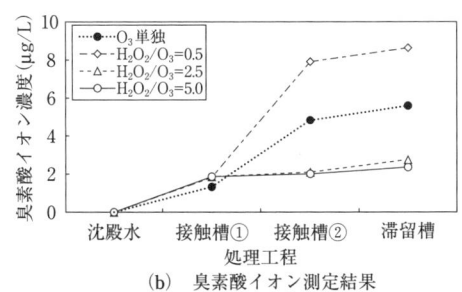

(a) 処理フロー

(b) 臭素酸イオン測定結果

図-6.13 過酸化水素添加による臭素酸イオン生成抑制実験[50]

にのみ，臭素酸イオンの生成が約56％抑制されることが確認された．この際，ヒドロキシラジカル処理の主目的である臭気物質の除去性も併せて向上していた．

なお，過剰な過酸化水素添加は後段の活性炭処理，特に生物活性炭の生物相に対して影響を与える可能性がある．また，過酸化水素によるオゾン処理槽およびその周辺装置の劣化についても十分な知見が得られているとはいえず，実用化へ向けた検討が望まれる．

これらの処理技術の他にも，塩素／クロラミンによる前処理などの対策技術が提案されている[51]が，本手法は原水中の臭化物イオンをオゾン処理に先立って有機臭素化合物へと変換し，結果として臭素酸イオンの生成を抑制することになる．5.3.3でも述べたように，こうした有機臭素化合物は浄水中の検出濃度は低いもののその毒性が相対的に強いため，水の有害性に対する寄与が無視できないと考えられる[36]．本書で一貫してとりあげてきた水道水の安全性確保のための消毒副生成物の低減・抑制という趣旨からは，本末転倒な感は否めない．

また本節でとりあげた各方法には長所と短所があり，処理水中の臭化物イオン濃度およびオゾン処理の目的に応じて適切な方法を選択する必要がある．一般に，臭化物イオン濃度が $100\,\mu\mathrm{g/L}$ 以下の場合には溶存オゾン濃度およびオゾン注入率の制御により臭素酸イオンの生成抑制が可能であるが，臭化物イオン濃度がそれ以上に高い場合には別のアプローチが必要となる．後者の場合，オゾン処理の目的が消毒であったり不飽和化合物の選択的酸化など，溶存オゾン濃度をある程度高く維持する必要がある場合には，反応pHの制御あるいはアンモニア添加といった方法が有効である．一方，微量汚染物質など難分解性物質の除去をオゾン処理の目的とする場合には，ヒドロキシラジカル濃度を維持する必要があるため，過酸化水素添加が効果的と考えられる．

(5) 臭化物イオンの除去

(1)〜(4)では現行の処理プロセスにおいて薬剤添加など比較的簡単に適用可能な臭素酸イオン制御法について紹介したが，これらの方法は，オゾン処理の本来の効果，すなわちオゾンやヒドロキシルラジカルによる酸化反応を犠牲にしている面がある．つまり，オゾンCT値やヒドロキシルラジカルCT値を低く維持することによって臭素酸イオンの抑制を行っている点に注意が必要である．例えば，丹羽はpH6と8におけるオゾン処理を行い，同一オゾン注入量ではpH6の方が30％以上

臭素酸イオン濃度が低いが，ヒドロキシルラジカル CT 値も 50％程度に減少することを指摘した[52]．これは，ヒドロキシルラジカル CT 値当りの臭素酸イオン生成量，すなわちカビ臭物質などの不飽和結合を持たない化合物の分解量当りの臭素酸イオン生成量は，低 pH 側で増大するということを意味する．オゾン CT 値やヒドロキシルラジカル CT 値を制御することで臭素酸イオンの制御を行う場合，必ずこのようなトレードオフ関係が起こる．

この問題を解決する一つの方法は，前駆体である臭化物イオンを原水から取り除くことである．水中の臭化物イオン濃度が十分低ければ，オゾン注入量によらず臭素酸イオンを抑制でき，十分なオゾン処理の効果が得られることになる．また，後段の塩素処理でも臭素系消毒副生成物の生成が抑制できるという利点もある．臭化物イオンの除去技術は研究段階ではあるが，新しい提案も行われつつある．ここでは，臭化物イオン自体の除去技術についてこれまでの研究例を紹介する．

① 膜処理：臭化物イオンを対象とする場合，そのイオン径がおよそ 0.376 nm とされていることから[53]，これを除去できる孔径の膜が必要である．この径に対応する膜はナノろ過 (NF) 膜に分類され，実際に分画分子量 150～300 の NF 膜に濁度の低い原水を適用したところ，41％の臭化物イオン除去が確認された[54]．これより孔径の大きい限外ろ過膜，精密ろ過膜では除去できない．膜処理による臭化物イオン除去には NF 膜あるいは逆浸透 (RO) 膜が必要である．

② 活性炭処理：活性炭によって臭化物イオン自体を除去することも理論上は可能だが，DOM や他の無機イオンとの競合により優先的には吸着されず，通常の添加量では十分な除去率は期待できない[54]．

③ イオン交換法：帯磁型イオン交換体の一種である MIEX® によって，オゾン要求量と臭素酸イオン生成量の両者を低減できたと報告されている[55]．また，低硬度の原水に対しては，臭化物イオンの除去にも有効である[34]．原水水質と臭化物イオン除去能力との関係は明らかにされていないが，有望な技術の一つである．特に，親水性有機物 (酸) の除去が同時に望まれる場合には，優れた選択肢となりうる．

このようにイオン交換樹脂は，優れた臭化物イオン制御技術となりうるが，樹脂からの有機物の溶出など二次汚染の問題もある．また，一般にイオン交換樹脂は，選択性の観点から臭化物イオンの除去に適しているわけではない．著者らは，この問題を回避するために種々の無機イオン交換体の評価試験を行った．このうちある種のハイドロタルサイト様化合物 (陰イオン交換能を持つ粘土

鉱物の一種)が,比較的硫酸イオンの影響を受けることなく臭化物イオンを除去できることを明らかにした.ただし,一般にハイドロタルサイト様化合物はアルカリ度の影響を受けやすいため,高アルカリ度の原水に向かないという欠点もある[56].

これら以外にも,電極を用いて電気分解により臭化物イオンを臭素(Br_2)に酸化し揮発させる方法(電極法)や,銀を取り込んだエーロゲルに臭化物イオンやヨウ化物イオンを吸着させて除去する方法(エーロゲル法)が検討されている.電極法は臭化物イオン濃度が200 μg/L以下の低濃度領域にも適用可能と報告され[57],選択的に臭化物イオンを除去する有望な技術だが,電極近傍において非意図的な化学反応,すなわち別の副生成物が生成する可能性がある.また,エーロゲル法の場合,環境水を処理する場合には共存する陰イオン(DOCや塩化物イオン)との競合により,臭化物イオン吸着量が減少すると指摘されている[58].いずれの方法も実用化するためにはさらなる検討が待たれる.

6.4　生成した副生成物の除去技術

以上で述べた浄水処理過程から給配水過程にわたる消毒副生成物の生成抑制プロセスに対して,本節では処理過程で生成してしまった消毒副生成物の除去技術について概説する.一般に,生成した消毒副生成物(特に規制対象となっているもの)は,図-6.4で示した低分子かつ親水性の高い物質である場合が多く,前駆物質の除去と比較して制御技術の選択肢が限られる.しかしながら,原水水質や処理プロセスによっては,特定の消毒副生成物しか生成しない場合やそれ以外の微量汚染物質の制御の必要性から,これらの物質の除去プロセスを設けることが有効な場合もある.以下では,まず消毒副生成物の除去技術の種類を概観し,その後,現在研究段階のものも含めていくつかの事例を紹介する.

6.4.1　消毒副生成物除去技術の分類

表-6.8に消毒副生成物の除去のために検討されている技術をまとめる.上述のように,消毒副生成物には低分子かつ親水性の化合物が多いということに注意が必要であるが,これらの技術は,基本的には水道原水に含まれる微量汚染物質の除去技術と同様のものである.表-6.8から,各消毒副生成物に適した除去プロセスは大きく異なることがわかる.したがって,実際のプロセスの選定に際しては,除去が必

6.4 生成した副生成物の除去技術

表-6.8 各消毒副生成物除去方法の検討例

処理方法	対象消毒副生成物の例	実用化の程度	備考
粒状活性炭	トリハロメタン [17] 臭素酸イオン [61,62] ハロ酢酸 [17]	実用化 パイロット 実用化	
生物活性炭	トリハロメタン [17] 臭素酸イオン [62,63] AOC（アルデヒドなど）[64,65] ハロ酢酸 [17,59]	パイロット パイロット 実用化 実用化	効果は限定的
還元剤	臭素酸イオン [54] NDMA [*69] クロロホルム [71]	実験室レベル 実験室レベル 実験室レベル	還元剤として Fe^{2+} 還元剤として鉄とニッケル 還元剤として超音波による水素原子
電気化学的還元	トリハロメタン [72,73] ハロ酢酸 [74,75]	実験室レベル 実験室レベル	
紫外線	臭素酸イオン [54,76] 有機臭素化合物 [54] NDMA [*77]	パイロット 実験室レベル 実用化	
膜	トリハロメタン [78] ハロ酢酸 [79] 臭素酸イオン [67]	実験室レベル 実験室レベル 実験室レベル	RO/NF RO/NF RO/NF
曝気	トリハロメタン [80,81]	実用化	除去後の処理が必要

* NDMA：N-ニトロソジメチルアミン

要な消毒副生成物の組合せや，期待される副次的な効果を十分に考慮する必要がある．

6.4.2 消毒副生成物除去技術

(1) 活性炭処理

前塩素処理などの浄水処理操作により生成した消毒副生成物を除去するためには，活性炭による吸着除去が第一の選択となる．副生成物以外の共存物質との活性炭吸着に対する競合や活性炭種による吸着効率の差異，または各副生成物の物理化学的特性の違いから吸着特性に差異が生じるなど，実際の浄水処理条件に応じた特有な現象が起こりうるため，実際の処理条件を想定した実験を行うことにより接触時間や負荷水量，洗浄間隔などの運転パラメータを決定する必要がある．

以下では，通常処理（前塩素-凝集沈殿-急速ろ過）の後段に設置した粒状活性炭による消毒副生成物除去効果を調べた茨城県企業局の事例を紹介する [17]．霞ヶ浦を水源とする浄水場において，使用期間の異なる複数の粒状活性炭吸着池から処理水を

第6章 消毒副生成物の制御

採取し，処理水中のトリハロメタン，ハロ酢酸の濃度を測定した．活性炭使用期間と除去率との関係を図-6.14(a)に示す．この結果から，活性炭使用期間が長くなるにつれてトリハロメタンの除去率は低下するのに対し，ハロ酢酸の除去率はあまり変化しないことがわかる．この傾向は，Tungによる新しい粒状活性炭フィルターを用いたフィールド実験結果からも裏づけられている[59]．トリハロメタンは通水開始後の時間経過に伴って処理水中の濃度が増大し，やがて破過に至るのに対して，ハロ酢酸では通水開始1ヶ月以内に処理水中の濃度増大が確認されるものの，数日後には処理水中濃度は再度低下する．この理由として，活性炭表面にバイオフィルムが形成されて生物分解機能が付与されることにより，ハロ酢酸の吸着量が飽和に達した後も効率的な除去が続くと考えられている．ハロ酢酸を資化可能な微生物は *Xanthobacter autotrophicus* GJ10, *Moraxella* sp. strain Bをはじめ数多く報告されており[60]，特に好気条件で活発な分解活性を示す．これらの微生物の多くが2-ハロ酸デハロゲナーゼを生産し，加水分解的な脱ハロゲン反応によりハロ酢酸をヒドロキシ酢酸に変換した後に，最終的に無機化すると考えられている．さらに，Tungは活性炭に対するハロ酢酸6種の吸着等温線を作成し，ハロゲン置換数の多い物質ほど高い吸着容量を有すること，また臭素置換体と比較して塩素置換体の吸着容量は小さいと結論づけている[59]．

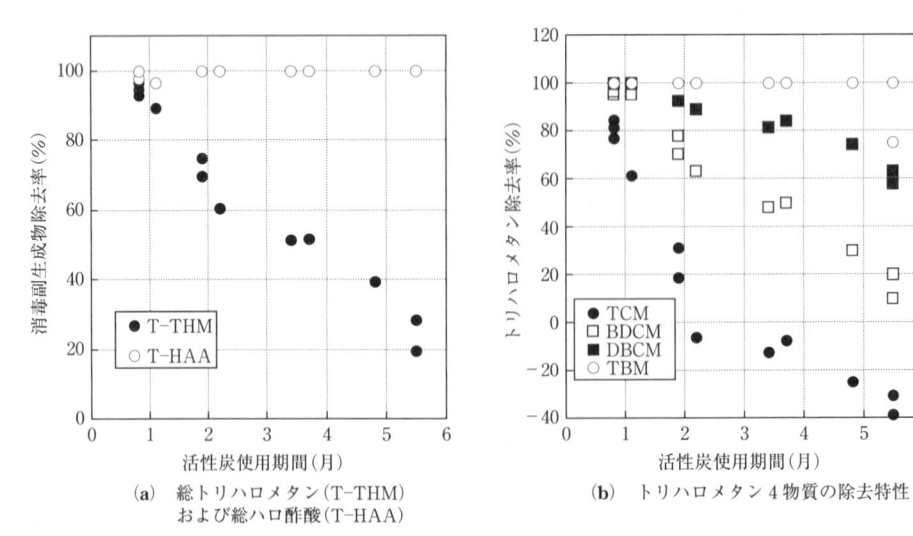

(a) 総トリハロメタン(T-THM)およびハロ酢酸(T-HAA)

(b) トリハロメタン4物質の除去特性

図-6.14 粒状活性炭による消毒副生成物の除去[17]（TCM：クロロホルム，BDCM：ブロモジクロロメタン，DBCM：ジブロモクロロメタン，TBM：ブロモホルム）

一方,トリハロメタン4種の除去特性を図-6.14(b)で比較すると,活性炭使用期間が長くなるにつれてまずクロロホルムの除去率が低下し,およそ2ヶ月経過後から処理水中のクロロホルム濃度が増大した(図中,除去率は負の値).続いてブロモジクロロメタン,さらに遅れてジブロモクロロメタンの除去率低下が起こった.流入水濃度では,ブロモジクロロメタン＞ジブロモクロロメタン＞クロロホルム＞ブロモホルムの順に高かった事実からも,トリハロメタンの場合にもやはり臭素置換体と比較して塩素置換体の吸着容量は小さいと推測される.

このように,粒状活性炭を用いた消毒副生成物の除去特性は化合物ごとに大きく異なり,特にクロロホルム除去を目的とした場合には頻繁な活性炭再生が必要となるため,コスト的に不利と考えられる.そのため,臭気物質や他の水質条件など総合的な視点から,導入を検討する必要があろう.

臭素酸イオンについても粒状活性炭および生物活性炭による検討が行われている.粒状活性炭による除去機構はイオン交換反応が主体であると考えられている[61].原水水質にも大きく依存するが,パイロットスケールの実験で数ヶ月間60％以上の除去率が達成できたとの報告がある[62].しかし,粒状活性炭から生物活性炭への変化に伴って処理効率が低下する[62]ため,生物学的な還元作用による臭素酸イオンの除去能を維持するためには溶存酸素(2 mg/L)制御などの方策が必要となり[63],他の吸着性有機物と比較して臭素酸イオン除去効果は限定的といえる.

なお,同化可能有機炭素(AOC)やAOCを構成するアルデヒドやケト酸も生物活性炭で除去が可能である[64].例えば,パイロットプラントによる1年間の実験の結果,AOCが41～85％除去されたとの報告がある[65].

(2) 還元剤による分解

消毒副生成物には酸化が進んだ化合物も多く,還元剤を用いた除去方法が検討されている.特に臭素酸イオンに関しては,前駆体の制御が困難であるため,比較的体系的な調査がなされている[54].AmyとSiddiquiによる検討では,様々な物理化学的プロセスを比較した結果,臭素酸イオンの分解には,鉄イオン(Fe^{2+})による還元が粒状活性炭やUVによる分解よりも優れているとしている.亜硫酸イオンでも還元は可能であるが[66],速度論的に実用化は難しいと考えられている[67].また,0価の鉄(zerovalent iron)による還元も,臭素酸イオンの除去には有効であるとの報告がある[68].さらに,N-ニトロソジメチルアミン(NDMA)も類似の方法により容易に還元される[69].

なお，一般に消毒副生成物はハロゲン化や酸化が進んだ化合物群であり，オゾンやヒドロキシルラジカルなどとの反応性は高くはない．ヒドロキシルラジカルによる酸化を意図したオゾン/過酸化水素処理などの促進酸化処理は，消毒副生成物の分解のみを目的に考えた場合には効率的な処理とはいえない[70]．ただし，促進酸化処理の一種と考えられている超音波処理のように反応系内に強い還元剤である水素原子が生成するような反応系では，消毒副生成物（例えば，クロロホルム）を効率よく分解できる可能性がある[71]．

(3) 電気化学的還元

還元剤の場合と同様に，電極による還元処理が有効である場合がある．トリハロメタンについては，低濃度であっても有効とされている[72, 73]．また，ハロ酢酸については，銅と金の電極などによる還元が可能であることが示されている[74, 75]．ただし，塩素を含む場合モノクロロ酢酸が副生成物として生成し，その還元が難しいため注意が必要である[75]．

(4) 紫外線処理

一部の消毒副生成物は，紫外線で分解することが知られている．特に臭素化合物に有効であることが多い．これは，C–Br 結合の方が吸光波長が大きく，水銀ランプからの紫外線を効率よく吸収するためと考えられる．ブロモホルムの 50％除去に必要な紫外線量はおよそ 200 mJ/cm^2 である[54]．臭素酸イオンも紫外線で分解可能であり[76]，低圧水銀ランプ（23～228 mJ/cm^2）で除去率 3～38％，中圧水銀ランプ（60～550 mJ/cm^2）で 7～46％程度の除去が期待できるとの報告がある[54]．なお，この場合の紫外線量は，通常の消毒処理で用いられるものよりも数倍から十倍大きく，通常の紫外線消毒と同時に期待できる消毒副生成物の除去率はそれほど高くない点に注意されたい．

また，紫外線処理は N-ニトロソジメチルアミン（NDMA）の分解にも有効である．実際，NDMA に汚染された地下水の処理は，オゾン処理やオゾン／過酸化水素処理は有効ではないため，紫外線処理が行われている[77]．

(5) 膜 処 理

ナノろ過（NF）膜あるいは逆浸透（RO）膜であれば，消毒副生成物自体の除去に有効である．トリハロメタンは NF 膜で 60％程度の除去率を達成できるとの報告があ

るが[78]，膜の種類や原水水質によっては，膜面との疎水性親和による過渡的な現象であり，時間経過とともに除去率が低下する場合も多い．一方，イオン性物質であるハロ酢酸や臭素酸イオンは，膜面との電気的相互作用により，NF膜により高効率で除去されると考えられる[79]．臭素酸イオンはNF膜により75％程度の除去が期待できる[67]．

(6) 曝気処理

水と空気を十分に接触させ，水中の揮発性物質を揮散除去する方法である．一般にヘンリー定数0.05以上を示す揮発性物質に対して有効とされており[80]，一部のトリハロメタン（クロロホルム，ジブロモクロロメタン）のような低沸点の化合物は比較的容易に気相に移行するため，曝気による除去が可能となる．設計方法についても詳細な検討がなされており[81]，既設の浄水池や配水池に空気を吹き込む空気吹込み方式，または充填塔上部から処理水を流下させて塔下部から空気を送って気液接触させる充填塔方式などがとられる．ただし，高い気液比（7～30）を必要とする[82]ことから適用は小規模施設に限られ，あまり現実的とはいえない．

また，除去したトリハロメタンを処理する後段の処理工程が必要となるので，コスト評価にあたってはこの点も考慮する必要がある．原水が地下水で低沸点有機化合物に汚染されている場合には有効な処理プロセスであると考えられる．

6.5 制御プロセスの実際

以上では，消毒副生成物前駆物質の低減，塩素注入点/注入量の変更による生成抑制，さらには生成した副生成物除去を目的とした浄水処理技術をとりあげ，DOM成分の除去特性と関連づけて副生成物低減の可能性を述べてきた．本節では，事業体で実際に検討が進められている，あるいは既に導入されている消毒副生成物制御プロセスに焦点を当て，トリハロメタン，ハロ酢酸といった有機ハロゲン化合物，無機副生成物である臭素酸イオンの除去性を比較しながら，処理技術を選択するうえでの留意点について述べる．前述の**表-6.4**に各処理技術による低減効果をまとめて示したので参照されたい．

(1) 粉末活性炭処理

奈良県桜井浄水場において粉末活性炭注入により副生成物前駆物質の除去に取り

組んだ実プラント例[46]を見てみる．この浄水場では，浄水池出口におけるクロロホルム管理目標値を 0.010 mg/L に設定し，6 〜 10 月の期間で粉末活性炭注入を行っている．活性炭注入後の接触時間は約 3 時間である．

図-6.15 に，活性炭注入時のクロロホルム生成能および紫外吸収除去率を示す．活性炭注入率が増加した際には，これらの除去率も向上し，活性炭最大注入率 40 mg-Dry/L の場合には 50 ％を超える高いクロロホルム生成能除去率が得られた．

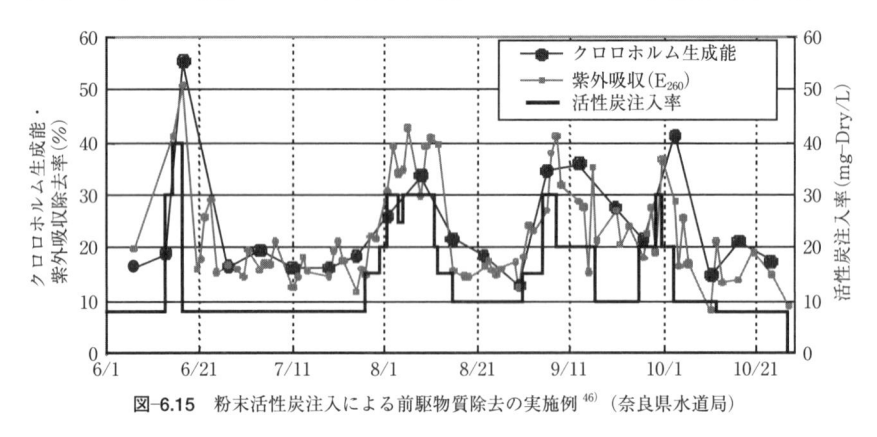

図-6.15 粉末活性炭注入による前駆物質除去の実施例[46]（奈良県水道局）

（2） 粒状活性炭処理

茨城県企業局で実施されたプラント運転例を紹介する[17]．ここでは，異臭味の改善に加えて消毒副生成物の低減化を目的として，通常処理〔前塩素-凝集沈殿-急速ろ過〕の後に粒状活性炭処理を行っている．本調査では，使用期間の異なる粒状活性炭を用いて，副生成物生成量を比較した．対象とした消毒副生成物は，総トリハロメタンおよびハロ酢酸9種（クロロ酢酸，ジクロロ酢酸，トリクロロ酢酸，ブロモクロロ酢酸，ブロモジクロロ酢酸，ジブロモクロロ酢酸，ブロモ酢酸，ジブロモ酢酸，トリブロモ酢酸の計 9 種）である．

図-6.16(a) に各副生成物生成能の除去率を示す．使用期間の長い活性炭ほど粒状活性炭処理水中のトリハロメタン生成能が高くなり，最も使用期間の長い 5.5 ヶ月経過後の活性炭の場合には，除去率が 20 ％まで低下していた．一方，ハロ酢酸生成能では顕著な除去率悪化が見られず，5.5 ヶ月後においても 80 ％程度の低減効果を保持していることがわかる．この結果から，ハロ酢酸の前駆物質はトリハロメタンの前駆物質と比較して，粒状活性炭による吸着除去性に優れていることがわかる．さらに，流出水中のトリハロメタン生成能を活性炭再生時期の指標とすることで，ハ

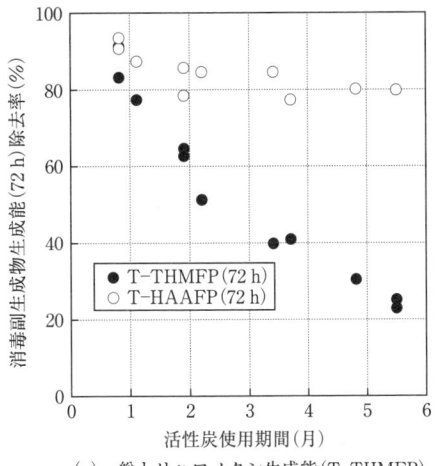

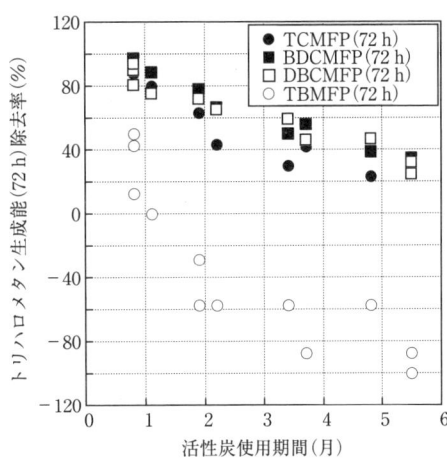

図-6.16 粒状活性炭による消毒副生成物前駆物質の除去 [17]（茨城県企業局）(TCMFP：クロロホルム生成能，BDCMFP：ブロモジクロロメタン生成能，DBCMFP：ジブロモクロロメタン生成能，TBMFP：ブロモホルム生成能)

(a) 総トリハロメタン生成能（T-THMFP）および総ハロ酢酸生成能（T-HAAFP）
(b) トリハロメタン4物質の前駆物質除去特性

ロ酢酸にも対応可能であると考えられる．

極端に前駆物質除去率が低下したトリハロメタンについて，図-6.16(b)で物質ごとの前駆物質除去効果を比較した．その結果，クロロホルム，ブロモジクロロメタン，ジブロモクロロメタンの3物質について前駆物質除去率低下は同じ傾向を示した．これに対して，ブロモホルムについては通水後約1ヶ月という短期間で前駆物質除去効果が失われ，通水時間に伴って逆に処理水中のブロモホルム生成能が増大する（除去率が負の値）という結果である．ただし，流入水中のブロモホルム生成能濃度は他の3物質と比較すると1/5以下とかなり低濃度であるため，増大後の濃度も他の3物質に比べれば低濃度である．このように，粒状活性炭による前駆物質の吸着除去特性は物質ごとに大きく異なる．

(3) オゾン-生物活性炭処理

オゾン処理と生物活性炭処理を併用した高度浄水処理は，国内で都市部を中心として35施設稼働 [83] している．オゾンによる前駆物質の酸化分解に加えて，粒状活性炭プロセス以前における塩素注入を回避することで，生物活性炭による吸着除去および生分解作用も期待されるため，従来処理と比較して消毒副生成物の顕著な低減効果が確認されている．以下では，実際に稼働している高度浄水処理施設の運転

事例を紹介する．

最初に，高度浄水処理施設〔生物－凝集沈殿－砂ろ過－オゾン－BAC（生物活性炭）－後塩素〕による処理状況として，沖縄県企業局の事例を示す[17]．各処理過程におけるハロ酢酸5種生成能を図-6.17に示した．ハロ酢酸5種生成能は，砂ろ過までの処理により約60％が除去されており，高度浄水処理後には約85％が除去されていた．物質ごとの除去率を比較すると，ジクロロ酢酸生成能およびトリクロロ酢酸生成能が80％以上の高い低減効果を示したのに対して，ブロモ酢酸やジブロモ酢酸といった臭素化ハロ酢酸生成能に関しては生成割合は低いものの50％以下の低減効果にとどまった．

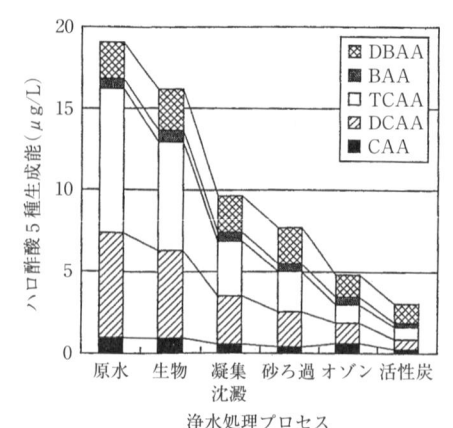

図-6.17 高度浄水処理によるハロ酢酸生成能の除去例[17]（沖縄県企業局）（DBAA：ジブロモ酢酸，BAA：ブロモ酢酸，TCAA：トリクロロ酢酸，DCAA：ジクロロ酢酸，CAA：クロロ酢酸）

次に，プロセス構成の異なる高度浄水処理施設〔凝集－沈殿－オゾン処理－生物活性炭－塩素－再凝集－砂ろ過－後塩素〕における前駆物質の低減事例として，阪神水道企業団の事例を示す[11, 17]．比較の対象とした従来処理は，〔前塩素－凝集－沈殿－砂ろ過－後塩素〕から構成されている．表-6.9に従来処理水あるいは高度浄水処理水に塩素を加えることにより生成した副生成物濃度を比較した．また，図-6.18に高度浄水処理過程における副生成物生成能の挙動を示した．この結果から，凝集沈殿処理のみでは40～60％程度の生成能低減効果にとどまるが，オゾン・生物活性炭による高度処理を付加することにより，原水と比較して80％近くまで生成能を低減可能であった．高度浄水処理による副生成物生成能の抑制効果は大きく，水質基準値や目標値と比較しても十分低い濃度まで低減されている．ただし，ジブロモクロロメタンあるいはジブロモ酢酸生成能に関しては高度浄水処理による濃度上昇が見られた．

これら2事例に共通して見られるように，有機臭素化合物の生成能については，塩素化合物と比較すると低減効果が低く，場合によっては増大が起こる点に注意が必要である．また，粒状活性炭の項でも記したように，通水時間に伴って除去能が変化する点に留意する必要がある．

一方，臭素酸イオンの生成抑制を検討した事例として，大阪府村野浄水場の実プロセスを紹介する[44]．村野浄水場における浄水処理フローは，後オゾン処理方式〔原

6.5 制御プロセスの実際

表-6.9 高度浄水処理による副生成物および副生成物生成能の低減例[11]（阪神水道企業団）

物質名	副生成物濃度(μg/L)[*1]		抑制率(%)	副生成物生成能(168 h 後)(μg/L)		抑制率(%)
	従来処理	高度浄水処理		従来処理	高度浄水処理	
クロロホルム	7.6	1.3	82.9	26.3	12.0	54.4
ブロモジクロロメタン	7.0	1.3	81.4	12.8	9.6	25.0
ジブロモクロロメタン	3.6	N.D.	100[*2]	5.8	8.2	−41.4
ブロモホルム	N.D.	N.D.	−	N.D.	1.7	−
総トリハロメタン	18.2	2.6	85.7	44.9	31.5	29.8
抱水クロラール	3.5	N.D.	100[*2]	18.7	8.5	54.5
ジクロロアセトニトリル	1.9	N.D.	100[*2]	2.8	1.6	42.9
クロロ酢酸	1.2	N.D.	100[*2]	4.1	2.7	34.1
ジクロロ酢酸	7.5	1.0	86.7	26.1	10.4	60.2
トリクロロ酢酸	6.5	N.D.	100[*2]	17.6	3.5	80.1
ブロモ酢酸	N.D.	N.D.	−	1.4	1.3	7.1
ジブロモ酢酸	N.D.	N.D.	−	1.8	2.9	−61.1
ハロ酢酸5種	15.3	1.0	93.5	51.0	20.8	59.2

注) N.D.：検出限界以下
[*1] 副生成物濃度は,各処理水に遊離塩素注入率 1.0 mg/L で消毒処理を行った時の値.
[*2] ここでは,高度浄水処理により検出限界以下となった消毒副生成物の抑制率を 100％ とした.

水-凝集沈殿-砂ろ過-オゾン-生物活性炭-後塩素注入〕である．この施設では粒状活性炭入口で溶存オゾンが 0.1 mg/L 以上検出されることを目標とした溶存オゾン濃度制御を行ってきたが，水温が 25 ℃ を超える場合に臭素酸イオンが増加し 0.01 mg/L を超過するおそれがあったため，臭素酸イオンが基準項目となったのを機に，オゾン注入率制御方式への切替えを検討した．

オゾン注入率を 1.0 mg/L の定注入率制御として運転を行うとともに，臭素酸イオンの制御目標値を水質基準の

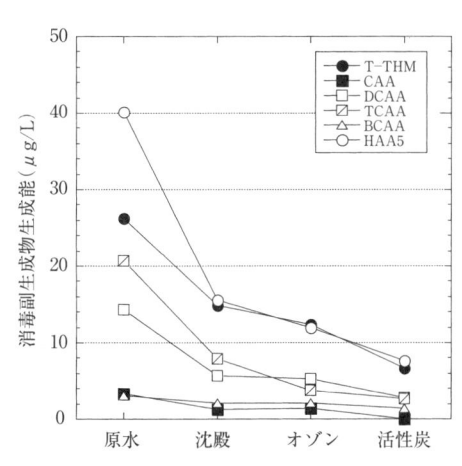

図-6.18 高度浄水処理過程における消毒副生成物生成能の挙動[17]（阪神水道企業団）（T-THM：総トリハロメタン，CAA：クロロ酢酸，DCAA：ジクロロ酢酸，TCAA：トリクロロ酢酸，BCAA：ブロモクロロ酢酸，HAA5：ハロ酢酸5種）

第6章　消毒副生成物の制御

70％(0.007 mg/L)に設定した．オゾン注入率制御方法の変更前後の臭素酸イオン濃度の推移を図-**6.19**に示す．定注入率制御に変更後は，高水温期においても 0.002～0.005 mg/L で推移し，臭素酸イオン生成が抑制されることがわかる．

一方，原水水質悪化時には有機物やマンガンを確実に処理するためにオゾン注入率を上げる必要があるが，原水濁度などを判断基準としているため有機物の変化パターンを確実に捉えてオゾン注入率を変化させることは困難であり，臭素酸イオン生成量が増加する可能性がある．図-**6.20**に臭素酸イオンを 0.007 mg/L 以下に抑制するための最大オゾン注入率を示す．この図からも水質基準値の 70％以下に臭素酸

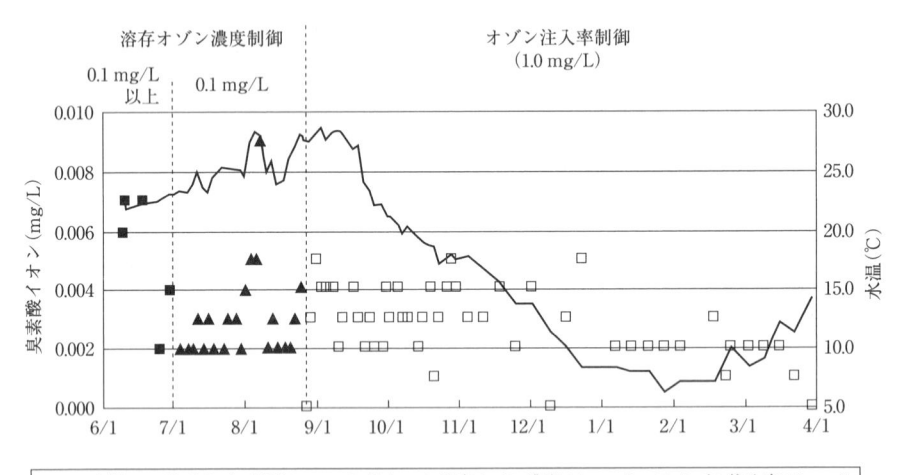

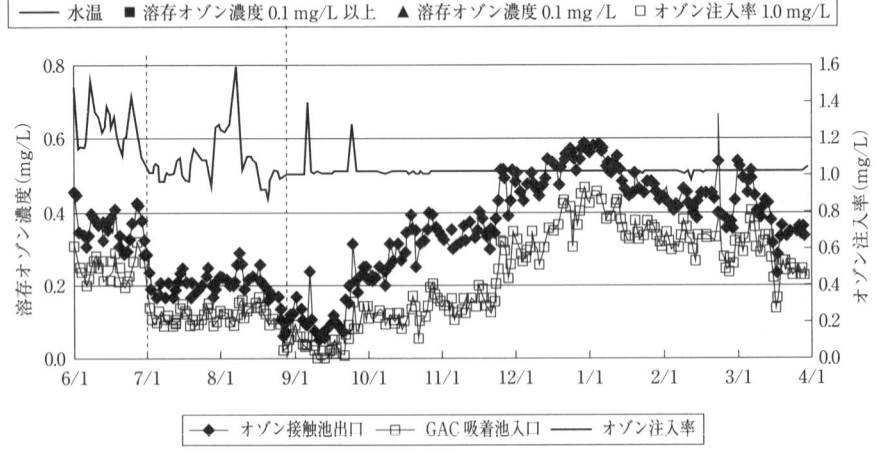

図-6.19　オゾン注入率制御による臭素酸イオンの生成抑制例[44]（大阪府村野浄水場）

イオンを制御するためには，オゾン注入率を 1.0 mg/L 以下とする必要があることがわかった．

次に，さらなる臭素酸イオンの低減化を目的として，オゾン注入率を 0.6 および 0.8 mg/L まで低下させて 2 段オゾン接触槽におけるトリハロメタン生成能，過マンガン酸カリウム消費

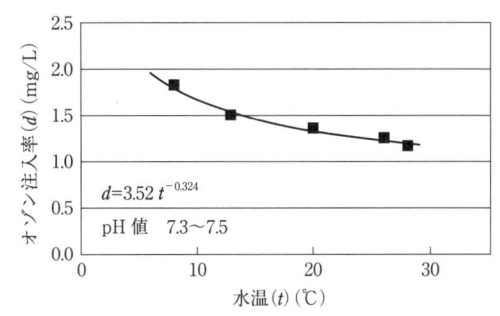

図-6.20 臭素酸イオン 0.007 mg/L 以下に制御するためのオゾン最大注入率[44]

$d = 3.52\, t^{-0.324}$
pH 値 7.3〜7.5

量および臭素酸イオン濃度の変化を調べた結果が図-6.21 である．過マンガン酸カリウム消費量がオゾン接触槽 2 段目まで分解が進むのに対して，トリハロメタン生成能についてはオゾン接触槽 1 段目で大きく減少し，その後はほとんど変化が見ら

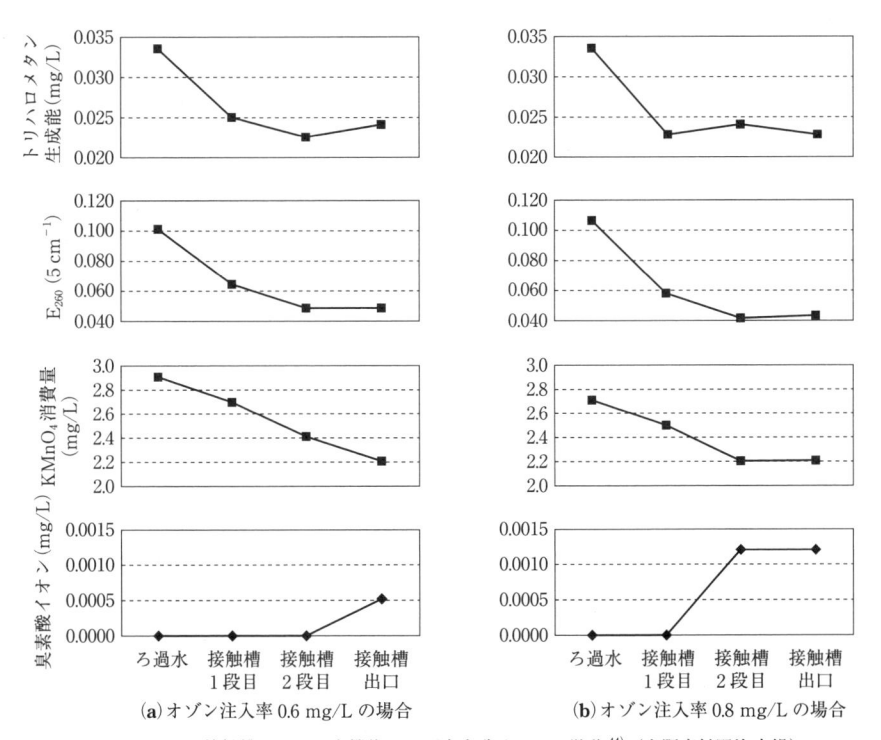

(a) オゾン注入率 0.6 mg/L の場合

(b) オゾン注入率 0.8 mg/L の場合

図-6.21 オゾン接触槽における有機物および臭素酸イオンの挙動[44]（大阪府村野浄水場）

れない．この結果は，トリハロメタン前駆物質はオゾン接触後に速やかに一定量が分解されることを示している．一方，臭素酸イオンについてはオゾン接触槽2段目以降で生成しており，オゾンと有機物の反応がある程度終了した時点で生成し始めることがわかる．この結果から，オゾン注入率を 0.6 mg/L まで低下させても有機物の処理性に悪影響を与えることなく，臭素酸イオン生成をさらに抑制できる可能性を示している．ただしこの場合，高濃度のカビ臭物質が水源に発生した場合に十分な除去が期待できるかという点に課題を残している．

(4) 膜ろ過処理

6.3.1(5)では，浄水処理で使用される膜の分離特性に基づいて，前駆物質としての DOM 除去特性を示した．この中で精密ろ過(MF)法ならびに限外ろ過(UF)法は DOM 除去機能よりはむしろ固液分離能に優れていることを述べた．実際の処理プロセスにおいては，消毒副生成物の制御の観点からは膜分離プロセスの導入により固液分離能を強化し，さらに他の処理プロセスを組み合わせる処理方式(ハイブリッド膜ろ過方式)が第一の選択となりうる．同様に 6.3.1 で述べたオゾン処理，粒状活性炭処理などの単位プロセスの副生成物生成抑制効果に基づくと，処理フローとして表-6.10 に示したような複数の組合せが考えられる[84]．それぞれの組合せにより処理能の強化ポイントが異なるため，消毒副生成物前駆物質のみならず農薬や臭気物質，アンモニア態窒素などの他の水質項目の状況を踏まえて選定を行う必要がある．また各方式とも，必要に応じて凝集沈殿処理を追加することにより高濁度原水への対応も可能となる．

表-6.10 の例では，複数の処理フローで生物処理が採用されている．生物処理は，好気性微生物の作用により生物分解性の有機物の除去が期待されるのみならず，アンモニア態窒素および臭気物質の

表-6.10 精密ろ過/限

	処理フロー	農薬	臭気
1	PAC–(Coag)–MF/UF	○	○
2	O$_3$–PAC–MF/UF	○	○
3	Bio–MF/UF	×	○
4	(Coag)–MF/UF–GAC	○	○
5	(Coag)–MF/UF–O$_3$–GAC	◎	◎
6	Bio–MF/UF–GAC	○	○
7	Bio–(Coag)–MF/UF–O$_3$–GAC	◎	◎
8	(Coag)–GAC–MF/UF	○	–
9	O$_3$–GAC–MF/UF	○	–
10	Bio–GAC–MF/UF	○	–
11	Bio–O$_3$–GAC–MF/UF	○	–

PAC：粉末活性炭　　Coag：凝集　　O$_3$：オゾン
本表は，適用可能な原水の種類を示したもの．
◎：かなり高濃度の原水も処理可能　　○：高濃
–：考慮の対象外

6.5 制御プロセスの実際

除去,あるいは鉄やマンガンの酸化除去効果も期待できる.このように多くの利点がある生物処理であるが,処理効率の安定性に課題が残る,微生物の漏出が不可避であることなどにより普及が進んでいない.しかし,**表-6.10**に示したように,生物処理の後段に精密ろ過/限外ろ過による固液分離プロセスを設置することで,微生物の漏出防止が可能となり,生物処理プロセスの有用性を活かした浄水処理フロー設計が可能となる.

こうしたハイブリッド方式に対して,DOM除去特性に優れたナノろ過(NF)処理法の実用化も進められている.以下では,埼玉県企業局庄和浄水場内で実施されたミニプラント運転結果を紹介する[85].実験装置の処理フローを**図-6.22(a)** に示す.原水として同浄水場の凝集沈殿水を使用し,系列1では固液分離プロセスとして砂ろ過を行った後にNF膜処理を行うのに対して,系列2では固液分離を限外ろ過(UF)膜処理により行っている.各プロセス処理水の総トリハロメタンおよびトリハロメタン生成能を比較した結果を(b)に示す.この結果から,トリハロメタン生成能は砂ろ過,UF膜処理といった固液分離プロセスでは除去されないものの,NF膜処

外ろ過と他のプロセスを組み合わせた処理フローならびに処理特性[84]

有機物		無機物	備考
消毒副生成物前駆物質	色度	アンモニア態窒素	
△	△	×	消毒副生成物前駆物質,色度の除去には多量のPACが必要
△	○	×	消毒副生成物前駆物質の除去には多量のPACが必要
×	×	○	
○	○	×	粒状活性炭の使用日数により,除去性能は異なる
◎	◎	×	
○	○	○	粒状活性炭の使用日数により,除去性能は異なる
◎	◎	○	
△	△	×	低濁度の地下水が対象.そのため,臭気物質は考慮していない
○	○	×	低濁度の地下水が対象.そのため,臭気物質は考慮していない
○	○	○	低濁度の地下水が対象.そのため,臭気物質は考慮していない
○	○	○	低濁度の地下水が対象.そのため,臭気物質は考慮していない

MF:精密ろ過　　UF:限外ろ過　　Bio:生物処理　　GAC:粒状活性炭

◎:高濃度原水も処理可能　　△:あまり高濃度でない原水に適する　　×:低濃度原水に適する

第 6 章 消毒副生成物の制御

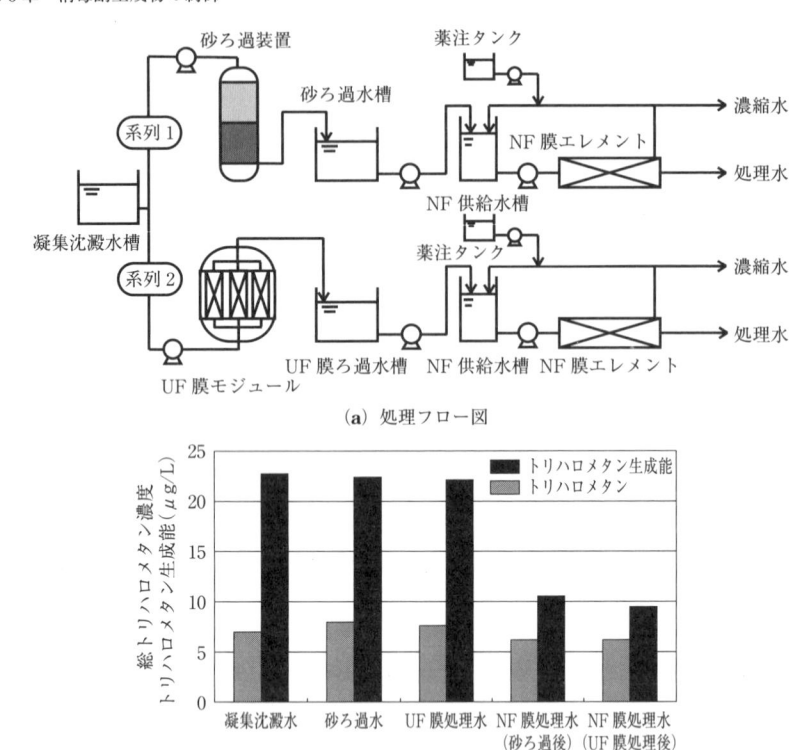

図-6.22 NF 膜処理による副生成物前駆物質除去例[85]
（埼玉県企業局内の実験プラント）

(a) 処理フロー図

(b) 前駆物質の除去効果

理により良好に除去されることがわかった．

同様に，伊藤ら[86]は，江戸川から取水した原水を UF 膜で前処理した後に NF 膜処理を行う実験プラント運転により，NF 膜の使用によりトリハロメタン生成能のみならず他の副生成物生成能についても高い除去効果が得られ，処理水のトリハロメタン生成能は $10\,\mu$g/L 以下に制御できることを示した．その一方で，臭化物イオンの除去率が有機物のそれに対して低いことから，原水と比較して処理水中の Br^-/E_{260} 比が増大する点をあげ，その結果としてトリハロメタン生成能の構成が臭素置換体へと変化すると指摘している．この結果では，クロロホルム生成能が完全に除去されるのに対して，ジブロモクロロメタン生成能およびブロモホルム生成能が 80 ％以上を占めており（**図-6.23** 参照），臭素置換数の多いトリハロメタンが優先的に生成する状況へと変化していることがわかる．

このように，NF膜処理は消毒副生成物前駆物質の除去に高い効力を発揮する反面，図-6.22(b)からもわかるように既に生成して水中に残存している低分子消毒副生成物についてはほとんど除去できないことから，塩素注入点に注意を払う必要もあると考えられる．

(5) 生物処理

北九州市本城浄水場における実プラント運転例を紹介する[87]．この施設では，浄水処理フローの一段階目に上向流流動床式生物接触ろ過塔を設置している．ろ材は石炭系粒状活性炭を使用し，ろ過速度は360 m/dである．1年以上にわたって運転を行い，原水および生物接触ろ過処理水の水質（平均値）を比較したところ，表-6.11に示すようにアンモニア態窒素に関しては90％以上の高い除去率を達成した．同時に硝酸態窒素は増加していることから，ろ

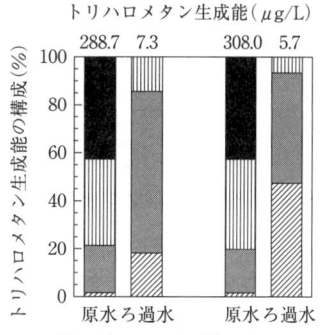

図-6.23 NF膜処理前後におけるトリハロメタン生成能構成の変化[86]（IWA Publishingの許諾に基づき転載）

表-6.11 生物接触ろ過による前駆物質除去例[87]（北九州市本城浄水場）

水質項目		単位	原水	処理水	除去率(%)
アンモニア態窒素		mg/L	0.046	0.008	90.5
硝酸態窒素		mg/L	0.696	0.812	−22.2
溶存マンガン		mg/L	0.013	0.001	91.4
臭気強度		−	4.7	2.0	59.7
濁度		度	5.2	3.9	19.6
$KMnO_4$消費量		mg/L	7.2	5.4	23.0
紫外吸収度		−	0.043	0.031	22.2
トリハロメタン生成能		mg/L	0.040	0.030	19.9
陰イオン界面活性剤		mg/L	0.035	0.016	49.4
2−メチルイソボルネオール	高濃度期	ng/L	50	14	72.0
	低濃度期	ng/L	<50	<10	100
pH		−	7.98	7.76	−

注) 処理期間中（平成12年8月～平成14年3月）の平均値を示した．

材表面に付着した生物の酸化作用によりアンモニア態窒素→硝酸態窒素への変換が行われていることがわかる．一方，トリハロメタン生成能に関しては約 20 ％の除去率であり，原水中 DOM のごく一部が除去されたにすぎず，オゾン処理など他の処理プロセスとの併用が望ましいだろう．

6.6 消毒の展望

本章ではこれまで，消毒副生成物を低減するための対策，特に浄水処理プロセスにおける技術を中心に述べた．本節では，消毒副生成物を生成させる消毒技術を再度とりあげ，本書で述べてきたことを含めその新しい展開方向や，特に塩素消毒の今後のあり方について論じる．

6.6.1 消毒技術の新展開

本書で述べてきたように，塩素消毒によるトリハロメタン生成に端を発した消毒副生成物問題は，依然として大きな問題である．また，次項で詳しく述べるように，残留塩素が存在することが水道水に対する市民の満足度を低下させていることも事実である．

一方，各国はじめわが国でもクリプトスポリジウムなどの病原性原虫による汚染事故が散発している他，必ずしも水系感染しない微生物であっても，人獣共通感染症，新興・再興病原微生物[88]による被害が顕在化している．

以上のように，感染症に対する安全性を最終的に保証する消毒について，塩素を入れておきさえすればよい，というのではなく，また，トリハロメタン問題を回避するために代替消毒剤を導入しておけばよいという単純なものでもない．消毒技術として，その技術革新と高効率化，および実用化を図ることが大きなニーズなのである．この課題に対し，わが国で組織された高効率浄水処理開発研究（ACT21）[89]では以下のような包括的な調査研究が行われた．

① 病原性微生物の制御システムの確立，
② 個別消毒技術の確立，
③ 給配水系を視野に入れた消毒システムの確立，
④ 新興・再興病原微生物への対応，
⑤ 消毒システムとしての浄水における酸化処理の位置づけ．

これらの集大成として『代替消毒剤の実用化に関するマニュアル』[90]がとりまとめ

6.6 消毒の展望

られている．2章において，消毒剤の特性比較(**表-2.4**)，不活化力の比較(**表-2.5**)，2 log(99％)不活化するのに必要な CT 値の比較(**表-2.6**)を示した．

ここでは，消毒副生成物の生成抑制に焦点をあてて見ていく．代替消毒剤によっていかに副生成物が低減できるのか．**表-6.12** は，各消毒剤によって生成する主な副生成物の種類をまとめたもので，**表-6.13** は，塩素消毒と比較した場合の消毒副生成物の増減方向を定性的に示したものである．ただ，増減の程度には大きな差があるので注意していただきたい．

具体例を見てみる．代替消毒剤によって，トリハロメタンなどの有機ハロゲン化合物をいかに低減できるか調べた典型的な結果を**図-6.24**に示す[91]．スワニー川から抽出したフルボ酸溶液(TOC 濃度 3 mg/L に調製)に対して各消毒剤を添加して処

表-6.12 各種消毒剤によって生成する消毒副生成物の種類

消毒剤	主な消毒副生成物の種類
塩素	トリハロメタン, ハロ酢酸, ハロアセトニトリル, ハロケトン, アルデヒド, クロロピクリン, 抱水クロラール, 塩化シアン, MX など
クロラミン	塩素と同様であるが, ごく微量. ただし, 塩化シアンは塩素より多い. NDMA
二酸化塩素	亜塩素酸イオン, 塩素酸イオン, アルデヒド, ケトン
オゾン	臭素酸イオン, アルデヒド, ケトン, カルボン酸, グリオキサール

表-6.13 代替消毒剤が副生成物生成量に与える影響

	二酸化塩素	クロラミン	オゾン
トリハロメタン	↘(減少)	↘(減少)	↘(減少)
ハロ酢酸	↘(減少)	↘(減少)	↘(減少)
ハロアセトニトリル	↘(減少)	↘(減少)	↘(減少)
ハロケトン	↘(減少)	↘(減少)	↘(減少)
アルデヒド	↗(増加)	↘(減少)	↗(増加)
クロロピクリン	↘(減少)	↘(減少)	↗(増加)
抱水クロラール	↘(減少)	↘(減少)	↘(減少)
MX	↘(減少)	↘(減少)	↘(減少)
臭素酸イオン	→(変化なし)	→(変化なし)	↗(増加)
塩素酸イオン, 亜塩素酸イオン	↗(増加)	↘(減少)	↘(減少)
NDMA	↘(減少)	↗(増加)	↘(減少)
塩化シアン	↘(減少)	↗(増加)	↘(減少)

第6章 消毒副生成物の制御

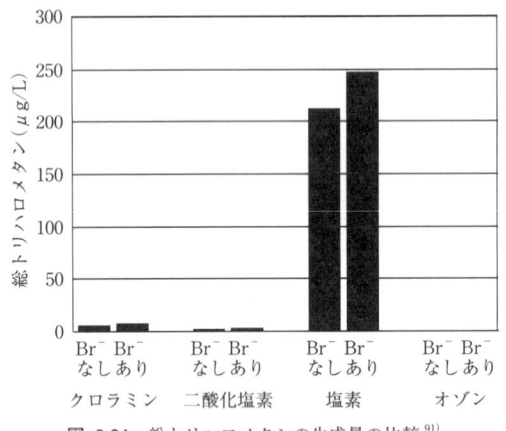

図-6.24 総トリハロメタンの生成量の比較[91]
(American Chemical Socityの許諾に基づき転載)

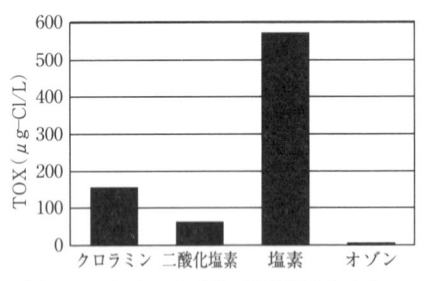

図-6.25 TOXの生成量の比較(臭化物イオン共存下)[91] (American Chemical Socityの許諾に基づき転載)

理を行い,それぞれの生成量を測定したものである.また,臭化物イオンを共存させた条件下(Br^-濃度 0.1 mg/L)でも測定を行っている.クロラミンと二酸化塩素によるトリハロメタン生成量は,塩素の場合の1～3%程度となっており,顕著に低減できることがわかる.またオゾン処理ではトリハロメタン生成はほとんどない.一方,図-6.25は全有機ハロゲン(TOX)の生成量を比較したものであるが,クロラミンと二酸化塩素による生成量(臭化物イオンが共存する場合)は,塩素の場合のそれぞれ27%,11%となっている.このように,トリハロメタンなどの有機ハロゲン化合物を顕著に低減できることが代替消毒剤への変更が検討される主たる理由である.

各消毒剤の概要は2章に記した.ここでは,主な代替消毒剤に関して,**表-2.4,2.5,2.6**および**表-6.12,6.13**を参照しつつ,副生成物の生成特性とその利用可能性を中心に述べる.

(1) 二酸化塩素

これまでに,消毒効果や消毒副生成物の確認をはじめ,生成技術や維持管理技術などが確立されている.わが国では現在のところ,最終消毒剤としての使用は認められていないが,塩素に代わる最終消毒剤として十分に実用化の域に達した消毒剤であるといえる.微生物に対する不活化力は塩素と比較してやや強いと評価されることが多い.

二酸化塩素処理によって,トリハロメタンをはじめとする有機ハロゲン化合物の

生成量を顕著に低減させることができる．図-6.24，6.25 の他，5.3.2 で示した著者らの実験結果では，塩素処理の場合と比較して，クロロホルムの生成量は1％程度，TOX の生成量は5〜7％程度であった．一方，アルデヒドは塩素の場合よりもやや増加する場合がある．

また，二酸化塩素処理では，無機の副生成物である塩素酸イオンと亜塩素酸イオンが生成する．4章で述べたように，現行の水質基準体系では，塩素酸イオンが基準項目，亜塩素酸イオンが水質管理目標設定項目にリストアップされ，その基準値および目標値がいずれも 0.6 mg/L となっており，使用時には注意する必要がある[92, 93]．すなわち，原水水質に依存して注入可能な量に上限が存在する．さらに 5.3.2 では，塩素処理水と比較して二酸化塩素処理水の変異原性が格段に低いとはいえ，消毒副生成物の問題を回避するために二酸化塩素の適用を考えるのは早計であると指摘した[94]．以上より，二酸化塩素の優位性は限定的であると考えておく必要がある．

(2) クロラミン
微生物に対する不活化力は塩素と比べてはるかに弱いが，残留効果がある．

二酸化塩素と同様に，クロラミン処理によって，トリハロメタンをはじめとする有機ハロゲン化合物の生成量を顕著に低減させることができる．また，毒性全体をみても，5.2.1 で示したように，処理水の変異原性も低く抑えることができる．一方，塩素処理の場合よりも生成量が増大するものに塩化シアンがある．また最近，クロラミンによって発がん性を有する化合物として知られる N-ニトロソジメチルアミン（NDMA）が生成することが報告[95]されている．海外では目標値などが設定されている例（表-4.4 参照）もあり，その水道水中濃度と毒性評価の動向に注意する必要がある．

一方，処理条件によってはクロラミンに起因した臭気（カルキ臭）を生成することがあるので注意を要する．6.6.2 に示すように，カルキ臭は現在の水道にとって残された大きな問題である．このため，クロラミンの利用にあたっては，クロラミン生成条件とその制御に十分注意する必要がある．

クロラミンは，塩素より消毒効果が劣ることから単独での使用は限定的にならざるを得ない．しかし，他の消毒剤によって微生物に対する不活化処理が十分なされている場合，または前段の浄水工程で膜ろ過処理などによって微生物除去が十分である場合といった，微生物に対するリスクが非常に小さい水に対して使用する価値がある．またクロラミン消毒は，水源が良好な場合もしくは高度浄水処理によって

DOMなどが除去され，消毒対象となる水が良好な場合にも適する．

最終消毒剤として用いた場合，塩素よりも残留性に優れており，配管系での生物膜の形成抑止効果が高いという効果が期待できる．総じて，給配水系で消毒剤が残留している状態を保持することを主目的とした場合に使用価値が高い消毒剤である．

(3) オゾン

残留効果はないが，耐塩素性微生物に対する不活化効果が高いこと，様々な物質に対する酸化・分解に利用できその効果がほぼ確実に得られること，維持管理方法も確立されていることなどから，今後ともさらに利用されていくと考えられる．

オゾンによる副生成物としてはカルボニル化合物(ケトン，アルデヒドなど)が代表的であること，および，原水に臭化物イオンが含まれる場合には発がん性を有する臭素酸イオンが生成することは既に述べた．臭素酸イオンについては，2004年に施行された水道水質基準で新たに基準項目となり，基準値 $10\,\mu g/L$ が設定された．しかしながら，現存する利用可能な臭素酸イオンの低減化技術とは，オゾン注入抑制，オゾン処理時のpH制御，溶存オゾン濃度の管理など，いずれも限定的なものであり，さらに，一旦生成すると，臭素酸イオンを除去することは困難である．

WHOでは，生涯発がんリスク増分 10^{-5} に相当する臭素酸イオン濃度を $2\,\mu g/L$ と評価し，分析技術と処理技術とを勘案してガイドライン値 $10\,\mu g/L$ を提示した．わが国では，同じ動物実験データを用い，リスク増分 10^{-5} に相当する濃度を $9\,\mu g/L$ と評価し，これを丸めて基準値 $10\,\mu g/L$ を設定している．この問題については4.2.2，4.3.2，4.4.2で詳述したとおりである．すなわち，今後の毒性の再評価や周辺技術の確立状況によっては，臭素酸イオンの基準値が厳しくなることも予想され，対応を十分に検討しておく必要がある．著者は，オゾン処理を新たに導入することを検討する水道事業体としては，臭素酸イオンについて，「年間を通じて平均的に $2\,\mu g/L$ 程度を制御目標レベルとするのが妥当」との見解を提示している[96] (4.5参照)．

しかし，5.3.3で述べたように，あらかじめオゾン処理を行うことは，たとえ臭素酸イオンが生成していても，最終的にできる塩素処理水の有害性を低減できている可能性が高い．すなわち，臭素酸イオンの生成量を制御できるならば，オゾン処理の導入や使用をためらう必要はなく，オゾンの特性を活かした使用がされればよいと考える．

さらに，促進酸化処理についても，本来のオゾン処理の目的と臭素酸イオンの生成抑制という2つを同時に達成するという観点から，実用化に向けた検討が進むこ

6.6 消毒の展望

とが望まれる．

（4）紫外線

1.2.1 や 3.4.5 で述べたように，紫外線は，消毒効果とともに本来有機物に対する酸化効果も持っており，紫外線照射によって形態が変化する水中有機物などがあり得るという認識はもっておく必要がある．しかし，その生成量はわずかであることも事実で，処理水の毒性についてもこれを明示する報告例があるわけではない．

2.3.5 で述べたとおり，クリプトスポリジウム等耐塩素性微生物対策として紫外線処理が位置づけられた．我々が持つ消毒剤としての選択肢が増えたことを意味するもので，今後，適用範囲が広まっていくことを期待したい．

さて本書では，代替消毒剤の使用を検討する際に，塩素を使用する場合よりもトリハロメタンやハロ酢酸の生成量をはるかに低減できるという理由では不十分であることを繰り返し述べてきた．総じて，個別の指標副生成物の意義と限界を認識しつつ，水道水の安全性を総括的に把握する必要があると指摘できる．現時点で考えられる適切な指標副生成物は表-5.10 に提示したとおりである．

しかし以上をもって，代替消毒剤の使用を控えるべきと主張しているのではない．本節でとりあげた消毒技術は，いずれも技術的に確立され十分に実用化に足ると評価されているので，これまでに述べた特徴を踏まえつつ，わが国でも導入される価値がある．表-6.14 は各国での導入状況をまとめたものである．わが国ではもっぱら塩素が使用されているが，諸外国では多様な消毒剤が活用されている様子がわかる．オランダのように，浄水の AOC（同化可能有機炭素）を低く維持して配水管内での細菌の増殖を抑制しつつ，残留塩素をなくすか塩素注入量を最小限としている例もある．なお，単一の消毒剤で消毒の要件や水質上の要件を満たせない場合も生じるが，その場合には，当然，複数の消毒剤の組合せが考えられている[90]．

本書では，各消毒剤によって生成する副生成物とその毒性について詳述してきたが，これを参考資料の一つとして，わが国でも塩素以外の消毒剤が普及していくことが望ましい．

6.6.2 顧客満足度からみた消毒の展望

本書では消毒処理によって生成する有害な副生成物について述べてきた．ここでは視点を変えて，塩素消毒された水道水と市民の満足度との関係について述べ，消

表-6.14 各国の水道における消毒方法[90]

	塩素	二酸化塩素	クロラミン	オゾン	紫外線
オーストラリア	+++	+	++		+
オーストリア	+++	+		+	+
ベルギー	+++	+		+	
ブラジル	+				
ブルガリア	+++				+
中国	+++			+	
チェコ	+++			+	
フィンランド	++	+	+	++	
フランス	+++	++		++	+
ドイツ	+++	+++		+	
ハンガリー	+++		+	+	
アイルランド	+++				
イタリア	+++	+++			
日本	+++				
マカオ	+++				
オランダ	+			+	+
ノルウェー	++		+		++
南アフリカ	+++		+	+	
スペイン	+++	+		++	
スウェーデン	+++	+	++		
スイス	+	++		++	++
イギリス	+++	+	+		+
アメリカ	+++	+	+	+	+

+++：主たる手法　　++：よく使用される手法　　+：場合によって使用される手法

毒の今後について展望してみる．

(1) 水道水質としての要件とカルキ臭の扱い

上水道や下水道などの分野においても，今後は顧客の満足度を重視し，市民のニーズに応えていく必要がある．

今や，健康に関連した水質基準項目の数値を満たすだけでは水道事業としては不十分となっている．水道料金を支払う意志の根拠となる顧客としての満足度も評価軸に加えていかねばならない．そして，そのために必要な技術の開発や整備を進める必要がある．2004年に厚生労働省から発表された『水道ビジョン』[97]においても，需要者のニーズへの的確な対応，需要者の視点に立った事業運営を進めるべきことが謳われている．

現行の水道水質基準の内容は**表4.1〜4.3**に示した．そして，基準項目51項目で

は，人の健康に関連する項目と，水道水の性状に関連する項目とを区分していないことも本基準の特徴の一つであると述べた．これはすなわち，水道水の「安全性」と水道水に対する「信頼性」とを同等に重要なものと考えているのである．市民の信頼を確保できる水道水を供給することは，安全な水道水の供給と同等に重要なことと認識し，これを達成しようとする姿勢を示している．項目としては，カビ臭物質(ジェオスミンと2-メチルイソボルネオール)が基準項目にリストアップされていることがその代表例である．

また，水道水の快適性についての検討例としては，厚生省(現厚生労働省)が設置した「おいしい水研究会」が1985年に提示した『おいしい水の水質要件』[98]がある．これは水の味を良くする7つの項目についてその数値を提示したもので，現在でもおいしい水について検討する場合の重要な資料となっている．

さらに，日本水道協会『水道事業ガイドライン』[4]では，わが国では水道水を直接飲むのは日常的習慣であり，日本の文化となっているとの観点から，「直接飲用率」を業務指標の一つとしてとりあげている．

以上のような視点での水質管理は今後ますます重視されていくであろう．

本書では3.4.1でカルキ臭の原因となる副生成物の生成についても説明した．しかし，現在のところ，このようなカルキ臭については規制の外に置かれている．関連する項目としては，臭気(水質基準項目，基準値：異常でないこと)および臭気強度(水質管理目標設定項目，目標値：3TON)がある．また，おいしさの観点から残留塩素濃度(水質管理目標設定項目，目標値：1 mg/L)の項目がある(4.2参照)．この臭気および臭気強度の測定では，カルキ臭を除く臭気を測定していることに注意すべきである．臭気の測定では，通常，残留塩素を除去しないまま，異常な臭気がないかだけを試験している．また，臭気強度の測定では，あらかじめ残留塩素を除去しておき，臭気の強さを測定する．すなわち，塩素で消毒しているのだから少しのカルキ臭がするのは当然という考え方があり，これら指標はそれ以外の臭気に関する指標なのである．上述した『おいしい水の水質要件』でもカルキ臭については考慮されていない．

(2) 高度浄水処理水に対する市民の満足度

現状と課題を著者らが行った調査研究から考えてみよう．

大阪市では2000年から全域でオゾン-粒状活性炭処理を組み込んだ高度浄水処理水が供給されている．図-6.26は，2005年に行ったアンケート調査結果の中で，飲

第6章 消毒副生成物の制御

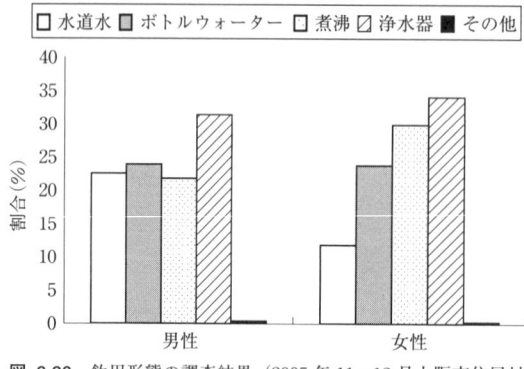

図-6.26 飲用形態の調査結果（2005年11～12月大阪市住民対象）

用形態に関する回答を示したものである[99]．これは日常的に飲用している水について，水道水をそのまま飲用する，市販のボトルウォーターを飲用する，水道水を一度煮沸したものを飲用する，浄水器を使用した水道水を飲用する，の中から回答するよう依頼した結果である．

飲用形態が水道水である人の割合は，男性が22.6％であるのに対して，女性は11.9％となっており，女性の方が水道水の直接飲用を避ける傾向が強い．この調査から，高度浄水処理が行われている大阪市域でさえ，水道水離れが進んでいる様子が見てとれる．高度処理水にもかかわらず，特に女性では8人に1人以下しか水道水を飲用しないという事実は，水道事業体に重い課題を突きつけていると認識する必要があろう．

実際，高度処理が行われるようになった後も，水道水の安全性に対する不安感はさほど軽減していないことを示す調査結果もある[100]．また，わが国では今後もボトルウォーターの消費量が飛躍的に伸びていくとの見通しも示されている[101]．

この大阪市のように，高度浄水処理を導入してから数年あるいはそれ以上が経過したにもかかわらず，市民はなお水道水質に不安を抱き続けており，蛇口になかなか回帰してくれないという悩みを抱えた水道事業体が見られる．以上に対し著者らはこれまでに，科学的に安全な水道水を安心して飲用してもらうために必要なコミュニケーション手法や情報公開手法を整備することを目的とした調査研究を行ってきた[102～104]．

さて先のアンケート調査の中で，「総合満足度」の回答状況を図-6.27に示す．それぞれの飲用形態を持つ人が，水道水に対してどの程度満足しているかを示している．水道水をそのまま飲用している需要者の80％近くが水道水に満足しているのに対し，ボトルウォーターや浄水器では30％前後という小さい割合となっている．顧客満足度が十分なレベルにないことがわかる．

図-6.28は「塩素臭」の回答状況を示したものである．なお，アンケートの回答者が理解しやすいように，ここでは「カルキ臭」ではなく「塩素臭」という用語を用いて

6.6 消毒の展望

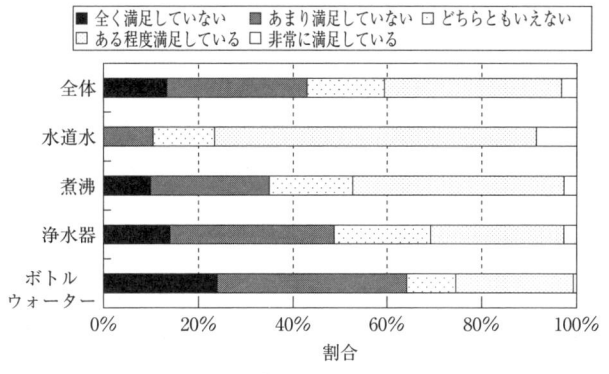

図-6.27 「総合満足度」の回答状況

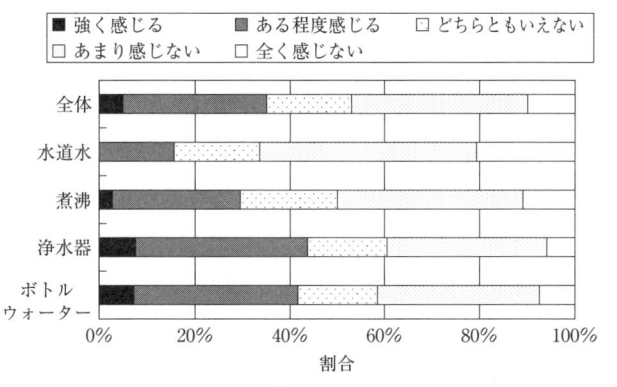

図-6.28 「塩素臭」の回答状況

いる．塩素臭を「強く感じる」または「ある程度感じる」と答えた需要者は，飲用形態が水道水の場合15.5％を示した．一方，飲用形態がボトルウォーターの場合は41.6％，浄水器の場合は43.8％にのぼり，これらは水道水の場合の2倍以上の数値となっている．安全を確保するための残留塩素の存在が逆に水道水の飲用回避を招く結果になっている可能性がある．

これらのアンケート結果をもとに，「水道水に対する満足感」の因果モデルを構築した[99]ものが図-6.29である．構成概念間の数値（因果係数）は，関係の強さを意味する．本モデルにより，どの因子に働きかければ満足感が効果的に向上するかを議論することが可能となる．

これより，「満足感」因子に大きく寄与するのは，「異臭味」，「おいしさ」，「健康不安」の3因子であることが定量的に示された．カルキ臭が異臭味やおいしさの評価に

第6章 消毒副生成物の制御

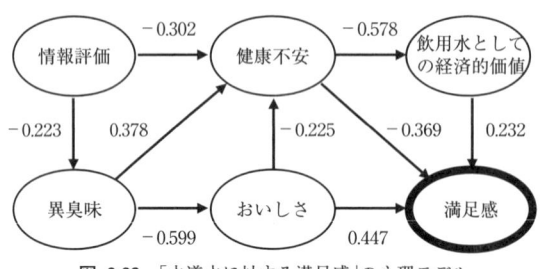

図-6.29 「水道水に対する満足感」の心理モデル

影響することはいうまでもない．満足感を向上させるには，異臭味やおいしさに対する評価の改善や，健康不安の解消に着目する必要があると指摘できる．

このための方策の一つは，図-6.29 の「情報評価」に着目し，市民とのコミュニケーションを戦略的に進めることであろう．著者らは，健康不安の低減を目的とする情報提供手法に関する一連の検討も行っている[102～104]．

さて，高度浄水処理の導入によりカビ臭などの異臭味に対する需要者の不満はかなり解消されているものの，図-6.28 のようにカルキ臭に対する評価はいまだに低い現状である．この例の他にも，水道水に対する不安事項として，カルキ臭の存在があがったアンケート調査結果は数多い[41]．もちろん図-6.28 は郵送調査法による結果であり，実際にどの程度カルキ臭などの異臭味が存在するのか，詳細調査が必要なところである．これに対し，高度浄水処理水の場合でも，塩素を除去せずに臭気強度を測定すると，3TONをはるかに超える値として測定される場合があり，実態としてカルキ臭が広く存在することが明らかとなっている[105, 106]．

これらの結果から，安全性確保のためとはいえ，水道水からカルキ臭が発生している現状は，よりおいしい水を飲みたいという世論の前ではもはや許容しがたいといえる．水道界で古くから言われてきた「塩素のにおいは安全のしるし」という主張を続ければ，需要者の水道水離れがますます進むおそれがある．顧客満足度という指標で見た場合，高度浄水処理は決して終着点ではないと考える必要がある．少なくとも今後は，カルキ臭を含めて臭気強度を測定し，水質項目の一つとして管理することを考えるべきではないか．これに対し東京都などでは，独自に『おいしさに関する水質目標』[107]を作成し，トリクロラミンの濃度を項目に含めている．さらに一歩進めて考えると，飲用水としての安全性の確保を前提としたうえで，よりおいしい水の供給のために規定の緩和も含めた残留塩素濃度の低減に関する議論を進めるべきと考えられる．

確かに『水道法』[108] 第1条では，水道の目的を「清浄にして豊富低廉な水の供給を図り，もって公衆衛生の向上と生活環境の改善に寄与する」としている．そして水道事業は，生活用水，飲用水を供給するための施設整備と量的確保を目標に掲げ，長

年にわたって努力を傾注してきた．この観点からすると，配水量に占める飲用に関連する水量は高々数%であって，人々の嗜好のために腐心したり投資したりするのは水道の目的に合致するのか，との懸念をもたれる場合がある．しかし，少なくとも現在のわが国の水道において，水道水にカルキ臭があるのは当然とする考え方では，人々はさらに勝手に水道から離れていってしまうのではないか．

(3) 塩素消毒と浄水処理システムに関する展望

　カルキ臭問題に対応するための方策の一つは，塩素と接触する前に，塩素消毒を行ったとしてもカルキ臭を発生しないような浄水処理を行っておくことである．そのためには，トリクロラミンをはじめとするカルキ臭原因物質の生成機構を明らかにし，その前駆物質の除去を可能にする浄水処理プロセスの構築が必要となり，今後の課題である．

　一方，GHQ（連合国総司令部）によって徹底されて以来継続されている塩素消毒であるが，欧州では，市民の要求や嗜好あるいは消毒副生成物対策を重視して塩素消毒を中止するか，最小限としている国々がある[109]．もちろん，わが国でこれを実施するのは気温の差もあり，必ずしも容易なことではなく，その前提として安全性を保証するための測定技術，処理技術，管理技術が必要となる．

　塩素使用を中止したり，使用量を最小限とすることを真に検討するインセンティブとなるのは，本章で述べたようにカルキ臭がもはや市民に受け入れられないと水道事業者が判断した場合，あるいは，5.2.4 で述べたように，U.S.EPA で進んでいる研究などによって塩素処理副生成物全体の毒性が意外と大きいことが判明した場合であろう．

　仮に，残留消毒剤濃度を最小限としたりなくしたりすることを考えた場合，上記のような技術を整備したとしても，微生物感染リスクが0ではないという現実に直面することになろう．もちろん現在でも感染リスクは0ではあり得ないが，許容リスクレベルを設定し，リスクのアセスメントとマネジメントを厳密に行う必要が生じるという意味である．すなわち，微生物感染リスクが実在するという状況下で，その管理の高度化を覚悟する必要が生じる．

　この課題については，オランダの例に学ぶべき点が多い[110, 111]．ここでは，0.05 mg/L 程度の低濃度の残留塩素を含む場合もあるが，大部分は消毒剤が残留しない水道水が配水されている．そしてこれは市民の異臭味に対する満足度を重視した結果なのである．

第6章 消毒副生成物の制御

この場合,微生物感染リスクが問題となるが,その許容感染リスクの暫定値である年間 10^{-4}(**1.2.2**参照)に対して,現状のリスクレベルは 10^{-6} オーダーと評価している.オランダ国内で水道水に起因する感染事例はないわけではない.しかし,このように微生物感染リスクが十分低いことを確認しつつ,残留消毒剤のない水道水の配水を継続しているのである.

もちろん,これを実現するために,自ら指標として開発した AOC を用いて配水過程における微生物の再増殖活性を管理している他,大腸菌やレジオネラなどの微生物リスク管理のために多大な努力をしてきている.

わが国でもそのような水道システムを構築する可能性について,一部で検討が開始されたところである[112, 113].

参考文献

1) 日本水道協会：トリハロメタンに関する対策について（昭和56年3月），水道協会雑誌，通巻561号，pp.59-75, 1981.
2) 厚生科学審議会生活環境水道部会水質管理専門委員会：水質基準の見直しにおける検討概要，pp.77-113, 2003.
3) 平成10～12年度厚生科学研究費補助金生活安全総合研究事業，水道における化学物質の毒性，挙動及び低減化に関する研究 総合研究報告書，pp.215-225, 2001.
4) 日本水道協会：JWWA Q100：2005水道事業ガイドライン，p.159, 2005.
5) 伊藤禎彦，相澤貴子，浅見真理，浅野雄三，上嶋善治：ハロ酢酸類低減化処理技術，水道協会雑誌，Vol.74, No.1, pp.28-44, 2005.
6) World Health Organization：Guidelines for Drinking-Water Quality incorporating first addendum, Vol.1, Recommendations.-3rd, 2006.
7) 環境省：水質汚濁に係る環境基準について（昭和46年12月28日環境庁告示第59号），http://www.env.go.jp/kijun/mizu.html, 2007.9.
8) 内閣総理府：排水基準を定める省令（昭和46年6月21日総理府令第35号），http://law.e-gov.go.jp/htmldata/S46/S46F03101000035.html, 2007.9.
9) 小林康彦：水道の水源水質の保全，p.181, 技報堂出版，1994.
10) 日本水道協会：水道維持管理指針（2006年版），p.957, 2006.
11) 厚生労働科学研究費補助金がん予防等健康科学総合研究事業，WHO飲料水水質ガイドライン改訂に対応する水道における化学物質等に関する研究 平成15年度研究報告書，pp.372-386, 2004.
12) Chow, A.T., Gao, S. and Dahlgren, R.A.：Physical and chemical fractionation of dissolved organic matter and trihalomethane precursors：A review, *J. Water Supply Res. Technol.-AQUA*, Vol.54, No.8, pp.475-507, 2005.
13) 丹保憲仁，小笠原紘一：浄水の技術 −安全な飲み水をつくるために−, pp.45-59, 技報堂出版，2002.
14) Volk, C., Bell, K., Ibrahim, E., Verges, D., Amy, G. and Lechevallier, M.：Impact of enhanced and optimized coagulation on removal of organic matter and its biodegradable fraction in drinking water, *Water Res.*, Vol.34, No.12, pp.3247-3257, 2000.
15) Sharp, E.L., Jarvis, P., Parsons, S.A. and Jefferson, B.：Impact of fractional character on the coagulation of NOM, *Colloids Surface., A*, Vol.286, No.1-3, pp.104-111, 2006.
16) Lee, S., Cho, J.W., Shin, H., Son, B. and Chae, S.：Investigation of NOM size, structure and functionality(SSF)：impact on water treatment process with respect to disinfection by-products formation, *J. Water Supply Res. Technol.-AQUA*, Vol.52, No.8, pp.555-564, 2003.
17) 厚生科学研究費補助金生活安全総合研究事業，水道における化学物質の毒性，挙動及び低減化に関する研究 平成12年度研究報告書，pp.349-385, 2001.
18) 丹保憲仁：水道とトリハロメタン, pp.173-177, 技報堂出版，2002.
19) Karanfil, T., Kilduff, J.E., Schlautman, M.A. and Weber, W.J.：Adsorption of organic macromolecules

by granular activated carbon.1, Influence of molecular properties under anoxic solution conditions, *Environ. Sci. Technol.*, Vol.30, No.7, pp.2187-2194, 1996.

20) Amy, G.L., Sierka, R.A., Bedssem, J., Price, D. and Tan, L.：Molecular size distribution of dissolved organic matter, *J. Am. Water Works Assoc.*, Vol.84, No.6, pp.67-75, 1992.

21) Lin, C.F., Lin, T.Y. and Hao, O.J.：Effects of humic substance characteristics on UF performance, *Water Res.*, Vol.34, No.4, pp.1097-1106, 2000.

22) Jacangelo, J.G., Demarco, J., Owen, D.M. and Randtke, S.J.：Selected processes for removing NOM：an overview, *J. Am. Water Works Assoc.*, Vol.87, No.1, pp.64-77, 1995.

23) Owen, D.M., Amy, G.L., Chowdhury, Z.K., Paode, R., Mccoy, G. and Viscosil, K.：NOM：characterization and treatability, *J. Am. Water Works Assoc.*, Vol.87, No.1, pp.46-63, 1995.

24) Goel, S., Hozalski, R.M. and Bouwer, E.J.：Biodegradation of NOM：effect of NOM source and ozone dose, *J. Am. Water Works Assoc.*, Vol.87, No.1, pp.90-105, 1995.

25) Marhaba, T.F., Van, D. and Lippincott, R.L.：Changes in NOM fractionation through treatment：A comparison of ozonation and chlorination, *Ozone Sci. Eng.*, Vol.22, No.3, pp.249-266, 2000.

26) 水道技術研究センター：膜ろ過高度浄水処理施設導入の手引き，p.130, 2001.

27) Gray, S.R., Ritchie, C.B., Tran, T. and Bolto, B.A.：Effect of NOM characteristics and membrane type on microfiltration performance, *Water Res.*, Vol.41, No.17, pp.3833-3841, 2007.

28) Kim, M.H. and Yu, M.J.：Characterization of NOM in the Han River and evaluation of treatability using UF-NF membrane, *Environ. Res.*, Vol.97, No.1, pp.116-123, 2005.

29) Serkiz, S.M. and Perdue, E.M.：Isolation of dissolved organic-matter from the Suwannee River using reverse-osmosis, *Water Res.*, Vol.24, No.7, pp.911-916, 1990.

30) Kilduff, J.E., Mattaraj, S., Wigton, A., Kitis, M. and Karanfil, T.：Effects of reverse osmosis isolation on reactivity of naturally occurring dissolved organic matter in physicochemical processes, *Water Res.*, Vol.38, No.4, pp.1026-1036, 2004.

31) Kalbitz, K., Schmerwitz, J., Schwesig, D. and Matzner, E.：Biodegradation of soil-derived dissolved organic matter as related to its properties, *Geoderma*, Vol.113, No.3-4, pp.273-291, 2003.

32) Morran, J.Y., Drikas, M., Cook, D. and Bursill, D.B.：Comparison of MIEX treatment and coagulation on NOM character, *Water Sci. Technol.*：*Water Supply*, Vol.4, No.4, pp.129-137, 2004.

33) Singer, P.C. and Bilyk, K.：Enhanced coagulation using a magnetic ion exchange resin, *Water Res.*, Vol.36, No.16, pp.4009-4022, 2002.

34) Boyer, T.H. and Singer, P.C.：Bench-scale testing of a magnetic ion exchange resin for removal of disinfection by-product precursors, *Water Res.*, Vol.39, No.7, pp.1265-1276, 2005.

35) Chellam, S. and Krasner, S.W.：Disinfection byproduct relationships and speciation in chlorinated nanofiltered waters, *Environ. Sci. Technol.*, Vol.35, No.19, pp.3988-3999, 2001.

36) Echigo, S., Itoh, S., Natsui, T., Araki, T. and Ando, R.：Contribution of brominated organic disinfection by-products to the mutagenicity of drinking water, *Water Sci. Technol.*, Vol.50, No.5, pp.321-

328, 2004.
37) 相澤貴子：中間塩素処理, 水道協会雑誌, Vol.62, No.9, pp.2-6, 1993.
38) 厚生科学研究費補助金生活安全総合研究事業, 水道における化学物質の毒性, 挙動及び低減化に関する研究 平成11年度研究報告書, pp.2/131-2/149, 2000.
39) 井上裕彦, 伊藤保, 堤行彦, 西本信太郎：二酸化塩素処理による浄水処理システムの改善に向けた実証実験, 水道協会雑誌, Vol.74, No.9, pp.10-21, 2005.
40) 厚生科学研究費補助金生活安全総合研究事業, WHO飲料水水質ガイドライン改訂等に対応する水道における化学物質等に関する研究 平成13年度研究報告書, pp.321-340, 2002.
41) 厚生労働科学研究費補助金健康科学総合研究事業, 最新の科学的知見に基づく水質基準の見直し等に関する研究 平成16年度研究報告書, pp.321-328, 2005.
42) 渕上知宏, 宮田雅典：貯蔵時における次亜塩素酸ナトリウムの品質管理, 水道協会雑誌, Vol.75, No.9, pp.10-24, 2006.
43) 島崎大, 相澤貴子, 西村哲治, 安藤正典, 国包章一, 真柄泰基：水道原水及び浄水における臭素酸イオンの実態調査, 第55回全国水道研究発表会講演集, pp.618-619, 2004.
44) 孝石健, 高田裕志, 坪上雄一, 中西正治：オゾン注入制御による臭素酸イオン生成の抑制, 水道協会雑誌, Vol.75, No.12, pp.12-22, 2006.
45) Pinkernell, U. and von Gunten, U.：Bromate minimization during ozonation：Mechanistic considerations, *Environ. Sci. Technol.*, Vol.35, No.12, pp.2525-2531, 2001.
46) 厚生労働科学研究費補助金健康科学総合研究事業, 最新の科学的知見に基づく水質基準の見直し等に関する研究 平成16年度研究報告書, pp.142-168, 2005.
47) 宗像伸明, 岡和宏, 橋本久志：阪神水道企業団における臭素酸低減化対策(II)－尼崎浄水場でのpH制御－, 第56回全国水道研究発表会講演集, pp.192-193, 2005.
48) Siddiqui, M.S., Amy, G.L. and Rice, R.G.：Bromate ion formation：a critical-review, *J. Am. Water Works Assoc.*, Vol.87, No.10, pp.58-70, 1995.
49) 山田春美, 津野洋：臭素酸イオンのオゾン処理におけるアンモニア共存下の生成抑制特性と活性炭による吸着・還元特性, 環境衛生工学研究, Vol.11, No.4, pp.5-13, 1997.
50) 宗宮功, 加藤康宏, 高原博文, 佐藤敬一：促進酸化処理における臭気物質除去特性および臭素酸イオン生成特性, 第57回全国水道研究発表会講演集, pp.254-255, 2006.
51) Buffle, M.O., Galli, S. and von Gunten, U.：Enhanced bromate control during ozonation：The chlorine-ammonia process, *Environ. Sci. Technol.*, Vol.38, No.19, pp.5187-5195, 2004.
52) 丹羽明彦：イオン交換処理がオゾン処理の処理特性と臭素酸イオン生成量に及ぼす影響, 修士論文, 京都大学大学院工学研究科, pp.29-39, 2007.
53) Jenkins, H.D.B. and Thakur, K.P.：Reappraisal of thermochemical radii for complex ions, *J. Chem. Educ.*, Vol.56, No.9, pp.576-577, 1979.
54) Amy, G.L. and Siddqui, M.S.：Strategies to Control Bromate and Bromide, p.161, AWWA Research Foundation, Devber, CO, 1999.

55) Johnson, C.J. and Singer, P.C.: Impact of a magnetic ion exchange resin on ozone demand and bromate formation during drinking water treatment, *Water Res.*, Vol.38, No.17, pp.3738-3750, 2004.
56) Kuwahara, M.: Selective Bromide Removal by Ion Exchange Processes, Master thesis of Graduate School of Engineering, Kyoto University, 2006.
57) Kimbrough, D.E. and Suffet, I.H.: Electrochemical removal of bromide and reduction of THM formation potential in drinking water, *Water Res.*, Vol.36, No.19, pp.4902-4906, 2002.
58) Sanchez-Polo, M., Rivera-Utrilla, J. and von Gunten, U.: Bromide and iodide removal from waters under dynamic conditions by Ag-doped aerogels, *J. Colloid Interface Sci.*, Vol.306, No.1, pp.183-186, 2007.
59) Tung, S.S.: Haloacetic Acids Removal by Biologically Active Carbon, Doctor thesis of The Pennsylvania State University, pp.33-47, 2004.
60) Janssen, D.B., Pries, F. and Vanderploeg, J.R.: Genetics and biochemistry of dehalogenating enzymes, *Annu. Rev. Microbiol.*, Vol.48, pp.163-191, 1994.
61) Siddqui, S., Amy, G., Ozekin, K., Zhai, W. and Westerhoff, P.: Alternative strategies for removing bromate, *J. Am. Water Works Assoc.*, Vol.86, No.10, pp.81-96, 1994.
62) Asami, M., Aizawa, T., Morioka, T., Nishijima, W., Tabata, A. and Magara, Y.: Bromate removal during transition from new granular acitivated carbon (GAC) to biological activated carbon (BAC), *Water Res.*, Vol.22, pp.2797-2804, 1999.
63) Kiristis, M., Snoeyink, V., Innan, H., Chee-Sanford, J., Raskin, L. and Brown, J.: Effect of operating conditions on bromate removal efficiency in BAC filters, *J. Am. Water Works Assoc.*, Vol.94, No.4, pp.182-193, 2002.
64) Griffini, O., Bao, M.L., Barbieri, K., Burrini, D., Santianni, D. and Pantani, F.: Formation and removal of biodegradable ozonation by-products during ozonation-biofiltration treatment : Pilot-scale evaluation, *Ozone Sci. Eng.*, Vol.21, No.1, pp.79-98, 1999.
65) Huang, W.J. and Chen, L.Y.: Assessing the effectiveness of ozonation followed by GAC filtration in removing bromate and assimilable organic carbon, *Environ. Technol.*, Vol.25, No.4, pp.403-412, 2004.
66) Gordon, G., Gauw, R.D., Emmert, G.L., Walters, B.D. and Bubnis, B.: Chemical reduction methods for bromate ion, *J. Am. Water Works Assoc.*, Vol.94, No.2, pp.91-98, 2002.
67) Butler, R., Godley, A., Lytton, L. and Cartmell, E.: Bromate environmental contamination : Review of impact and possible treatment, *Crit. Rev. Environ. Sci. Technol.*, Vol.35, No.3, pp.193-217, 2005.
68) Xie, L. and Shang, C.: Role of humic acid and quinone model compounds in bromate reduction by zerovalent iron, *Environ. Sci. Technnol.*, Vol.39, No.4, pp.1092-1100, 2005.
69) Gui, L., Gillham, R.W. and Odziemkowski, M.S.: Reduction of N-nitrosodimethylamine with granular iron and nickel-enhanced iron. 1, Pathways and kinetics, *Environ. Sci. Technol.*, Vol.34, No.16, pp.3489-3494, 2000.
70) von Gunten, U.: Ozonation of drinking water: Part I. Oxidation kinetics and product formation, *Water Res.*, Vol.37, No.7, pp.1443-1467, 2003.

71) Bhatnagar, A. and Cheung, H.M.: Sonochemical destruction of chlorinated C1 and C2 volatile organic compounds in dilute aqueous solution, *Environ. Sci. Technol.*, Vol.28, No.8, pp.1481-1486, 1994.
72) Sonoyama, N. and Sakata, T.: Electrochemical continuous decomposition of chloroform and other volatile chlorinated hydrocarbons in water using a column type metal impregnated carbon fiber electrode, *Environ. Sci. Technnol.*, Vol.33, pp.3438-3442, 1999.
73) Sonoyama, N., Sekine, S., Sueoka, T. and Sakata, T.: Electrochemical decomposition of ppb level trihalomethane in tap water, *J. Appl. Electrochem.*, Vol.33, pp.1049-1055, 2003.
74) Li, Y.P., Cao, H.B. and Zhang, Y.: Reductive dehalogenation of haloacetic acids by hemoglobin-loaded carbon nanotube electrode, *Water Res.*, Vol.41, No.1, pp.197-205, 2007.
75) Korsin, G.V. and Jensen, M.D.: Electrochemical reduction of haloacetic acid and exploration of their removal by electrochemial treatment, *Electrochim. Acta*, Vol.47, No.5, pp.747-751, 2001.
76) Peldszus, S., Andrews, S.A., Souza, R., Smith, F., Douglas, I., Bolton, J. and Huck, P.M.: Effect of medium-pressure UV irradiation on bromate concentrations in drinking water, a pilot-scale study, *Water Res.*, Vol.38, pp.211-217, 2004.
77) Stefan, M.I. and Bolton, J.R.: UV direct photolysis of *N*-nitrosodimethylamine (NDMA) : Kinetic and product study, *Helv. Chim. Acta*, Vol.85, No.5, pp.1416-1426, 2002.
78) Xu, P., Drewes, J.E., Kim, T.-U., Bellona, C. and Amy, G.: Effect of membrane fouling on transport of organic contaminants in NF/RO membrane applications, *J. Membrane Sci.*, Vol.279, No.1-2, pp.165-175, 2006.
79) Kimura, K., Amy, G., Drewes, J.E., Hebererd, T., Kim, T.U. and Watanabe, Y.: Rejection of organic micropollutants (disinfection by-products, endocrine disrupting compounds, and pharmaceutically active compounds) by NF/RO membranes, *J. Membr. Sci.*, Vol.227, No.1-2, pp.113-121, 2003.
80) 米国環境保護庁編：飲料水とトリハロメタン制御（眞柄泰基監訳），pp.54-57, 公害対策技術同友会, 1985.
81) Hand, D.W., Hokanson, D.R. and Crittenden, J.C.: Air stripping and aeration, Water Quality and Treatment, Letterman, R.D., ed., pp.5.1-5.68, McGraw-Hill, Inc., New York, NY,1999.
82) 齋藤隆彦，奥山貞一，加藤勝，小川正俊：結合塩素転換処理と曝気処理の併用によるトリハロメタンの低減化，用水と廃水，Vol.39, No.3, pp.5-14, 1997.
83) 日本水道協会：平成16年度 水道統計 水質編，CD-ROM, 2006.
84) 水道技術研究センター：膜ろ過浄水施設維持管理マニュアル，p.120, 2005.
85) 水道技術研究センター：高効率浄水技術開発研究 ACT21 成果報告書，pp.269-273, 2002.
86) Itoh, M., Kunikane, S. and Magara, Y.: Evaluation of nanofiltration for disinfection by-products control in drinking water treatment, *Water Sci. Technol.: Water Supply*, Vol.1, No.5, pp.233-243, 2001.
87) 藤本瑞生，松井日出夫，中町眞美，西尾弘伸，石丸豊：上向流流動床式生物接触沪過による高度浄水処理，第56回全国水道研究発表会講演集，pp.184-185, 2005.
88) 山口恵三：新興再興感染症，p.186, 日本医事新報社，1997.

89) 水道技術研究センター編：新しい浄水技術 産学官共同プロジェクトの成果，p.424，技報堂出版，2005.
90) 水道技術研究センター：高効率浄水処理開発研究(ACT21)，代替消毒剤の実用化に関するマニュアル，p.313，2002.
91) Zhang, X., Echigo, S., Minear, R.A. and Plewa, M.J.：Characterization and comparison of disinfection by-products of four major disinfectants, Chapter 19, Natural Organic Matter and Disinfection By-products. Characterization and Control in Drinking Water, Barrett, S.E., Krasner, S.W. and Amy, G.L., eds., pp.299−314, American Chemical Society, Washington D.C., 2000.
92) 井上裕司，服部和夫，堤行彦，布光昭，西本信太郎：実証プラントを用いた二酸化塩素注入実験，第55回全国水道研究発表会講演集，pp.242−243, 2004.
93) 小沢茂，相澤貴子，富沢恒夫，斉藤実，眞柄泰基：二酸化塩素処理の反応生成物に関する検討，水道協会雑誌，Vol.60, No.4, pp.10−18, 1991.
94) 伊藤禎彦，村上仁士，福原勝，仲野敦士：塩素および二酸化塩素処理水の染色体異常誘発性の生成・低減過程，環境工学研究論文集，Vol.40, pp.201−212, 2003.
95) Mitch, W.A., Sharp, J.O., Trussell, R.R., Valentine, R.L., Alvarez-Cohen, L. and Sedlak, D.L.：N-Nitrosodimethylamine(NDMA) as a drinking water contaminant：A review, Environ. Eng. Sci., Vol.20, No.5, pp.389−403, 2003.
96) 京都市水道高度浄水処理施設導入検討会：京都市水道高度浄水処理施設導入に関する調査報告書，p.68, 2005.
97) 厚生労働省健康局：水道ビジョン，p.45, 2004.
98) おいしい水研究会：おいしい水について，水道協会雑誌，Vol.54, No.5, pp.76−83, 1985.
99) 伊藤禎彦，城征司，平山修久，越後信哉，大河内由美子：水道水に対する満足感の因果モデル構築と満足感向上策に関する考察，水道協会雑誌，Vol.76, No.4, pp.25−37, 2007.
100) 竹村仁志，三浦浩之，和田安彦：都市居住者の高度浄水に対する評価に関する研究，環境システム研究，Vol.27, pp.277−283, 1999.
101) 中村靖彦：ウォーター・ビジネス，p.243，岩波新書，2004.
102) 平山修久，伊藤禎彦，加川孝介：共分散構造分析に用いた需要者の水道水質に対するリスク認知のモデル化，水道協会雑誌，Vol.73, No.12, pp.12−21, 2004.
103) 平山修久，伊藤禎彦，加川孝介，城征司：コントロール感の付与からみた水道水質のリスク認知変動に関する分析，水道協会雑誌，Vol.74, No.1, pp.2−11, 2005.
104) 伊藤禎彦，加川孝介，城征司，平山修久：心理因子に基づいた情報提供による水道水質に対する不安感の低減効果分析，水道協会雑誌，Vol.75, No.3, pp.2−11, 2006.
105) 和田浩一郎，立石浩之，宮田雅典：大阪での高度浄水処理水に関する臭気について，日本水道協会関西地方支部第51回研究発表会発表概要集，pp.124−127, 2007.
106) 柳橋泰生：水道水に含まれる物質の気相曝露に関する研究，京都大学博士学位論文，p.218, 2008.
107) 東京都水道局：おいしさに関する水質目標.
108) 水道法制研究会：水道法ハンドブック，p.153，水道技術研究センター，2003.

参考文献

109) Hydes, O.：European regulations on residual disinfection, *J. Am. Water Works Assoc.*, Vol.91, No.1, pp.70-74, 1999.
110) van Lieverloo, J.H.M., Medema, G., Nobel, P.J. and van der Kooij, D.：Risk assessment and risk management of fecal contaminations in drinking water distributed without a disinfectant residual, 2nd IWA Leading-Edge Conference on Water and Wastewater Treatment Technologies, pp.94-96, 2004.
111) van Lieverloo, J.H.M., Medema, G. and van der Kooij, D.：Risk assessment and risk management of fecal contaminations in drinking water distributed without a disinfectant residual, *J. Water Supply Res. Technol.-AQUA*, Vol.55, No.1, pp.25-31, 2006.
112) 厚生労働科学研究費補助金健康科学総合研究事業，残留塩素に依存しない水道の水質管理手法に関する研究 平成18年度総括・分担研究報告書，2007.
113) 厚生労働科学研究費補助金研究成果等普及啓発事業研究発表会，残留塩素に依存しない新しい水道システムの構築に向けて，p.31, 2007.

項目索引

【あ】
亜塩素酸ナトリウム　31
アデノウイルス　26
後オゾン処理　260
アミノ酸　75
RO膜　264, 279, 284
R_{CT}値　93
アンモニア態窒素　265, 295
アンモニア添加　274
アンモニウムイオン　62, 91, 264

【い】
イオンクロマトグラフィー　47
イオン交換処理　254, 266, 279
閾値　130
異臭味物質　87
一般細菌　119, 124
一般毒性　163
遺伝子障害性　130
遺伝毒性　163, 165
遺伝毒性試験　165
イニシエーション　164, 193, 229
イニシエーター　165
医薬品　85, 234
陰イオン交換樹脂　266
飲用寄与率　132, 148

【う】
ウイルス　26

【え】
影響判定点　11
液化塩素　29
疫学調査　3
17β-エストラジオール　86, 122, 214, 218, 221, 227
エストリオール　221
エストロゲン　210
エストロゲン様作用　210, 217
エストロゲン様作用生成能　230
エストロゲン様作用中間体　230
エストロン　221, 227
エチニルエストラジオール　122, 214, 234
17α-エチニルエストラジオール　221
エノール化　65
塩基　54
塩基性化合物　84
塩素　29, 62, 297
　　──と個別物質の反応　85
塩素酸ナトリウム　31
塩素臭　7, 305
塩素処理副生成物　38, 62
塩素注入点　268
エンテロウイルス　26
エンドポイント　11

【お】
おいしい水　24, 128, 303
おいしい水研究会　128, 303
オゾン　30, 33, 71, 175, 180, 182, 297, 300, 302
オゾン−塩素処理　203
オゾンCT値　95, 259, 274, 278
オゾン処理　203, 254, 259, 272
オゾン処理副生成物　45
オゾン−生物活性炭処理　255, 287
オゾン注入率制御　273, 289

【か】
海水淡水化　264
核磁気共鳴分光分析　56

項目索引

過酸化水素　　48, 97
過酸化水素添加　　276
加水分解　　67, 81, 191, 194, 205, 206, 208, 229
活性炭処理　　279, 281
カルキ臭　　7, 62, 87, 128, 299, 302, 305, 307
カルボニル基　　181
環境基準　　2, 247
環境基本法　　247
環境ホルモン　　5, 164, 188
還元剤　　208, 283
完全がん原性物質　　167, 194
官能基　　56, 181
カンピロバクター　　26, 29

【き】
危害度分析重要管理点方式　　247
寄生虫　　27
逆浸透処理　　254
逆浸透膜　　262, 264, 279, 284
求電子置換反応　　63
凝集強化処理　　255, 256
凝集処理　　218, 227, 254

【く】
クリプトスポリジウム　　16, 28, 34, 125
クロラミン　　9, 30, 32, 127, 175, 180, 182, 297, 299, 302
クロラミン処理副生成物　　44, 88
クロラミン転換処理　　255, 270
クロロホルム生成能　　286

【け】
形質転換　　170
形質転換試験　　154, 165, 169
結合型有効塩素　　128
β-ケト酸　　76
下痢原性大腸菌　　26
限外ろ過処理　　254, 292

限外ろ過膜　　262, 263
原生動物　　27
元素分析　　55
原虫　　27

【こ】
交換型異常染色体　　169
公共用水域　　2, 247
高度さらし粉　　29
高分子ハロゲン化物　　83
交絡因子　　4
顧客満足度　　7, 301
国際がん研究機関　　138
個別物質と塩素の反応　　85

【さ】
細菌　　25
最小毒性量　　132
最大無毒性量　　132
酸化反応　　38, 43, 63
残留医薬品　　234
残留塩素　　2, 23, 121, 128, 303
残留塩素濃度　　2, 128, 271, 303
　　——の低減化　　255, 271

【し】
次亜塩素酸　　29, 62
次亜塩素酸イオン　　29, 62
次亜塩素酸カルシウム　　29
次亜塩素酸ナトリウム　　29, 126, 272
次亜臭素酸　　63, 94, 97, 201, 274
ジアルジア　　28
紫外線　　9, 30, 33, 100, 301, 302
紫外線処理　　28, 100, 284
紫外線処理副生成物　　100
ジクロラミン　　32, 44
1,2-ジクロロエタン　　121, 151
β-ジケトン　　67

項目索引

自然由来の有機物　51
実質安全量　131
ジメチルアミン　89
ジメチルヒドラジン　89
臭化物イオン　46, 59, 63, 71, 78, 98, 201, 255, 264, 267, 272, 278, 294
臭気　128, 303
臭気強度　121, 128, 303
臭素化ハロ酢酸生成能　288
従属栄養細菌　121, 124, 128
障害調整生存年数　15, 189
常在菌叢　24
消毒　23, 25
消毒副生成物の前駆体　51
消毒副生成物の濃度範囲　50
女性ホルモン　210
神経毒性　163, 188
親水性酸　53, 54
親水性中性　54
身体ケア製品由来の化学物質　85, 234

【す】

水源水質保全　247
水質汚濁防止法　2, 249
水質管理目標設定項目　120
水素化ホウ素ナトリウム　183, 208
水素引抜き反応　92, 98
水道原水水質保全事業の促進に関する法律　249
水道事業ガイドライン　245, 303
水道水質基準　118
水道におけるクリプトスポリジウム暫定対策指針　28, 34
水道におけるクリプトスポリジウム等対策指針　28, 34
水道ビジョン　302
水道法　23, 125, 128, 307
水道法施行規則　23, 128
スカベンジャー　93

スーパーオキサイドラジカル　92

【せ】

生殖毒性　163
生殖・発生毒性　188, 210, 234
生物処理　254, 255, 265, 292, 295
生物接触ろ過　265, 295
精密ろ過処理　254, 292
精密ろ過膜　262
生理学的薬動態学モデル　150, 173
世界の疾病負担　15
接触阻止　170
切断型異常染色体　169
線形多段階モデル　13, 131
染色体異常試験　154, 165, 168
蠕虫　27

【そ】

促進酸化処理　284, 300
疎水性酸　54
疎水性中性　54

【た】

代謝活性化　208
代替消毒剤　8, 10, 32, 175, 197, 296, 301
大腸菌　25, 119, 124
大腸菌群　124
耐容1日摂取量　4, 132
多環芳香族化合物　86
脱炭酸　67

【ち】

チャイニーズハムスター肺細胞　168
中間塩素処理　227, 255, 268
腸管出血性大腸菌　26

【て】

電気化学的還元　284

319

項目索引

【と】

同化可能有機炭素　43, 47, 283, 301
特殊毒性　163
毒性試験　163
特定水道利水障害の防止のための水道水源水域の水質の保全に関する特別措置法　250
トランスフォーメーション　170
トリクロサン　85
トリハロメタン生成能　65, 68, 230, 256, 258, 261, 267, 286, 291, 293, 294, 296
トリハロメタン中間体　230
トリハロメタンの予測モデル　71

【な】

内分泌撹乱化学物質　5, 129, 173, 188, 210, 211, 234
　　──のスクリーニングと試験法に関する諮問委員会　5, 215, 217
中オゾン処理　260
ナノろ過処理　254, 255, 293
ナノろ過膜　262, 263, 279, 284

【に】

二酸化塩素　9, 30, 31, 48, 98, 121, 126, 127, 136, 140, 148, 175, 180, 182, 197, 206, 297, 298, 302
二酸化塩素処理　255, 269
二酸化塩素処理副生成物　48, 98
二段階形質転換試験　170
ニトロ基　181
ニトロソ化　89

【の】

農薬　85, 121, 213
ノニルフェノール　122, 214
4-ノニルフェノール　221
ノロウイルス　26, 27, 29

【は】

バイオアッセイ　163, 172, 216
排水基準　249
ハイドロタルサイト様化合物　279
ハイブリッド膜ろ過方式　292
曝気処理　285
ハロ酢酸生成能　256, 258, 263, 264, 267, 286, 288
ハロホルム反応　65

【ひ】

ビスフェノールA　86, 122, 214, 220
β-ヒドロキシ酸　76
ヒドロキシルラジカル　90, 98
ヒドロキシルラジカルCT値　278
非二段階形質転換試験　170
非変異・がん原性物質　166
病原大腸菌　26, 29

【ふ】

フェノール　63
不活化　23, 25
不確実係数　132, 149
付加反応　63
不均化反応　43, 85
フタル酸ジ-2-エチルヘキシル　121, 211, 214
フミン酸　53, 253, 254, 256, 257, 259
フミン質　53, 54, 216, 254
フーリエ変換赤外分光分析　56
フルボ酸　53, 253, 254, 256, 257, 259, 264
プログレッション　164
プロモーション　164, 193, 229
プロモーター　92, 165
分画　53
分画分子量　263
分子オゾン　90
分子量　55
粉末活性炭処理　254, 257, 285

項目索引

【へ】
ベロ毒素産生性大腸菌　26
変異原性　165, 188, 208, 224
変異原性試験　165
ベンチマーク用量　151
ベンチマーク用量法　150

【ほ】
ポストカラム誘導体化法　47
捕捉剤　93

【ま】
マウス繊維芽細胞　170
前塩素処理　268
膜
　——の種類　262
　——の分離特性　261
膜処理　261, 279, 284, 292
膜導入質量分析法　41
マルチステージモデル　13, 131

【み】
水安全計画　246

【め】
滅菌　23
メトヘモグロビン　140
免疫毒性　163, 188, 234

【も】
モノクロラミン　32, 44

【ゆ】
遊離型有効塩素　29, 128, 270

【よ】
ヨウ化物イオン　61, 65, 98
要検討項目　120

ヨウ素酸イオン　61
溶存オゾン濃度制御　273
溶存有機物　51, 251, 254
用量-反応モデル　11, 13

【ら】
ランブル鞭毛虫　28

【り】
リスクアセスメント　10
リスクマネジメント　10
粒状活性炭処理　218, 254, 258, 286

【る】
ルシフェラーゼ　217, 218

【れ】
レジオネラ　26, 29, 124
レゾルシノール　65
連合国総司令部　2, 307

【A】
Ames 試験　166, 175
AOC　43, 47, 97, 283, 301, 308
Aquatic NOM　51

【C】
Criegee 機構　91
CT 値　29, 31

【D】
DALYs　15, 189
Δ SUVA　69, 78, 84
DNA マイクロアレイ法　173
DOM　51, 68, 77, 95, 251
　——の除去　253, 256, 257, 263, 265, 267

321

項目索引

――の推定構造　58

【E】
EDCs　5, 210
EDSTAC　5, 215, 217

【F】
FT－IR　56

【G】
GBD　15
GHQ　2, 307

【H】
HACCP　247

【I】
IARC　138
in vitro　143
in vivo　143

【L】
LOAEL　132

【M】
MF膜　262
MIEX®　266, 279
MIMS　41, 43
MVLNアッセイ　217

【N】
NF膜　263, 279, 284, 293

NMR　56
NOAEL　132
NOM　51

【P】
PBPKモデル　150, 173
PPCPs　85, 234

【S】
S9mix　143, 209
SRNOM　186
SUVA　69, 78
Suwannee River Natural Organic Matters　186

【T】
TDI　4, 132
TON　128

【U】
UDMH　89
UF膜　263

【V】
VSD　131
VTEC　26

【W】
WHO飲料水水質ガイドライン　8, 118, 213, 246

【Y】
YLD　16
YLL　16

消毒副生成物名索引

【あ】

亜塩素酸イオン　32, 43, 49, 98, 121, 123, 127, 136, 140, 148, 270, 297

アセトアルデヒド　39, 123, 129, 138, 142, 185

アルコール　39, 43

アルデヒド　39, 43, 46, 297

【い】

イソブチルアルデヒド　87

【え】

塩化シアン　39, 41, 45, 50, 81, 89, 100, 119, 123, 127, 136, 140, 148, 297

塩素酸イオン　32, 39, 43, 49, 85, 119, 123, 126, 136, 140, 148, 270, 272, 297

【か】

過塩素酸イオン　43

過酸化水素　48, 91, 100

カルボニル化合物　46, 49, 91, 97, 100

カルボニル基　181, 209

カルボン酸　39, 46, 49, 91, 297

【く】

グリオキサール　297

N-クロロアルドイミン　87

クロロ酢酸　40, 119, 123, 134, 139, 154, 187

3-クロロ-4-(ジクロロメチル)-5-ヒドロキシ-2(5H)-フラノン　41, 143, 190

クロロピクリン　39, 42, 123, 129, 138, 144, 297

クロロフェノール　220, 231

2-クロロフェノール　220

クロロホルム　1, 39, 40, 44, 119, 123, 133, 134, 167, 185, 204, 205, 206, 220, 284, 285

【け】

ケトン　39, 46, 297

【し】

ジクロロアセトニトリル　39, 44, 76, 79, 121, 123, 127, 136, 141, 289

ジクロロ酢酸　40, 67, 119, 123, 134, 139, 144, 154, 185, 187, 220

2,4-ジクロロフェノール　220

1,1-ジクロロプロパノン　39, 82

1,3-ジクロロプロパノン　82

ジクロロヨードメタン　39

ジハロ酢酸　84

ジブロモアセトニトリル　39, 44, 46, 80, 123, 129, 136, 142

ジブロモクロロ酢酸　39, 44, 122, 136, 142, 154

ジブロモクロロメタン　1, 40, 44, 119, 123, 134, 138, 285

ジブロモ酢酸　39, 44, 122, 136, 142, 154

臭化シアン　45, 81

臭素化MX　42

臭素酸イオン　16, 43, 47, 94, 119, 123, 126, 134, 139, 147, 185, 203, 272, 283, 284, 285, 288, 297, 300

【せ】

全有機塩素　83, 202

全有機臭素　47, 83, 202

全有機ハロゲン　6, 48, 270, 298

全有機ヨウ素　83

【そ】

総トリハロメタン　1, 119, 123, 125, 134, 270, 271, 286, 293, 298

消毒副生成物名索引

【と】

トリクロラミン　32, 39, 43, 44, 87, 306, 307
トリクロロアセトアルデヒド　42, 44, 82
トリクロロアセトニトリル　39, 44, 76, 80, 122, 136, 142
トリクロロアセトン　49, 67
トリクロロ酢酸　40, 67, 119, 123, 134, 139, 154, 185, 187, 220
2,4,6-トリクロロフェノール　123, 124
1,1,1-トリクロロプロパノン　82
トリハロ酢酸　67, 78, 84
トリハロメタン　1, 4, 5, 39, 40, 44, 46, 65, 78, 84, 88, 100, 125, 133, 149, 189, 209, 250, 255, 268, 269, 282, 284, 285, 297
トリブロモ酢酸　39, 78, 122, 136, 142, 154

【に】

N-ニトロソジメチルアミン　33, 45, 123, 124, 283, 284

【は】

ハロアセトニトリル　39, 41, 44, 79, 84, 88, 127, 129, 142, 297
ハロアミド　39, 42
ハロアルケン　39
ハロアルデヒド　39, 42, 44, 82
ハロエステル　39
ハロケトン　39, 42, 44, 82, 297
ハロゲン化シアン　84
ハロゲン化物　39, 42, 98, 181
ハロ酢酸　39, 40, 44, 46, 72, 88, 123, 125, 129, 149, 154, 189, 209, 255, 268, 269, 270, 271, 282, 284, 285, 286, 297
ハロニトリル　41, 46, 79
ハロニトロメタン　39, 42, 44, 46
ハロフェノール　39, 42

【ひ】

非ハロゲン化物　43, 46, 97

【ふ】

ブロモクロロアセトニトリル　39, 44, 122, 136, 142
ブロモクロロ酢酸　39, 44, 122, 136, 142, 154
ブロモケトン　46
ブロモ酢酸　39, 44, 122, 136, 142, 154
ブロモジクロロ酢酸　39, 44, 122, 136, 142, 154
ブロモジクロロメタン　1, 39, 40, 44, 119, 123, 134, 138
ブロモホルム　1, 39, 40, 44, 47, 100, 119, 123, 134, 138, 284

【ほ】

抱水クロラール　42, 82, 121, 123, 127, 136, 142, 220, 271, 289, 297
ホルムアルデヒド　39, 47, 100, 119, 123, 126, 134, 140, 185

【ゆ】

有機臭素化合物　47, 97, 201, 267, 278, 288
有機ヨウ素化合物　88

【よ】

ヨウ素化酢酸　40
ヨード酢酸　44, 61

【B】

BMX　42

【E】

EMX　41

【H】

HAA5　123, 125, 154
HAAs　40

【M】

MX　39, 41, 81, 84, 123, 129, 138, 143, 185, 190, 194, 209, 297

【N】

NDMA　33, 45, 89, 123, 124, 283, 284, 297

【T】

THMs　40
TOBr　47, 83, 202
TOCl　83, 202
TOI　83
TOX　6, 48, 82, 84, 88, 186, 209, 270, 298

著者略歴

伊藤　禎彦（いとう さだひこ）
昭和 61 年　京都大学大学院工学研究科衛生工学専攻修士課程修了
昭和 61 年　京都大学工学部　助手
平成 4 年　徳島大学工業短期大学部　講師
平成 6 年　徳島大学工学部　助教授
平成 8 年　京都大学大学院工学研究科　助教授
平成 14 年　京都大学大学院工学研究科　教授
　　　　　　現在に至る

越後　信哉（えちご しんや）
平成 9 年　京都大学大学院工学研究科環境地球工学専攻修士課程修了
平成 14 年　イリノイ大学アーバナ・シャンペーン校大学院環境工学専攻博士課程修了
平成 14 年　京都大学大学院工学研究科　助手
平成 16 年　京都大学大学院工学研究科　講師
平成 19 年　京都大学大学院工学研究科　准教授
　　　　　　現在に至る

水の消毒副生成物　　　　　　　　　定価はカバーに表示してあります.

2008 年 5 月 22 日　　1 版 1 刷発行　　ISBN978-4-7655-3428-4　C3051

　　　　　　　　　　　　著　者　　伊　藤　禎　彦
　　　　　　　　　　　　　　　　　越　後　信　哉
　　　　　　　　　　　　発行者　　長　　滋　彦
　　　　　　　　　　　　発行所　　技報堂出版株式会社

日本書籍出版協会会員　　〒 101-0051　東京都千代田区神田神保町 1-2-5
自然科学書協会会員　　　　　　　　　　　　　　　　（和栗ハトヤビル）
工学書協会会員　　　　　電　話　営　業　（03）（5217）0885
土木・建築書協会会員　　　　　　編　集　（03）（5217）0881
　　　　　　　　　　　　　　　　ＦＡＸ　（03）（5217）0886
Printed in Japan　　　　振替口座　00140-4-10
　　　　　　　　　　　　http://www.gihodoshuppan.co.jp/

Ⓒ Sadahiko Itoh, Shinya Echigo, 2008　　　装幀　野口朋子　印刷・製本　シナノ

落丁・乱丁はお取替えいたします.
本書の無断複写は,著作権法上での例外を除き,禁じられています.

●刊行図書のご案内●

2008年4月現在の定価(消費税込)です。ご注文の際はご確認をお願いいたします。

紫外線照射——水の消毒への適用性
平田強編著　　　　　　　　　　　　　　B5・180頁　定価3,360円　ISBN978-4-7655-3422-2

環境工学の新世紀
土木学会編　　　　　　　　　　　　　　A5・284頁　定価3,780円　ISBN978-4-7655-3421-5

浄水膜(第2版)
有限責任中間法人膜分離技術振興協会膜浄水委員会／浄水膜(第2版)編集委員会編
　　　　　　　　　　　　　　　　　　　A5・280頁　定価2,835円　ISBN978-4-7655-3426-0

水循環の時代膜を利用した水再生
日本水環境学会編　　　　　　　　　　　B6・210頁　定価2,100円　ISBN978-4-7655-3425-3

川の技術のフロント
辻本哲郎監修／河川環境管理財団編　　　A4・174頁　定価2,625円　ISBN978-4-7655-1718-8

河川の水質と生態系——新しい河川環境創出に向けて
大垣眞一郎監修／河川環境管理財団編　　A5・262頁　定価3,780円　ISBN978-4-7655-3418-5

水供給——これからの50年
持続可能な水供給システム研究会編　　　B6・202頁　定価2,520円　ISBN978-4-7655-3416-1

水道工学
藤田賢二監修　　　　　　　　　　　　　B5・954頁　定価29,400円　ISBN4-7655-3198-8

顕微鏡観察による活性汚泥のプロセス管理(DVD-ROM)　　解説152頁
ディックH.アイケルブーム著／安井英斉・深瀬哲朗・河野哲郎訳　　　定価110,000円

分散型サニテーションと資源循環——概念，システムそして実践
虫明功臣監修／船水尚行・橋本健監訳／ダム水源地環境整備センター企画
　　　　　　　　　　　　　　　　　　　A5・680頁　定価14,700円　ISBN4-7655-3406-5

人用医薬品物理・化学的情報集——健全な水循環システムの構築に向けて
土木研究所・東和科学編　　　　　　　　A5・262頁　定価6,720円　ISBN4-7655-0243-0

新しい浄水技術——産官学共同プロジェクトの成果
水道技術研究センター編　　　　　　　　A5・436頁　定価6,300円　ISBN4-7655-3407-3

水処理薬品ハンドブック
藤田賢二著　　　　　　　　　　　　　　A5・318頁　定価4,935円　ISBN4-7655-3192-9

水文大循環と地域水代謝
丹保憲仁・丸山俊朗著　　　　　　　　　A5・230頁　定価3,570円　ISBN4-7655-3184-8

紫外線による水処理と衛生管理
Willy J. Masschelein著／海賀信好訳　　A5・184頁　定価3,990円　ISBN4-7655-3197-x

■技報堂出版｜編集 03(5217)0881　営業 03(5217)0885　ファックス 03(5217)0886